石油和化工行业“十四五”规划教材

化学工业出版社“十四五”普通高等教育规划教材

国家级一流本科专业建设成果教材

房屋建筑学与数字化设计

U0268597

FANGWU JIANZHUXUE YU SHUZIHUA SHEJI

刘聪　周信　尤翔　主编

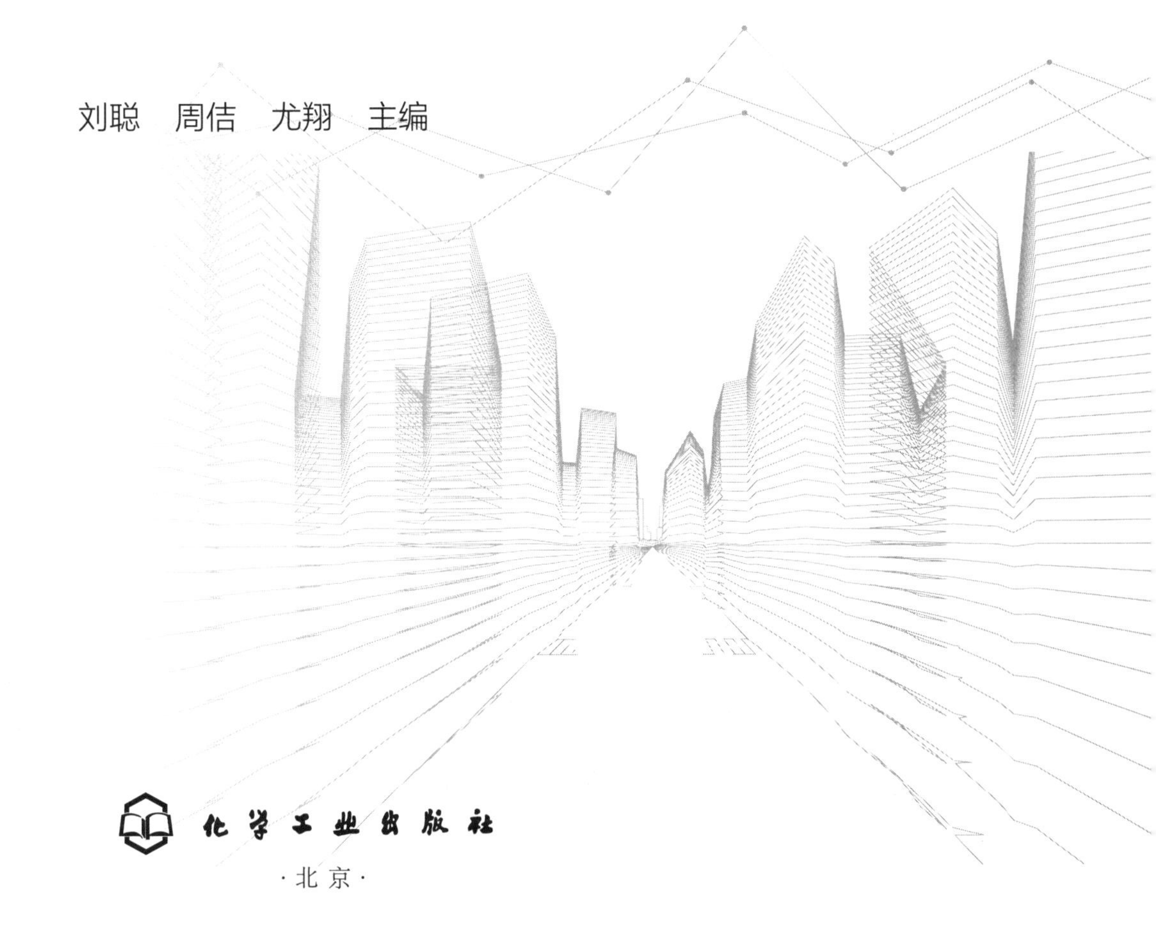

化学工业出版社

·北京·

内容简介

《房屋建筑学与数字化设计》是编者根据多年从事房屋建筑学教学的经验，紧扣一流课程“两性一度”要求，在充分反映建筑学科取得新成果的基础上编写而成。教材的主要内容包括建筑的概念、建筑数字化、建筑总体设计、方案设计、初步设计、施工图设计、建筑节能设计、工业建筑设计等。每章均有在线习题可供读者自测，在线视频辅助数字化建模学习，所有数字资源读者扫描书中二维码即可获得。

本书可作为高等教育土木类、建筑类及相关专业教学用书，也可作为相关专业职业人才培训的参考资料。

图书在版编目（CIP）数据

房屋建筑学与数字化设计 / 刘聪，周佶，尤翔主编. 北京 : 化学工业出版社，2024. 10. -- (化学工业出版社“十四五”普通高等教育规划教材). -- ISBN 978-7-122-46907-6

Ⅰ. TU22

中国国家版本馆 CIP 数据核字第 2024Y4J810 号

责任编辑：刘丽菲　　文字编辑：罗　锦
责任校对：李露洁　　装帧设计：刘丽华

出版发行：化学工业出版社
(北京市东城区青年湖南街 13 号　邮政编码 100011)
印　　装：北京云浩印刷有限责任公司
787mm×1092mm　1/16　印张 18　字数 472 千字
2025 年 3 月北京第 1 版第 1 次印刷

购书咨询：010-64518888　　售后服务：010-64518899
网　　址：http://www.cip.com.cn
凡购买本书，如有缺损质量问题，本社销售中心负责调换。

定　　价：49.80 元

版权所有　违者必究

前言

数字建筑是新一代信息技术、先进制造理念与建筑业深度融合的产物，也是提升建造水平和建筑品质、助推建筑业转型升级的重要引擎。当前，加快数字建筑创新布局，对于推动建筑业高质量绿色发展至关重要。《房屋建筑学与数字化设计》这本教材正是在这一发展背景下，以培养该类人才为目标，通过系统介绍建筑设计基本理论、数字化设计基本方法、建筑节能减排应用实践等，解读数字建筑的核心价值，助力土木类、建筑类专业的学生培养。

本书以现行标准规范为科学指引、BIM 等新兴技术集成化创新为核心驱动、节能减排为目标，与智能建造等应用场景深度融合，内容覆盖建筑设计全过程，衔接工程结构设计、施工组织设计等后续核心课程。全书共 3 个部分，11 个章节。首先，本书从建筑的起源和发展、数字建筑的蓬勃兴起和关键技术的介绍来引入课程背景。其次，本书分别从民用建筑设计和工业建筑设计两个部分展开论述，以涵盖当前土木学科所涉及的大部分建筑类型，为后续专业课程的学习打牢基础。接着，对量大面广、设计相对复杂的民用建筑设计展开详细论述，按照 BIM 正向设计流程，依次介绍建筑总体规划、方案设计、初步设计、施工图设计、节能设计、更新改造，让学生切实掌握以三维信息模型为核心，贯穿建筑设计全过程的设计和优化方法。教材适时引入人工智能（AI）技术，借助其速度、广度的优势特点，来提升学生的设计能力。

我国数字建筑发展态势良好，但整体仍处于发展初期，仍面临关键技术缺失、交叉渗透不足、生态建设不完善、高端人才缺失等严峻挑战。“十四五”时期是我国推进建筑业全面转型升级的关键时期，也是数字建筑发展的重大机遇期，因此本次教材的编写将以新一代信息技术为驱动，以期加速培养出能够支撑城乡建设高质量绿色发展战略目标的相关人才，帮助学生更好地迎接建筑设计行业智能化的挑战。

本书为南京工业大学国家级一流本科专业建设成果，全书贯彻一流课程建设理念，按照建筑正向设计流程重新组织各部分教学知识点体现创新性，通过介绍建筑全寿命周期的节能低碳优化策略体现高阶性，与人工智能技术深度融合提高建筑设计能力体现挑战度。

本书设计了数字资源——在线习题，以便于学生巩固知识点，获得良好的学习效果；在线图库，生动展示书中图片细节；在线视频，读者可跟着视频学习，利用 Revit 软件进行房屋的正向设计操作。所有数字资源读者可扫二维码获取。教师资源请至 www. cipedu. com. cn 获取。

由于编者水平有限，书中难免存在不足之处，恳请各位读者批评指正。

编者

2024 年 10 月

目录

第一部分　绪论

第二部分　民用建筑设计

第三部分 工业建筑设计

第一部分
绪论

第1章
建筑设计初步

本章要点

1. 学习和了解建筑的概念和构成要素及相关内容。
2. 了解建筑的起源和发展历程。
3. 理解建筑的分类和分级依据。

学习知识目标

1. 学习并掌握建筑的三大构成要素。
2. 通过学习建筑的发展历史，理解建筑与土木工程的关系。

素质能力目标

1. 通过了解不同历史时期的建筑风格，培养艺术鉴赏能力，加深学生对建筑技术发展的理解并提高应用能力。

2. 通过理解建筑的分类和分级，熟悉法规与标准，培养学生系统化的归类和分析能力。

本章数字资源

在线图库
在线题库
参考答案

1.1 建筑的概念和构成要素

1.1.1 建筑的概念

建筑是物质、功能和精神、审美的辩证统一。建筑作为一个物理存在的实体，需要通过合理的结构设计和材料选择来实现稳定性、耐久性和安全性。因此建筑的物质性体现在它的结构、材料、技术和施工工艺；建筑的功能性体现在其服务于特定的使用目的；建筑的精神部分是社会意识形态的一部分，在一定程度上体现着社会和时代的精神面貌。建筑不仅仅是一个供人使用的物质空间，它还承载着文化、历史和社会的意义。建筑通过形态、空间、比例和装饰等元素表达思想、情感和价值观，体现了建筑师和社会的精神追求。因此，建筑是根据人们的物质生活和精神生活的要求，为满足社会各种不同的生产、生活、文化等需要而建造的有组织的内部和外部的空间环境。

1.1.2 建筑的构成要素

公元前1世纪，古罗马有位名叫维特鲁威的建筑师在其《建筑十书》中提出“适用、坚固、美观”的建筑原则。后来经过长期的发展，逐步形成了现在的“建筑三要素”，即建筑功能、建筑物质技术条件、建筑形象。

1.1.2.1 建筑功能

建筑功能体现为人们建造房屋的目的。建筑的空间布局、流线组织和设备配置等都必须符合使用者的实际需求，满足居住、工作、娱乐等功能要求。而建筑功能通常需要满足人体活动的基本尺度、人的生理需求和使用要求等。

(1) 人体活动的基本尺度

建筑设计必须考虑人体的基本尺寸和活动范围，以确保空间使用的舒适，便于紧急疏散，方便使用设施。无论是门的高度、台阶的宽度，还是家具的尺寸，都需要符合人体的尺度，以便于人们在建筑空间内自由活动和使用。如果建筑空间不符合人体的基本尺度，就可能导致活动不便甚至有安全隐患。例如，过低的天花板、过窄的通道或不符合标准的楼梯都会限制人的活动，甚至引发安全疏散事故。人体活动和家具的基本尺度如图1-1和图1-2所示。

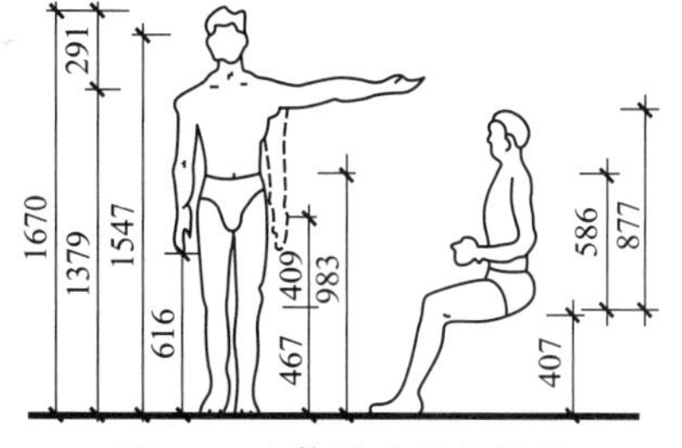

图1-1 人体活动基本尺度

人体活动基本尺度关注人与建筑环境之间的和谐，而建筑模数追求建筑构件之间的统一协调。建筑模数协调是通过标准化的单位或倍数来规范建筑构件和空间的设计方法。根据《建筑模数协调标准》(GB/T 50002—2013)，目前模数分为基本模数和导出模数。①基本模数的数值应为100mm，以M表示，即1M=100mm。整个建筑物和建筑物的一部分以及建筑部件的模数化尺寸，应是基本模数的倍数。②导出模数分为扩大模数和分模数。扩大模数是基本模数的整数倍，扩大模数的基数为2M、3M、6M、9M、12M……分模数是基本模数除以整数。分模数的基数为1/10M、1/5M、1/2M共3个。

(2) 人的生理需求

为了确保人们在建筑空间内生活、工作和活动时的健康、安全和舒适，建筑功能需要满

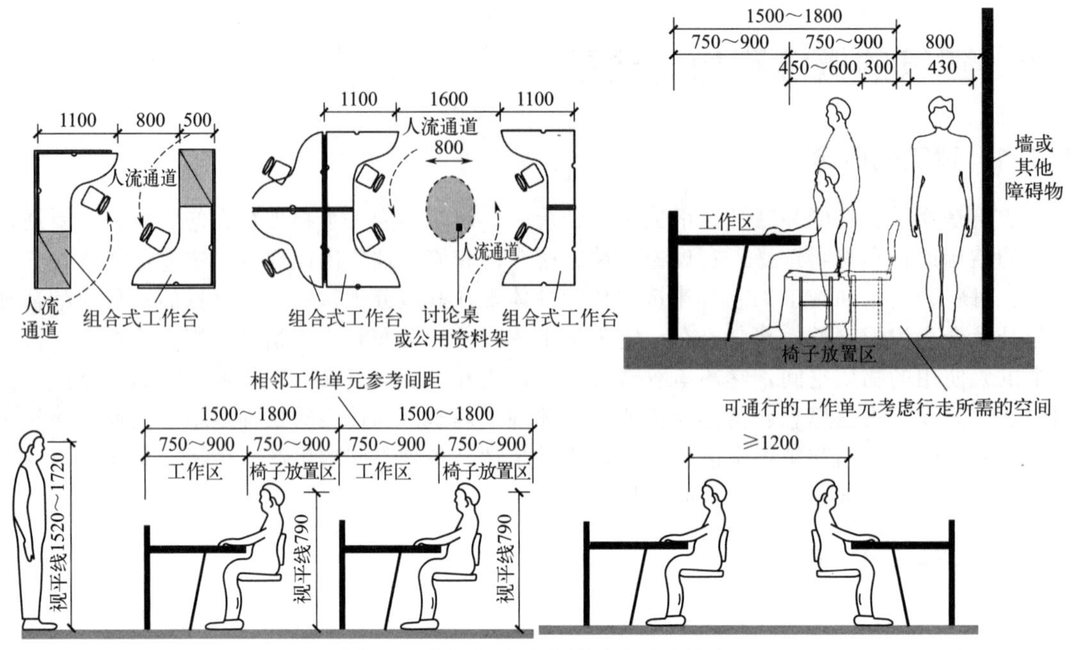

图 1-2 家具尺寸及人体活动基本尺度

足人的生理需求。良好的通风系统和空气流通设计可以确保室内空气质量，减少有害物质的积聚，从而保障人体健康。充足的自然光和适当的人工照明有助于维护视力健康，调节人体生物钟和情绪，提高生产力。良好的视觉设计和环境美学可以提高人们的心理愉悦感和满意度，促进心理健康，如图 1-3 所示。

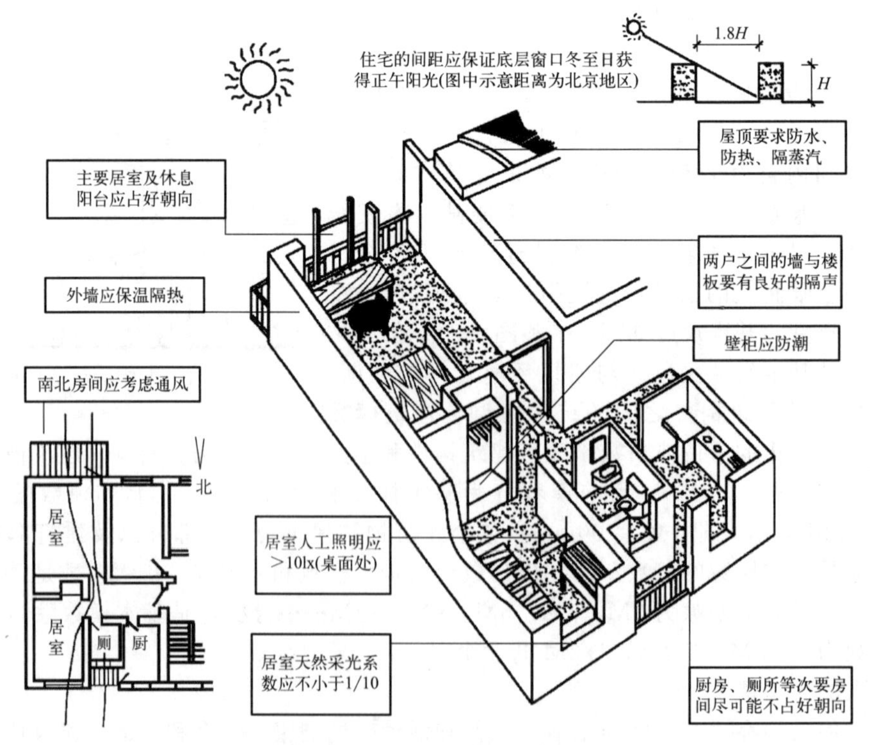

图 1-3 适宜的房间布局

(3) 使用要求

不同类型的建筑需要满足不同的使用需求。例如，住宅需要提供居住和休息的空间，办公室需要适应工作和协作的需求，学校建筑则需要支持教学活动。这就要求建筑设计在空间布局、设备配置和设施安排上满足特定功能的使用要求。建筑在设计时需根据使用过程和特点进行建筑功能分区，提高各个区域的使用效率。例如，办公楼需要有合理的办公区、会议区和休息区分布，以便员工高效工作。通过优化人流和物流的流线设计，减少不必要的移动和等待时间，提高整体工作或生活效率，如图1-4所示。现代建筑通常需要适应多种使用场景和人群，例如无障碍设计就是为了确保所有人，包括老年人和残障人士，都能方便地使用建筑空间。

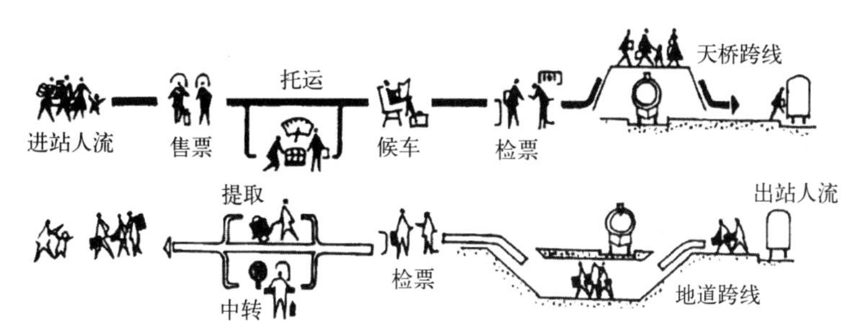

图1-4　一般旅客进出火车站活动顺序示意

1.1.2.2 建筑物质技术条件

建筑的物质技术条件是指在建筑设计和施工过程中所需的各种物质资源、技术手段和工程条件，解决房屋用什么建造和怎样建造的问题。它一般包括建筑的材料、结构、施工技术和建筑中的各种设备等。

(1) 建筑材料

建筑材料是建筑工程的物质基础，它不仅包括构成建筑物的主体材料，如钢材、水泥、混凝土、砖石、木材、玻璃等，还包括在建筑工程施工中的一些辅助性材料，如保温材料、防水材料、防火材料等。这些材料在建筑中发挥着经久耐用、美化外观、提高性能等作用。新型材料在建筑中的应用也越来越广泛，例如ETFE（乙烯-四氟乙烯膜）用于建筑的外围护墙体，FRP（纤维强化塑料）用于结构加固和修复，超高性能混凝土（ultra-high performance concrete，UHPC）用于创作出更加复杂、灵活的建筑，如图1-5所示的第三届中国国际太阳能十项全能竞赛建筑设计第一名作品SolarArk3.0即为以UHPC作为围护结构的零能耗建筑。UHPC为建筑师提供了设计复杂和创新的建筑形态的可能性，特别是在曲面、折面构件化的建筑设计上。UHPC构件化建造与绿色建筑理念相结合，能够提升建筑的施工效率，减少环境干扰，支持绿色建筑的长寿命，减少维护和更换的需要，从而降低整个建筑寿命周期对环境的影响。

(2) 建筑结构

建筑结构是建筑物为了抵抗各种作用和保持稳定而设计并构建的承重体系（如屋架、梁、板、柱、墙、基础等）。这些作用包括荷载（如结构自重、使用荷载、风荷载、雪荷载等）、地震、温度变化以及基础沉降等因素。因此，建筑结构作为建筑物的骨架，直接关系到建筑物的稳定性和安全性（如图1-6～图1-9所示）。

图1-5　以UHPC作为围护结构的零能耗建筑——SolarArk3.0

图 1-6　人民大会堂大厅的混凝土梁板结构

图 1-7　长城的砖拱券结构

图 1-8　埃及卡纳克阿蒙神庙的石梁板结构

图 1-9　罗马万神庙的混凝土拱券结构

(3) 建筑施工

建筑施工是将建筑设计图纸和规划方案转化为实际建筑物的过程。具体包括基础工程施工、主体结构施工、屋面工程施工、装饰工程施工等部分。在这个过程中，施工人员会利用各种建筑材料、机械设备和技术手段，严格按照设计要求和施工规范进行施工操作，最终将设计图纸上的建筑物变为现实。

(4) 建筑设备

建筑设备是安装在建筑物内，用于提供和保障建筑物正常使用和运行的各种机械、电气、管道和智能化系统的总称，包括智能家电、智能影音、中央空调、可视对讲、安防监控等（图 1-10）。建筑设备的安装、调试和维护是建筑工程的重要组成部分，直接影响建筑物的功能性、舒适性和安全性。

1.1.2.3　建筑形象

建筑形象是建筑物在视觉和感官上给人留下的整体印象和外观特征。建筑形象主要体现在空间组合、建筑造型、细部处理三个方面。它是建筑物的外在表现，反映了建筑的美学、风格、文化内涵以及设计理念。建筑形象不仅塑造人们对建筑的第一印象，还承载着建筑的功能性和社会寓意，反映民族风情和地方特色。

图 1-10　建筑设备系统

构成建筑形象的基本手段包括空间、形线、色彩和光影（如图 1-11 所示）。空间是建筑的核心要素，是建筑存在的基本前提。形线是建筑的几何轮廓和线条，它决定了建筑的基本形态。色彩是建筑最直观的视觉元素之一，它对人的感知有直接影响。光影的变化能够突出空间的层次感、深度感和体积感，使建筑具有丰富的视觉效果。

(a) 空间

(b) 形线

(c) 色彩

(d) 光影

图 1-11　构成建筑形象的基本手段：空间、形线、色彩和光影

良好的建筑形象通常需要符合一些基本原则，包括比例、尺度、对比、韵律、均衡、稳定等。

(1) 基本原则——比例

比例是指建筑各部分之间大小、长短、宽窄、高矮、深浅、厚薄等指标的一种相对关系。良好的比例能够给人一种和谐、平衡的美感。中国古建筑受“天人合一”思想的影响，更注重与自然环境的和谐相处。西方古典建筑注重比例的和谐和数学的精准（如“黄金比例”），但东西方建筑文明均通过比例创造出了美学上的和谐与张力（图 1-12）。

(2) 基本原则——尺度

尺度是建筑整体或局部给人的感觉与真实大小之间的关系问题。通过合理的尺度设计，可以使建筑既符合实际功能需求，又能给人以舒适的视觉感受，例如雅典卫城的帕特农神庙的立面（图 1-13）通过高大空间尺度设计传达出神圣和敬畏之意。

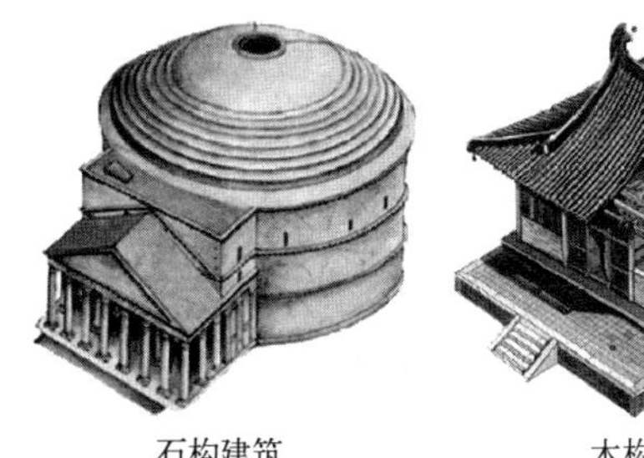
石构建筑　　木构建筑

图 1-12　我国古代木构建筑与西方石构建筑的不同比例关系

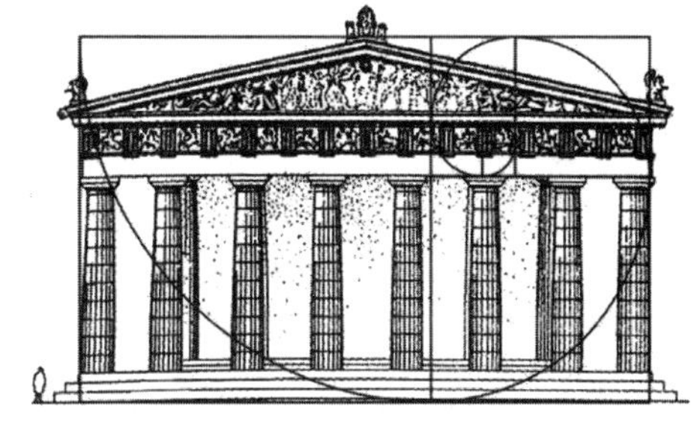
图 1-13　为帕特农神庙的立面

(3) 基本原则——对比

对比是运用建筑的各种构成要素间的显著差异来达到突出主题艺术效果的手法。例如，形体的大小、高低的对比，空间的虚实对比，色彩的冷暖对比等。南京大学鼓楼校区教学楼就采用了高低对比的手法，打破了传统建筑以横向线条为主的形体，使其具有标志性（图 1-14）。

(4) 基本原则——韵律

韵律美是建筑动态美的重要表现之一，例如沙特阿拉伯的法赫德国王国家图书馆建筑外幕墙，采用了中东传统金色丝织物编织技术（图 1-15），并覆盖特殊涂层材料，将太阳光的穿透率降低到 7%，通过遮阳构件的重复、渐变、交替等手法，形成了富有韵律感的建筑形象。这种韵律感不仅体现在建筑的外观上，还体现在建筑的空间布局和细部处理上。

图 1-14　南京大学教学楼水平与垂直的对比

图 1-15　法赫德国王国家图书馆外幕墙韵律

(5) 基本原则——均衡

均衡的建筑设计能够产生视觉上的和谐美感，对称的结构和均匀的体量能够让人感到对平衡的追求。泰姬陵是对称性建筑的经典范例（图 1-16），其设计体现了对称美学。泰姬陵的整个建筑群以一条南北向的中心轴线为基准，所有建筑物和景观元素都围绕这条轴线左右对称排列。主体建筑的四个立面也完全对称，每一面都包括相同的构件，如拱门、窗户和装饰细节。墓室顶部是一个巨大的穹顶，这个穹顶也是完全对称的，从任何角度看，都能呈现出一致的视觉效果。

(6) 基本原则——稳定

稳定的建筑结构给人一种平衡和稳固的视觉印象，能够增强建筑的美观度和吸引力。例如巴黎的卢浮宫玻璃金字塔入口（图 1-17），其宽大的底座与逐渐收缩的顶点形成了一个坚固的结构，能够均匀分散外部施加的压力。著名建筑师贝聿铭设计的该建筑作为现代艺术与历史经典的结合体，象征着文化的延续与发展，稳定性不仅体现在建筑的物理属性上，也体现在文化传承与创新的和谐统一中。

图 1-16　泰姬陵的对称美

图 1-17　卢浮宫玻璃金字塔入口的稳定美

1.1.3 建筑构成要素的辩证关系

评价建筑优劣的主导因素往往是建筑功能，它对物质技术条件和建筑形象起决定作用，但可能限制建筑形象的表现方式，例如某些独特的外观设计可能对内部空间布局产生约束，或者影响功能区域的有效使用。物质技术条件是实现建筑功能的手段，它对建筑功能起制约或促进的作用，可能影响功能的实现和形象的设计，例如，土壤条件不适合深基坑施工可能限制建筑物的高度。建筑形象可能要求特定的技术条件和材料，因此建筑形象是建筑功能、技术和艺术的综合表现，例如，办公楼的外观可能更加简洁和现代，而文化建筑或博物馆的设计可能更为独特和富有表现力。因此，建筑三要素之间相互作用、相互制约，不可分割，三者是辩证统一的关系。

1.2 建筑的起源和发展

(1) 公元前3000年前的建筑

建造房屋是人类最早的生产活动之一。早在原始社会，为了躲避风雨和野兽侵袭，人们栖息在树上，或住在天然的山洞里，然而这些不是真正的"建筑"。随着社会发展，人口日益增多，天然的洞窟不够住了，人们便用石头或树枝模仿天然的掩蔽物建造蔽身之所，这就是建筑的起源。到了新石器时代，人类发展农业和畜牧业，定居下来的人们开始用木材、土坯等经过人工加工的材料来建造比较坚固的房屋，不少地区也出现了村落的雏形，例如西安半坡村原始社会村落遗址（图1-18）。遗址内发现了多座半地穴式房屋，房屋为圆形或方形，由木柱、土坯墙和茅草屋顶构成。遗址内还有一座较大的公共房屋，可能是氏族聚会或祭祀的场所。到了原始社会的晚期，进入青铜器时代，建筑技术的进步促成了巨石建筑的出现，例如英国的索尔兹伯里石环（图1-19），它不仅是古代建筑技术和社会组织能力的杰出代表，也在天文观测、宗教仪式等方面具有重要用途。

图1-18 西安半坡村原始社会村落遗址

图1-19 英国索尔兹伯里石环

(2) 公元前3000年到公元5世纪的建筑

公元前3000年到公元5世纪人类处于奴隶社会发展阶段，胡夫金字塔（图1-20）、宏伟壮丽的雅典卫城（图1-21）等均是这一时期杰出的建筑典范。古希腊时期创造了三种"柱式"（order）——多利克，爱奥尼克、科林斯[图1-22(a)]，此外还有"人像柱"。古罗马在公元1～3世纪是建筑最繁荣的时期，在希腊"三柱式"的基础上增加了塔司干和组合柱式，发展为罗马古典柱式[图1-22(b)]。古罗马时期应用的建筑材料，最突出的是利用火山灰制作的天然混凝土，创造了古代世界最光辉的建筑技术——拱券结构。罗马城里的万神庙穹顶正是使用了这种材料，其直径达43.3m，是这一时期最大跨度的建筑，代表着当时建筑技术的最高水平（图1-23）。古罗马时期的建筑物类型十分丰富，建造了斗兽场（图1-24）、宫殿、府邸、剧场、浴场、桥梁、输水道等多种功能的建筑，并且形成了广场和城市。在公元前21世纪至公元前四百多年，即我国夏、商、周时期，经考古发现，夏代已有夯土筑城遗址，商代已形成木构架夯土建筑和庭院，至西周时期已发展到完整的四合院建筑。

图1-20 胡夫金字塔

图 1-21 雅典卫城

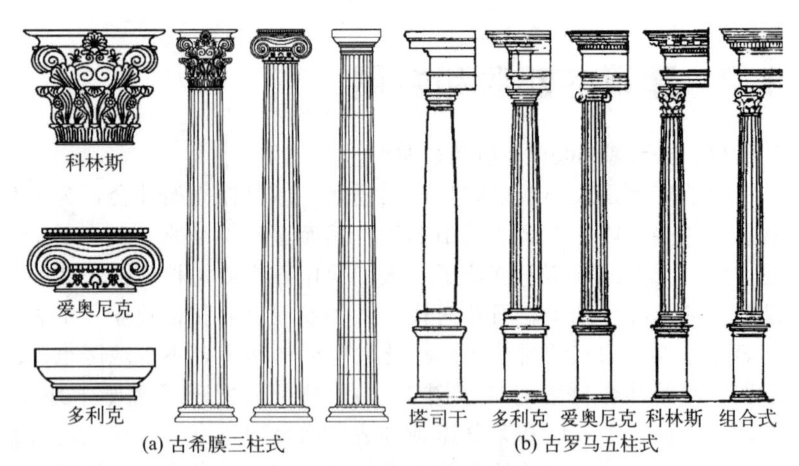

图 1-22 欧洲古典建筑柱式

图 1-23 万神庙

图 1-24 大斗兽场

（3）公元 5 世纪至 18 世纪的建筑

从公元 5 世纪开始，持续到 18 世纪或 19 世纪，即封建社会，在皇权强大的国家里，宫殿是最重要的建筑，而在封建领主割据的西欧国家，庄园、城堡则是典型建筑。此外，在所有封建国家里，宗教建筑都是极其重要的。封建社会时期，建筑技术与艺术水平不断提高，出现了各种形式的建筑，各有其特点，并互相影响。

例如以法国为中心发展了“哥特建筑”，巴黎圣母院就是一座具有代表性的中世纪早期哥特建筑（图 1-25）。高耸的尖拱、透空的石窗棂、彩色的玻璃窗、空灵的飞扶壁，冲入云端的钟塔，完美结合在一起后，为教堂带来一种向上的强烈动势，营造了浓郁的宗教气氛。欧洲其他国家也受其影响，如图 1-26 所示的意大利米兰大教堂。

图 1-25 巴黎圣母院

图 1-26 米兰大教堂

中国封建社会从战国至清末，建筑体系与风格逐步形成。战国后，建筑风格独特，如东汉陶屋和高颐墓阙。隋唐至宋辽，古建筑成熟，城市建设、木建筑、砖石建筑、装饰等显著发展，如五台山佛光寺（图1-27）和应县佛宫寺释迦塔（图1-28）。元明清建筑集大成，以故宫（图1-29）为代表，展现对称中轴、院落空间、富丽装饰和精良施工。

图1-27　山西五台山佛光寺东大殿

图1-28　山西应县佛宫寺释迦塔

(4) 欧洲资本主义萌芽时期的建筑

公元14世纪，从意大利开始了西欧资本主义的萌芽，至15世纪以后，遍及全欧洲。这一时期，建筑师们大量测绘古希腊、古罗马建筑，以罗马的五柱式为基础，总结成一定的法式，分析制订出严格的比例数据，成为学习古典柱式的蓝本。各种拱顶、券廊，特别是柱式，成为文艺复兴时期建筑构图的主要手段，波茨坦宫（图1-30）、比萨斜塔（图1-31）是这一时期的代表作。

图1-29　故宫

图1-30　波茨坦宫

图1-31　比萨斜塔

(5) 现代主义建筑

19世纪20～30年代，建筑思潮活跃，诞生出现代主义建筑风格，尤以格罗皮乌斯、勒·柯布西耶、密斯·范·德·罗和赖特四位大师为代表。格罗皮乌斯倡导建筑适应工业化，作品包括法古斯工厂（图1-32）和包豪斯校舍。勒·柯布西耶提出“新建筑五点”，影响深远，应用于萨伏伊别墅（图1-33）。密斯主张简约、流动空间概念，代表作有巴塞罗那会馆（图1-34）等。赖特代表田园学派，设计了流水别墅（图1-35）和古根海姆博物馆等。

图 1-32 德国法古斯工厂

图 1-33 萨伏伊别墅

图 1-34 巴塞罗那会馆

图 1-35 流水别墅

(6) 当代建筑的发展

第二次世界大战结束后，现代主义建筑成为世界许多地区占主导地位的建筑潮流。但是到 20 世纪 60 年代以后，出现了建筑“多元化”的时代。究其原因，主要是由于现代主义建筑阵营内部出现了分歧，一些人对现代主义的建筑观点和风格提出怀疑和批评。出于对现代建筑的反思和反省，在美国和西欧出现了反对或修正现代主义建筑的思潮。这个运动的成因和发展相当复杂，形成了许多流派交错并行发展的局面，如后现代主义（图 1-36）、新现代主义（图 1-37）、高技派（图 1-38）、解构主义等等，其影响波及至今，许多流派仍处于发展之中。

图 1-36 栗子山住宅

图 1-37 斯图加特美术馆

(7) 我国现代建筑发展

1949 年以来，建筑事业快速发展，工业和民用建筑、城市建设和改造、设计施工队伍、新材料生产、新技术应用均取得巨大成就。为满足广大人民群众在居住生活、文化教育、体育卫生、社会福利等各方面不断增长的需要，全国各地兴建了大量住宅、会堂、展览馆、学校、医院、办公楼、疗养院、影剧院、体育馆、百货商店、旅馆、火车站、航空港、汽车站等建筑。既有体现时代高技术特点的国家体育场鸟巢（图1-39）、水立方、央视新大楼，也有体现民族特色的上海金茂大厦、上海世博会中国馆（图1-40）等。

图1-38　博尼芳丹博物馆

图1-39　国家体育场——鸟巢

图1-40　上海世博会——中国馆

1.3　建筑的分类与等级

1.3.1　建筑的分类

建筑物通常按其使用性质分为民用建筑和工业建筑两大类。工业建筑主要是为了满足各种工业生产需求而设计和建造的建筑物。这些建筑包括工厂、车间、仓库、发电厂等。民用建筑是为满足人们生活、工作、休闲等日常活动而设计和建造的建筑物，又分为居住建筑和公共建筑两类，居住建筑包括住宅、公寓、宿舍等，公共建筑是供人们进行各类社会、文化、经济、政治等活动的建筑物，如图书馆、车站、办公楼、电影院、宾馆、医院等。工业建筑注重功能性和生产效率，而民用建筑更关注人的舒适性和建筑的美观性。

按建筑材料的不同，可分为砖木结构、砖混结构、钢筋混凝土结构和钢结构四大类。砖木结构建筑以砖墙、砖柱、木屋架为主承重结构，适用于低层建筑，建造成本低。砖混结构是多层住宅常见类型，采用砖墙、混凝土楼板。钢筋混凝土结构适用于大型建筑和高层住宅，分为多种类型。钢结构轻便高效，适合大型工业建筑、公共建筑和超高层建筑，以满足大跨度、重载荷的需求。

1.3.2　建筑的等级

建筑物的等级主要从耐久性能、耐火性能、防水性能三个方面进行等级划分。

(1) 耐久性能

根据《民用建筑设计统一标准》（GB 50352—2019）的规定，设计使用年限共分四级（表1-1）。一级耐久性的建筑设计使用年限须达到100年以上，适用于重要的公共建筑（如博物馆、纪念馆、航空港等）和高层建筑（住宅、办公楼等）。二级耐久性的建筑设计使用年限达50～100年，适用于普通公共建筑（如学校、医院、商业建筑等）、普通住宅、工业建筑等。三级耐久性的建筑设计使用年限达25～50年，适用于次要的建筑，如普通工业厂房、物流仓库等。四级耐久性的建筑设计使用年限在5～15年，适用于临时性、过渡性建筑。

表 1-1 设计使用年限分类

类别	耐久使用年限/年	建筑性质
1	5	临时性建筑
2	25	易于替换结构构件的建筑
3	50	普通建筑和构筑物
4	100	纪念性建筑和特别重要的建筑

(2) 耐火性能

建筑结构材料的防火分类可分为不燃材料、难燃材料和可燃材料。在空气中受到火烧或高温作用时，不起火、不燃烧、不炭化的材料称为不燃材料，如砖、石、金属等，难起火、难燃烧、难炭化的材料称为难燃材料，如刨花板等，立即起火燃烧且火源移走后继续燃烧的材料称为可燃材料如木材纸张等。评价建筑材料耐火性能的指标是耐火极限，是在标准耐火试验条件下，建筑构件、配件或结构从受到火的作用时起，至失去承载力、完整性或隔热性时为止所用时间，用小时表示。

(3) 防水性能

建筑的防水设防等级需按构件部位来选用，一般分为地下工程和屋面工程两部分，其中根据《地下工程防水技术规范》(GB 50108—2008) 地下工程防水等级共分为 4 级 (表 1-2)，根据《屋面工程技术规范》(GB 50345—2012) 屋面工程防水等级共分为 2 级 (表 1-3)。

表 1-2 地下工程防水等级

防水等级	适用范围
一级	人员长期停留的场所;因有少量湿渍会使物品变质、失效的贮物场所及严重影响设备正常运转及危及工程安全运营的部位;极重要的战备工程、地铁车站
二级	人员经常活动的场所;在有少量湿渍的情况下不会使物品变质、失效的贮物场所及基本不影响设备正常运转和工程安全运营的部位;重要的战备工程
三级	人员临时活动的场所;一般战备工程
四级	对渗漏水无严格要求的工程

表 1-3 屋面工程防水等级

防水等级	建筑类别	设防要求
Ⅰ级	重要建筑和高层建筑	两道防水设防
Ⅱ级	一般建筑	一道防水设防

除此之外，建筑还可依据结构安全等级、抗震安全等级、绿色建筑评价标准等进行分类。

思考题

在线题库
参考答案

1. 建筑的含义是什么？建筑的构成要素有哪些？
2. 中国古代建筑的特征有哪些？
3. 现代主义建筑的代表人物及其作品有哪些？
4. 建筑物按其使用性质如何分类？请举例说明。

第 2 章
建筑数字化

本章要点

1. 学习和了解建筑数字化的概念。
2. 了解建筑数字化发展历程。
3. 了解建筑数字化发展历程的意义。

学习知识目标

1. 学习并掌握常见的建筑数字化技术手段有哪些。
2. 掌握建筑数字化的四个主要发展阶段。

素质能力目标

1. 通过学习和了解建筑数字化，培养学生跨学科学习的能力，增强对新技术的应用能力；
2. 通过理解建筑数字化发展历程，从过去的技术创新中获得创新灵感。

本章数字资源

在线题库
参考答案

2.1 数字化的概念

数字化是将信息、数据或过程转换为数字形式，以便通过计算机和其他数字设备进行处理、存储和传输的过程。随着信息技术的快速发展，数字化在各个领域得到了广泛应用，并逐渐成为推动社会进步的重要力量。

狭义的数字化专指将传统的模拟信息（如纸质文件、照片、音频、视频等）转换为数字格式的过程。这个过程通常包括数据采集、数字编码、存储和传输。例如将文档扫描为数字文件，将胶卷照片转化为数字照片，将录音转为数字音频文件。

广义的数字化不仅仅是格式的数字化，还包括业务流程、服务、产品的数字化转型。广义的数字化涉及将传统的业务模式和服务转变为以数字技术为核心的新形式，通常伴随着技术、管理和组织结构的深度变革。例如利用互联网、大数据、人工智能、区块链等新一代信息技术管理企业供应链、生产和财务，使得传统线下零售业转型为线上电子商务，利用在线平台和大数据进行销售和客户管理。再如医疗行业通过电子病历和远程医疗服务实现数字化健康管理等等。数字化不再只是单纯地解决降本增效问题，而是成为赋能模式创新和业务突破的核心力量。

数字化技术是指支持和实现数字化过程的各种技术手段。这些技术通常包括硬件设备、软件工具、通信网络以及相关的算法和系统。数字化技术是伴随着计算机、通信、网络以及软件技术而不断发展的，大致包括：

① 物联网（IoT）：通过传感器和网络将物理设备连接起来，实现数据的实时采集、监控和分析，应用于智能家居、智慧城市、工业自动化等领域。

② 大数据：处理和分析海量数据，提取有价值的信息，支持决策和创新，应用于市场分析、用户行为研究、风险管理等领域。

③ 云计算：提供按需的计算资源、存储和服务，支持企业快速部署和扩展数字化应用。例如，使用云平台进行数据存储、应用开发和运行。

④ 人工智能（AI）和机器学习：利用算法和模型自动处理数据进行模式识别、预测和自动化决策，应用于图像识别、自然语言处理、自动驾驶等领域。

⑤ 区块链：通过分布式账本技术确保数据的透明性、不可篡改性和安全性，应用于金融交易、供应链管理、智能合约等领域。

⑥ 虚拟现实（VR）和增强现实（AR）：提供沉浸式和交互式的数字体验，改变人们的工作、娱乐和学习方式，应用于游戏、教育、设计等领域。

总体来讲，数字化是一个广泛而深刻的概念，涵盖了从简单的信息数字化到复杂的企业和社会数字化转型的各个方面。狭义的数字化关注信息的数字化，而广义的数字化则涉及整个经济和社会的转型。数字化技术是推动这一过程的核心工具，是未来实现智能化、数据驱动社会的关键。

2.2 建筑数字化发展历程

（1）建筑数字化发展的四个阶段

建筑数字化的发展历程是建筑行业与信息技术融合的过程，随着技术的进步，建筑行业逐渐从传统的手工操作和二维图纸设计，迈向全寿命周期的数字化管理。我国的建筑数字化发展将主要分为四个阶段，如图 2-1 所示。

① 传统时期（1980—2000年）：在这一阶段，建筑设计主要依赖手工绘图和模型制作。设计师使用绘图纸、铅笔、尺规等工具进行建筑图纸的绘制和设计，施工现场也更多依赖经验和传统技艺。这一阶段的信息交流效率低下，设计修改困难，容易出现误差，且难以进行复杂的建筑工程管理。

② 建筑信息化（2000—2020年）：进入21世纪后，中国建筑产业开始逐渐引入数字化技术，如计算机辅助设计（CAD）、计算机辅助工程（CAE）和计算机辅助制造（CAM）等，中国建筑行业逐步迈入建筑信息化阶段。AutoCAD的出现，使得设计师可以在计算机上绘制二维图纸，极大提高了设计效率和精度。设计修改变得更加便捷，图纸的存储、复制、共享也更加容易。这一阶段的信息化主要集中在二维图纸的生成和管理，缺乏对建筑全寿命周期的管理和三维可视化支持，施工及建筑运维等环节的信息化仍亟待提升。

③ 建筑数字化阶段（2020—2030年）：随着计算能力的提升，三维建模技术在建筑行业开始普及。设计师能够创建更加直观的三维模型，用于展示建筑设计方案。BIM作为建筑行业的底层技术将结合云计算、大数据、物联网、人工智能、移动通信等新型数字化技术驱动建筑行业实现贯穿全寿命周期的数字化转型，不仅提升了设计的可视化效果，还提高了设计沟通和决策的效率。

④ 建筑数智化阶段（2030—2040年）：随着数字化技术的发展，建筑数字化正在向更高层次迈进。建筑智能化和数字孪生（digital twin）成为行业的热点。数字孪生技术利用实时数据和物理模型的虚拟映射，实现对建筑物的实时监控、模拟和优化。数字孪生可以在建筑物的设计、施工、运营和维护中发挥重要作用，实现数据与业务深度结合，驱动智能决策。例如，通过传感器和控制系统，智能建筑可以自动调节照明、温度、通风等，提高建筑物的舒适度并减少能耗。

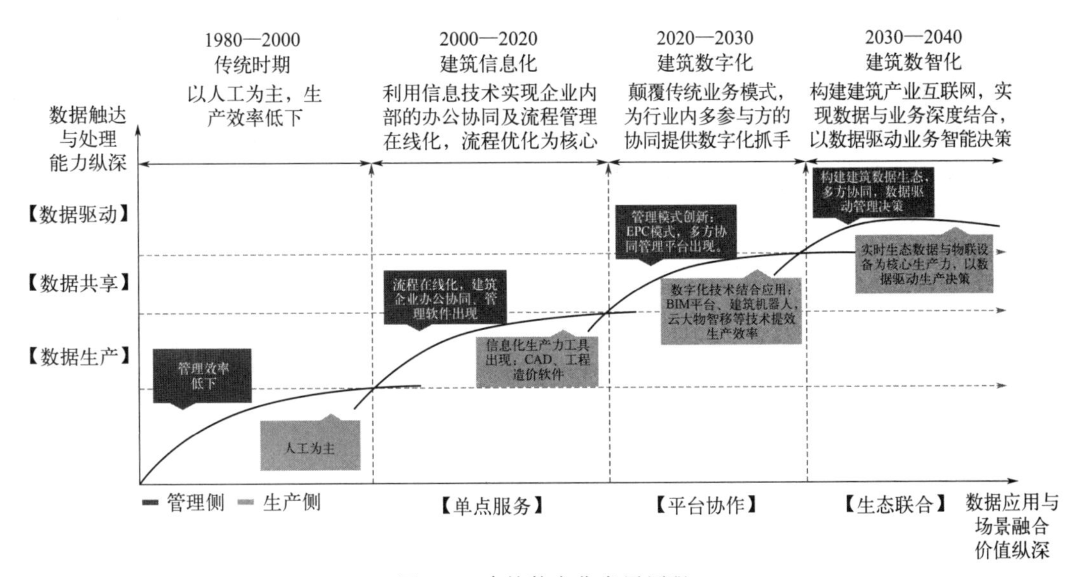

图2-1　建筑数字化发展历程

（2）了解建筑数字化发展的意义

了解建筑数字化发展历程具有重要意义，尤其对于建筑行业的初学者、从业者、学者以及相关领域的技术人员来说，更好地理解这一历程的背景、当前状态和未来趋势，有助于推动行业的创新和发展。

① 把握行业变革趋势。了解建筑数字化的发展历程，能够帮助初学者和从业者更好地

理解技术演进的路径。掌握这些信息有助于预测未来的发展趋势，及时调整业务战略和技术路线。建筑数字化过程会面临各种技术和管理上的挑战。通过研究历史发展，行业可以总结经验教训，减少应用新技术时的风险。

② 推动创新和改进。了解建筑数字化的发展历程，可以从过去的技术创新中获得灵感，推动新的技术研发和应用。历史的技术进步和变革往往为当前的创新提供参考和借鉴。因此，通过分析过去的数字化阶段和应用场景，可以识别和优化现有的流程和技术应用，从而提高效率和降低成本。

③ 提升职业竞争力。掌握建筑数字化的发展历史可以帮助培养具有前瞻性思维的专业人才，推动人才队伍整体素质的提升。对于从业者而言，理解数字化历程有助于保持在技术前沿，积极采用先进的数字化工具和方法，提升市场竞争力。

④ 提高建筑项目质量。通过理解 BIM、数字孪生等技术的演变，行业可以更好地实施建筑物的全寿命周期管理，提升项目的整体质量和安全性。建筑数字化的发展为设计、施工和运营阶段提供了更好的协调与管理工具，有助于减少错误、返工和降低成本。

⑤ 支持可持续发展。了解数字化技术如何推动绿色建筑设计和能源管理，有助于行业更加关注环保和可持续发展。数字化技术可以帮助优化资源利用，减少建筑建设和使用时对环境的负面影响。数字化技术的应用使得建筑在运营阶段可以更高效地管理能源，减少碳排放和能源浪费。

⑥ 促进跨学科协作。建筑数字化涉及多个学科领域，如建筑学、土木工程、计算机科学、工程管理、自动化等。随着数字化的深入，必然推动跨学科的合作与创新，推动建筑行业逐步走向标准化和协作化。了解数字化历程有助于推动行业标准的制定和实施，促进不同团队和领域的协作。

⑦ 增强社会效益。建筑数字化的发展不仅限于商业和工业应用，对社会公共服务设施的设计、建设和管理也有深远影响。通过数字化手段，可以提升城市公共基础设施的效率和服务水平。建筑数字化的发展有助于应对全球性挑战，如城市化、气候变化和人口增长。理解其历程有助于在这些挑战面前做出更有针对性和前瞻性的规划与决策。

了解建筑数字化发展历程对于行业的未来发展至关重要。它不仅能帮助初学者和从业者理解技术的演进、优化现有流程，还能提高建筑项目的质量和可持续性，增强个人竞争力，推动跨学科协作，以及提升公共服务和社会效益。

思考题

在线题库
参考答案

1. 什么是数字化？建筑与数字化有何关系？
2. 简述建筑数字化的发展历程，我国现在处于哪一个阶段？
3. 了解建筑数字化的发展历程有何意义？

第3章 BIM正向设计

本章要点

1. 学习和了解 BIM 正向设计的概念及特点；
2. 学习 BIM 正向设计分阶段的应用场景；
3. 理解模型精细度 LOD 的定义。

学习知识目标

1. 学习并掌握 BIM 正向设计的概念和流程；
2. 掌握 BIM 正向设计的优点和应用场景；
3. 掌握模型精细度 LOD 的定义和等级含义。

素质能力目标

1. 通过了解 BIM 正向设计，培养学生对建筑物的设计、施工和运营能够更加智能化和自动化的理解和应用能力；

2. 通过理解模型精细度 LOD，确保模型在不同项目阶段具有合适的详细信息，培养学生相互协作的能力。

本章数字资源

在线题库

参考答案

3.1 BIM 正向设计的概念及特点

建筑数字化技术是一系列支持和推动建设过程数字化的技术手段，建筑信息模型（building information modeling，BIM）则是建筑数字化的核心技术，它通过数字模型整合建筑物的几何、物理和功能信息，涵盖建筑物的全寿命周期管理。而 BIM 正向设计（forward design）是指利用 BIM 技术从项目初期的概念设计阶段开始，直接进行设计工作，而不是像传统那样先通过手工绘制草图，再逐步将其转化为数字模型。BIM 正向设计的核心在于，设计过程从一开始就基于数字模型进行，并在模型中集成了项目所需的各类信息，因此 BIM 正向设计被业内广泛认为是实现建筑数字化设计的核心技术。

BIM 正向设计将 BIM 技术的优势与传统的建筑设计流程相结合，旨在提高设计的合理性、可视性、可操作性和可扩展性，其优势主要表现为：

① 一体化设计流程。在 BIM 正向设计中，设计师直接在三维环境中创建模型，这一模型从初期概念设计到施工图设计都是一体化的，避免了重复劳动和信息丢失。

② 实时协作。BIM 正向设计允许多专业（如建筑、结构、机电等）在同一个模型中协同工作。各个团队可以实时查看、修改和更新设计，确保设计的协调性和一致性。

③ 精准性与可视化。正向设计中的 BIM 模型不仅包含建筑物的几何形状，还集成了材质、结构、成本、时间等信息，使得设计更加精确。通过 BIM 模型的可视化，设计师、业主和施工方可以更直观地理解和评估设计方案。

④ 提高效率与降低风险。通过 BIM 正向设计，许多潜在问题可以在设计阶段被发现并解决，减少了施工阶段的返工和变更，从而降低项目风险和成本。

⑤ 仿真优化。BIM 正向设计允许设计师在设计过程中进行各种模拟和分析，如光照模拟、能耗分析、结构力学分析等，从而优化设计方案，提高建筑物的性能和可持续性。

3.2 BIM 正向设计分阶段应用

BIM 正向设计阶段的应用是一个系统而全面的过程，它贯穿项目从概念设计到施工图设计的各个阶段。以下是 BIM 正向设计分阶段应用的主要方面：

（1）总体设计阶段

在总体设计阶段，BIM 技术主要用于项目场地比选、概念模型创建和建设条件分析。通过建立场地 BIM 模型，利用软件分析项目选址的各项因素，如交通便捷性、公共设施服务半径等，评估项目选址的科学性与合理性。建立项目三维概念模型，依据模型分析项目与周边城市空间、群体建筑各单体间的适宜性，以及建筑的体量大小、高度和形体关系。同时，进行初步的日照和通风模拟分析，形成设计概念。运用三维模型，形成相应的图表与建设条件指标，为项目后续设计提供依据。此部分将在第二部分第 4 章展开详述。

（2）方案设计阶段

方案设计阶段的 BIM 应用主要是利用 BIM 技术对项目的可行性进行验证。根据项目的设计条件，利用 BIM 软件对项目的建筑外观、功能以及项目周边广场、道路、绿地的布置形成一个初步方案，为项目的后续阶段提供一个指导性文件。此外在建筑方案设计阶段，BIM 正向设计使得设计师能够快速生成多种设计方案，并进行性能分析，选择最优方案。此部分将在第二部分第 5 章详述。

(3) 初步设计阶段

初步设计阶段是对方案设计文件进行细化的过程。在本阶段，应用BIM软件对建筑、结构、给排水、暖通、电气等模型进行创建，进一步确认建筑空间与各系统关系，对设计进行初步检验，为施工图阶段提供依据。此部分将在第二部分第6章详述。

(4) 施工图设计阶段

在施工图设计阶段，BIM模型中的详细信息支持高精度施工图的生成，确保施工的准确性和可实施性。该阶段要解决施工中的技术措施、工艺做法、材料选用等，要为施工安装、工程预算、设备及配件安装制作提供完整的图纸依据。BIM正向设计的模型可以直接用于施工管理，通过与施工进度的关联，实时监控施工进展，确保项目按计划执行。此部分将在第二部分第7章详述。

(5) 节能优化阶段

建筑节能优化是一项综合性工作，通常实施在以上正向设计的各个阶段中，旨在提高建筑物的能源利用效率、环境可持续性、环境质量、耐久性、空间灵活性等。例如采用节能设计理念，通过建筑围护结构的保温隔热、节能窗户、自然通风等提高能源利用效率；选用环保、可再生、低污染的建筑材料，采用雨水收集、中水回收再利用等措施实现环境可持续性；设计合理的窗户和采光井，增加自然采光，减少人工照明需求。此部分将在第二部分第8章详述。

3.3 模型精细度LOD与应用

在建筑信息模型中，模型精细度（level of detail，LOD）是一个重要的概念，由美国建筑师学会（AIA）所制订，用于描述BIM模型中构件的精细程度，其初衷是为了确定BIM模型的阶段成果及分配建模任务，因此LOD的标准化管理有助于提升协作效率和模型的实用性。

LOD通常分为以下几个等级，每个等级代表不同的精细度和信息丰富程度：

① LOD 100——概念模型。LOD 100模型中的构件仅用作概念性的表示，通常以2D或3D的体块形式出现，可显示建筑物的基本形状、大小和位置，但不具备详细的几何形状或精确的尺寸。因此它常用在项目的初期设计阶段，用于概念设计和大致的成本估算。

② LOD 200——近似模型。LOD 200模型中的构件具有近似定型的空间布局、构件几何形状和尺寸，表现出大致的系统、材料或装饰特征。它常用在初步设计阶段的方案设计和初步协调。

③ LOD 300——精确模型。LOD 300模型中的构件具有精确的几何形状、尺寸和位置，适用于详图设计和施工图纸的生成。它常用在详图设计和施工图绘制阶段，用于确保设计的准确性和可施工性。

④ LOD 350——增强模型。LOD 350模型中的构件不仅具备LOD 300的详细程度，还包括了与其他构件之间的连接装配关系。这些连接装配关系包括螺栓、焊接、铆接等，还可包括更详细的装配信息，例如安装公差的设计。在施工准备阶段，该模型精度用于确保施工的准确对接，避免安装不了的情况。

⑤ LOD 400——施工模型。LOD 400模型中的构件具有制造或施工所需的精确信息，包括完整的尺寸、形状、位置和详细的材料规格。LOD 400精度的模型可直接用来指导施工，以确保现场安装的精确性。

⑥ LOD 500——竣工模型。LOD 500模型中的构件需如实反映竣工后的实际构件的几

何形状、位置和所有相关信息。LOD 500 精度模型被视为竣工建筑实物的数字化表达，在项目竣工和运营阶段，作为建筑物运营和维护的最终参考模型。

以上不难发现，不同的LOD级别对应不同的精细度要求，较高的LOD意味着模型需要包含更多的细节和信息，而每个后续的LOD都以前一等级为基础并包含前一等级的所有特征。因此LOD等级越高，模型的细节越多，精度要求也越高。因此，在项目的不同阶段，应根据需求选择适当的LOD级别，确保信息的精确性与建模效率之间的平衡。

思考题

1. 简述BIM正向设计的概念，BIM正向设计有何优势？
2. BIM正向设计在哪些阶段应用？如何应用？
3. 什么是BIM模型精细度LOD？划分精细度的意义是什么？

第二部分
民用建筑设计

第 4 章
建筑总体设计

本章要点

1. 学习和了解建筑总体设计及程序。
2. 了解影响总体设计的因素。
3. 掌握建筑总平面图制图要求。

学习知识目标

1. 学习并掌握总平面图的内容、规范和技术要求。
2. 通过学习总体设计影响因素，理解建筑总平面图的重要性。

素质能力目标

1. 了解总体设计的主要 BIM 应用及软件，培养学生软件实践能力。
2. 理解建筑总体设计的原则，培养学生演绎归纳能力。

本章数字资源

在线图库
在线题库
参考答案

4.1　建筑总体规划设计的原则

建筑的总体规划设计（以下简称总体设计）是指在建筑项目的初始阶段，对整个建筑或建筑群进行的整体布局和设计规划。它涉及对建筑物的整体功能、布局、交通组织、景观设计以及与周边环境的协调等多个方面的综合考虑。总体设计的目标是确保建筑项目在功能性、美观性、经济性和可持续性等方面达到最佳平衡，因此需要遵循以下设计原则。

(1) 先总体再单体

一个建筑物的设计一般包括总体设计和单体设计两个方面。对于初学者来讲，往往容易忽略总体设计的重要性，容易导致单体设计方案不符合场地限制条件而需要推倒重新设计，因此需从总体设计入手，再进行单体设计，二者互相联系，相辅相成。

总体设计是以全局的观点综合考虑室内外空间的各种因素，使得建筑物内在的功能要求与外界的道路、地形、环境、气候，以及城市布局等诸多因素彼此协调，有机结合。建筑物的单体设计相对来讲是局部性的问题，它应在总体布局原则的指导下进行设计，并且要受到总体布局的制约。因此，设计的构思总是先从总体布局入手，根据外界条件，探索布局方案、以解决全局性的问题，在此基础上再深入研究单体设计中各种空间的组合，同时又不断地与总体布局取得协调，在单体设计趋于成熟时，最后调整和确定总体布局。

(2) 因地制宜

所谓“因地制宜”，“地”就是外界诸因素，“宜”就是合适的空间组织方式。一个良好的设计必然产生于“由外到内”和“由内到外”不断反复的“构”之中。譬如，当开始进行方案创作时，建筑物的入口选取何方？体型是高是低，是大是小，哪种为宜？建筑物的各个部分如何配置，各置何方？内外空间的交通如何组织？建筑形象如何与周围环境相协调？这一系列构思中最基本的问题都是要立足于基地的各种外界因素来考虑的。只有按照这一原则进行构思而做出的设计才能扎根于特定的基地，具有生命力和鲜明的个性，并与基地的环境构成一个有机的整体，仿佛它就生长在这块土地上。

如图 4-1 所示是位于杭州西郊的中国美术学院象山校区，建筑群顺应地势，嵌入自然山体中，与周围的自然环境高度融合。建筑布局利用山势，高低错落，形成了独特的空间体验，并有效减少了对自然环境的破坏。校区建筑广泛使用当地的竹子、木材和石材等传统材料，不仅降低了建设成本，还增强了建筑的地方特色和文化认同感。设计中融入了中国传统园林的元素，如庭院、廊桥和水景等，同时结合现代建筑技术，创造出一个兼具传统与现代的教学环境（图 4-2）。象山校区建筑注重节能和环保，设计时尽量保留原有的植被和水体，通过自然通风、采光等手段减少能源消耗，实现了与自然环境的共生。

图 4-1　中国美术学院象山校区鸟瞰图

图 4-2　中国美术学院象山校区廊桥建筑

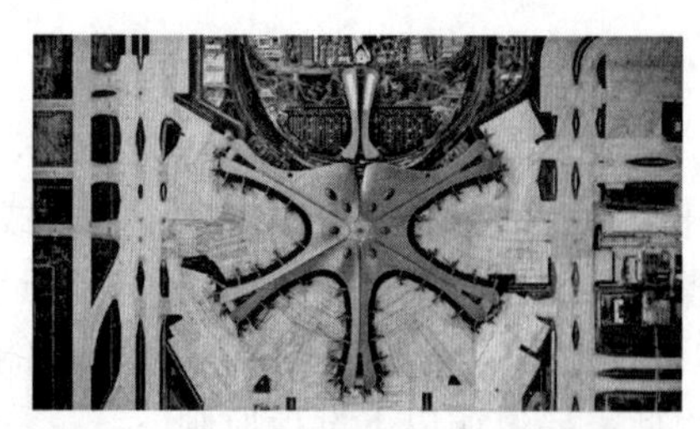
图 4-3 北京大兴国际机场航站楼俯视图

北京的大兴国际机场航站楼也是符合因地制宜总体设计原则的典型案例，它的设计考虑了北京的气候特征和使用需求。建筑的流线形外观减少了风阻，而巨大的玻璃幕墙则利用自然光照亮室内，减少了对人工照明的需求。该航站楼的设计灵感来自中国的传统文化元素，如屋顶的波浪形设计象征着雪花（图 4-3），内饰中也融入了大量的中国传统图案和色彩，使得建筑既具有现代感又不失文化内涵。航站楼不仅是一个交通枢纽，也是一个集商业、服务和文化展示于一体的综合空间。设计时考虑了未来航空业务的增长需求，具有很高的灵活性和适应性。航站楼在建设和运营中引入了多项节能措施，如太阳能光伏系统、雨水收集与再利用系统等，大大减少了对资源的消耗，符合可持续发展的理念。

4.2 建筑总体设计的程序

4.2.1 总体设计内容

建筑的总体设计一般需在获取地理位置、环境因素、交通条件等信息的条件下，展开建筑物的位置、朝向、交通组织、绿化布置等内容的设计。总体设计前需提供的依据文件有：

① 主管部门有关建设任务的使用要求、建筑面积、单方造价和总投资的批文，以及国家有关部、委或各省、市、地区规定的有关设计定额和指标。

② 工程设计任务书：由建设单位根据使用要求，提出各个房间的用途、面积大小以及其他的一些要求，工程设计的具体内容、面积、建筑标准等都必须和主管部门的批文相符合。

③ 城建部门同意设计的批文：内容包括红线划定的用地范围，以及有关规划、环境等城镇建设对拟建房屋的要求。

④ 委托设计工程项目表：建设单位根据有关批文向设计单位正式办理委托设计的手续。规模较大的工程还常采用投标方式，委托中标单位进行设计。

设计人员根据上述有关文件，通过调查研究，收集必要的原始数据和勘测设计资料，综合考虑总体规划、基地环境、功能要求、结构施工、材料设备、建筑经济以及建筑艺术等多方面的问题进行设计。总体设计通常包括以下几个关键内容：

① 功能分区：确定建筑物或建筑群中各功能区的布局，如办公区、居住区、商业区、公共空间等。

② 交通组织：规划车辆和行人交通流线，确保便捷和安全的交通组织，包括道路、停车场、出入口等的设计。

③ 景观设计：考虑建筑周围的绿化、广场、水景等景观元素的布置，使其与建筑风格相协调，并提升整体环境质量。

④ 环境协调：分析建筑项目与周边环境的关系，确保新建筑能够与现有环境相融，并且不对周围环境产生负面影响。

⑤ 技术经济分析：评估项目的可行性，确定设计方案的经济性和可实施性，包括成本、工期等因素。

⑥ 可持续性设计：考虑节能环保的设计措施，如自然采光、通风、节能材料的使用等，以减少建筑的环境影响。

4.2.2 总体设计分阶段成果

建筑的总体设计通常分为多个阶段，每个阶段都会产生相应的设计成果。这些成果通常包括图纸、报告、模型等，反映出设计过程中的不同层次和细节。总体设计的主要分阶段成果包括以下几个部分：

（1）概念设计成果

建筑总体设计在概念设计阶段仅需提供初步的建筑布局和形态图，表达建筑的整体概念和设计理念，适当展示各功能区的初步布置，如办公、居住、商业等区域的分布。提供初步平面图、立面图和剖面图，有利于建筑的基本形态和空间关系的初步表达。还可通过建立概念模型，例如草图模型或实体模型，直观展示设计概念。简要描述设计的理念、目标和初步技术分析。

（2）方案设计成果

建筑总体设计在方案设计阶段的主要任务是提供更详细的建筑布局、结构和空间关系的设计图纸。方案设计的图纸和设计文件有：

① 建筑总平面：展示建筑物在基地上的位置、标高、道路、绿化以及基地上设施的布置和说明，比例尺一般选取 1∶500～1∶200。

② 各层平面及主要剖面、立面（标出房屋的主要尺寸）；结构选型；房间的面积、高度以及门窗位置；部分室内家具和设备的布置，比例尺 1∶200～1∶100。

③ 规划设计说明，阐述详细的交通组织方案，包括车辆和行人流线、出入口设置，以及主要技术经济指标等。

④ 建筑概算书，基于初步设计的建筑面积和主要材料进行粗略的成本估算。

⑤ 根据设计任务的需要，辅以必要的规划鸟瞰图或建筑模型。

（3）初步设计成果

初步设计是在方案设计基础上进一步进行细化，确定主要建筑结构构件的设计阶段。建筑总体设计在初步设计阶段的主要任务是进一步细化建筑的平面图、立面图、剖面图，进行重要构造节点的详细设计，如墙体、楼梯、屋顶等细部结构。提供景观设计图，包括绿化、广场、道路等。建筑工程的图纸要标明与具体技术工种有关的详细尺寸，并编制建筑部分的技术说明书。结构工程应有建筑结构布置方案图，并附初步计算说明。设备工种也应提供相应的设备图纸及说明书。提供更加详细的成本估算报告。

（4）施工图设计成果

建筑总体设计在施工图设计阶段的主要任务是提供完整的平面图、立面图、剖面图和细部图纸，用于指导实际施工。在这一阶段，应按照专业分工绘制建筑、结构、设备等全部施工图纸，编制工程说明书、结构计算书和预算书。施工图设计阶段的图纸及设计文件有：

① 建筑总平面。比例尺 1∶500（建筑基地范围较大时，也可用 1∶1000，1∶2000，应详细标明基地上建筑物、道路、设施等所在位置的尺寸、标高，并附说明）。

② 各层建筑平面、各个立面及必要的剖面。比例尺 1∶200～1∶100。

③ 建筑构造节点详图。根据需要可采用 1∶1，1∶5，1∶10，1∶20 等比例尺（主要为檐口、墙身和各构件的连接点，楼梯、门窗以及各部分的装饰大样等）。

④ 各工种相应配套的施工图。如基础平面图和基础详图、楼板及屋顶平面图和详图、结构构造节点详图等结构施工图，给排水、电器照明以及暖气或空气调节等设备施工图。

⑤ 建筑、结构及设备等的说明书。

⑥ 结构及设备的计算书。

⑦ 工程预算书。

每个阶段的成果是下一个阶段设计的基础，通过逐步深化设计细节，最终形成指导施工的完整图纸和文件。

4.3 总体设计阶段的主要 BIM 应用及流程

4.3.1 总体设计阶段的 BIM 数字化应用

在总体设计阶段，BIM 技术主要是依据设计条件，对场地现状特点和周围环境情况进行分析，得出规划、分期建设、原有建筑利用和改造等方面的总体设想及设计说明，对场地周围环境及拟建道路、停车场、广场、绿地、建筑的布置有一个初步设计方案，通过对地形、功能分区、交通、绿地布置、日照及分期建设等分析，为后续若干阶段工作和单体建筑设计提供依据及指导性文件。

对于地形复杂的项目，为保证设计的合理性以及为后期单体设计提供准确依据，需要在总图方案设计阶段就采用 BIM 方式进行设计，例如利用 BIM 技术对三维地形进行分析来指导设计，对地形模型进行测量以减少现场作业量，建立较为准确的三维设计模型来进行展示与沟通等。表 4-1 为总体设计主要 BIM 应用及推荐软件方案。

表 4-1 总体设计主要 BIM 应用及推荐软件

序号	应用项目	建议采用 BIM 软件	备注
1	模型构建	Civil 3D Revit AutoCAD Power Civil Infraworks 无人机倾斜摄影	①采用 AutoCAD 创建的设计方案一般为二维 DWG 格式； ②Infraworks 创建的概念方案模型可通过 IMX 格式导入 Civil 3D 中； ③由 Civil 3D 创建的 BIM 模型可直接交付模型文件或导出为 DWG 格式； ④无人机倾斜摄影测量创建的模型可通过 DEM、DSM 格式导入
2	场地分析	Civil 3D Infraworks Power Civil	场地分析一般包括高程分析、坡度分析、排水分析
3	可视化设计	SkethUp 3ds Max Lumion Navisworks Infraworks	①Infraworks 利用自带的渲染引擎进行渲染； ②由 Infraworks 创建的模型可通过 FBX 格式导入 3ds Max
4	总图方案对比	Civil 3D Infraworks	采用 Infraworks 在一个模型文件下创建不同方案，自由切换，达到直观对比的目的
5	室外管综	Civil 3D Navisworks Revit	①Civil 3D 创建的模型可生成 DWG 格式文件，导入 Navisworks 完成； ②Revit 创建的模型可直接导入 Navisworks
6	工程量统计	Navisworks Onuma System Vico Office	①工程量统计一般包括土方量计算和材料统计； ②Onuma System 及 Vico Office 可以直接导入 Revit 生成的 IFC 文件进行投资估算

4.3.2 总体设计 BIM 数字化应用流程

总体设计 BIM 应用流程是指在总图方案设计阶段，运用 BIM 技术进行设计、分析、优化和管理的全过程，设计流程大致为三个部分：软硬件准备、数据获取和具体实施，流程详见图 4-4。

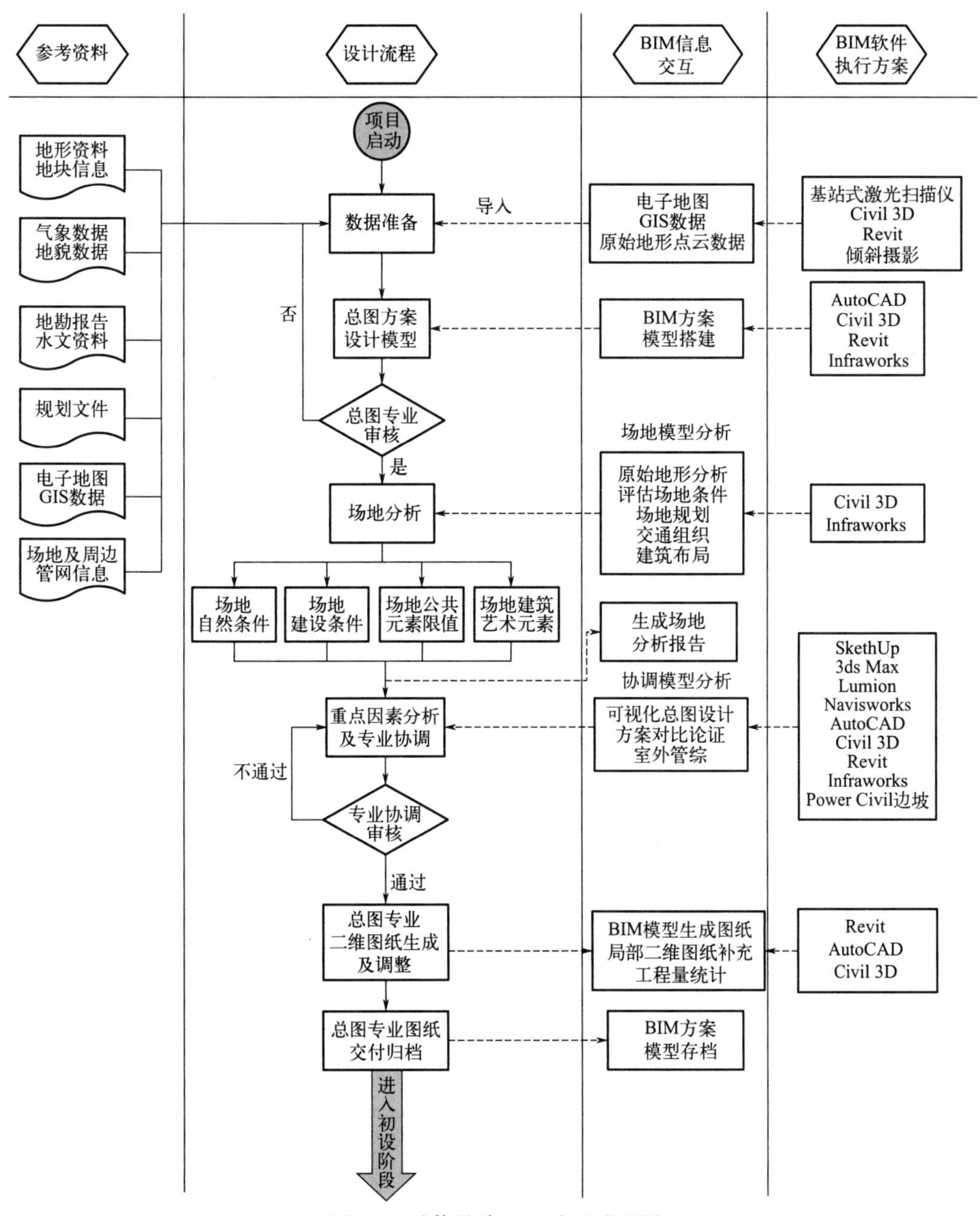

图 4-4 总体设计 BIM 应用流程图

在软硬件准备阶段，除了常规测量设备外，在没有 GIS 提供场地地形的情况下，仍然需要采用常规的测量方法测量地形数据。还可以用三维激光扫描仪，基于扫描的精细点云直接生成三维地形模型，而且也可以自动提取等高线，实现一次测量，同时获取三维及二维数据资料。软件方面包括 GIS 软件——提供基础地理信息数据（地方地理坐标系及高清航拍图、基础地形等）；BIM 建模软件——利用 CAD 地形图，需要具有曲面建模能力的 BIM 软件进行建模，如 Civil 3D；必要的建筑物理环境分析软件——可用于环境分析。

数据获取阶段需要有：①地勘报告、工程水文资料、现有规划文件、建设地块信息；②电子地图（周边地形、建筑属性、道路用地等信息）、GIS 数据；③原始地形点云数据、高精度数字高程模型（DEM）；④场地既有管网数据、周边主干管网数据；⑤地貌数据，例如高压线、河道等地貌。

在完成数据收集，并确保测量勘察数据准确性的前提下，即可建立相应的场地模型，借助软件模拟分析场地数据（坡度、坡向、高程、纵横断面、填挖量、等高线等）。根据场地分析结果，评估场地设计方案或工程设计方案的可行性，判断是否需要调整设计方案。对项目场地周边环境进行分析，包括物理环境（例如气候、日照、采光、通风等）、出入口位置、车流量、人流量、节能减排等。根据设计方案分析得出场地数据成果，与模型一并移交至下一方案设计阶段。

4.4 总体设计影响因素

4.4.1 地形

地形是一块场地的表观特征，它影响建筑物的布置方位与形式，同时也影响建筑物的建造方式与发展规模。通常以画有等高线的地形图来研究地形对建筑物的影响，如图 4-5 所示。等高线是连接相同标高点的假想线，每条等高线的轨迹都显示出其所对应高度的地形资料。

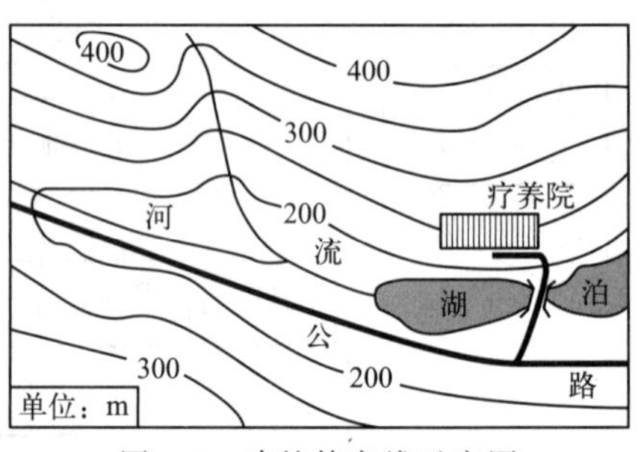

图 4-5　建筑等高线示意图

4.4.2 日照

在人类所处的自然环境中，阳光无论是对人类还是对建筑物都是不可或缺的。有时，阳光可以提高人们的舒适程度，但有时，阳光也可以使人们感到炎热而不舒服。

地球沿着一个类似椭圆形的轨道绕太阳公转，由于地球自转轴与其运行轨道（黄道）存在一个 23°27′的夹角，从而在地球上形成循环的四季变化。太阳照射北半球时间最长的那一天为夏至，夏至日约在每年的 6 月 21 日，虽然这天白昼最长，太阳高度角最大，但并不是一年中最热的时候。而地球处在公转轨道与夏至相对的位置时，即为冬至。冬至日大约在每年的 12 月 21 日，那时北极点会远离太阳，在北半球，阳光照射的角度更大，阳光就像一个拖得很长的长条通过大气，阳光对地面的热效应也会相应较弱。这一天北半球受阳光照射的时间比一年中其他日期都要短，日照分析立体图如图 4-6(a)、平面图如图 4-6(b)、剖面图如图 4-6(c) 所示。对建筑物来说，一方面需要在冬季争取尽可能多地利用阳光，另一方面又必须在夏季尽可能避免阳光对它的长期照射，这就需要人们在这两者之间寻求平衡。

日照间距和建筑控制线是建筑设计和规划中的两个重要概念，它们对建筑物的布局、形态，以及城市空间的组织都有深远的影响。日照间距指的是为了保证建筑物间的合理采光和日照条件，两个建筑物之间必须保持的最小距离。目的是满足特定时间段内的日照要求，确保建筑物及其周围环境能获得足够的阳光。建筑控制线指的是城市规划或建筑设计中，限定建筑物外墙的最大边界范围的一条界线。它规定了建筑物在土地上可使用的最大空间范围，确保建筑物的布置符合规划要求。日照间距的要求可能会影响建筑控制线的设置。例如，为了满足日照间距的要求，建筑物的布置可能需要退后，从而调整建筑控制线的位置（图 4-7）。

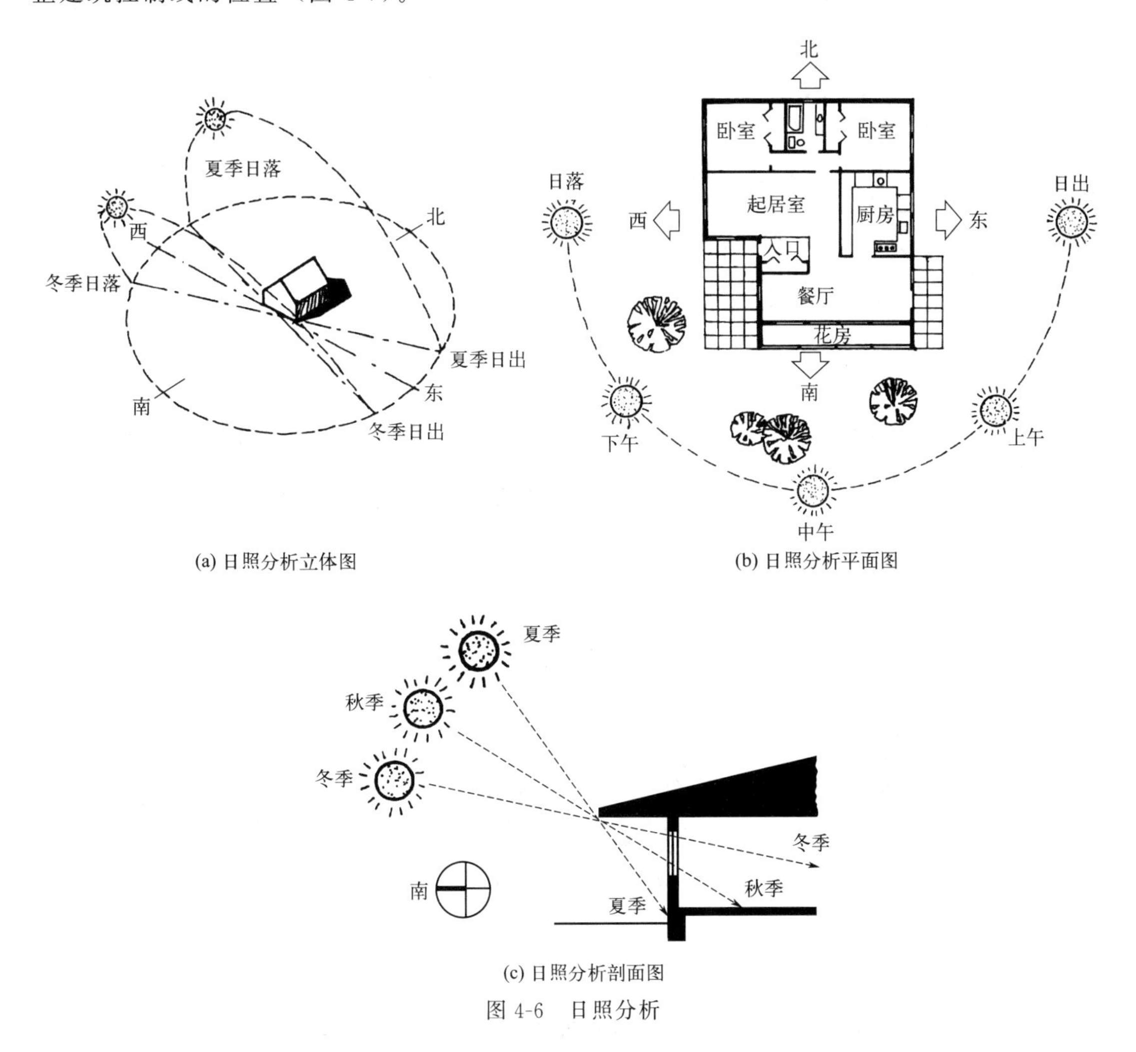

图 4-6　日照分析

4.4.3　风向和温湿度

（1）风向

风是地球气候形成的重要作用因素，它使地球上水分和热量的分布更均匀。风在高空刮得快且顺畅，而在接近地球表面的地方，风速受邻近地面的障碍物如丘陵、高山、树林、建筑物的持续影响而变得不稳定，如图 4-8 所示，风向也常会突然变化，因此风速和风向通常难以捉摸。

无论建筑物处于什么样的气候地区，风速与主导风向都是建筑物设计所必须考虑的一个重要因素，在寒冷地区人们要考虑风引起的热量损失，而在温暖地区人们又要考虑风对室内通风的作用，同时建筑物的主要结构必须具有足够的强度抵抗风力的破坏。保持建筑物内的空气新鲜依赖于建筑物内的空气流通，它是由空气的压力和温度差产生的，空气流动的最终形式受建筑物的几何形状及朝向与风的速度等多种因素的影响，如图 4-9 所示。

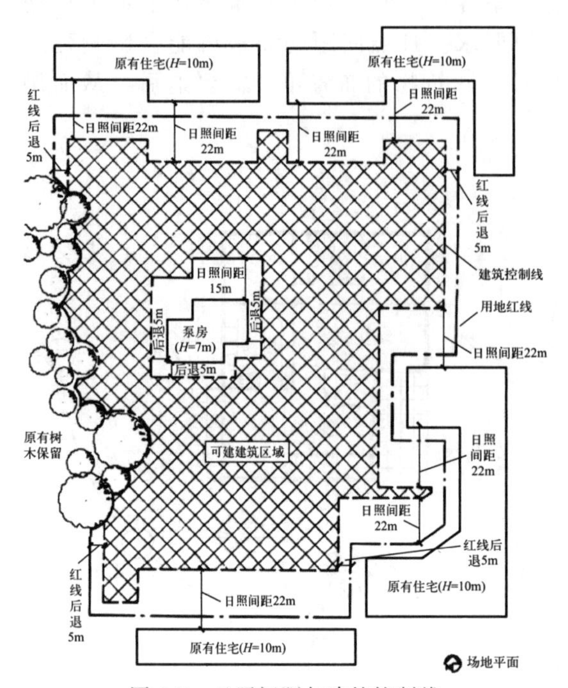

图 4-7 日照间距与建筑控制线

图 4-8 气流受地面物体影响示意图

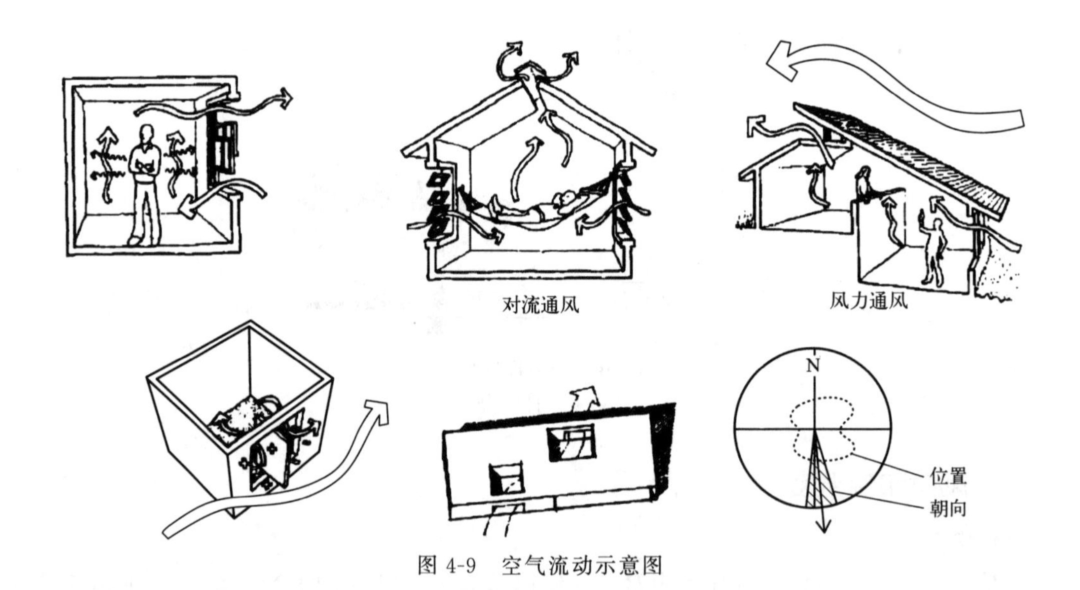

图 4-9 空气流动示意图

再比如工业生产过程中可能产生各种污染物，如烟气、粉尘、气体废物等。如果厂房位于上风向，这些污染物会随着风向扩散到下风向的区域，影响居民区、办公区或其他厂房的环境质量。因此，将厂房布置在下风向可以有效减少污染物对敏感区域的影响。

(2) 温湿度

建筑物必须为人们提供生活和工作所需的最低限度的室内环境要求。这一要求称为室内基本的热环境要求，例如，室内的温度、湿度、气流和环境热辐射应在允许范围之内。冬季采暖房屋围护结构内表面温度不应低于室内水蒸气结露温度，夏季自然通风房屋围护结构内表面最高温度不应高于当地夏季室外计算温度最高值等。在这些基本的热环境要求得到保证的情况下，建筑物的使用质量才能得到保证。

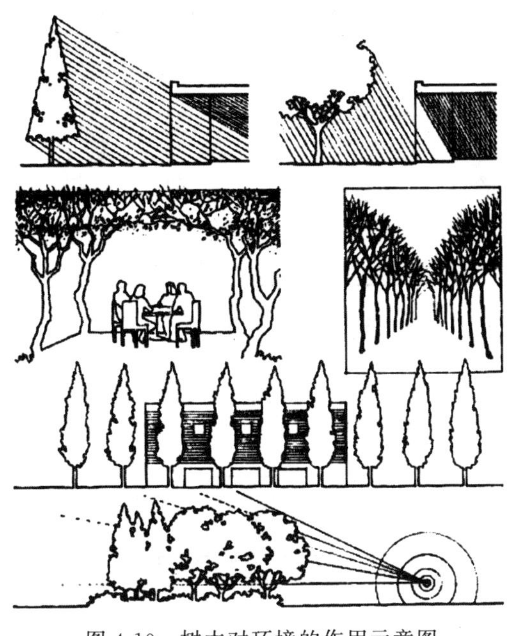

图 4-10　树木对环境的作用示意图

4.4.4　既有建筑和植物

对于一幢拟建建筑物，除了自然环境外，已建成的建筑物和道路及其他设施对拟建建筑物来说是必须要考虑的一种人为环境。例如现有建筑物和道路可能会限制拟建建筑物的可用空间，使设计必须在有限的地块内进行。附近已有建筑物的高度和密度可能会对拟建建筑物的高度产生影响，特别是在有高度管控的城市或地区。如果拟建建筑物周围有历史建筑或受保护的文物，设计和建设可能会受到严格的法律制约，以保护这些历史遗产不受破坏。

此外植物有利于建筑物与周围环境的融合，对于改善环境具有非常重要的意义，它不仅可以美化建筑环境，还可以降低噪声、遮阳、避风，树木对环境的作用如图 4-10 所示。树木的结构和形状，树叶的季节密度，纹理和色泽，生长速度，对土、水、阳光和温差的要求，根系的深度和广度等是我们利用植物时要考虑的重要因素。草地和其他植被能够通过吸收太阳辐射和蒸发来降低气温，提高土壤的透气性和透水性。藤本植物能够遮阳并通过蒸发降低周围环境的温度，从而减少阳光照射墙面引起的热量传播。

4.4.5　防火间距

防火间距是指建筑物之间为防止火灾蔓延而设置的最小水平距离，目的是通过保持一定的距离，防止火灾在建筑物之间通过热辐射、火焰和飞火等方式扩散，减少火灾对相邻建筑物的威胁。此外防火间距不仅能阻止火势的蔓延，同时还为安全疏散和扑灭火灾创造有利条件，所以它在建筑总体规划中具有相当重要的作用。

确定建筑物间的防火间距，除了考虑建筑物的耐火等级、使用性质等因素外，还要考虑消防人员能够及时到达并迅速扑救这一因素。如灭火人员能在起火后 20mm 之内到达火场，就不需要设置太大的安全距离，例如三级耐火等级的民用建筑起火，热辐射对站在 7m 外的灭火人员威胁尚大，因此三级与三级耐火等级的民用建筑之间的防火间距就采用 8m，四级与四级之间更多一些，采用 12m 等。民用建筑的防火间距如表 4-2 所示。

表 4-2 民用建筑之间的防火间距

单位：m

建筑类别		高层民用建筑	裙房和其他民用建筑		
		一、二级	一、二级	三级	四级
高层民用建筑	一、二级	13	9	11	14
裙房和其他民用建筑	一、二级	9	6	7	9
	三级	11	7	8	10
	四级	14	9	10	12

对防火间距的理解如图 4-11 所示。

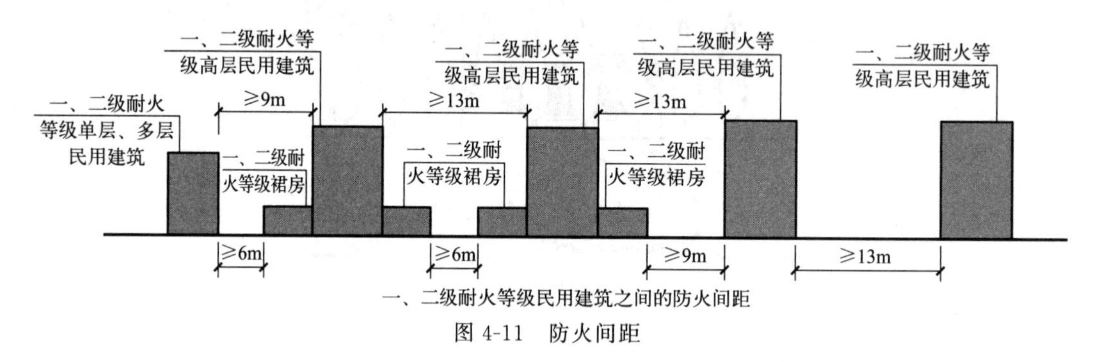

图 4-11 防火间距

一般民用建筑占地面积不大，如每幢建筑物间都设 8m，甚至更大的间距，将对节约用地不利，规划上也难以做到。为此，规范规定数座一、二级耐火等级不超过 6 层的住宅，如占地面积的总和不超过 2500m^2 时，可成组布置，但组内建筑之间不宜少于 4m。组与组或组与相邻建筑之间的防火间距则仍应符合表 4-2 的规定。

4.5 建筑总平面图制图要求

4.5.1 总平面图纸内容

建筑总平面图是利用正投影方式表达建筑总体设计内容的图纸，如图 4-12 所示。建筑总平面图纸内容包括：①明确建筑物的位置、形状、尺寸及其与周边环境的关系。②标注地形高程、坡度、地形特征及现有地物，如道路、河流、绿化等。标示主要和次要道路、入口出口、停车场、交通流线等。③场地周边和内部的绿地、树木、花坛、水景等景观设计。④相应配套设施，如围墙、围栏、步道、广场、照明等设施位置。⑤建筑物之间的距离和相对位置，需用尺寸标注明确。⑥明确不同区域的功能用途，如住宅区、商业区、公共设施区等，必要时可以不同的图例和文字进行说明。

4.5.2 总平面图绘图规范

绘制总平面图首先应选择合适的比例（如 1∶200、1∶500、1∶1000），确保图纸内容清晰，标注尺寸准确。使用统一的图例和符号，标注建筑物、道路、绿化、设施等，确保图纸易读易懂。必要时在图纸上附加图例和文字说明，解释特殊内容或补充信息。标注关键点的高程信息，简称标高，通常总平面图以米为单位，精确到小数点后 2 位。明确地形变化和

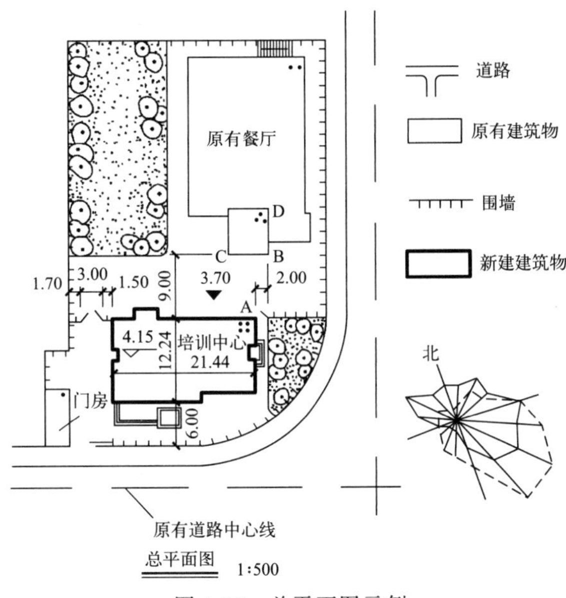

图 4-12 总平面图示例

位置关系。新建建筑物定位采用指北针或风玫瑰图两种方式：①指北针的直径为 24mm，箭头方向为正北向，箭尾为直径的 1/8，即 3mm，指针方向写“北”或“N”，如图 4-13(a) 所示，指北针除了在总图标注外，建筑首层平面图也必须标注；②“风玫瑰”图也叫风向频率玫瑰图，它是根据某一地区多年平均统计的各个风向和风速的占比，按一定比例绘制的，一般多用八个或十六个罗盘方位表示。实线为全年风频，虚线为 6、7、8 三个月的夏季风频，玫瑰图上所表示风的吹向（即风的来向），是指从外面吹向地区中心的方向，如图 4-13(b) 所示。

建筑总平面图也是房屋建造施工时用来定位、开挖土方的依据，是水、暖、电等设备管线安装施工的依据，也是工程建造单位编制施工总计划的重要依据。因此坐标定位是总平面图区别于其他类型图纸最显著的特征。总平面图中的 *XY* 坐标网和 *AB* 坐标网是两种常见的坐标系统，图 4-14 表示了二者的区别。*XY* 坐标网是基于笛卡尔坐标系的平面坐标系，通常用于测量和绘制建筑物或场地的详细平面图。*X* 轴和 *Y* 轴相互垂直，*X* 轴代表南北方向，相当于纬度；*Y* 轴代表东西方向，相当于经度。而 *AB* 坐标网通常是针对建筑物特定区域或构件布置的专用坐标系。*A* 轴和 *B* 轴并不一定是正交的，通常是为了适应建筑物或结构的特殊形状而设置的，因此 *A* 轴和 *B* 轴的方向一般选择与建筑物的主要轴线平行或垂直。*XY* 坐标网更适用于广义的、标准的坐标测量和图纸绘制，而 *AB* 坐标网则是为特定建筑或区域量身定制的坐标系统，通常与建筑物的布局和结构紧密相关，二者可通过公式换算。总平面图绘制完成后，应确保图纸的准确性，避免位置、尺寸和比例的纰漏。检查图纸内容是否清晰明了，避免过于复杂或冗余的信息，关键尺寸或文字有无重叠影响识读，最后检查图纸内容是否全面完整，是否涵盖所有必要展示的信息。

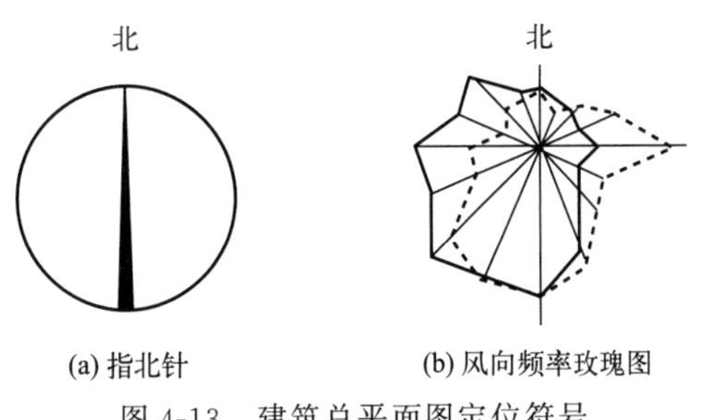

图 4-13 建筑总平面图定位符号

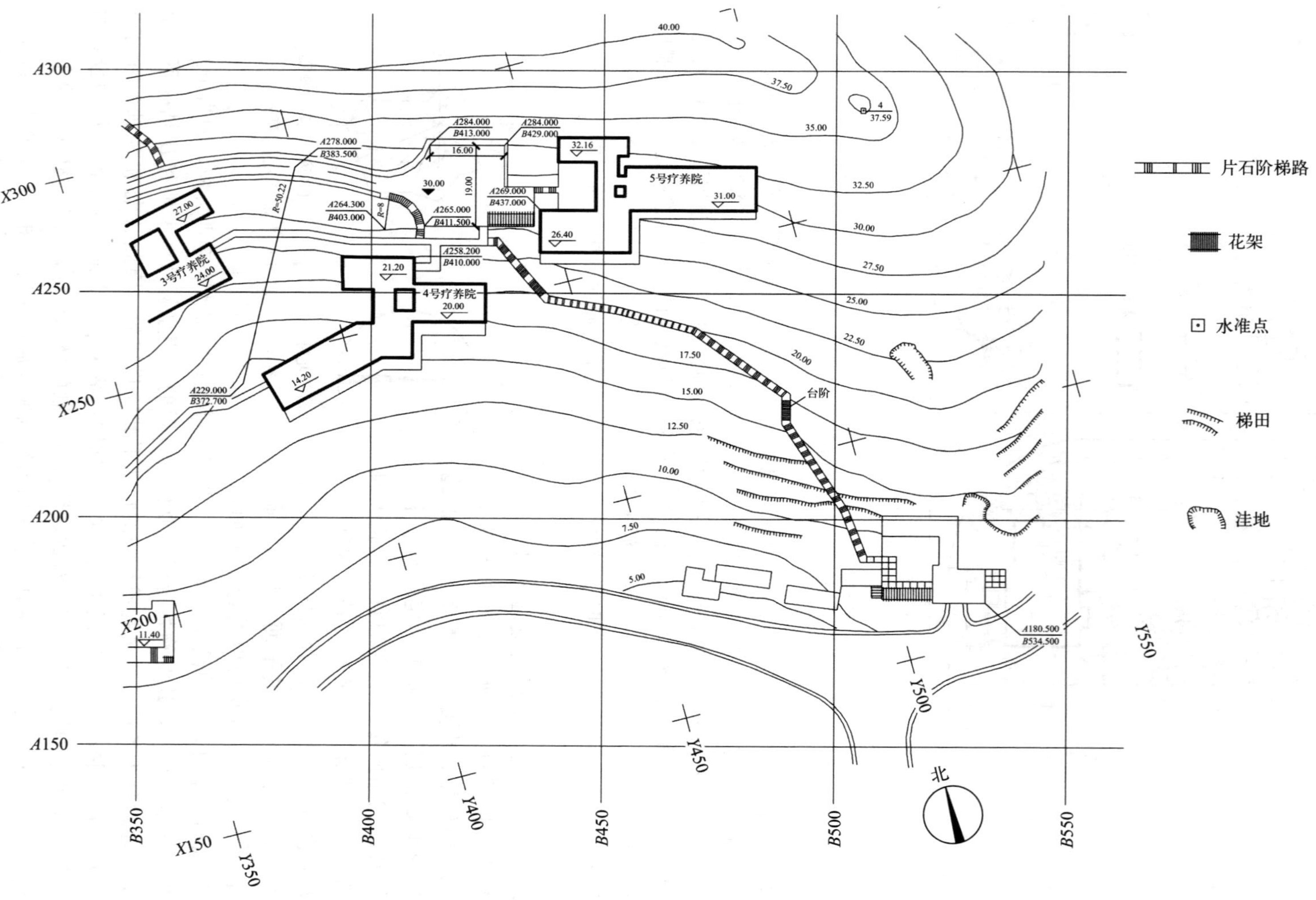

图 4-14　XY 坐标与 AB 坐标总平面图的关系

思考题

1. 阐述建筑总体设计阶段 BIM 数字化设计的价值。
2. 建筑总体设计的概念是什么？设计要考虑哪些内容？
3. 什么是日照间距？目的是什么？
4. 什么是防火间距？为什么要规定防火间距？

第5章 建筑方案设计

本章要点

1. 学习和了解建筑平面设计的基本原理和方法。
2. 了解建筑体型组合的基本原理和建筑立面设计的方法。
3. 理解建筑剖面设计的一般原理及方法。

学习知识目标

1. 学习主要使用房间、辅助使用房间以及交通联系部分的设计。
2. 通过学习生成式建筑人工智能设计，了解建筑立面造型设计的一般方法。
3. 了解房间的剖面形状及构造要求。

素质能力目标

1. 掌握主要使用房间以及交通联系部分的设计。
2. 掌握建筑立面造型设计的方法，提高建筑美学素养。

本章数字资源

- 数字化设计
- 在线图库
- 在线题库
- 参考答案

5.1 方案设计阶段的 BIM 数字化应用及流程

5.1.1 方案设计阶段的 BIM 数字化应用

方案设计阶段的 BIM 数字化应用主要是从建筑项目的需求出发，依据设计条件，建立设计目标与设计环境的基本关系，对项目设计方案进行数字化仿真模拟及可行性验证，为建筑设计后续若干阶段工作提供依据及指导性的文件，主要目的是验证项目可行性研究报告中提出的各项指标，进一步推敲、优化设计方案，借助场地建筑信息模型分析建筑物所处位置的场地环境，搭建建筑单体方案设计阶段建筑信息模型，并对设计方案进行数字化、可视化的表达及验证，确保建筑功能、艺术、技术经济等指标有机统一，为初步设计阶段的 BIM 应用及项目审批提供数据基础。表 5-1 为方案设计阶段的主要 BIM 应用及推荐软件。

表 5-1　方案设计阶段的主要 BIM 应用及推荐软件

应用项目	建议采用软件	备注
方案模型构建	Rhino Sketch Up Revit 3ds Max	①SketchUp 创建的形体数据可通过 SKP 格式导入 Revit； ②Rhino 创建的形体数据可通过 SAT 格式导入 Revit； ③3ds Max 创建的形体数据可通过 DWG 格式导入 Revit
曲面优化及参数化	Revit Rhino Grasshopper Catia Dynamo	①推荐采用 Rhino+Grasshopper 进行参数化建模，然后通过配套的 Revit 插件导入，按导入坐标依次放置预先设定的自适应族，以此形成参数化的形体或者表皮； ②采用 Dynamo，通过 Revit 的"附加模块"Ribbon 调出； ③Catia 导出的 CATPart 文件可通过 Autodesk Inventor 读取，然后再导出 SAT 文件，导入 Revit
可视化分析	3ds Max Lumion Revit Navisworks Showcase Maya Fuzor Mars	①除了 Revit 本身的可视化功能，还可通过 OBJ 或者 FBX 格式，将 Revit 模型导入 3ds Max、Maya 或 Showcase 等可视化软件，实现多种方式的可视化表达； ②Lumion 可以读取 Revit 导出的 DAE 文件格式； ③通过 Fuzor 和 Mars 可与 Revit 实时交互，漫游过程中可随时在材质编辑器中修改材质，做冲突检查及添加注释； ④制作漫游动画时建议按 24 帧/秒导出
平面表达	Revit AutoCAD 天正 Photoshop Illustrator	通过 Revit 建筑软件，可实现从方案设计阶段到施工图阶段的模型创建及维护
模型集成	Navisworks	

5.1.2 方案设计阶段的 BIM 数字化应用流程

方案设计阶段的 BIM 数字化应用流程大致分为三个部分：软硬件准备、数据获取和具体实施，流程详见图 5-1。软硬件准备需要准备性能化分析软件、详细的环境数据、具有协同设计功能的 BIM 建模软件及校核程序。数据获取包括①建筑信息模型或相应方案设计资料、气象数据、热工参数及其他分析所需数据；②前期建筑方案设计模型：包括项目场地模型信息，建筑单体主体外观形状，建筑标高、基本功能分隔构件，建筑主要空间功能及参数要求，主要技术经济指标，绿色建筑设计指标，建筑防火、人防类别与等级；③方案设计背景资料：包括设计条件、效果图、设计说明等相关文档；④整合后的各专业模型。

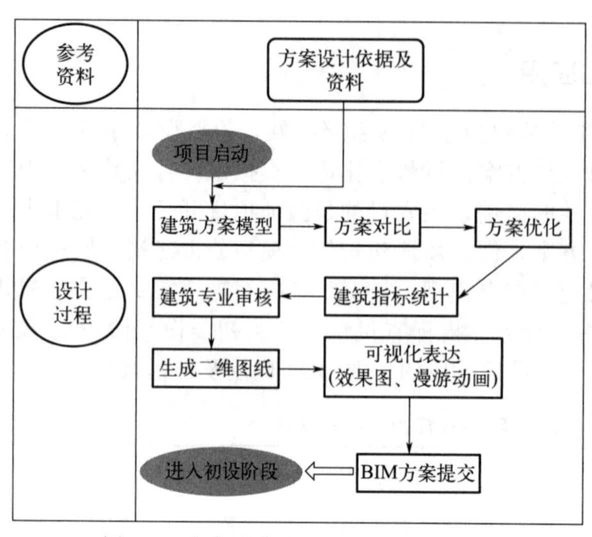

图 5-1　方案设计阶段 BIM 应用流程图

具体实施需要根据前期数据及分析软件要求，建立方案设计信息模型，模型应包含方案的完整设计信息，包括方案的整体平面布局，立面设计，面积指标等；通过软件的可视化功能对建筑空间、流线提出比选依据；通过软件的分析功能对建筑外部环境、内部空间的物理性能进行分析；通过软件的数字化功能实现相关技术经济指标的快速统计，以及立面曲率、成本的可量化分析；检查多个备选方案模型的可行性、功能性和美观性等方面，选择最优的设计方案；将建筑信息模型导入具有虚拟漫游、动画制作功能的软件，进行可视化展示；将方案设计阶段的数据成果，与模型一并移交至初步设计阶段。

5.1.3　方案设计阶段的 BIM 数字化交付成果要求

方案设计阶段的 BIM 模型交付内容及深度为 LOD100 或 200 级，通常可提供可视化的模拟分析数据，作为评估设计方案选项的依据；生成轻量化的信息模型，方便浏览与展示，用于方案设计审查及项目协调；创建室外效果图、场景漫游、对应的方案展示视频文件等可视化成果。由 BIM 方案设计模型生成的二维图纸，主要包括建筑总平面图、各层平面图、主要立面图等。

5.2　建筑平面设计

5.2.1　建筑空间三大基本构成

建筑是人为创造的空间环境，常用平面、立面、剖面三个不同投影来表达。建筑平面表示建筑物在水平方向各部分的组合关系，并集中反映建筑物的使用功能关系以及建筑与周围环境的关系。平面设计是关键，建筑设计一般从平面设计的分析入手，兼顾剖面和立面设计可能对平面设计带来的影响。

虽然民用建筑物的类型多样，但在结构组成及功能使用方面仍然存在着一些共同的特点，因为各类型建筑都可以分为主要使用房间、辅助使用房间和交通联系部分这三大基本部分，如图 5-2 所示。住宅中的起居室、卧室等是起主要功能作用的空间，卫生间、厨房等是起辅助功能作用的空间。交通联系部分是建筑物中各房间之间、楼层之间和室内与室外之间联系的空间。例如，建筑物的门厅、过厅、走道、楼梯、电梯等等。

5.2.1.1　主要使用房间

主要使用房间是直接为建筑物使用者提供生产、生活和工作空间的房间，包括一般的工作房间及集散大厅。

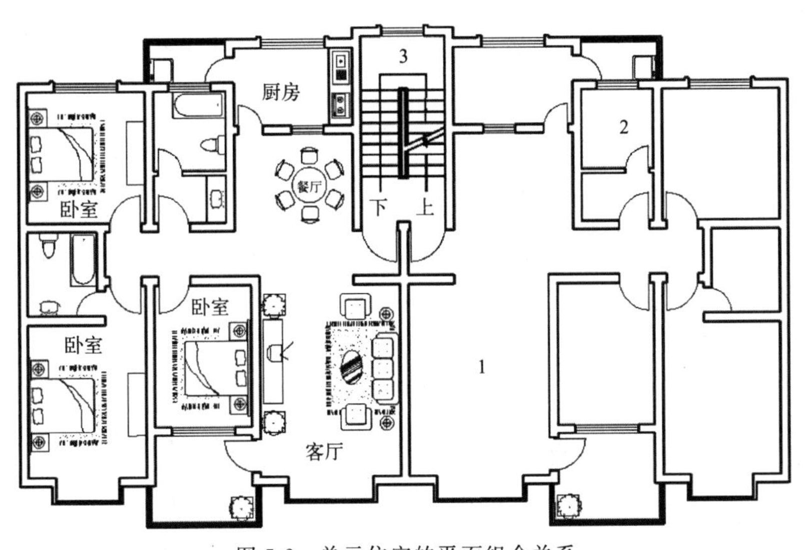

图 5-2 单元住宅的平面组合关系

1—主要使用房间；2—辅助使用房间；3—交通联系部分

(1) 房间的分类要求

主要使用房间从功能要求来分包括：①生活用房间：住宅的起居室、卧室，宿舍等；②工作学习用的房间：各类建筑的办公室，学校中的教室、实验室等；③公共活动房间：商场的营业厅，剧院、电影院的观众厅、休息厅等。

(2) 房间的面积

房间面积由其使用面积和结构或围护构件所占面积组成。以图 5-3 所示卧室为例，其使用面积由以下三部分组成：①家具和设备所占用的面积；②人们使用家具设备及活动所需的面积；③房间内部的交通面积。

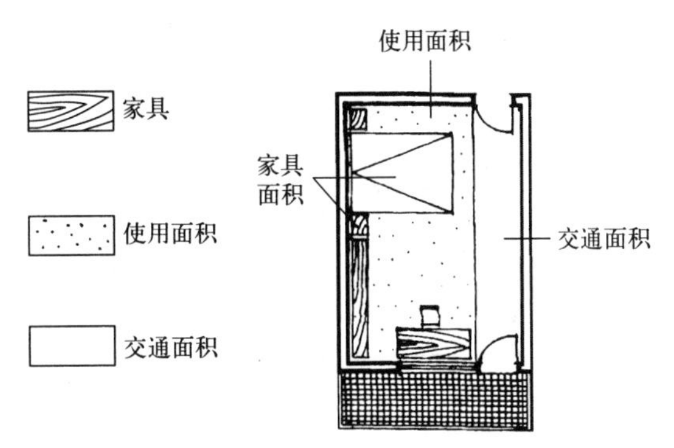

图 5-3 卧室中使用面积分析示意图

确定房间面积时，需要考虑房间用途、使用特点及其要求，房间使用人数多少，家具设备的品种、规格、数量及其布置方式，室内交通情况和内部活动特点等。在实际工作中，可以依据各地区制定的面积定额指标计算得出房间的总面积。表 5-2 是部分民用建筑房间面积定额参考指标。

表 5-2 部分民用建筑房间面积定额参考指标

建筑类型	房间名称	面积定额/(m^2/人)	备注
中小学	普通教室	1.25～1.44	小学取下限
办公楼	一般办公室	3.5	不包括走廊
	会议室	0.5	无会议桌
		2.3	有会议桌
铁路旅客站	普通候车室	1.1～1.3	
图书馆	普通阅览室	1.8～2.5	4～6 座位双面阅览室

(3) 房间的形状

房间形状主要与使用功能、周围环境、基地大小形状，以及结构施工方便、空间的艺术效果等方面的因素有关。建筑常见的房间形状有矩形、方形、多边形、圆形、扇形等（图 5-4）。矩形的特点是简洁规整，使用方便，结构简单，施工方便，有利于统一开间、进深以及建筑空间的组合设计。但是，在某些特殊情况下，采用非矩形平面往往具有较好的功能适应性，或易于形成极有个性的建筑造型。对于一些有特殊功能要求的房间如影剧院的观众厅、体育馆的比赛大厅等，则应根据其特殊的使用要求而采用合适的形状。观众厅（图 5-5）、比赛大厅的平面形状一般有矩形、钟形、扇形、圆形、多边形等多种。房间形状的确定，不仅仅取决于功能、结构和施工条件，也要考虑房间在空间组合设计中的空间艺术效果。

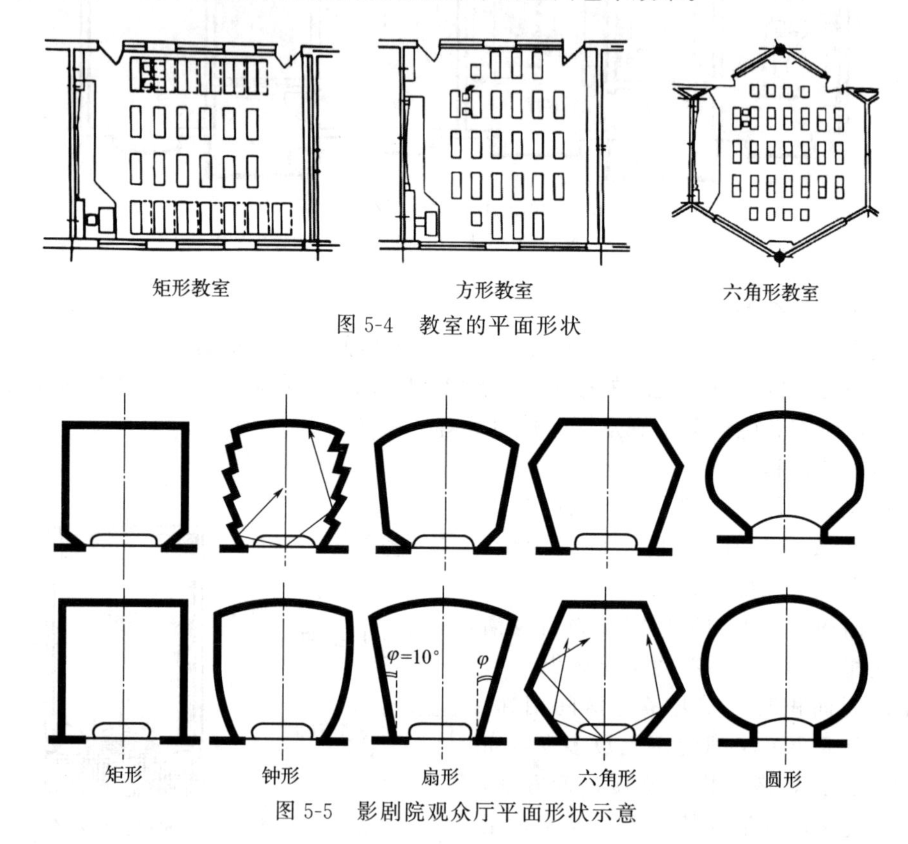

图 5-4 教室的平面形状

图 5-5 影剧院观众厅平面形状示意

(4) 房间的尺寸的确定

房间尺寸是指房间的面宽和进深，而面宽常常是由一个或多个开间组成的。房间的平面尺寸在满足家具设备布置及人们活动要求的基础上，还应满足视听要求、采光要求和结构合理性要求。

视听要求反映在一些特殊使用房间中，例如学校的教室，为使教室前排两侧座位不致太偏，后面座位不致太远，必须根据水平视角、视距、垂直视角的要求，充分研究座位的排列，确定合适的房间尺寸。从视听的功能考虑，教室的平面尺寸应满足以下的要求（图 5-6），例如：为防止第一排座位距黑板太近（垂直视角太小易造成学生近视），第一排座位距黑板的距离必须≥2.00m，以保证垂直视角大于 45°；为防止最后一排座位距黑板太远（视距过大影响学生的视觉和听觉），后排距黑板的距离不宜大于 8.50m。教室平面尺寸一般常用进深 6.6～8.4m，开间 8.4～9.9m。中学教室平面尺寸常取 6.60m×9.00m，6.90m×9.00m 等。

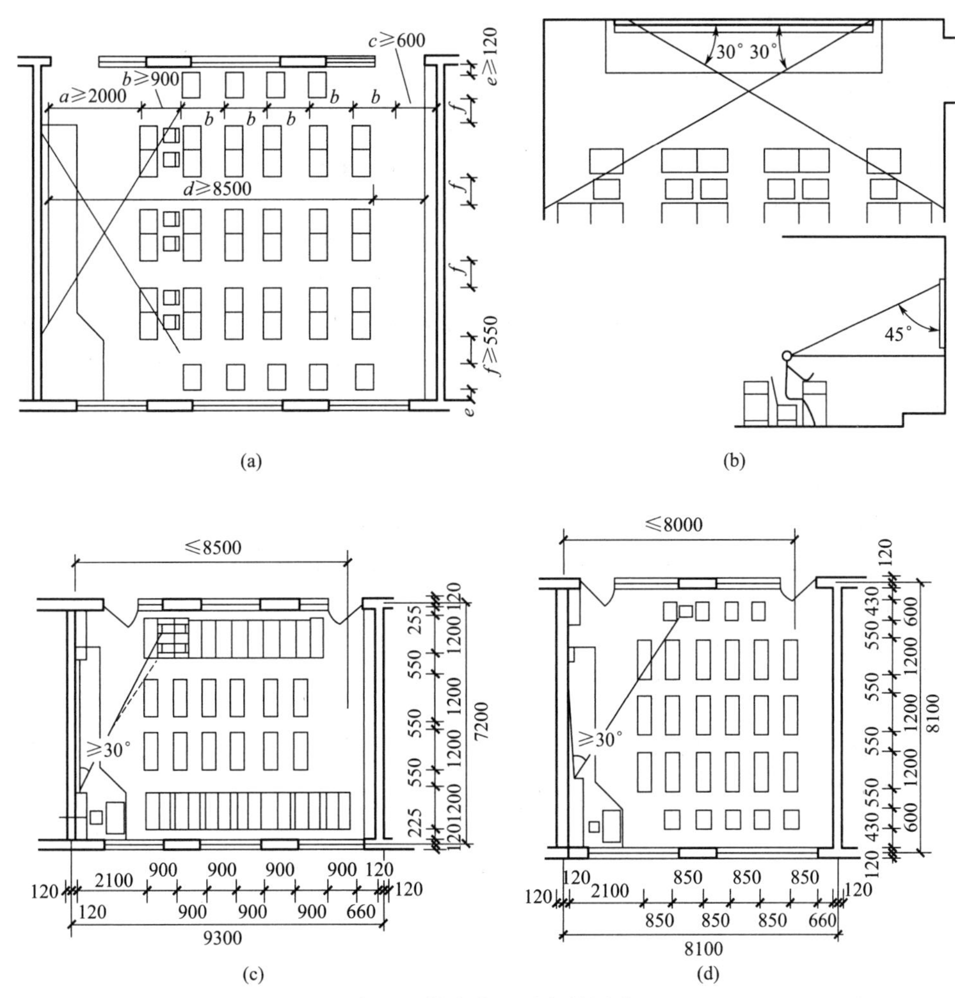

图 5-6　教室布置及有关尺寸

一般房间多采用单侧或双侧采光，因此，房间的进深常受到采光的限制。图 5-7 为采光方式对房间进深的影响。图 5-7(a) 说明单侧采光时房间进深长度应不大于房间窗户上沿离地高度的 2 倍；图 5-7(b) 说明双侧采光时房间进深长度应不大于房间窗户上沿离地高度的 4 倍。图 5-7(c) 说明房间采用双侧加天窗的方式采光时，房间进深长度可不受限制。

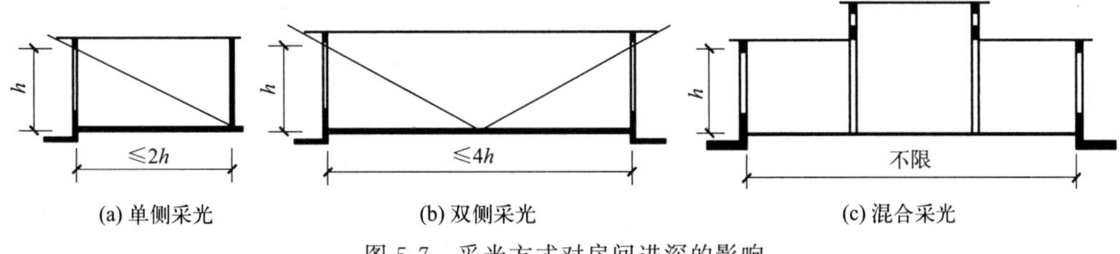

图 5-7　采光方式对房间进深的影响

相同面积的房间，因面宽和进深尺寸的不同而形成一定的比例，比例得当的房间使用方便而且视觉观感好。一般面宽和进深之比为 1∶1.5 左右为佳。房间的开间、进深尺寸应尽量使构件标准化，同时使梁板构件符合经济跨度要求。较经济的开间尺寸是不大于 4.20m，钢筋混凝土梁较经济的跨度是不大于 9.00m。同时房间尺寸还应符合建筑模数协调统一标准，尽量统一构件类型，减少构件规格，因此房间的开间和进深一般以 300mm 为模数。

(5) 房间的门、窗设置

房间门的作用是供人出入和实现各房间的交通联系，有时也兼采光和通风作用。窗的主要功能是采光通风，同时门窗也是外围护结构的组成部分。

门的设计是一个综合性的问题，它的大小、数量、位置及开启方式直接影响房间家具的布置、房间面积的有效利用、人流活动及交通疏散、建筑外观及经济性等各个方面。按照《建筑防火通用规范》(GB 55037—2022) 的要求，对于一些大型公共建筑如影剧院的观众厅、体育馆的比赛大厅等，在每个房间、厅堂或区域内，应设置至少两个疏散门。对于封闭的房间或区域，为确保人员疏散迅速、安全，公共建筑的出入口疏散门的数量和总宽度应按每 100 人 600～800mm 宽计算，且每樘门宽度单扇不应小于 900mm，双扇一般取 1500～1800mm。门常用宽度 900mm，住宅中的厕所门 700mm。住宅分户门，一般为 1000mm 或 1200mm（子母门，900mm 和 300mm 两扇，平时只开 900mm，需要时同时开启），住宅中卧室门常取 900mm，普通教室、办公室等的门采用 1000mm。

窗户面积大小主要根据房间的使用要求、房间面积及当地日照情况等因素考虑。设计时可根据窗地面积比（窗洞口面积之和与房间地面面积之比）进行窗口面积的估算，按表 5-3 中规定的窗地面积比值进行验算。

表 5-3 民用建筑采光等级表

采光等级	视觉工作特征		房间名称	窗地面积比
	工作或活动要求精确程度	要求识别最小尺寸/mm		
Ⅰ	极精密	<0.2	绘图室、制图室、画廊、手术室	1/3～1/5
Ⅱ	精密	0.2～1	阅览室、医务室、健身房、专业实验室	1/4～1/6
Ⅲ	中精密	1～10	办公室、会议室、营业厅	1/6～1/8
Ⅳ	粗糙	>10	观众厅、居室、盥洗室、厕所	1/8～1/10
Ⅴ	极粗糙	不作规定	储藏室、门厅、走廊、楼梯间	1/10 以下

门窗位置应尽量使墙面完整，便于家具设备布置和人流合理组织通行。门的位置应方便交通，利于疏散，一般布置在房间的角落尽端，并且大多数房间的门均采用内开方式，以防止门开启时影响室外的人行交通。医院病房常采用 1200mm 的不等宽双扇门，平时出入可用较宽的单扇门，当有手推车出入时，可同时开启两扇门。商场、银行的营业厅或一些公共场所，因人流出入比较频繁，可采用双扇弹簧门，这样使用比较方便。另外，一些公共活动房间或封闭楼梯间，门的开启方式注意应与人流疏散方向一致，如图 5-8 所示。

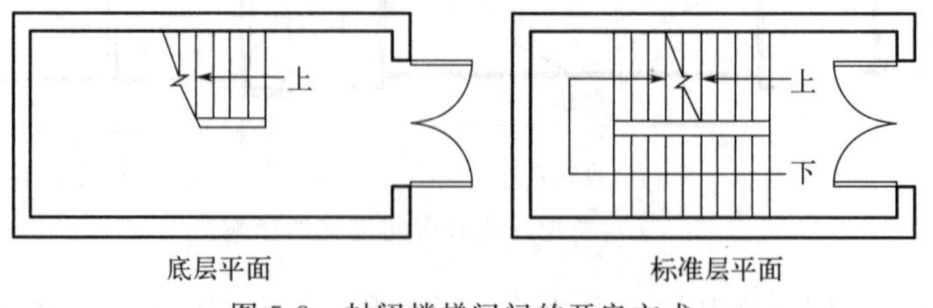

图 5-8 封闭楼梯间门的开启方式

窗户在房间中的位置决定了光线的方向及室内采光的均匀性。图 5-9 为普通教室开设的侧窗。图 5-9(a) 无窗间墙和图 5-9(b) 窗间墙较窄的教室靠墙一侧照度均匀，而图 5-9(c)

窗户虽然均匀布置在每个相同开间的外墙中部，但窗宽较窄，窗间墙较宽，在墙后形成较大阴影区，影响了该处桌面亮度。窗台的高度主要根据房间的使用要求和人体尺度来确定。民用建筑的房间，窗台高度为 900mm 左右；幼儿园窗台高度为 600mm 左右；展览建筑的房间，窗台高 1800mm 以上，以满足采光和布置展品的需要。一些风景建筑、公共建筑的公共空间，如餐厅、多功能厅、大堂等，为使室内阳光充足及满足观景需要，常降低窗台高度或做成落地窗。

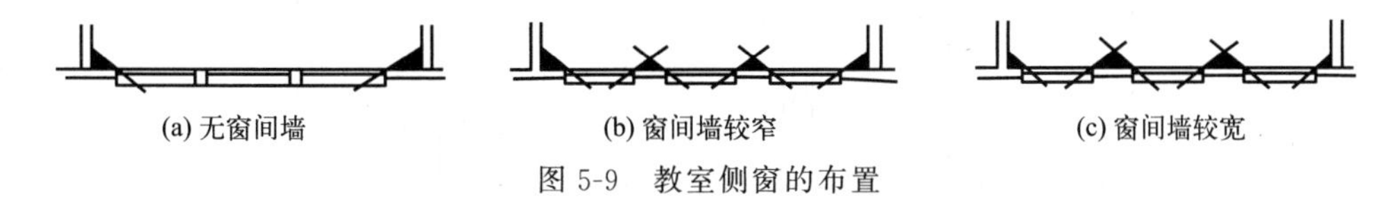

图 5-9　教室侧窗的布置

房间的自然通风由门窗来组织，因此门窗平面位置会影响室内通风效果。通常对角线布置窗户可保证空气流动畅快，直进直出、相邻开窗间距较小或单一窗户布置门窗则无法保证有效换气。图 5-10 为门窗位置对气流的影响。

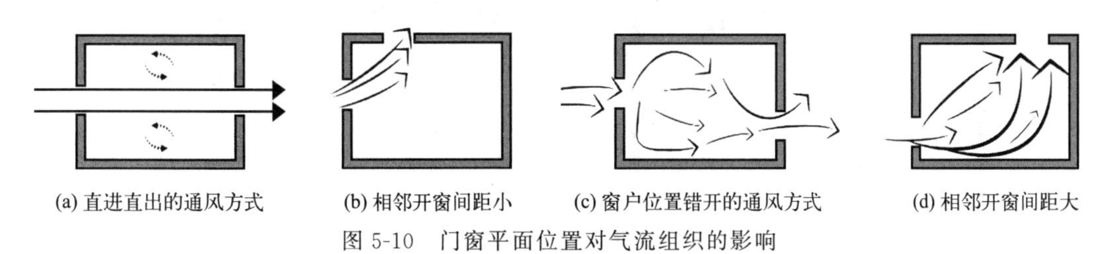

图 5-10　门窗平面位置对气流组织的影响

5.2.1.2　辅助使用房间

民用建筑除了主要使用房间以外，还有很多辅助使用房间。不同类型的建筑有不同的辅助使用房间，而其中卫生间、盥洗室、浴室、厨房是最常见的。辅助使用房间的设计原理和方法与主要使用房间基本相同。

(1) 卫生间设计

卫生间洁具的尺寸选择对于提升使用体验和空间利用效率至关重要。以下是一些基本洁具的推荐尺寸：马桶的尺寸，高度为 700mm 左右，长度在 620～720mm 之间，宽度在 360～500mm 之间。洗脸盆的台面深度通常为 500～600mm；淋浴房的尺寸至少需要 800mm×800mm，理想尺寸为 1000mm×1000mm。图 5-11 为基本洁具尺寸。

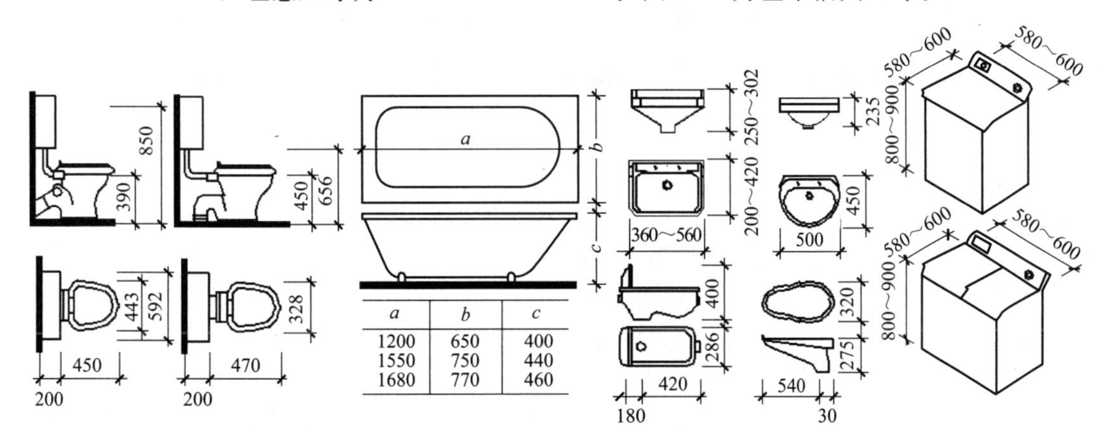

a	b	c
1200	650	400
1550	750	440
1680	770	460

图 5-11　基本洁具尺寸

卫生间可分为公用卫生间和专用卫生间。公共卫生间使用人数多，因此应设置前室，既可以改善通往卫生间的走道和过厅的卫生条件，又有利于卫生间的视线隐蔽，图 5-12 为公共卫生间平面布置实例，图 5-13 为公共卫生间洁具参考尺寸。

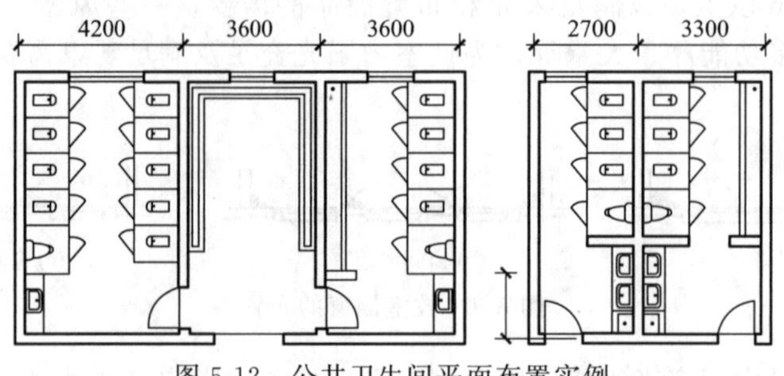

图 5-12 公共卫生间平面布置实例

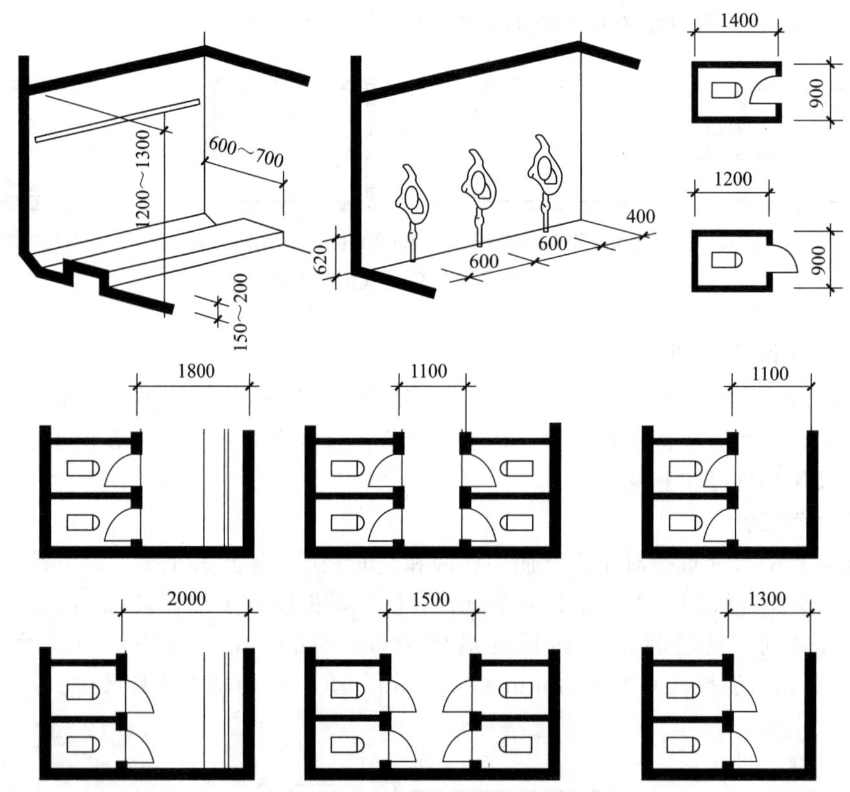

图 5-13 公共卫生设备及布置方式

专用卫生间根据使用者的不同又分为两类，一类是普通专用卫生间，如住宅、旅馆中的厕所（图 5-14）。住宅卫生间根据使用特点，其功能主要为洗浴、便溺、洁面化妆、洗衣等。卫生间的洁具主要为三大件，便器、浴缸（淋浴器）、洗脸盆。卫生间目前较多地采用干湿分开形式，旅馆客房卫生间布置可同样参考住宅的布局。另一类为无障碍卫生间，使用者包括残疾人或失能者，需要考虑轮椅的通过性，目前我国公共建筑中均需要设置无障碍卫生间，图 5-15 为残疾人卫生间布置实例。便器有蹲式和坐式两种，蹲式大便器使用卫生便于清洁，适用于使用频繁的公共建筑如学校、医院、办公楼、车站等。小便器有小便斗和小便槽两种。

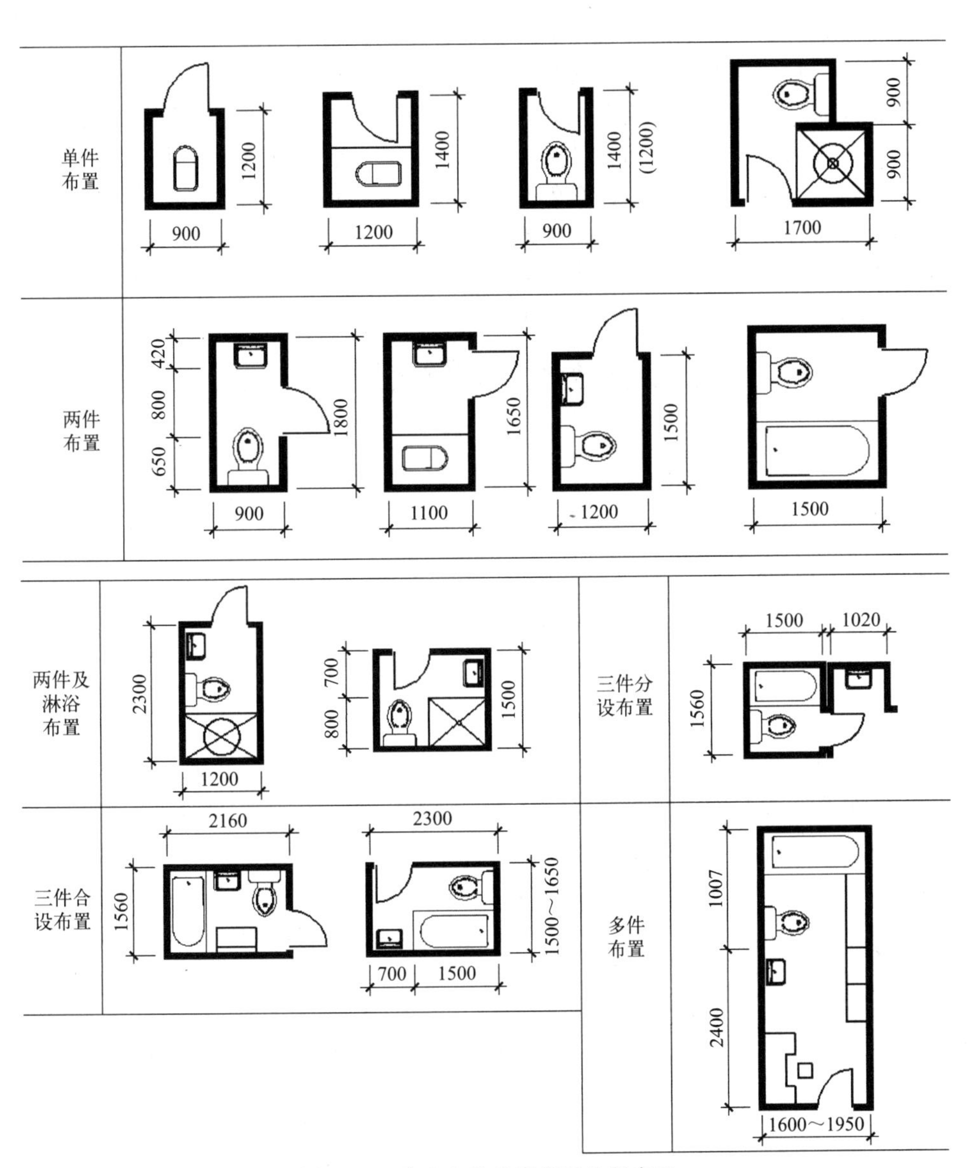

图 5-14　住宅和旅馆客房卫生间布置

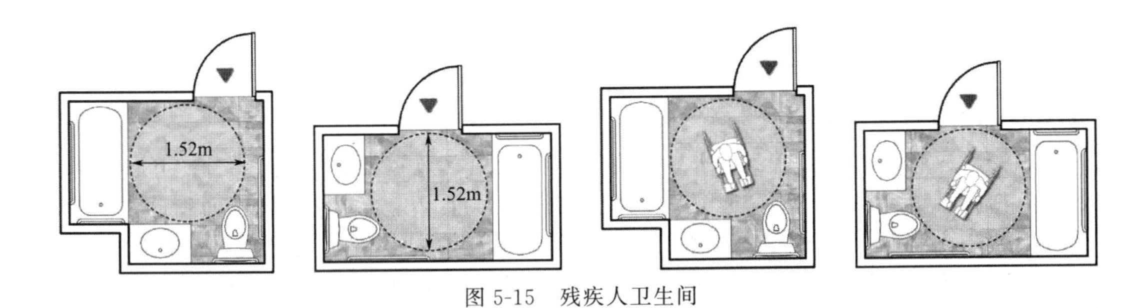

图 5-15　残疾人卫生间

卫生间布置原则：①卫生间的位置一般布置在人流活动的交通路线上，特别是一些有大厅的建筑，做到尽可能隐蔽，又便于寻找。②卫生间尽可能设置前室或过厅，以遮挡视线和气味，同时作为使用的缓冲地带，满足人的心理需要。③卫生间一般应有自然采光和通风，位置设在朝向较差的部位，如北面或西面。旅馆客房的卫生间，仅供少数人使用，允许间接采光或无采光，但必须设有通风换气设施。④为了节省管道，减少立管，男女厕所一般并排布置。多层建筑的厕所在各层的位置最好垂直上下对齐，以便上下水管道的布置。⑤卫生间的地面应低于公共区域 20～50mm，以免公共区域潮湿。地面应做防滑处理，并且应妥善处理好防水排水问题。⑥无障碍设计。在公共卫生间应设残疾人专用厕位，设计时注意空间上宜与其他部分之间有遮挡，卫生间采用坐式便器。

卫生设备的数量及小便槽的长度主要取决于使用人数、使用对象、使用特点。经过实际调查和经验总结，一般民用建筑每一个卫生器具可供使用的人数可参考表 5-4。

表 5-4 部分建筑厕所设备参考指标

建筑类型	男小便器/(人/个)	男大便器/(人/个)	女大便器/(人/个)	洗手盆	男女比例
体育馆	80	250	100	150	2∶1
影剧院	35	75	50	140	2∶1、3∶1
中小学	40	40	25	100	1∶1
火车站	80	80	50	150	1∶1
宿舍	20	20	15	15	按实际情况
旅馆	20	20	12	—	按设计要求

(2) 厨房

住宅、公寓内每户使用的专用厨房的主要设备有灶台、案台、水池、贮藏设施及排烟装置等。厨房的布置形式有单排、双排、L 形、U 形等几种，图 5-16 为厨房布置的几种形式。厨房设计应满足：①符合厨房操作流程，如洗、切、烧，并保证必要的操作空间；②应有良好的采光通风，以保证油烟不窜入其他房间；③应尽量利用有效空间，以保证足够的储藏空间；④应有足够的电器插座（一般不少于 3 个）；⑤地面、墙面应考虑防潮，便于清洗。

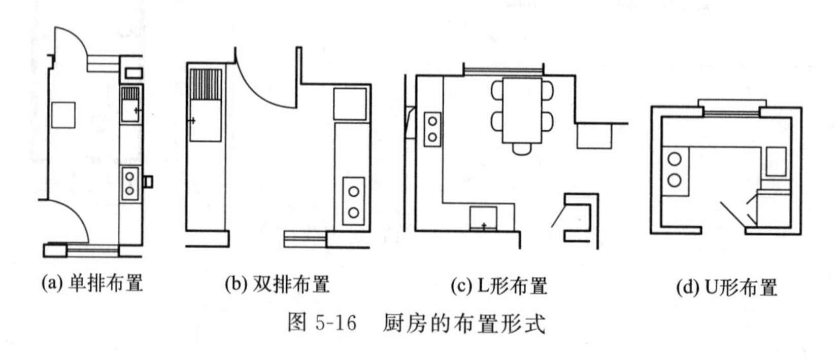

图 5-16 厨房的布置形式

5.2.1.3 交通联系部分

建筑物交通联系部分包括：①水平交通空间：走道、过道等；②垂直交通空间：楼梯、坡道、电梯、自动扶梯等；③交通枢纽空间：门厅、过厅。交通联系空间平面设计主要要求有：①交通路线简捷明确，人流通畅，互不交叉；②应有足够的通行宽度，疏散时迅速安全；③满足一定的采光通风要求，利于火灾烟气的排出；④力求节省交通面积，同时综合考虑空间造型问题。

(1) 走道

走道是解决建筑水平联系和疏散的交通空间，是建筑物中使用最多的交通联系部分。各使用空间可以分列于走道的一侧、双侧或尽端。走道的宽度和长度主要根据人流通行需要、安全疏散要求以及空间感受综合考虑。为了满足人的通行和紧急情况下的疏散要求，疏散走道最小宽度为 1.10m，还要符合我国《建筑防火通用规范》（GB 55037—2022）的安全疏散规定。学校、商店、办公楼等建筑的疏散走道、楼梯各自的总宽度不应低于表 5-5 的规定。一般民用建筑常用走道宽度如下：当走道两侧布置房间时，教学楼为 2.10～3.00m，门诊部为 2.40～3.00m，办公楼为 2.10～2.40m，旅馆为 1.50～2.10m，作为局部联系的走道或住宅内部走道的宽度不应小于 0.90m。

表 5-5　楼梯和走道的宽度指标　　单位：m/百人

层数	耐火等级		
	一、二级	三级	四级
一、二层	0.65	0.75	1.00
三层	0.75	1.00	—
四层以上	1.00	1.25	—

走道的长度也应满足《建筑防火通用规范》（GB 55037—2022）的安全疏散要求，最远房间的门到楼梯间安全出入口的距离必须控制在一定的范围内，见表 5-6 和图 5-17。

表 5-6　房间门至外部出口或封闭楼梯间的最大距离　　单位：m

名称	位于两个外部出口或楼梯之间的房间距离 L_1（图 5-17）			位于袋形走道两侧或尽端的房间距离 L_2（图 5-17）		
	耐火等级			耐火等级		
	一、二级	三级	四级	一、二级	三级	四级
托儿所、幼儿园	25	20	—	20	15	—
医院、疗养院	35	30	—	20	15	—
学校	35	30	25	22	20	—
其他民用建筑	40	35	25	23	20	15

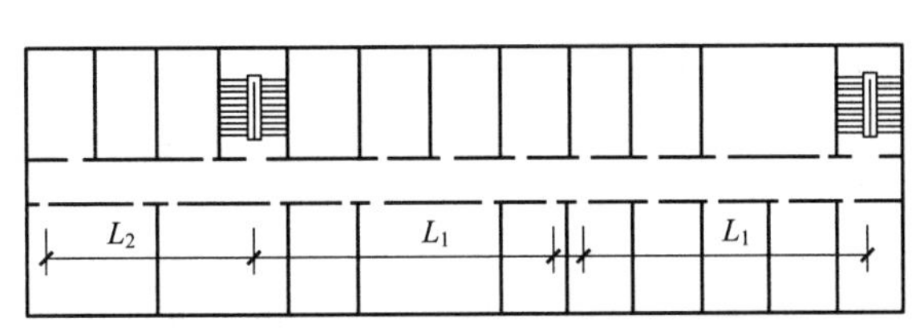

图 5-17　走道长度的控制

(2) 楼梯

楼梯是建筑中常用的垂直交通联系空间和防火疏散的重要通道。楼梯的设计内容包括：根据使用要求选择合适的形式和恰当的位置，根据人流通行情况及防火疏散要求综合确定楼梯的宽度及数量。

楼梯形式的选择，主要以建筑性质、使用要求和空间造型为依据。楼梯的形式主要有单跑梯、双跑梯（平行双跑、直双跑、L 形、双分式、双合式、剪刀式）、三跑梯、弧形梯、螺旋楼梯等（楼梯构造详见第 7 章 7.5.1.2 小节）。根据楼梯与走廊的联系情况，楼梯间可分为开敞式[图 5-18(a)]、封闭式[图 5-18(b)]和防烟楼梯间[图 5-18(c)]三种情况。开敞式楼梯间直接与走廊连通，没有任何分隔，这种楼梯的防烟性能较差，一般用于低层和多层住宅、复式住宅以及各类防排烟要求不高的低层、多层工业和民用建筑。封闭式楼梯间与走廊之间设有能阻挡烟气的双向弹簧门或乙级防火门，一般用于医院、疗养院的病房楼、旅馆和超过 2 层的其他公共建筑或建筑高度不超过 32m 的二类高层建筑。防烟楼梯间与走廊之间设有前室、阳台或凹廊，能够防止烟气进入楼梯间，一般用于一类高层和除单元式和通廊式住宅外的建筑高度超过 32m 的二类高层以及塔式住宅中。

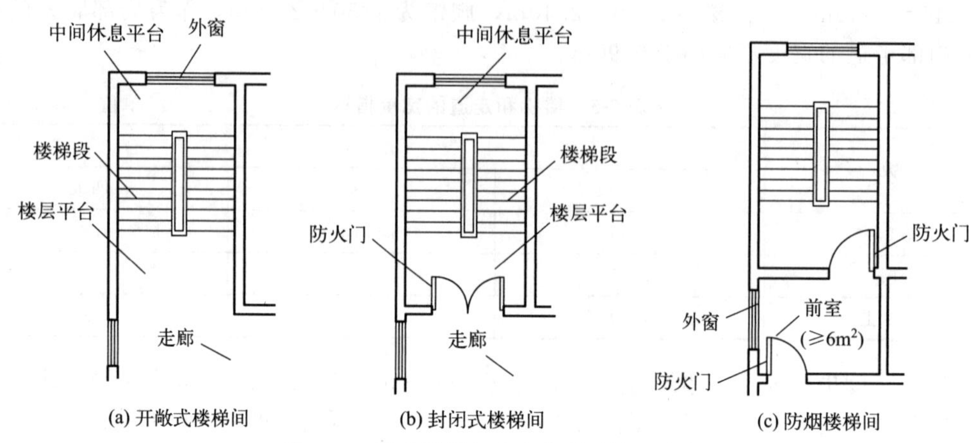

图 5-18 楼梯根据与走廊的联系情况分类

民用建筑楼梯的位置按其使用性质可分为主要楼梯和次要楼梯，在大规模的公共建筑特别是高层建筑中有时还设置专用的消防楼梯。一般公共建筑通常在主入口处设置一个位置明显的主要楼梯；在次入口、建筑尽端、房屋的转折和交接处设置辅助楼梯，供疏散或服务用，图 5-19 为某职工医院平面图中楼梯的布置。为保证主要使用房间的好朝向，楼梯多布置于朝向较差的一面。楼梯一般应有自然采光，楼梯的位置要适中、均匀，其设置应满足建筑交通流线的需要和防火规范的要求。

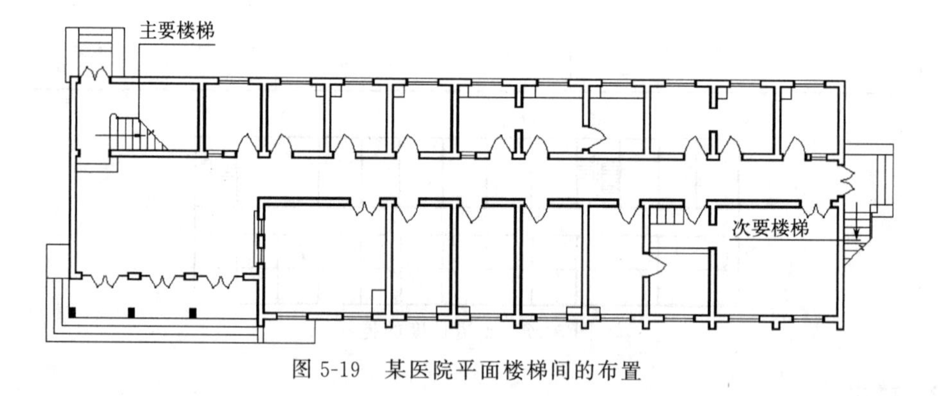

图 5-19 某医院平面楼梯间的布置

和走道一样，楼梯梯段的宽度应首先满足人流通行需要，一般民用建筑楼梯的最小净宽为 1.1m，应满足两股人流疏散要求，但住宅内部楼梯可减小到 0.75～0.90m。所有楼梯梯段宽度的总和应按照《建筑防火通用规范》(GB 55037—2022) 的最小宽度进行校核，高层建筑疏散楼梯的最小净宽度：医院病房楼为 1.3m，居住建筑为 1.1m，其他建筑为 1.2m。

楼梯的数量应根据使用人数及防火规范的要求来确定，通常情况下，一幢公共建筑均应设至少两部楼梯。走道内房间门至楼梯间的最大距离必须满足本章表 5-6 房间门至外部出口或封闭楼梯间的最大距离要求。

(3) 电梯

高层建筑的垂直交通以电梯为主，其他有特殊功能要求的多层建筑，如大型宾馆、百货公司、医院等，除设置楼梯外，也需设置电梯以解决垂直交通的问题。一类公共建筑、塔式住宅、十二层及十二层以上的单元式住宅和通廊式住宅、高度超过 32m 的其他二类公共建筑还应设置消防电梯。电梯按其使用性质可分为乘客电梯、载货电梯、消防电梯等几类，除消防电梯外其他类型的电梯均不具备安全疏散功能，火灾发生时会停止运行。电梯间应布置在人流集中的地方，如门厅、出入口等，位置要明显，电梯前面应有足够的等候面积，以免拥挤和堵塞。电梯布置方式有单排式和双排式，如图 5-20 所示。

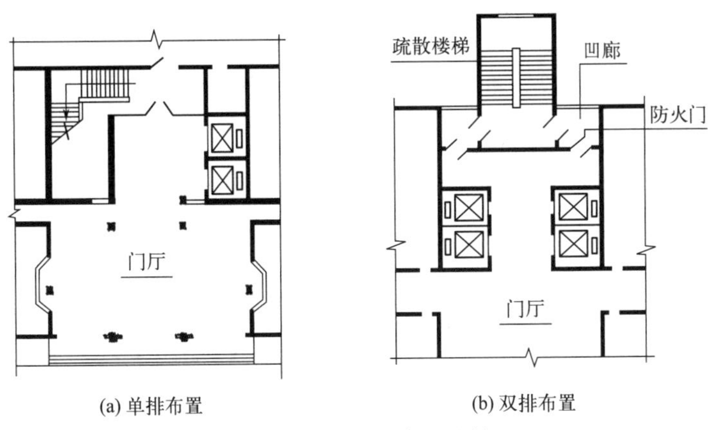

图 5-20　电梯间布置示例

(4) 自动扶梯及坡道

自动扶梯是一种在一定方向上能大量、持续输送客流的装置（图 5-21）。除了提供给乘客一种既方便又舒适的上下楼层间的服务外，自动扶梯还可引导乘客走一些既定路线，以引导乘客游览、购物，并具有良好的装饰效果。自动扶梯的驱动速度一般为 0.45～0.5m/s，可正向、逆向运行。由于自动扶梯运行方向都是单向，不存在乘客侧身避让的问题，因此其梯段宽度较楼梯更小，通常为 600～1000mm。

图 5-21　自动扶梯

图 5-22　无障碍坡道

坡道的特点是通行方便、省力，但所占面积较大。一些医院为了病人上下和手推车通行的方便，可采用坡道；为儿童上下的建筑物，也可采用坡道；有些人流量集中的公共建筑，如大型体育馆的部分疏散通道，也可用坡道来解决垂直交通联系。室外坡道常作为公共建筑的车行道或无障碍坡道（图 5-22）。

(5) 门厅

门厅作为交通枢纽，其主要作用是接纳、分配人流，实现室内外空间过渡及各方面交通（过道、楼梯等）的衔接。门厅是使用者进入建筑物以后对建筑空间产生第一印象的地方。

因此门厅常常作为一个共享空间在建筑中做重点艺术处理。门厅设计时通常要注意以下几个方面：①根据建筑的使用性质和规模要求确定门厅的面积；②位置明显突出，一般建筑主要出入口面向主干道，便于人流出入；③门厅内部设计要有明确的导向性，使交通流线组织简洁明确，减少干扰和人流交叉，因此，门厅与走道、主要楼梯应有直接便捷的联系；④门厅应设宽敞的大门以便出入，宽度按防火规范的要求不得小于通向该门厅的走道、楼梯宽度的总和，并采用外开门或弹簧门；⑤入口处应设宽敞的雨篷或门廊等，对于大型公共建筑，门廊还应设汽车坡道；⑥重视门厅内的空间组合和建筑造型要求，同时处理好采光和人工照明。

门厅的布局可分为对称式与非对称式两种。非对称式布置灵活，富于变化（图 5-23）。图 5-24 所示的对称式，常将楼梯布置在建筑平面的主轴线上或对称布置于主轴线两侧，易于形成严肃庄重的效果。

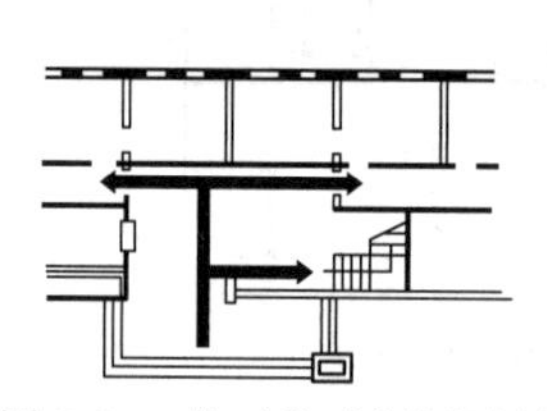

图 5-23 非对称式门厅示例

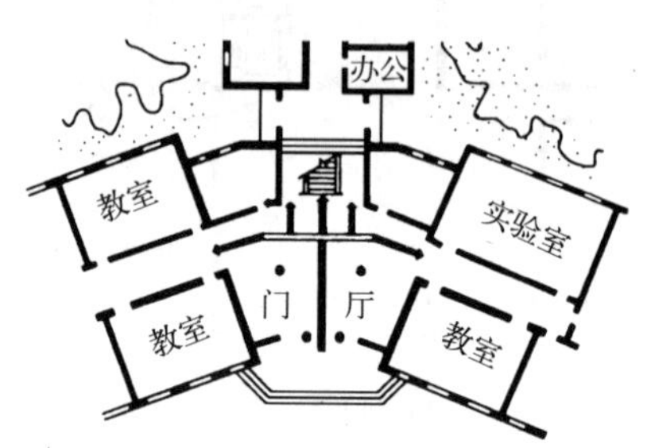

图 5-24 对称式门厅示例

5.2.2 建筑平面组合设计

建筑平面组合设计的任务是将建筑的三个基本空间（主要使用空间、辅助使用空间和交通联系部分）构成一个有机的整体，使之成为一个使用方便、结构合理、体型简洁、构图完整、造价经济及与环境协调的建筑物。因此，了解影响平面组合的因素，掌握平面组合的形式是进行建筑平面组合设计的前提。

5.2.2.1 影响平面组合的因素

影响平面组合的因素包括使用功能、结构类型、设备管线、建筑造型等。

(1) 使用功能

平面组合应符合使用功能要求，集中表现为合理的功能分区及流线组织两个方面。

① 功能分区。建筑物的功能分区是将建筑物各个组成部分按不同的功能特点进行分类、分组，使之分区明确，联系方便。合理的功能分区应注意处理好“主与辅”关系、“内与外”关系、“联系与分隔”关系。

a. “主与辅”关系。组成建筑物的各个房间，按使用性质和重要性的差异，必然存在“主与辅”关系。主要使用房间布置在较好的区位，近主要入口，保证良好的朝向、采光、通风及景观朝向，辅助或附属房间布置在朝向、采光通风、交通条件相对较差的位置。如幼儿园的主要使用房间为活动室、寝室，而衣帽间、卫生间、贮藏间均属次要房间（图 5-25）。

b. “内与外”关系。在公共建筑的各种使用空间中，有的对外联系功能居主导地位，直接为公众服务，有的对内关系密切一些，主要供内部工作人员使用。对外性强的房间应靠近入口或直接进入，布置在交通联系区域附近；而对内性强的房间尽量布置在比较隐蔽的位置，避免外来人员干扰。例如商场的营业厅应安排在人们出入和疏散方便、人流导向比较明确的位置。内部办公用房应布置在较隐蔽位置，避免顾客人流干扰（图 5-26）。

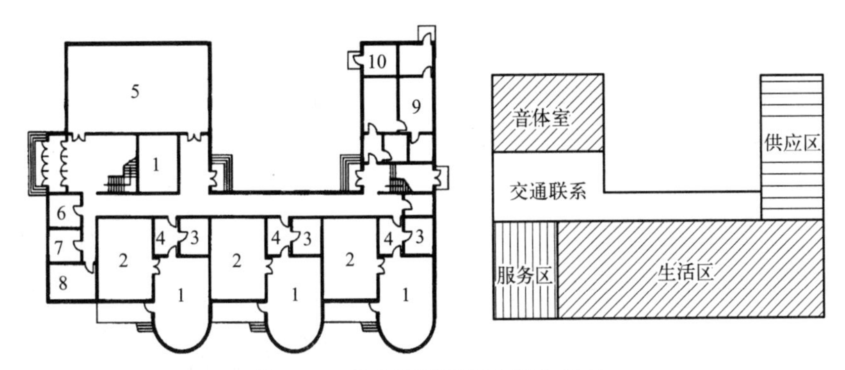

图 5-25　幼儿园平面及功能分析图

1—活动室；2—卧室；3—盥洗室；4—衣帽间；5—音体室；6—值班室；7—办公室；8—医务室；9—厨房；10—洗衣间

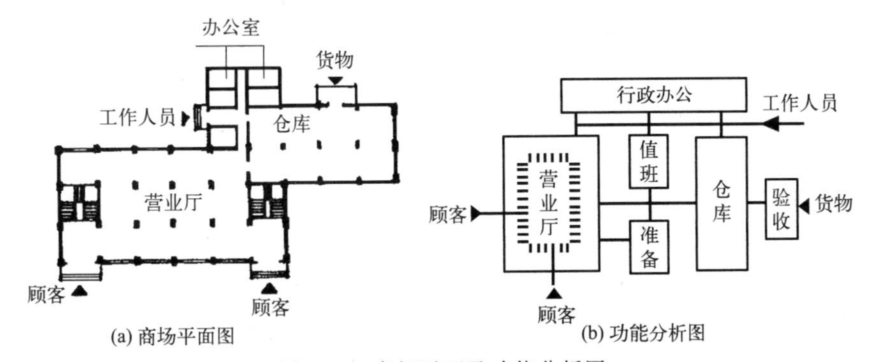

图 5-26　商场平面及功能分析图

c. “联系与分隔”关系。房间的使用性质上还有如“闹”与“静”、“清”与“污”等方面的特性区别，应使其既有分隔，又有联系。公共建筑中一般供学习、工作、休息等使用的房间需要有安静的环境，应与嘈杂喧闹的房间适当隔离。例如中学的教室、办公室等需要安静的房间，应与体育馆、音乐教室、室外操场等活动区域适当分开（图 5-27）。

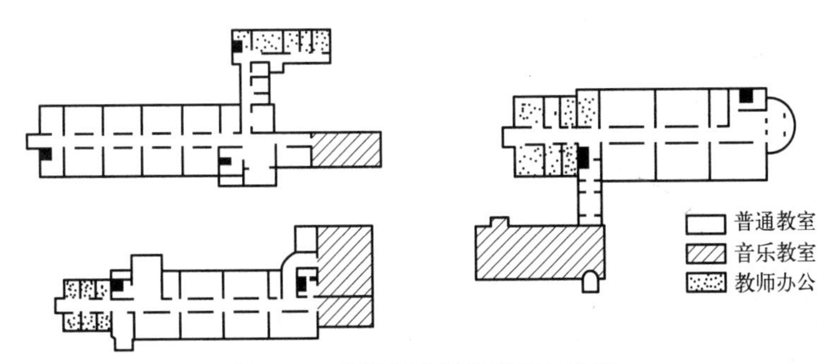

图 5-27　教学楼房间的联系与分隔

② 流线组织。建筑的流线，总体分为人流及物流两大类，每类又可以根据特征进一步细分。所谓流线组织明确，既要保证各种流线简捷、通畅，不迂回，不逆行，又要避免相互交叉和干扰，比如医疗建筑中的“洁污分流”、住宅建筑中的“人车分流”等。以交通类建筑为例，车站建筑中，其活动具有明确的使用顺序：售票→候车→检票→进入站台→上车；下车→检票→出站。因此交通路线的组织要符合车站的使用顺序。分析车站的基本流线有三种：一是旅客流线；二是行包流线；三是车辆流线，如图 5-28(a) 所示。在组织交通流线时

要以进站和出站分开为基本原则，同时考虑旅客流线与车辆流线，旅客流线与行包流线，旅客流线与职工流线分开。因此建筑平面功能和房间设计需要直接体现上述三条主要流线的使用要求，即顺畅运行、彼此不交叉，如图 5-28(b) 所示。因此不管车站建筑的外观造型设计得如何花哨，成功的流线组织对车站建筑来说才是最重要的。

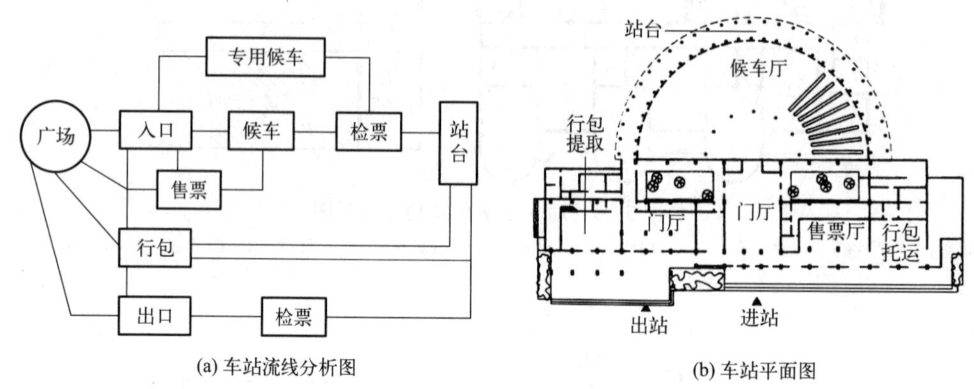

(a) 车站流线分析图　　(b) 车站平面图

图 5-28　车站流线分析及平面布置图

(2) 结构类型

① 墙承重结构。墙承重结构要求房间的开间、进深尺寸不大，且要尽量统一，上下承重墙要对齐，为保证墙体有足够的刚度，门窗洞口不宜过大。房间的开间、进深受到梁板经济跨度的限制，只能用于小空间的民用建筑，如中小学校的教学楼、医院、办公楼、住宅等。墙承重结构分为横墙承重、纵墙承重、纵横墙混合承重三种。

a. 横墙承重。如图 5-29(a) 所示，横墙承重主要由建筑物的横墙（通常是与房屋长轴垂直的墙体）承担垂直荷载（如建筑物的重量、上部楼层的重量等）。这种方式在建筑物的纵向上，墙体较少或没有承重作用，主要依靠横墙来支撑建筑物。通常开间较小、平面布局规整、层数较少的建筑适合采用横墙承重结构，例如住宅、宿舍、办公楼、病房等，不适合大开间建筑。

b. 纵墙承重。如图 5-29(b) 所示，纵墙承重主要由建筑物的纵墙（通常是与房屋长轴平行的墙体）承担垂直荷载。纵墙承重的建筑物通常在横向上，墙体的承重作用较小或没有，只起分隔空间、连接纵墙、承担自重的作用。一些建筑平面呈长条形、房间进深较深、需要大开间的建筑适合采用纵墙承重结构，例如教学楼、厂房、仓库、车库等。

c. 纵横墙混合承重。如图 5-29(c)、(d) 所示，纵横墙混合承重结构形式中，建筑物的横墙和纵墙共同承担垂直荷载。这种混合承重方式可以使建筑物更加稳定，适用于一些复杂的建筑设计。

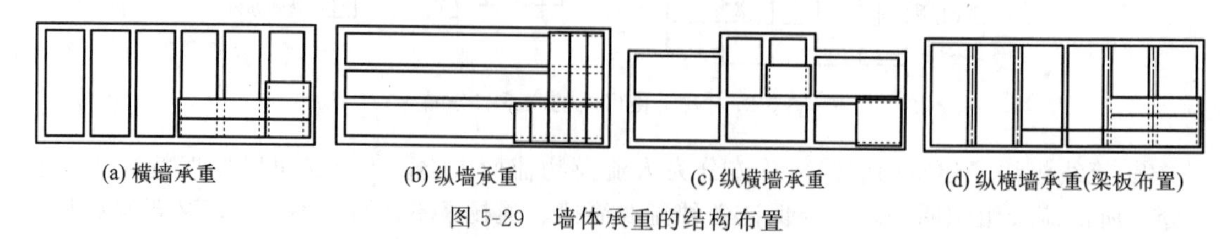
(a) 横墙承重　　(b) 纵墙承重　　(c) 纵横墙承重　　(d) 纵横墙承重(梁板布置)

图 5-29　墙体承重的结构布置

② 框架结构。框架结构特点是梁柱起承重作用，墙体只起分隔、围护的作用，平面布局较灵活，窗洞口的大小不受限制，所以适用于开间、进深较大的公共建筑和高层建筑，如大型商场、实验楼和高层旅馆等建筑。空间结构常见的有薄壳、悬索、网架等。这种结构受

力合理，适用于大跨度的公共建筑，如体育建筑和交通建筑等。不同的承重方式在建筑设计中有各自的优缺点，选择哪种方式通常需要根据建筑物的用途、平面布置、抗震要求等多种因素来决定。

（3）设备管线

民用建筑中的设备管线主要包括给水排水、暖通空调以及电气照明等专业的设备管线。在保证满足使用要求的同时，还应力求使各种设备管线集中布置，上下对齐，以利施工和节约管线。

（4）建筑造型

建筑有不同的功能要求和平面组合，就有不同的建筑造型。建筑造型也会影响建筑物的平面组合。建筑体型及其外部特征要充分反映出建筑的功能要求及建筑的性格，以达到形式与内容的统一。

5.2.2.2　平面的组合形式

平面组合形式指经平面组合后使用房间及交通联系部分所形成的平面布局。平面组合形式有走道式组合、套间式组合、大厅式组合、单元式组合、混合式组合等五种。

（1）走道式组合

走道式组合适用于单个房间面积不大、层高不高，同类房间重复、数量较多的建筑。如行政办公建筑、学校建筑、医疗建筑等。走道式空间组合通常有两种形式：内廊式和外廊式（图5-30）。

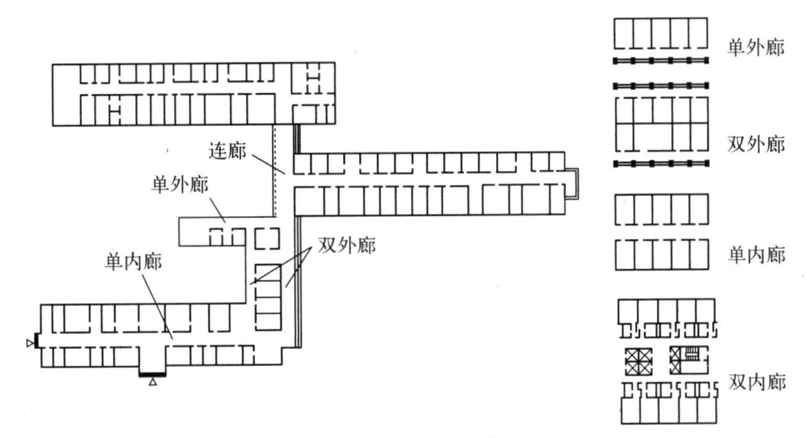

图5-30　走道式组合图

内廊式即走道两侧布置房间。该布局方式平面紧凑，交通面积较少。但建筑进深大，有一侧房间朝向差。当走道较长时，采光、通风都不利，需开设高窗或设置过厅以改善采光、通风条件。

外廊式组合采光、通风、朝向都较好，但交通面积偏大。南向外廊式组合多用于学校教学楼，起到一定遮阳作用，使室内光线柔和；北向外廊式组合多用于宿舍、办公楼，以争取较好的朝向和日照条件。有的公共建筑，根据使用要求及空间处理的需要，采用内外廊相结合的布局方式，使平面布局紧凑，且采光通风良好。

（2）套间式组合

套间式组合是空间互相穿套、直接连通的一种布局方式。特点是使用空间和交通联系部分组合在一起，联系紧密便捷，适用于房间使用顺序和连续性较强，使用房间不需要单独分隔的建筑，如车站、商场、展览馆等。它可分为串联式、放射式两种组合方式。

串联式组合人流路线紧凑、方向单一，简洁明确，人流不重复、不交叉，缺点是活动路线不够灵活[图 5-31(a)]。放射式组合是围绕中心枢纽空间或某个大厅，放射状地布置各个使用房间[图 5-31(b)]。其特点是空间形式呈现出一定的连续性，使用灵活，各使用空间可单独开放，缺点是交通路线不够明确，容易造成交叉干扰。

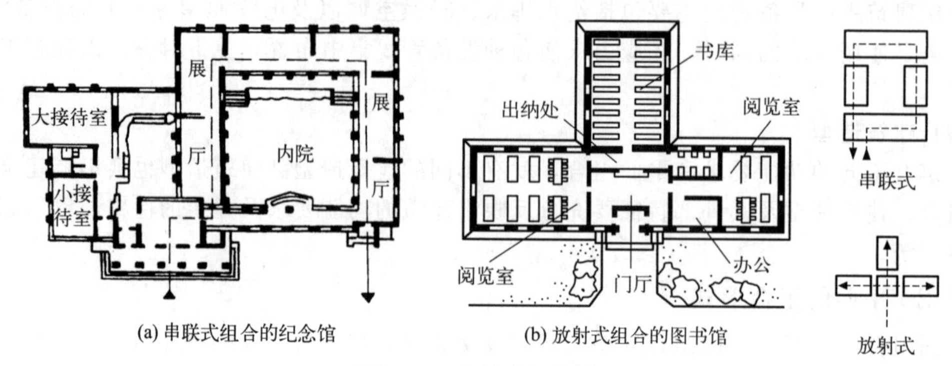

(a) 串联式组合的纪念馆　(b) 放射式组合的图书馆

图 5-31　套间式组合图

(3) 大厅式组合

大厅式组合以主体空间大厅为中心，环绕布置其他辅助房间。这种组合形式的特点是主体空间体量突出，主次分明，辅助房间与大厅联系紧密，使用方便。主体空间常常具有一定的视听要求。这种空间组合适用于体育馆[图 5-32(a)]、影剧院[图 5-32(b)]等建筑类型。大厅式组合中应注意人流疏散通畅，导向明确，避免交叉干扰；同时应合理选择覆盖和围护大厅的结构体系。

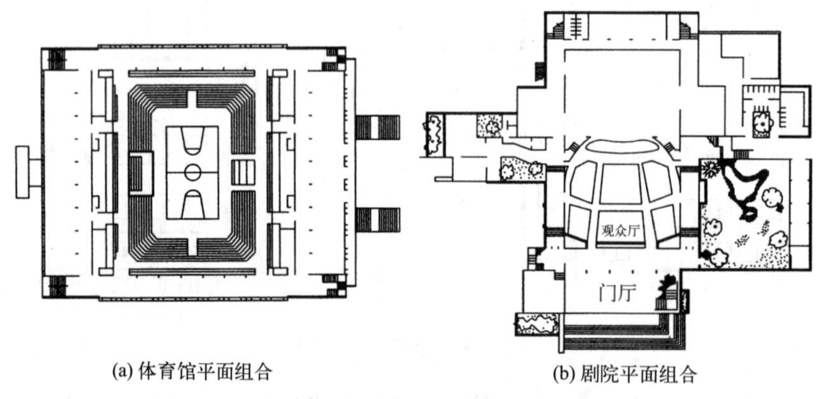

(a) 体育馆平面组合　(b) 剧院平面组合

图 5-32　大厅式组合图

(4) 单元式组合

将关系密切的相关房间组合在一起并成为一个相对独立的整体，称为组合单元。将一种或多种单元按地形和环境情况组合起来成为一幢建筑，这种组合方式称为单元式组合。单元式组合的优点是功能分区明确，平面布局紧凑，单元与单元之间相对独立，互不干扰。单元式组合适用于住宅等建筑类型（图 5-33），且单元组合布局灵活，并能适应不同的地形。

(5) 混合式组合

某些民用建筑，由于功能关系复杂，往往不能局限于某一种组合形式，而必须采用多种组合形式，也称混合式组合，常用于幼儿园、俱乐部等建筑（图 5-34）。

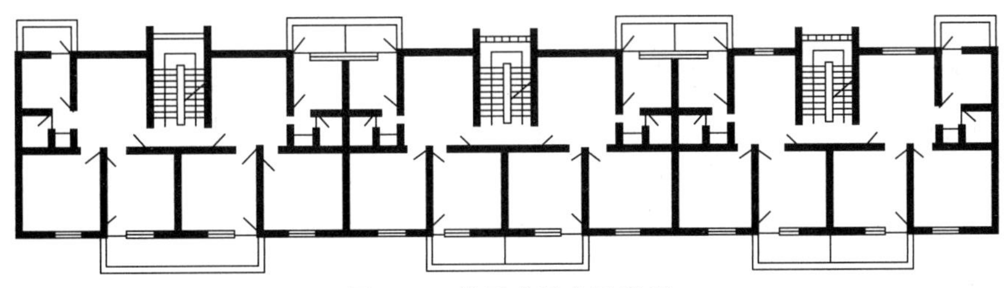

图 5-33　单元式组合示意图

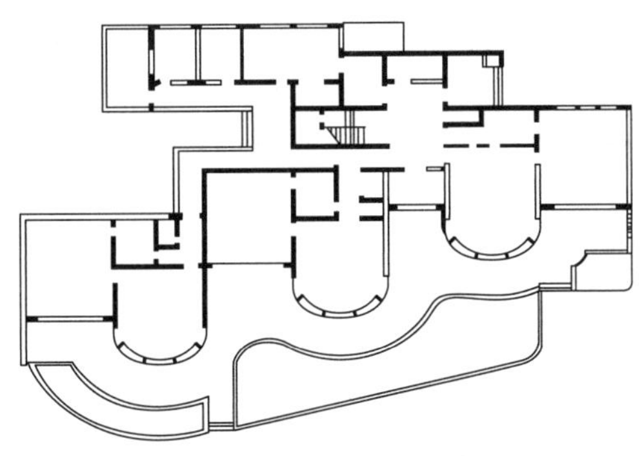

图 5-34　混合式组合示意图

数字化设计：Revit 楼层平面创建步骤

在 Revit 中创建楼层平面的操作步骤如下（可扫描二维码观看完整教学视频）：

（1）创建新项目：启动 Revit，选择“新建”项目，选择合适的模板。

（2）设置楼层：在“建筑”选项卡中，点击“楼层”工具，在绘图区域中绘制楼层的轮廓。

（3）绘制楼层边界：使用“画线”工具、“矩形”或“拾取”工具绘制楼层的边界，确保设置合适的约束和高度。

（4）设置楼层高度：在“属性”面板中，设置楼层的高度（例如，标准层高）。

（5）添加构件：使用“建筑”选项卡中的其他工具添加墙体、窗户、门等构件。

（6）编辑楼层平面：根据需要调整墙体、洞口等构件的位置和属性。

（7）保存与查看：保存项目，使用“三维视图”查看效果。

（8）导出或打印：完成后，可以选择导出为 PDF 或打印楼层平面图。

5.3　建筑剖面设计

5.3.1　建筑剖面设计的功能要求

建筑剖面设计主要确定建筑物在垂直方向上的空间组合关系。在建筑设计过程中，需对建筑剖面进行研究，即通过在适当的部位将建筑物从上至下垂直剖切开来，展现内部的结构，得到剖切面投影图，然后再确定垂直方向上的空间组合关系。因此建筑剖面设计需要满足基本的功能要求，具体包括：视线要求、音质要求、采光通风要求和结构施工要求等。

(1) 视线要求

在民用建筑中，绝大多数建筑的剖面采用矩形空间。有视线要求的房间主要是指影剧院的观众厅、体育馆的比赛大厅、教学楼中的阶梯教室等。这类房间的地面常设计一定的坡度，形成阶梯空间，以保证良好的视觉要求，即舒适、无遮挡地看清对象（图 5-35）。

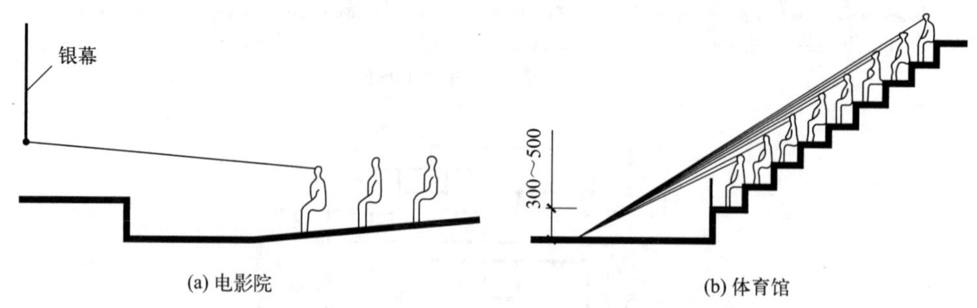

图 5-35 设计视点与坡度的关系

在剖面设计中，为了保证良好的视觉条件，即视线无遮挡，需要将座位逐排升高，使室内地面形成一定的坡度。地面的升起坡度主要与设计视点的位置及视线升高值有关。另外，第一排座位的位置、排距等对地面的升起坡度也有影响。对照图 5-35(a) 和 (b)，视点越低，视野范围越大，地面升起坡度越大；视点越高，视野范围越小，地面升起坡度越平缓。当观察对象低于人眼时，地面起坡大，反之起坡小。

视线升高值的确定与人眼到头顶的高度和视觉标准有关，一般定为 120mm。当错位排列（即后排人的视线擦前面隔一排人的头顶而过）时，视线升高值取 60mm；当对位排列（即后排人的视线擦前排人的头顶而过）时，视线升高值取 120mm。如图 5-36(a) 所示，每排视线升高值为 120mm 时，视线无遮挡；如图 5-36(b) 所示，座椅错位时，隔排视线升高值为 120mm，虽无遮挡，但正前排对其后排有遮挡。由此，横走道前宜用视线无遮挡标准，横走道后可改为隔排视线升高值为 120mm 并错位的标准。

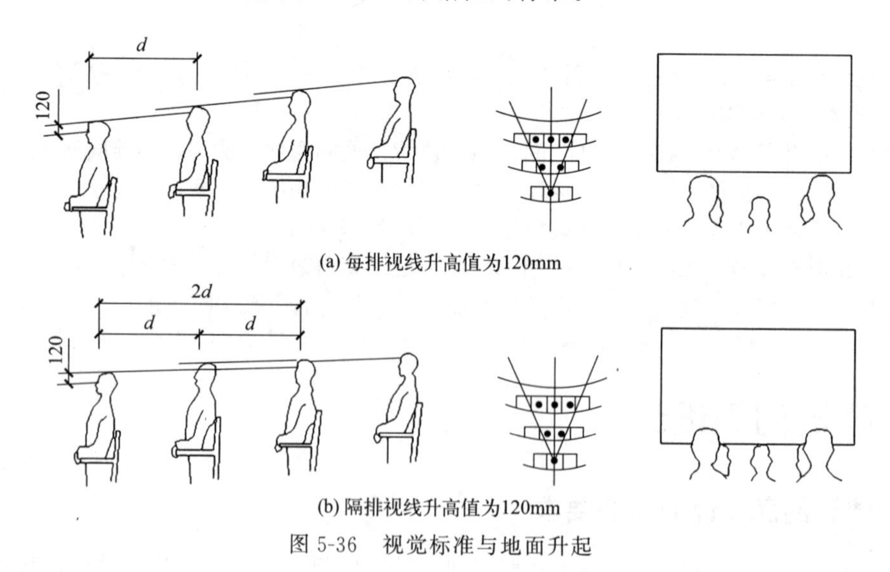

图 5-36 视觉标准与地面升起

(2) 音质要求

凡剧院、电影院、会堂等建筑，大厅的音质要求对房间的剖面形状影响很大。为保证室内声场分布均匀，防止出现空白区、回声和聚焦等现象，在剖面设计中要注意顶棚、墙面和地面的处理。为有效地利用声能，加强各处直达声，必须使大厅地面逐渐升高，大厅顶棚应尽量避免采用凹曲面或拱顶，常见的观众厅剖面形式如图 5-37 所示。

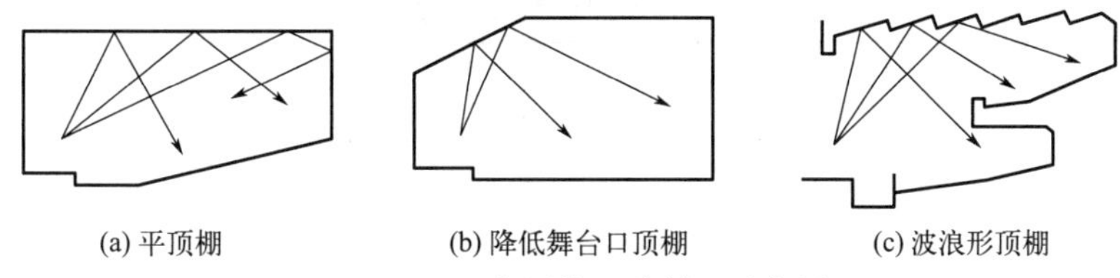

(a) 平顶棚 (b) 降低舞台口顶棚 (c) 波浪形顶棚

图 5-37 观众厅的几种剖面示意图

(3) 采光通风要求

采光应该以自然光线为主，从而有利于节约能耗。室内光线的强度和照度是否均匀，与窗的宽度、位置和高度有关。不同采光方式对剖面形式的影响如图 5-38 所示。一般进深不大的房间，通常采用侧窗采光和通风已足够满足室内卫生的要求。当房间进深大，侧窗不能满足上述要求时，常设置各种形式的天窗，从而形成了各种不同的剖面形状。有的房间虽然进深不大，但具有特殊要求，如展览馆中的陈列室，为使室内照度均匀、稳定、柔和并减轻和消除眩光的影响，避免直射阳光损害陈列品，常设置各种形式的采光窗。对于厨房一类的房间，由于在操作过程中常散发出大量蒸汽、油烟等，可在顶部设置排气窗以加速排除有害气体。

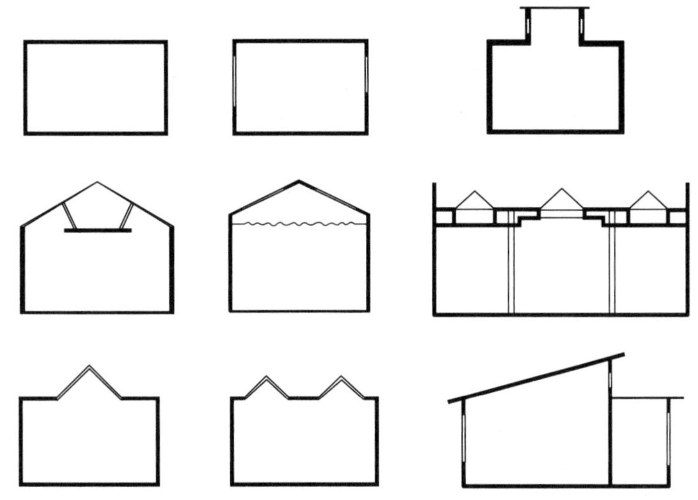

图 5-38 不同采光方式对剖面形状的影响

(4) 结构施工要求

房间的剖面形状除了应该满足使用要求外，还应该考虑结构类型、材料和施工的影响。一般采用框架、梁板结构的中、小型民用建筑的房间，其剖面形状多呈矩形；大型公共建筑，如体育馆的比赛大厅、大型的展览馆、候机厅等，常采用多股钢索的悬索结构、钢筋混凝土薄壳、钢桁架等结构类型。由于结构类型不同，建筑材料不同，施工技术不同，因此形成了各种非矩形的剖面形状。

5.3.2 房间的高度与净高

(1) 房间的层高

房间的高度俗称层高，是指该层楼地面到上一层楼地面之间的距离。通常情况下，房间的高度是由房间的使用性质、家具设备的使用要求、室内的采光和通风、技术经济条件、室内空间比例等几方面因素决定的，各类建筑的常用层高见表 5-7。

表 5-7 各类建筑的常用层高值 单位：m

房间名称	教室、实验室	体育馆	办公、辅助用房	传达室	居室、卧室
中学	3.30～3.60	3.80～4.00	3.00～3.30	3.00～3.30	—
小学	3.20～3.40	3.80～4.00	3.00～3.30	3.00～3.30	—
住宅	—	—	—	—	2.70
办公楼	—	—	3.00～3.30	—	—
宿舍楼	—	—	—	—	2.80～3.30
幼儿园	3.00～3.20	—	—	—	3.00～3.20

(2) 房间的净高

房间的净高是指楼地面面层（完成面）到结构层（梁、板）底面或顶棚下表面之间的垂直距离，其数值反映了可使用的房间高度，如图 5-39 所示。有时房间的平面形状也间接影响房间净高的确定。常用的净高数值如下：卧室、起居室不小于 2.50m；办公、工作用房不小于 2.70m；教学、会议、文娱用房不小于 3.00m；走廊不小于 2.10m；教室（小学）不小于 3.10m，教室（中学）不小于 3.40m；幼儿园活动室不小于 2.80m，音体室不小于 3.60m。

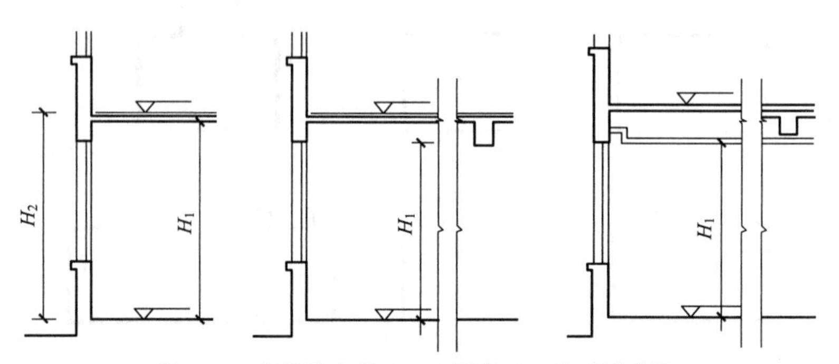

图 5-39 房间的净高 H_1 和层高 H_2 关系示意图

房间的主要用途决定了房间的使用性质和人在其中的活动特征。首先，房间净高与人体活动尺度有很大关系。为了保证人的正常活动，一般情况下，室内净高应保证人在举手时不触及顶棚，也就是不应低于 2.20m。地下室、贮藏室、局部夹层、走道及房间的最低处的净高不应小于 2.0m。宿舍采用单层床时，层高不宜低于 2.80m，净高不应低于 2.60m；采用双层床或高架床时，层高不宜低于 3.40m，净高不应低于 3.20m[图 5-40(a)]。辅助用房的净高不宜低于 2.50m。中学演播室扣除灯具等吊顶空间，其净高应在 3.5～4.0m 之间[图 5-40(b)]。

当房间采用单侧采光时，通常窗户上沿离地的高度，应大于房间进深长度的一半；当房间允许两侧开窗时，房间的净高不小于总深度的 1/4。图 5-41 展示了学校教室的采光方式与建筑层高的关系。

房间里的通风要求与室内进出风口在剖面上的位置有关，也与房间净高有一定的关系，潮湿和炎热地区的民用房屋，经常利用空气的气压差来组织室内穿堂风，如在内墙上开设高窗或在门上设置亮子等改善室内的通风条件，在这些情况下，房间净高就相应要求要高一

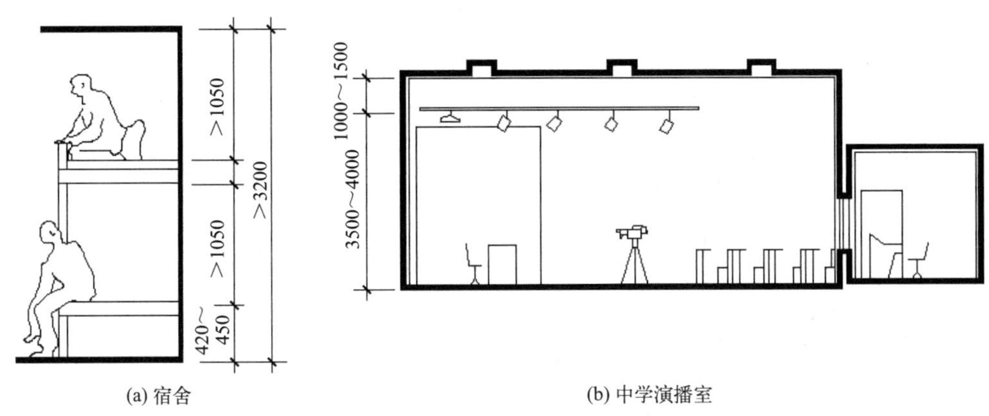

(a) 宿舍　　(b) 中学演播室

图 5-40　宿舍双层床和中学演播室净高要求

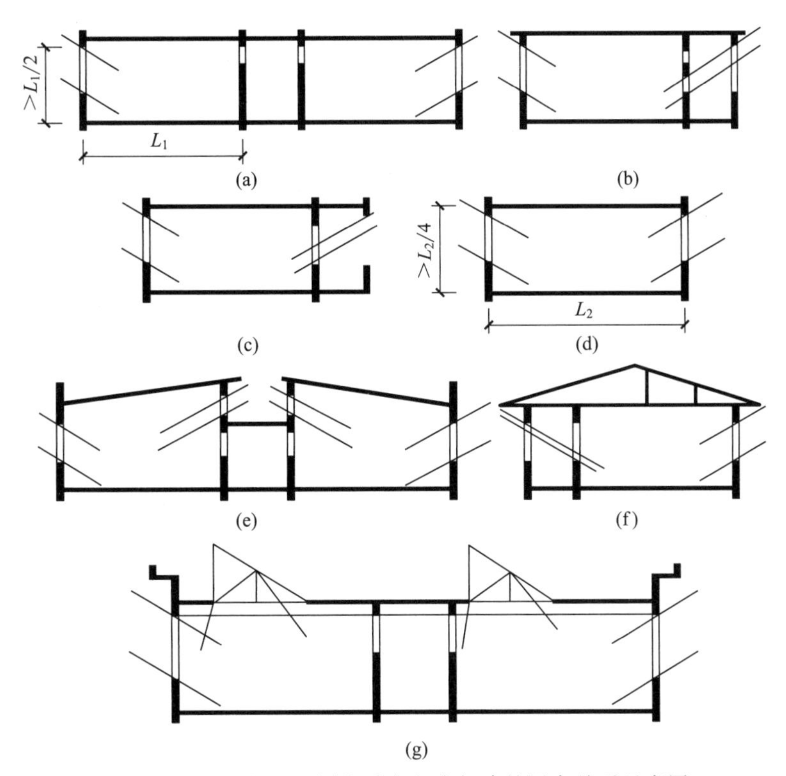

图 5-41　学校教室不同的采光方式与建筑层高关系示意图

些。除此之外，公共建筑应考虑房间正常的气容量，中小学教室每个学生气容量为 3～5m^3/人，影剧院为 3.5～5.5m^3/人。根据房间的容纳人数、面积大小及气容量标准，可以确定出符合卫生要求的房间净高。

在满足房间净高要求的前提下，其层高尺寸随结构层的高度而变化。结构层愈高，则层高愈大；结构层高度小，则层高相应也小，如图 5-42 所示。坡屋顶具有较大的结构空间，在不做顶棚时，可将坡屋顶山尖部分作为房屋空间高度的一部分。与平屋顶相比，此时屋顶所在层的层高便可定得低一些。对于一些大跨度建筑，多采用屋架、空间网架等多种形式，其结构层高度更大。房间如果采用吊顶构造时，层高则更应适当加高，以满足净高需要。

层高是影响建筑造价的一个重要因素。因此，在满足使用、采光、通风、室内观感等要求的前提下，适当降低层高可相应减小房屋的间距，节约用地，减轻房屋自重，改善结构受力情况，节约材料。

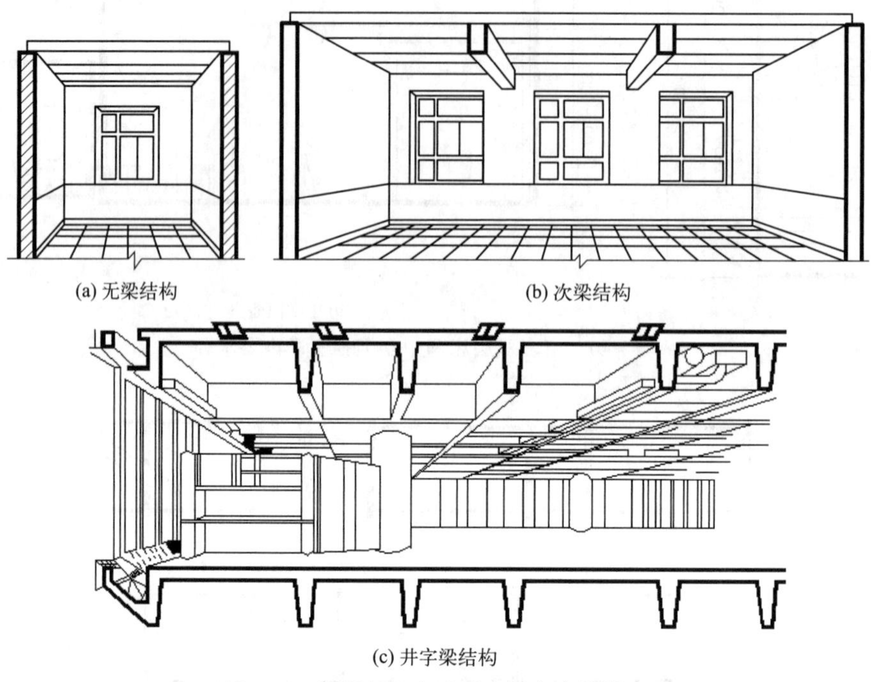

(a) 无梁结构

(b) 次梁结构

(c) 井字梁结构

图 5-42 梁板结构高度对房间高度的影响

5.3.3 建筑层数与高度

建筑层数是一栋建筑物从地面到顶部的各层楼面数量，其实包括地上层数（即从地面开始往上的各层）和地下层数（即从地面往下的各层）。而建筑高度的计算相对专业，一般分平屋顶和坡屋顶两种情况：平屋顶按室外地面到檐口或女儿墙高度计算（图 5-43），屋顶上的水箱间、电梯机房、楼梯出口小间等占屋顶平面面积不超过 1/4、高度不超过 4m 者可不计入建筑高度；《民用建筑设计统一标准》（GB 50352—2019）对坡屋面建筑高度的规定是：坡屋顶建筑高度，应按建筑物室外地面至屋檐和屋脊的平均高度计算，如图 5-44 所示。建筑消防高度：建筑物室内地面至平屋顶面层或坡屋顶檐口高度。在飞机航线区域、重点文保单位、风景区附近的建筑物，其建筑高度是指建筑物的最高点。

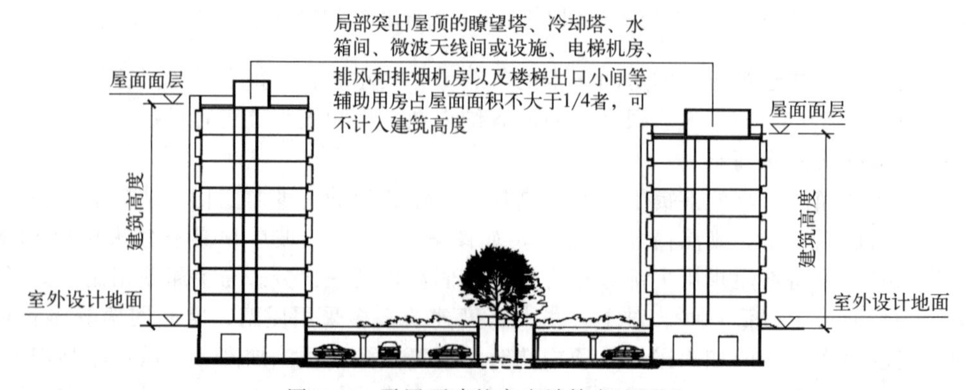

图 5-43 平屋顶建筑高度计算方法图示

影响建筑物层数的因素有：使用功能、结构类型、建筑材料、施工技术条件、城市规划的要求及防火的要求等。住宅、办公楼、旅馆等建筑，可采用多层和高层。对于托儿所、幼儿园等建筑，考虑儿童的生理特点和安全，同时为便于室内与室外活动场所的联系，其层数不宜超过三层。医院门诊部为方便病人就诊，层数也以不超过三层为宜。影剧院、体育馆等公共建筑都具有面积和高度较大的房间，人流集中，为迅速而安全地进行疏散，宜建成低层。

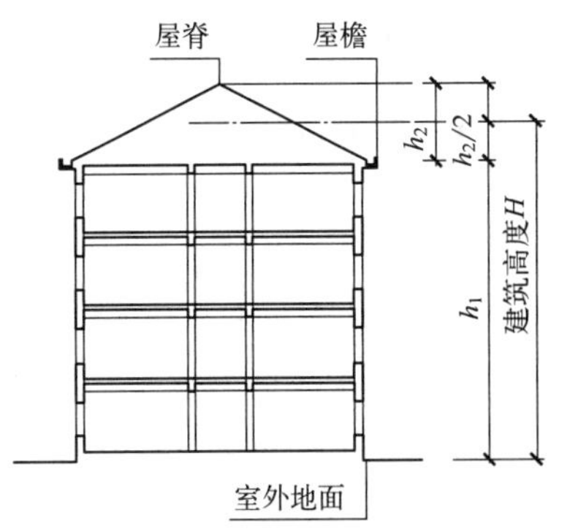

图 5-44　坡屋顶建筑高度计算方法图示

建筑物的结构类型、所用建筑材料等均是影响建筑物层数的重要因素：如混合结构的内外墙、柱（包括承重墙、柱），多用砖、砌块砌成，这种结构适用于 6 层以下的中小型民用建筑；梁柱承重的框架结构、剪力墙结构和框架-剪力墙结构等体系整体性好，承载力高，可用于多层、高层和超高层建筑；空间结构体系，如薄壳、网架、悬索等适用于低层大跨度建筑，如影剧院、体育馆、仓库、食堂等。

此外，建筑施工技术条件、起重设备吊装能力等对建筑的层数也有影响，如吊装能力的大小对建筑构件的重量、建筑总高度都有一定的限制；又如滑模施工，利用一套提升设备使模板随着浇筑的混凝土不断往上滑升，直至完成全部钢筋混凝土工程量，建筑结构整体性较预制装配式好，同时也能节约模板，缩短工期，降低造价，因此对于多层和高层钢筋混凝土结构的建筑是适宜的，而且层数越多经济效益越显著。

房屋的层数与所在地段的大小、高低起伏变化有关。相同建筑面积条件下，基地范围小，底层占地面积也小，相应的层数可以多些，地形变化陡，从减少土石方、布置灵活考虑，建筑物的长度、进深不宜过大，从而建筑物的层数也可相应增加。

此外，确定建筑的层数也与建筑设计的其他部分一样，不能脱离一定的环境条件。特别是位于城市街道两侧、广场周围、风景园林等处的建筑，必须重视与环境的关系，做到与周围建筑、道路、绿化等协调一致，同时要符合当地城市规划部门对整个城市风貌的统一要求。而风景园林应该以自然环境为主，充分借助大自然的美来丰富建筑空间，通过建筑处理给风景添色，因此宜采用小巧、低层的建筑群，避免采用多层和高层建筑。

根据《民用建筑设计统一标准》（GB 50352—2019）的规定，民用建筑按地上建筑高度或层数进行分类，其中：①建筑高度不大于 27.0m 的住宅建筑、建筑高度不大于 24.0m 的公共建筑及建筑高度大于 24.0m 的单层公共建筑为低层或多层民用建筑；②建筑高度大于 27.0m 的住宅建筑（其中建筑高度大于 54m 的住宅建筑为一类高层，建筑高度大于 27m，但不大于 54m 的住宅建筑为二类高层）和建筑高度大于 24.0m 的非单层公共建筑，且高度不大于 100.0m 的，为高层民用建筑；③建筑高度大于 100.0m 为超高层建筑。

《建筑防火通用规范》（GB 55037—2022）还规定了，民用建筑根据其建筑高度和层数可分为单、多层民用建筑和高层民用建筑。对于居住建筑一般 1～3 层为低层，4～6 层为多层，7～9 层为中高层，10 层及以上为高层。建筑层数应根据建筑的性质和耐火等级来确定。耐火等级为一、二级的建筑，原则上层数不受限制；耐火等级为三级的建筑，层数不应超过 5 层；耐火等级为四级的建筑，层数不应超过 2 层。住宅建筑中，四级耐火等级建造层数不大于 3 层，三级耐火等级建造层数不大于 9 层，二级耐火等级建造层数不大于 18 层，一级的不限。

5.3.4 建筑剖面组合设计

5.3.4.1 剖面的组合形式

在建筑设计中，常常把高度相同或相近、使用性质相似、功能关系密切的房间组合在同一层上，在满足室内功能要求的前提下，通过调整部分房间的高度，统一各层的楼地面标高，以利于结构布置和施工。以住宅设计为例，虽然规范中规定卧室和起居室的最小高度为2.4m，厨房和卫生间的最小净高度为2m，但在一般情况下，设计时却统一选择2.8m的层高，这样既有利于结构布置，也简化了构造和施工方案。因此，建筑剖面组合设计原则是：①满足使用功能要求，按使用性质和特点进行垂直分区，且分区明确，流线要清晰；②合理利用空间；③结构合理；④设备管道要集中；⑤对于不同高度的空间，采用不同组合方式。

剖面组合可以采用单一的方式，也可以采用混合的方式。常用的组合方式有：高层加裙房、综合性空间组合和错层式组合等方式。

(1) 高层加裙房

某些建筑如教学楼、办公楼、旅馆、临街带商店的住宅等，虽然构成建筑物的绝大部分房间为小空间，但由于功能要求还需布置少量大空间，这类建筑在空间组合中常以小空间为主形成主体，将大空间附建于主体建筑旁，形成所谓高层加裙房的剖面形式（图5-45）。在高层建筑的底层部位建造的高度小于24m的房屋称为裙房。裙房只能在高层建筑的三面兴建，另一面用作消防通道。裙房大多数用作服务性建筑。

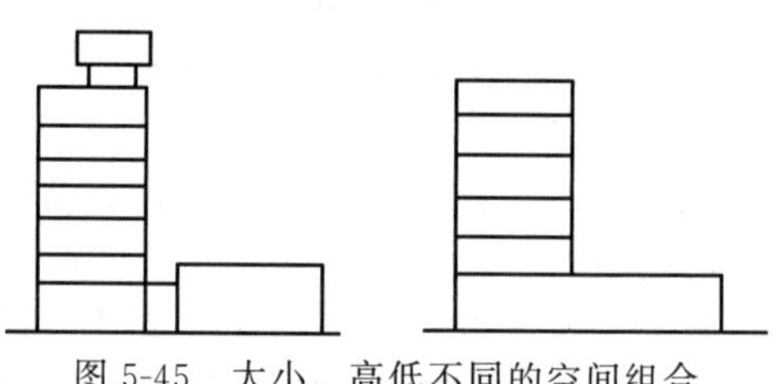

图5-45 大小、高低不同的空间组合

(2) 综合性空间组合

某些综合性建筑为了满足多种功能的需要，常常由若干个大小、高低、形状各不相同的空间构成（图5-46）。如文化馆建筑中的电影院、餐厅、健身房等空间，与其他阅览室、办公室等空间的差异就较大；又如图书馆建筑中的阅览室、书库、办公室等用房，在空间要求上也各不相同。对于这一类复杂空间的组合，必须综合运用多种组合形式，才能满足功能及艺术性要求。

(3) 错层式组合

当建筑内部出现高差，或由于地形变化使建筑中部分楼地面出现高低错落现象时，可采用错层的处理方式使空间取得和谐统一。错层是在建筑物的纵、横剖面中，使建筑几部分之间的楼地面高低错开，以节约空间，其过渡方式有踏步、楼梯等。在某些建筑中，虽然各种用房的高差并不大，但为了节约空间，降低造价，可分别将相同高度的房间集中起来，采用不同的层高，用踏步来解决两部分空间的高差，如图5-47(a)所示。当建筑物的两部分空间高差较大，或由于地形起伏变化，造成房屋楼地面高低错落时，可以利用楼梯间来解决错层高差，即通过调整楼梯梯段的踏步数量，使楼梯平台与错层楼地面标高

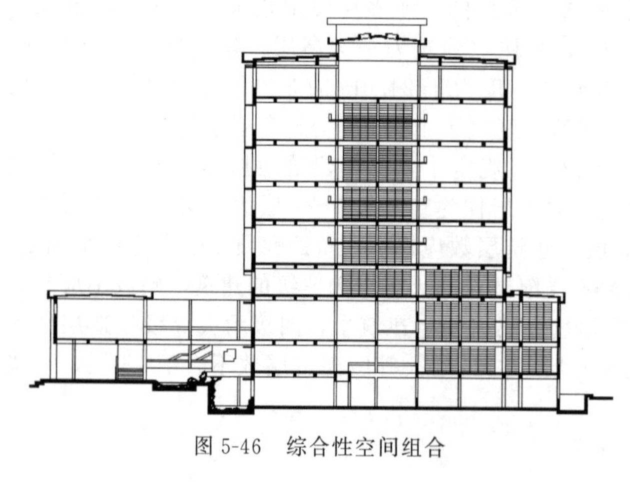

图5-46 综合性空间组合

一致。如图 5-47(b) 所示的教学楼设计，将楼梯和踏步结合起来，解决教室与办公室之间的错层问题。住宅中的错层设计常称为跃层，跃层住宅每个住户有上下层的房间，并用户内专用楼梯联系。这样做的优点是节约公共交通面积，彼此干扰较少，通风条件较好，但结构较为复杂，不利于抗震设防。

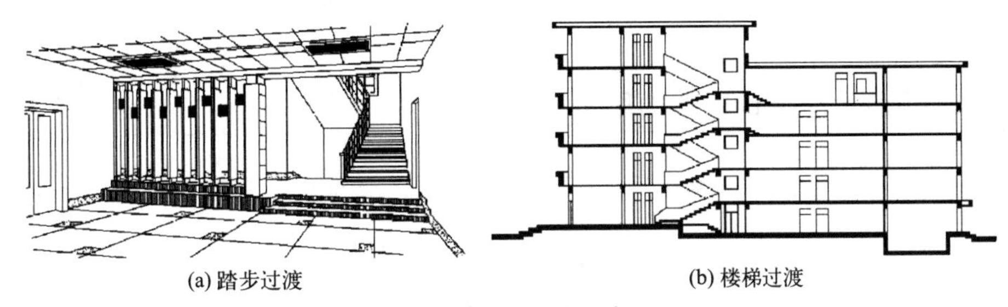

(a) 踏步过渡　　(b) 楼梯过渡

图 5-47　错层式组合

5.3.4.2　剖面空间的利用

充分利用建筑物内部的空间，实际上是在建筑占地面积和平面布置基本不变的情况下起到了扩大使用面积、节约投资的效果。

(1) 夹层空间的利用

公共建筑中的营业厅、体育馆、影剧院、候机楼等，由于功能要求其主体空间与辅助空间的面积和层高不一致，常采取在大空间周围布置夹层的方式，以达到利用空间及丰富室内空间的目的。

(2) 房间内的空间利用

房间内可利用的空间除人们在室内活动和家具设备布置等必需的空间外，还包括如住宅建筑卧室中的吊柜、厨房中的搁板和储物柜等贮藏空间，如图 5-48(a) 所示。

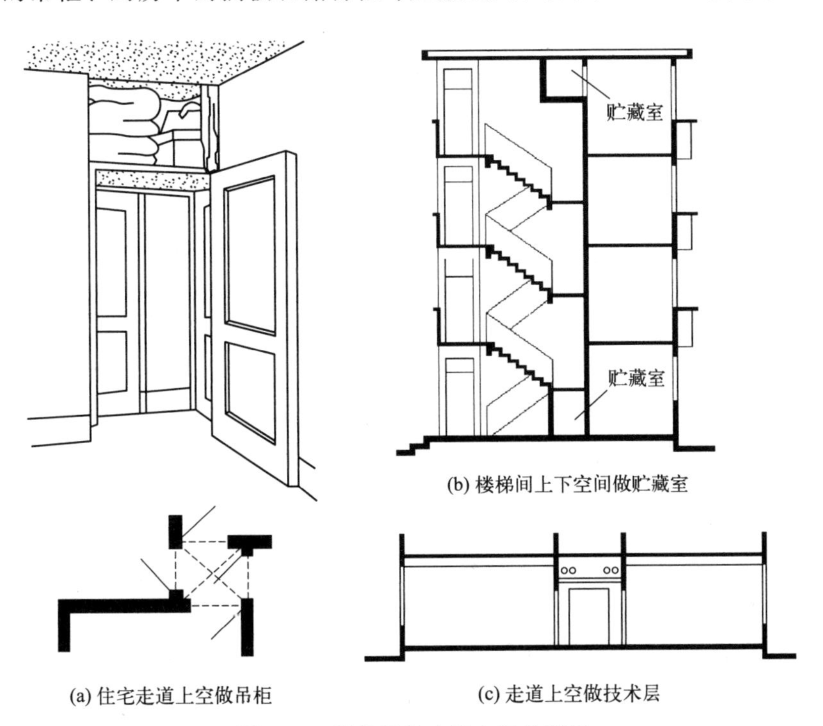

(b) 楼梯间上下空间做贮藏室

(a) 住宅走道上空做吊柜　　(c) 走道上空做技术层

图 5-48　楼梯间及走道空间的利用

(3) 走道及楼梯间的空间利用

如图 5-48(b)、(c) 所示，一般民用建筑楼梯间的底层休息平台下，至少有半层的高度，如果采用降低平台下地面标高和增加第一梯段长度的方法，就可以加大平台下的净高，用以布置贮藏室、辅助用房以及出入口；由于建筑物整体结构布置的需要，建筑物中的走道，通常和层高较高的房间高度相同，这时走道顶部，可以作为设置通风、照明设备和铺设管线的空间。

数字化设计：Revit 剖面图创建步骤

在 Revit 中创建剖面图的操作步骤如下（可扫描二维码观看完整教学视频）：

（1）选择视图：在“视图”选项卡中，点击“剖面”工具。

（2）绘制剖面线：在平面图中绘制剖面线，指定剖切的位置和方向。

（3）调整剖面属性：在“属性”面板中设置剖面的名称和其他参数。

（4）生成剖面图：剖面线完成后， Revit 会自动生成剖面图，可以在“项目浏览器”中查看。

（5）编辑剖面图：在剖面图中，添加或调整细节，如标注、尺寸和注释。

（6）保存与查看：保存项目，检查剖面图的显示效果。

（7）导出或打印：根据需要导出或打印剖面图。

5.4 建筑体型和立面设计

5.4.1 建筑体型设计方法

建筑物的体型和立面，即房屋的外部形象，往往受内部使用功能和技术经济条件的制约，并受场地环境、群体规划等外界因素的影响。但是建筑物的外部形象，并不等于房屋内部空间组合的直接表现。优秀的建筑物体型和立面设计，必须符合建筑造型和立面构图的规律性，如均衡、韵律、对比、统一等等，把适用、经济、美观三者有机结合起来。

5.4.1.1 建筑体型的组合

建筑体型反映建筑物总的体量大小、组合方式和比例尺度等，它对房屋外形的总体效果有重要影响。根据建筑物规模大小、功能要求以及场地条件的不同，建筑物体型的组合方式大体上可以归纳为对称和不对称。对称式体型组合具有明确的轴线与主从关系，主要体量及主要出入口一般都设在中轴线上，如第一章 1.1.2.3 节介绍的泰姬陵，体现出均衡的对称美学，这种组合方式常给人以比较严谨、庄重和稳定的感觉。非对称式常根据功能要求、地形条件等情况，将几个大小、高低、形状不同的体量较自由灵活地组合在一起，形成不对称体型，有利于解决功能要求和技术要求，给人以生动、活泼的感觉。建筑体型组合的造型要求，主要有以下几点：

① 完整均衡、比例恰当。建筑体型的组合，首先要求完整均衡，这对较为简单的几何形体和对称的体型，通常比较容易达到。对于较为复杂的不对称体型，需要注意各组成部分体量的大小比例关系，使各部分的组合协调一致，有机联系，在不对称中取得均衡。

② 主次分明、交接明确。建筑体型的组合，还需要处理好各组成部分的连接关系，尽可能做到主次分明，交接明确。各组合体之间的连接方式主要有：几个简单形体的直接连接

或咬接、以走廊连接或其他连接体连接。形体之间的连接方式和房屋的结构构造布置、地区气候条件、地震烈度以及场地环境的关系相当密切。寒冷地区或受场地面积限制，考虑室内采暖和建筑占地面积等因素，形体间的连接宜紧凑些。地震区要求房屋尽可能采用简单、整体封闭的几何形体。

③ 体型简洁、环境协调。简洁的建筑体型易于取得完整统一的造型效果，同时在结构布置和构造施工方面也比较经济合理。随着工业化构件生产和施工的日益发展，建筑体型也趋向于采用完整简洁的几何形体，或由这些形体的单元所组合，使建筑物的造型简洁而富有表现力。

建筑物的体型还需要注意与周围建筑、道路相呼应配合，考虑和地形、绿化等场地环境的协调一致，使建筑物在场地环境中显得完整统一、配置得当。一般降雨、降雪量大的地区，屋面渗漏的可能性较大，屋顶宜做成坡屋顶，排水坡度还应适当加大；反之，屋顶排水坡度则宜小一些。

5.4.1.2　建筑体型的连接

由不同大小、高低、形状、方向的体型组成的复杂建筑体型，都存在着体量间的联系和交接问题。各体量间的连接方式多种多样，如图 5-49 所示，组合设计中常采用以下几种方式：①直接连接，即不同体量的面直接相连，这种方式具有体型简洁、明快、整体性强的特点，内部空间联系紧密。②咬接，各体量之间相互穿插，体型较复杂，组合紧凑、整体性强，较易获得有机整体的效果。③以走廊或连接体连接，这种方式的特点是各体量间相对独立而又互相联系，体型给人以轻快、舒展的感觉。

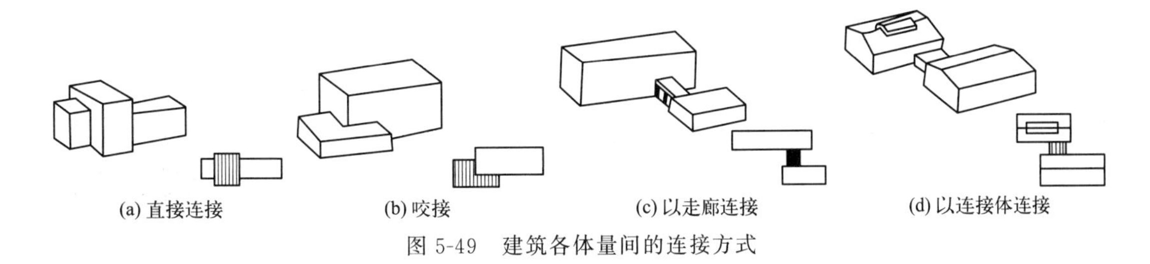

图 5-49　建筑各体量间的连接方式

5.4.2　建筑立面设计

建筑立面设计就是恰当地确定建筑各部件的尺寸大小、比例关系、材料质感和色彩等，运用节奏、韵律、虚实对比等构图规律设计出体型完整、形式与内容统一的建筑立面。

5.4.2.1　建筑立面设计流程

建筑立面的设计，通常首先根据初步确定的房屋内部空间组合的平、剖面关系，例如房屋的大小、高低、门窗位置，构部件的排列方式等，描绘出房屋各个立面的基本轮廓，作为进一步调整统一进行立面设计的基础。其次推敲立面各部分总的比例关系，考虑建筑整体的几个立面之间的统一，相邻立面间的连接和协调，然后着重分析各个立面上墙面的处理，门窗的调整安排，最后对出入口门廊、建筑装饰等进一步做重点及细部处理。

5.4.2.2　影响建筑立面设计的因素

(1) 尺度和比例

比例是建筑艺术中用于协调建筑物尺寸的基本手段之一，是局部和整体之间的关系。尺度研究的是建筑物的整体或局部给人感觉上的大小印象和其真实大小之间的关系问题。尺度正确和比例协调，是立面完整统一的重要方面。比例协调，既存在于立面各组成部分之间，也存在于构件之间，还存在于构件本身。

（2）节奏感和虚实对比

节奏韵律和虚实对比，是使建筑立面富有表现力的重要设计手法。建筑立面上，相同构件或门窗的有规律的重复和变化，使人们在视觉上得到类似音乐、诗歌中节奏韵律的感受。立面的节奏感，在门窗的排列组合、墙面构件的划分中表现得比较突出。门窗的排列，在满足功能技术条件的前提下，应尽可能调整得既整齐统一，又富有节奏变化。建筑立面的虚实对比，通常是指由于形体凹凸的光影效果，所形成的比较强烈的明暗对比关系。

（3）材料质感和色彩配置

一幢建筑物的体型和立面，最终是以它们的形状、材料质感和色彩等多方面的综合，给人们留下一个完整深刻的外观印象的。粗糙的素混凝土或砖石表面，显得较为厚重；平整而光滑的面砖以及金属、玻璃的表面，感觉比较轻巧。以白色或浅色为主的立面色调，常使人感觉明快、清新；以深色为主的立面，显得端庄、稳重；红、褐色等暖色趋于热烈；蓝、绿等冷色使人感到宁静等等。对于各种冷暖色和深浅色彩进行不同的组合和配置，会产生多种不同的效果。

（4）重点及细部处理

突出建筑物立面中的重点，既是建筑造型的设计手法，也是房屋使用功能的需要。建筑物的主要出入口和楼梯间等部分，是人们经常经过和接触的地方，在使用上要求这些部分明显，易于找到，在建筑立面设计中，相应也应该对出入口和楼梯间的立面适当进行重点处理。建筑立面上的构造，如勒脚、窗台、遮阳、雨篷、檐口、台阶、门廊等细节部位在设计中应给予重视。

数字化设计：Revit 立面图创建步骤

在 Revit 中创建立面图的操作步骤如下（可扫描二维码观看完整教学视频）：

（1）选择视图：在“视图”选项卡中，点击“立面”工具。

（2）绘制立面线：在平面图中选择想要显示的立面方向，点击绘制立面线。

（3）调整立面属性：在“属性”面板中设置立面的名称和视图范围。

（4）生成立面图：立面线完成后，Revit 会自动生成立面图，可以在“项目浏览器”中找到。

（5）编辑立面图：在立面图中添加细节，如材料、标注、尺寸和注释。

（6）保存与查看：保存项目，检查立面图的显示效果。

（7）导出或打印：根据需要导出或打印立面图。

5.5 生成式建筑人工智能设计

5.5.1 生成式建筑人工智能设计概念

从建筑总体设计和方案设计中不难发现，前期整理文本资料提取要点等工作量大而繁杂，耗时长，且交流困难、效率低，不少工作属于重复劳动，且主观倾向较强，具有较高的风格化特征，较为依靠经验主义，与目前市场对于建筑设计产品化、迭代迅速的趋势相违背。近年来，生成式人工智能发展迅速，已经在音乐制作、图像生成、代码生成等场景中运用，在影视、设计、交通、医疗等行业得到广泛应用。利用人工智能取代大量性重复劳动，提高了效率。

生成式人工智能（artificial intelligence generative content，AIGC），是采用人工智能技术实现自动化创作的一种技术，即 AI 接收人下达的任务指令，自动生成图片、视频、音频等信息。在建筑设计方面，AIGC 可以帮助建筑师设计建筑的造型，建筑师们可以借助人工智能的力量快速、高效地实现各种设计。AIGC 对建筑设计的推进和变革有：①增加设计灵感。AI 生图可以生成多样化的设计概念，进而提供丰富的创意和灵感。②提高设计效率。AI 生图可以在短时间内生成大量的设计方案，实现多方案比选，明确方向后再进行细化设计，避免了无谓劳动。③减少设计成本。通过人工智能生成效果图，省去了烦琐的效果图制作的步骤，节约了经济和时间成本。

目前生成式人工智能技术主要有两种方法，第一种是基于提示词（prompt）的方法。近年来，随着大语言模型（large language model，LLM）的突破，计算机对非线性数据的处理能力得到了提高，基于建筑学规则、算法等本体构建的研究脉络得到不断完善。人工编写生成场景的提示词，AIGC 根据提示词自动创作。目前主流市场上用于建筑设计的 AIGC 包括 Midjourney、Stable Diffusion 以及一些国内封装软件，如 Suapp、小库、文心一言、智谱清言等。输入二维图像和 prompt 提示词，经过预训练的模型可以生成相应的富有建筑要素的二维图片。

以智谱清言（ChatGLM）人工智能模型为例，生成建筑方案设计图的过程可以分为以下几个步骤：①需求分析与输入。首先，建筑师需要明确设计目标和要求，将这些信息作为传递给智谱清言模型。这些信息包括建筑的功能、规模、风格、地理位置、预算等基本信息。②数据收集与处理。智谱清言会根据输入的需求，收集相关的数据，如地形图、周边环境信息、历史数据等。这些数据将被处理成模型可以理解的形式。③设计概念生成。利用智谱清言的生成能力，可以创建初步的设计概念。这通常涉及生成对抗网络（GAN）等技术，它们能够生成多样化的设计草图和概念图。④参数优化与迭代。基于初步的设计概念，智谱清言可以根据建筑师提供的反馈，调整设计参数，进行迭代优化。例如，调整建筑的高度、体量、布局等。⑤可视化与交互修改。生成的方案设计图可以通过可视化工具展示给建筑师，建筑师可以根据需要对设计进行进一步的调整和修改。⑥性能模拟与分析。智谱清言可以结合其他专业软件，对设计方案进行性能模拟，如采光分析、节能计算等，以确保设计方案的实用性和可持续性。⑦方案细化与完善。经过多轮的迭代和优化，智谱清言可以帮助建筑师细化设计方案，包括细节设计、材料选择等，直至生成最终的方案设计图。需要注意的是，虽然智谱清言等人工智能模型在建筑设计中扮演了重要角色，但最终的设计决策仍然需要建筑师的判断和专业知识。人工智能目前更多地作为辅助工具，帮助建筑师提高设计效率和质量。

第二种是训练以生成式对抗网络（generative adversarial network，GAN）等模型为核心的深度学习模型，即通过输入大型数据集，调整模型超参数，扩展具有与原数据集相似特征的新数据集。现在的研究阶段是基于建筑的物质性，从数学和计算机算法角度、从拓扑学和相关图形学的角度，通过多物理约束模式对生成式的规则进行研究。根据计算机模拟，建筑生成形式可以分为拓扑关系几何要素形式、具有一定审美价值的复杂形式和物理性能最优形式三种，如图 5-50 所示。

(a) 拓扑关系几何要素形式

(b) 具有审美价值的复杂形式

(c) 物理性能最优形式

图 5-50 建筑生成形式

5.5.2 生成式建筑人工智能设计方法

目前建筑生成式设计主要有三种模式，即基于三维模型信息的生成模式、基于二维草图的生成模式和基于关键词和精准信息的三维模型生成模式。

(1) 基于三维模型信息的生成模式

该模式下通过 SketchUp、Rhino 等（设计软件名称，即草图大师和犀牛）体块模型生成有一定建筑信息要素的模型图，通过输入关键词和输入的初始图片进行二维推导。

图 5-51 是以“城市别墅”和“街景”为提示词的生成图。上述生成相应建筑空间的方法可以成为建筑师前期概念设计的灵感和形式来源。而且输入的信息渠道较为多元，可以是三维建模软件中的体块模型图像，也可以是真实的体块模型图像，甚至可以为非建筑要素的图像。但是，由于生成的是二维图片，没有三维要素进行匹配，所以在后续生成可用的三维模型时则需要通过二维返回三维的方法绘制出相应的平面图。

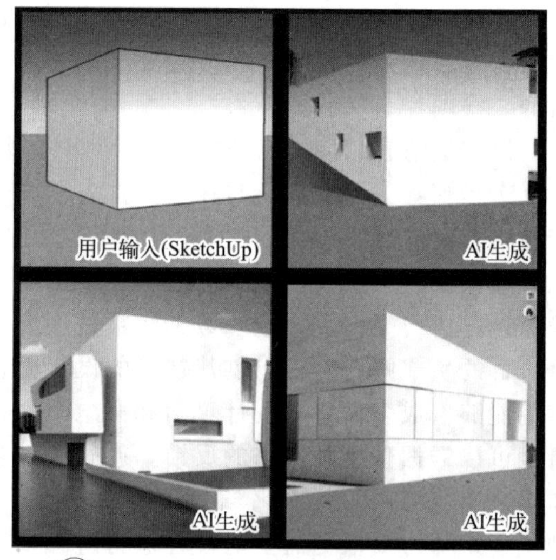

图 5-51 以“城市别墅”和“街景”为提示词的生成图

(2) 基于二维草图的生成模式

该模式下可通过输入手绘线稿图，根据相应的人工智能网络生成建筑效果图，生成结果的风格和形式是可控的，设计师可以通过逐步增加提示词的权重，将一张建筑草图转变为更逼真的建筑表现图（图 5-52）。设计师可以在生成过程中选择任何一个适合的状态作为最终输出。总的来说，这个生成模式可以使设计师在可控的情况下增加更多的设计细节，从而使设计更加丰富和精细化。

不仅如此，该模式还可以用于生成带有足够多建筑空间信息的户型图，即根据相应的生成边界线和建筑外轮廓线，生成符合建筑规范的、空间组织合理的户型图。

(3) 基于关键词和精准信息的三维模型生成模式

该生成模式目前处于研究阶段，是具有良好前景的模式，例如根据城市空间精确信息，智能生成三维建筑模型（图 5-53）。该模式可以根据提示词生成符合要求的建筑三维模型。当生成算法应用于三维模型时，可以获得更加精确、更容易控制的三维空间。这种具有三维信息的模型在平面、立面和剖面上具有统一性，有利于建筑信息的输入和建立信息数据库。此外，当三维模型输出为通用格式时，有利于为多专业搭建协同平台。这种模式下的生成结果可以更好地符合设计师的预期，使得设计过程更加高效和精细。

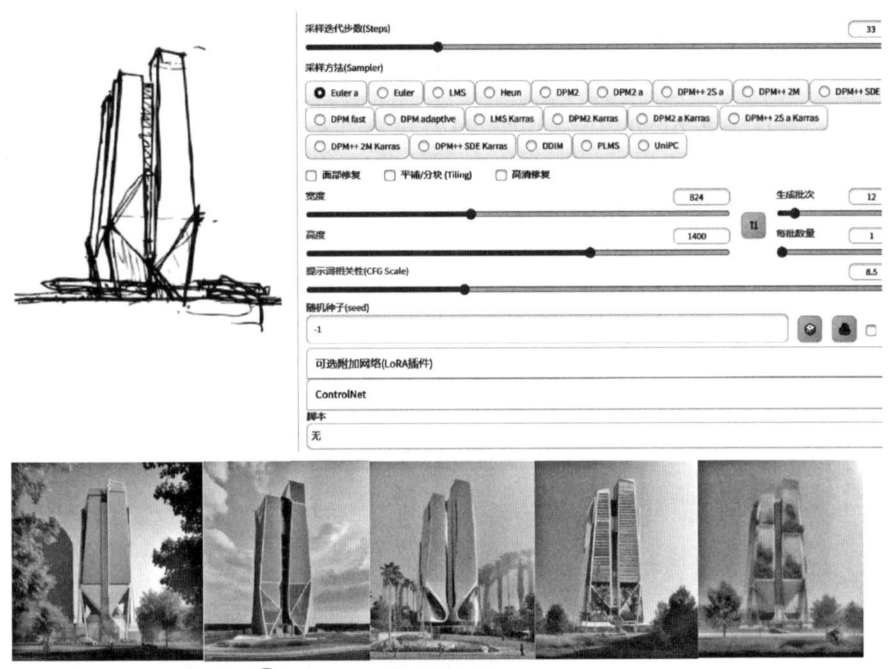

图 5-52　由草图生成的建筑设计图

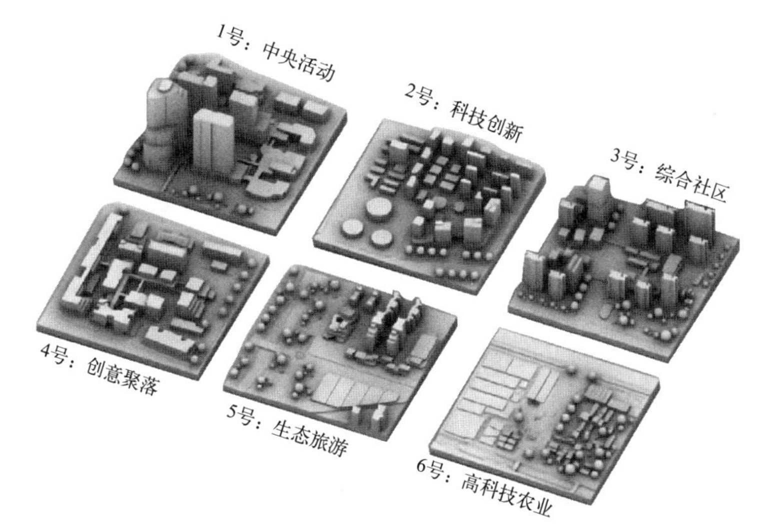

图 5-53　根据城市空间精确信息，智能生成三维建筑模型

5.5.3　BIM 参数化编程工具 Dynamo 的应用

上述介绍了通过人工智能，可以快速生成多种设计方案的方法，但当设计师就某一确定方案进行深化设计或做局部调整时，就要求具备数字化编程能力，为了让没有编程背景的人也可以轻松编程，一些可视化编程工具应运而生。可视化程序设计，是以“所见即所得”的编程思想为原则，让程序设计人员利用软件本身所提供的各种控件进行编程的程序设计方法。为了方便用户对项目的控制，BIM 软件通常会给用户提供可视化编程平台，通过节点

和连接线来创建脚本，用户不需要深入的编程知识即可使用，搭积木似的应用程序构造方法，使得设计过程直观且易于理解。例如犀牛 Rhino 中的 Grasshopper、Revit 中 Dynamo 等插件均可实现上述功能。Dynamo 是 Autodesk Revit 的一个强大插件，用于增强建筑信息模型（BIM）的功能。它完全嵌入在 Revit 中，允许用户直接在 Revit 中创建和运行 Dynamo 脚本。通过调取 Revit API、Revit SDK 等文件，它可以直接与 Revit 的参数、几何图形和数据交互。例如，可以通过更改一个参数来自动调整多个设计元素的大小或形状。Dynamo 能够自动执行重复性任务，如批量创建建筑元素、生成复杂几何形体、分析数据等。Dynamo 有活跃的社区和丰富的资源，用户可以下载并使用他人创建的脚本和包，或者自己编写和分享自定义节点。此外，Dynamo 的附加模块提供了大语言模型 ChatGPT API 接口“ArchData_OpenAI”，在此模块输入文本和提示词可以得到满足用户要求的输出结果，图 5-54 展示了菱形幕墙的生成方法，可扫描二维码观看视频动画。

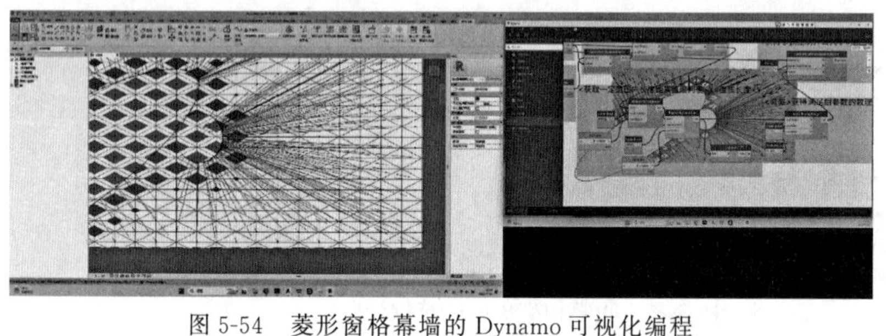

图 5-54 菱形窗格幕墙的 Dynamo 可视化编程

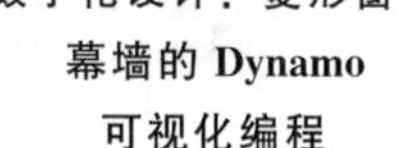

数字化设计：菱形窗格幕墙的 Dynamo 可视化编程

在此处将采用依托于 Revit 的可视化编程工具 Dynamo，介绍如何进行建筑立面的参数化设计，探索生成式建筑和人工智能设计方法的运用。建筑立面中的遮阳构件具有美化立面的效果，同时也能带来遮光节能的效益，因此诸多建筑将其作为重要的设计内容。考虑到视觉效果、日照时间和能耗等条件约束，对遮阳挡板的厚度、伸出长度、旋转角度、使用材料等参数均需做出设计。基于上述参数，分析物理性能最优解，进行多目标优化，并利用大语言模型进行立面设计，最后用模型可视化表达出来，建立参数化竖向挡板模型的步骤如下：

① 制作公制常规模型，对长方体赋予长宽高和旋转角度参数（图 5-55），命名为“幕墙竖梃”。

② 在立面绘制上边界线和下边界线（图 5-56）。

图 5-55 参数名称及其赋值

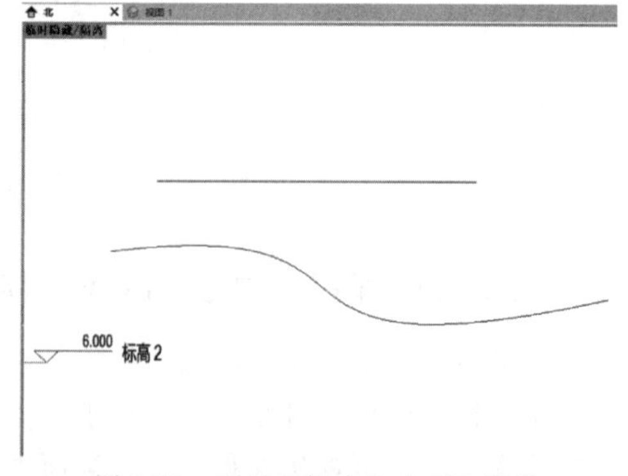

图 5-56 项目空间中的上下边界线

③ 按照上边界线位置，生成一定数量的幕墙竖梃。如图 5-57 所示（1）～（5）步是在

上边界线上生成可控制的分割点，再由（6）和（7）生成幕墙竖梃阵列，生成模型如图 5-58 所示。

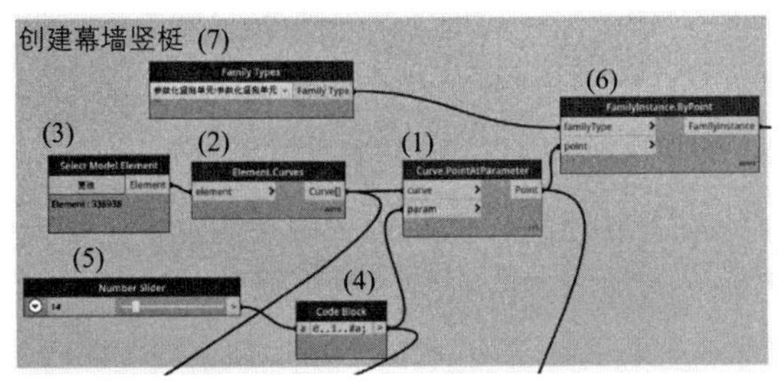

图 5-57 Dynamo 创建幕墙竖梃

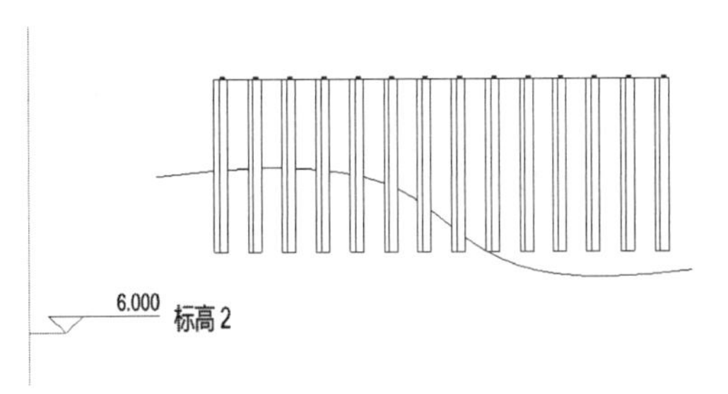

图 5-58 模型成果

④ 获取上下边界的直线距离，并将该距离参数传入族实例“竖梃高”变量（图 5-59）。

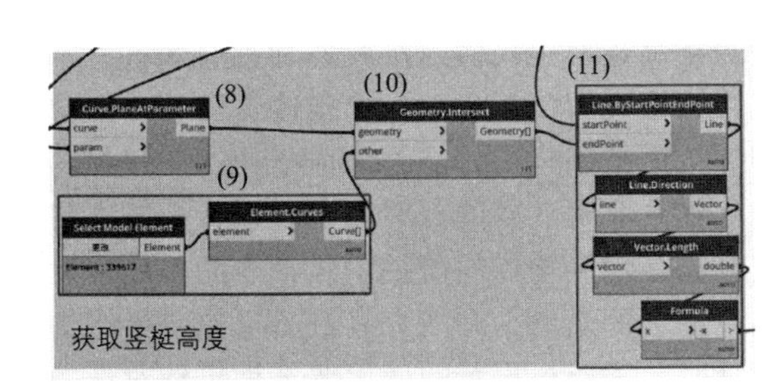

图 5-59 获取竖梃高度

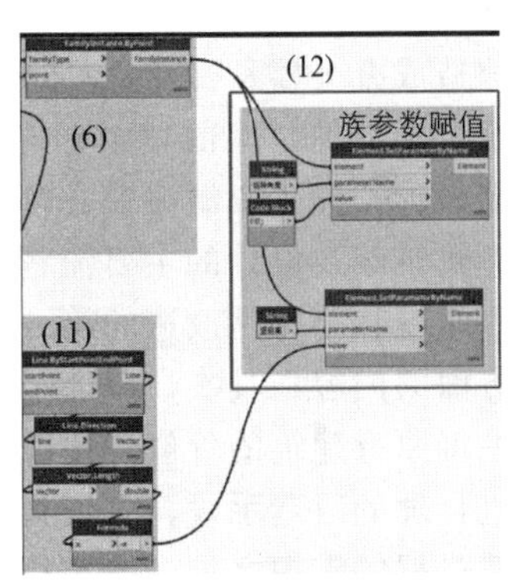

图 5-60 族参数赋值

⑤ 图 5-60 是获取上边界分割点法平面和下边界线交点，并给族参数赋值。

⑥ 将距离参数和旋转角度参数分别传入“旋转角度”和“竖梃高”两个参数中，点击运行即可生成图 5-61、图 5-62 的最终模型。

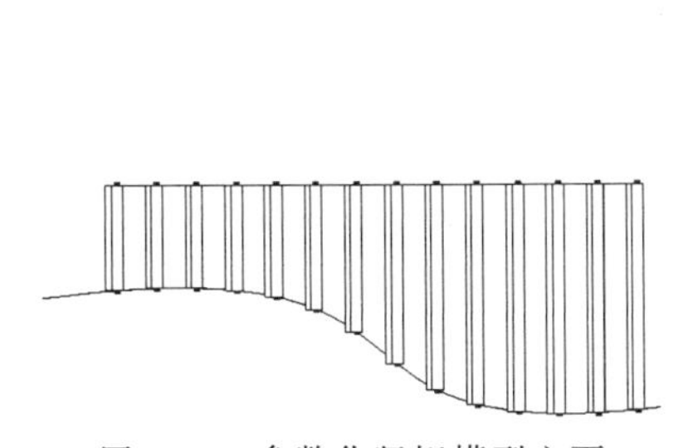
图 5-61 参数化竖梃模型立面

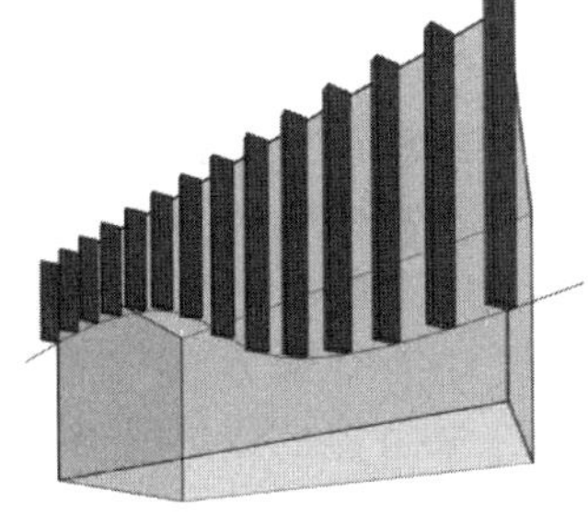
图 5-62 参数化竖梃模型

图 5-63 由体块生成的建筑立面设计效果图

完成参数化挡板可视化编程后，可以在此基础上添加大语言模型模块。通过文本输入，让大语言模型输出上下边界线代码或者控制参数（如输出挡板数量、伸出长度、厚度等参数），从而实现根据输入文本生成三维模型。此外，也可以利用体块的几何关系，选取合适角度，生成立面设计图，从而实现根据三维模型生成立面设计图，如图 5-63 所示。

5.6 既有建筑改造设计

5.6.1 既有建筑改造的目的和流程

既有建筑改造设计是对已经建成并投入使用的建筑物进行更新、修缮、扩展或功能调整，以延长其使用寿命、提升使用性能、适应新的需求或提高环境和经济效益的过程。随着城市的发展、环保意识的提高以及历史文化保护需求的加强，既有建筑改造设计越来越受到重视。

既有建筑改造的主要目的包括：①延长建筑使用寿命：通过结构加固、设备更新等手段，延长建筑物的使用寿命，避免不必要的拆除和重建。②提升建筑性能：更新建筑的设备系统（如暖通空调、电气、给排水等），提升建筑的能效、舒适度和安全性。③功能调整：根据新的业态或使用需求，重新规划建筑空间，使其适应现代功能需求。例如，将老旧的工业建筑改造成办公楼、文化空间或商业设施。④历史文化保护：对具有历史或文化价值的建筑进行修复和保护，保留其原有特色，同时适应现代使用要求。⑤环境和经济效益：通过合理的改造设计，减少资源浪费和环境影响，提高既有建筑的经济效益和社会效益。

既有建筑改造设计的主要流程包括三个方面，即分析现状、确定改造目标、确定改造策略。首先，现状分析是改造的第一步，需要全面梳理建筑特点、建成年代、建筑材料、建筑工艺等方面的内容。其次，改造目标的确定也是非常重要的。在确定改造目标时，需要充分认识和挖掘原有建筑的价值，使改造建筑在满足使用功能的前提下经最少的干预焕发新的生命。通过合理的改造手段，可以让建筑焕发出新的生命力和活力。最后，改造策略的确定是整个改造过程的重中之重。在进行改造设计时，需要根据新的使用要求做出针对性的改造设计，并采用多样化的改造策略，如用最新的材料、工艺修复失效构件或提升局部的适应性，最大限度地保护建筑的美学和建筑学价值。

5.6.2 既有建筑改造的策略

既有建筑改造的方式多种多样，根据建筑物的现状、改造目的、功能需求以及经济条件，采用不同的改造策略来达到预期的效果。以下是几种常见的既有建筑改造策略：

(1) 功能性改造

功能性改造是在保留原有建筑结构和外观的基础上，对其功能进行改变，以适应新的需要的改造策略。这种改造通常发生在商业建筑、住宅、工业厂房等中，例如将一个商场改造成办公楼，或将一个旧厂房改造成艺术中心馆等，如北京 798 艺术街区（图 5-64）。

功能改造需要遵循可持续设计策略和方法，既要符合当前需求又能根据未来可能的变化做出相应调整，降低改造代价。可持续设计是指在设计过程中考虑环境、社会和经济三个方面的可持续性。在城市建筑的改造中，可持续设计策略和方法是非常重要的。旧建筑再利用需要以提供舒适的使用环境与条件为原则，符合可持续发展要求。

图 5-64 基于旧厂房改造的北京 798 艺术街区

(2) 结构性改造

结构性改造是在保留原有建筑外观和功能

的基础上，对其主体结构进行改造的改造策略。这种改造通常发生在老旧建筑中，例如通过加固结构来提高建筑的稳定性和安全性，常见的加固方式包括增设钢结构、加大柱梁截面、碳纤维加固等。在现有建筑的基础上增加楼层或扩展建筑面积，通常需要对结构进行加固以承受额外的荷载。针对地震高发地区，建筑的结构性改造还包括增加抗震构件或改进建筑结构，以提高建筑物的抗震性能。

在进行建筑结构性改造时，需要做好建筑耐久性和安全性的改造，制订合理的加强加固措施。针对不同结构形式（如钢结构、混凝土结构等），采取相应的加固技术。比如，在进行钢结构加固时，需要对钢结构进行强度计算和设计，保证加固后的结构能够承受更大的荷载，提高建筑的安全性和耐久性。

(3) 外观改造

外观改造是在保留原有建筑功能的基础上，对建筑立面进行重新设计或翻新，使其外观更加现代化或符合特定的美学要求。保留或恢复建筑的原有风貌，或通过现代设计元素的引入，赋予建筑新的视觉效果。在改变方法上，有很多种方法可以选择，如“修旧如新”、“焕然一新”和“新旧结合”。这包括更换外墙材料、增加幕墙系统、重新设计窗户和入口等。

(4) 历史性保护

历史性保护改造是对具有历史价值的建筑进行修缮和复原，保留其原有的建筑风貌和历史特色，同时改善其结构和功能的改造策略。这种改造通常发生在有历史文化传承价值的街区或房屋中，例如上海新天地，将历史建筑与周围环境整合，形成文化商业区，增强其文化和社会价值。

历史性保护改造前，需对既有建筑的结构、设备、材料、功能、历史价值等进行全面的调查和评估，了解其现状和潜在问题，尽量做到“修旧如旧”。根据调查结果和改造需求，制订设计方案。方案需考虑建筑的现有条件、功能需求、修复技艺、经济性以及法律法规等因素。

(5) 技术改造

建筑技术改造是指通过对原有建筑进行技术上的改善和优化，延长其使用寿命，主要包括节能改造和设备系统改造。节能改造是对建筑进行能源环保方面的改造，例如增加外墙保温层、使用节能窗户等，以提高建筑的能效水平，减少能源消耗；安装太阳能电池板、雨水回收系统、节能灯具等，以减少建筑的环境足迹，提升其可持续性。

设备系统改造包括更换老旧的电气、给排水、暖通空调系统，以提高建筑的使用性能和安全性；引入智能控制系统，如智能照明系统、安防系统、智能暖通系统等，以提高室内环境的舒适度和品质，提高建筑的使用价值和市场竞争力。

思考题

在线题库
参考答案

1. 阐述建筑方案阶段 BIM 数字化设计的主要目的。
2. 民用建筑由哪三大基本部分构成？请举例说明。
3. 建筑平面组合从使用功能角度集中表现为哪两方面？请举例说明。
4. 建筑平面组合有哪几种处理方式？试举例说明
5. 简要说明影响建筑立面设计的因素。
6. 什么是生成式人工智能技术？有哪些主要技术方法？
7. 简述既有建筑改造设计的策略有哪些？

第6章 建筑初步设计

本章要点

1. 熟悉制图原理、掌握制图标准。
2. 学会建筑工程图样的正确识读和绘制。

学习知识目标

1. 学习并掌握制图的基本知识。
2. 理解建筑平立剖尺寸对应关系。

素质能力目标

1. 具有建筑施工图的数字化表达和出图能力。
2. 通过 BIM 信息化建模软件的学习，掌握工程设计所必备的数字化工作手段。

本章数字资源

数字化设计
在线题库
参考答案

6.1 初步设计阶段的BIM数字化应用及流程

6.1.1 初步设计阶段的BIM数字化应用流程

在建筑初步设计阶段，应用BIM技术的主要目的是提高设计的准确性、效率和协作性。例如通过创建集成的BIM模型，设计变更可以自动更新到所有相关视图和文件中，减少沟通误差，显著提高设计迭代的效率。初步设计阶段的BIM应用主要分为数据准备和具体实施两部分，详见图6-1。软件准备与方案设计阶段相同，不再赘述。初步设计阶段的BIM应用中数据准备的主要工作是：①通过相关监管方及责任方审核确认方案设计的建筑模型、结构模型以及二维设计图。在满足项目总要求的前提下，制订建筑专业的BIM实施方案，内容包括软件选择、建筑专业模型标准、协同方式、人员及进度安排。②准备建筑专业初步设计BIM样板文件：样板文件的定制可根据自身建模和作图习惯创建，项目样板至少包括项目基本信息（含建设单位、项目名称、项目地址、项目编号等）、专业信息（含标高、轴网、文字样式、字体大小、标注样式、线型等）。

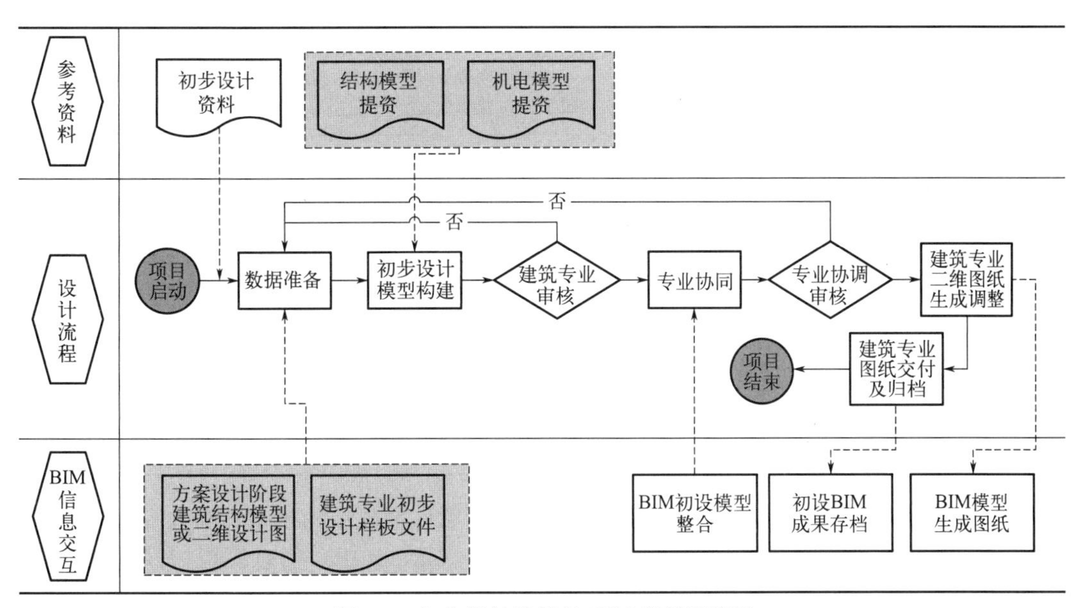

图6-1 初步设计阶段的BIM应用流程图

具体实施步骤包括：①收集资料。建筑专业负责人从BIM项目经理处接收项目资料，包括：现有模型文件、项目BIM技术文件、各项适用标准、项目基点、协同方式、管理平台及协同平台等。②模型拆分。根据项目人员安排以及项目规模，对项目文件进行拆分，通常按专业分工进行拆分，如幕墙、楼梯等竖向构件可独立拆分。③统一平台及样本文件。分别采用建筑、结构的专业样板文件，根据方案设计模型或二维设计图建立相应的建筑专业初步设计模型。为保证后期建筑、结构模型的准确整合，在模型构建前须保证建筑、结构模型统一基准点、统一模型轴网和标高等。④主体建模。搭建墙体、门窗、屋顶、楼地面、幕墙、楼梯、坡道、台阶、栏杆、檐口、雨篷、停车位、场地铺装、植物等建筑构件。⑤专业提资。建筑模型上传协同平台，提资其他专业进行设计。同时，应当及时关注其他专业提资条件反馈，保证各专业模型及时同步更新。⑥模型检查。先进行完整性检查，明确模型构件有无缺失、房间是否闭合完整、模型信息是否表达（如材质、尺寸定位等）；再进行规范性检查，明确模型是否满足规范要求，如楼梯净高、出入口设置、疏散宽度、降板区域的表达等；其次进行协调性检查，明确专业间主体模型构件有无碰撞问题、扣减关系以及主要空间是否满足各专业设计要求；最后进行模型深度检查，创建平面、立面、剖面视图，并在相关视图上添加关联标注及图面细节，使模型深度满足相关要求。

6.1.2 初步设计阶段 BIM 数字化交付成果要求

建筑专业初步设计模型是在方案设计模型基础上的进一步加深，相对于方案设计阶段，此阶段的模型要更加精细，设计模型的重点需要从体量转化为建筑构件，主要包括：主体建筑构件、主要结构构件和主要设备构件的几何尺寸、定位信息等。

围绕建筑初步设计模型的进一步深化，随着墙体材料、房间布局的逐渐定型，需要重点考虑对建筑构造、材料、窗墙比等对后期建筑使用有影响的建筑性能进行进一步优化。主要表现在：对建筑群体布局的再次优化、对建筑单体形式的再次优化、对室内环境进行模拟优化等。初步设计阶段，建筑专业信息模型构件的精度要求应达到 LOD200，详见表 6-1。

表 6-1 初步设计阶段建筑信息模型精度要求

详细等级(LOD)	模型构件	具体要求
LOD200	场地	提供场地边界(用地红线、高程、正北向)、建筑地坪、道路等大致平面布置模型
	填充墙	模型应包含大致尺寸、定位、材质
	幕墙	在方案模型基础上创建竖梃(大致形状)
	门、窗	模型应包含实际尺寸、定位、材质
	楼板	提供粗略面层划分以及主要洞口尺寸、定位
	屋顶	提供粗略面层划分、坡度
	楼梯(含坡道、台阶)	不创建实体模型,仅提供二维符号表示
	电扶梯	不创建实体模型,仅提供二维符号表示
	垂直电梯	不创建实体模型,仅提供二维符号表示

初步设计阶段，结构专业一般采用结构计算分析软件创建结构模型。经计算分析调整模型后，通过插件将结构分析模型转化为信息模型，导入 Revit 中。信息模型构件的精度要求应达到 LOD200，详见表 6-2。

表 6-2 初步设计阶段结构信息模型精度要求

详细等级(LOD)	模型构件	具体要求
LOD200	基坑	模型应包含大致形状、定位
	基础	确定基础类型,提供基础模型的大致尺寸
	结构墙	模型应包含实际尺寸、定位、材质
	柱	模型应包含实际尺寸、定位、材质
	梁	模型应包含实际尺寸、定位、材质
	楼板	模型应包含板厚、洞口(尺寸及定位)
	楼梯	不创建实体模型,仅提供二维符号表示

从上述初步设计阶段 BIM 成果交付的要求中不难看出，包含标高、轴网、文字样式、

字体大小、标注样式、线型等的工程专业信息是这一阶段的重点任务。随着建筑行业向数字化和信息化方向发展，BIM在许多方面的应用和重要性正在逐步超越传统的二维制图。然而，传统的建筑工程制图在具体施工和法规要求中仍然不可或缺。在许多国家和地区，建筑工程制图是法律要求的一部分，用于审批和备案。传统的二维图纸包括平面图、立面图、剖面图、详图等，这些还是政府机构、业主、施工团队等使用的标准文件。因此建筑工程制图和BIM成果在不同方面发挥着不可替代的作用。下面将以我国的建筑工程制图为例，简要阐述初步设计阶段和施工图设计过程中，需要遵守的一些制图规范要求。

6.2 图纸幅面与编排顺序

(1) 图纸幅面

图纸幅面简称图幅。为了方便使用、装订和管理，图幅尺寸及图框格式需符合《房屋建筑制图统一标准》(GB/T 50001—2017) 的规定，如表6-3所示。该表中尺寸代号的含义如图6-2横式幅面所示，图6-3是竖式幅面。图幅长边方向可根据绘制内容自行选择。图纸的长边尺寸可以调整，但其短边尺寸不能改变，只可沿长边方向加长，且加长后的尺寸应符合相应标准。一个工程设计中，每个专业所使用的图纸，不宜多于两种幅面（不含目录及表格所采用的A4幅面）。标题栏包含一些与图纸内容相关的信息，例如：设计单位名称、工程名称、图名、图号、日期及设计人。会签栏是完善图纸、施工组织设计、施工方案等重要文件并按程序报批的一种常用形式，需要包含会签人员的专业、姓名和日期等信息。

第6章

表6-3　幅面及图框尺寸　　单位：mm

尺寸代号	幅面代号				
	A0	A1	A2	A3	A4
$b \times l$	841×1189	594×841	420×594	297×420	210×297
c	10			5	
a	25				

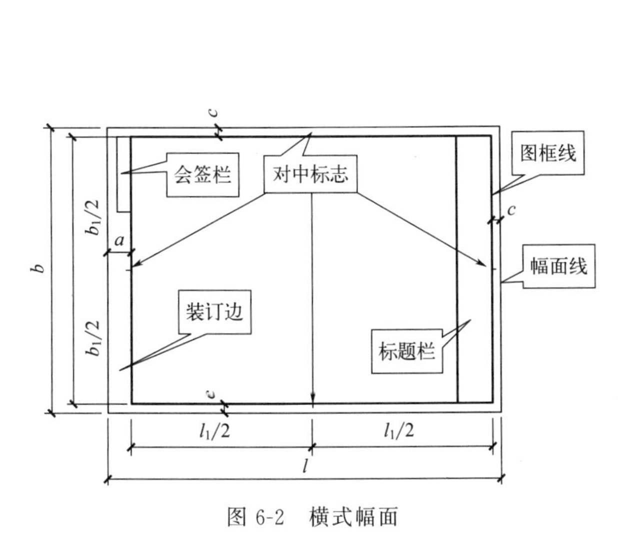

图6-2　横式幅面

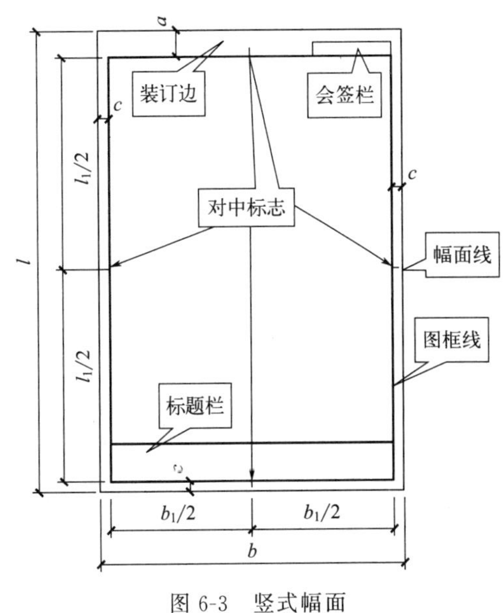

图6-3　竖式幅面

(2) 编排顺序

工程图纸应按专业顺序编排，通常为图纸目录、设计说明、总平面图、建筑图、结构图、给水排水图、暖通空调图、电气图等。各专业工种的图纸，应按图纸内容的主次关系、逻辑关系进行分类排序，一般全局性的图纸在前，局部性的图纸在后。建筑专业图纸宜按图纸目录、建筑设计说明、平面图、立面图、剖面图、大样图、详图、三维视图、清单等顺序编排。图纸目录是施工图的首页图，一般 A4 竖式即可，它说明本套图纸有几类，各类图纸分别有几张，每张图纸的图纸编号、图名、图幅大小，以及图纸引用的标准设计图集名。

6.3 建筑设计说明

建筑设计说明包括建筑设计总说明和绿色建筑设计专篇。建筑设计总说明内容一般应包括：①设计依据，例如建设单位委托设计合同、建设单位提供的项目用地规划红线图、规划局审批批复通过的建筑设计方案、规划局建设工程规划审定意见通知书、国家地方现行的与本工程设计相关的规范标准及各职能部门的有关规定；②工程概况，例如建设地点、建筑面积、占地面积、建筑层数、建筑高度、防水等级、耐火等级、设计使用年限、抗震设防类别、抗震设防烈度、结构类型，主要经济技术指标，例如容积率、绿地率等，设计的主要范围和内容；③设计标高与尺寸，例如绝对标高与相对标高的关系、标注是建筑标高还是结构标高的说明、尺寸单位的说明；④墙体的材料、构造、防火要求；⑤楼地面构造要求；⑥室内外装修构造要求；⑦门窗表及门窗构造要求；⑧防水工程构造要求；⑨安全防护设计说明；⑩无障碍设计说明；⑪消防设计说明；⑫绿建及节能设计说明；⑬电梯相关参数说明；⑭室内装修做法及使用部位表等。

6.4 建筑工程制图标准

6.4.1 标高

标高是标注建筑物高度的一种尺寸形式，它有绝对标高和相对标高之分。绝对标高是以我国青岛附近黄海的平均海平面为零点测出的高度尺寸；相对标高是以建筑物室内主要地面为零点测出的高度尺寸。总平面图中标注的标高应为绝对标高，当标注相对标高时，应注明相对标高与绝对标高的换算关系。建筑标高是指包括粉刷层在内的、装修完成后的标高；结构标高则是不包括构件表面粉刷层厚度的构件表面的标高（图 6-4）。

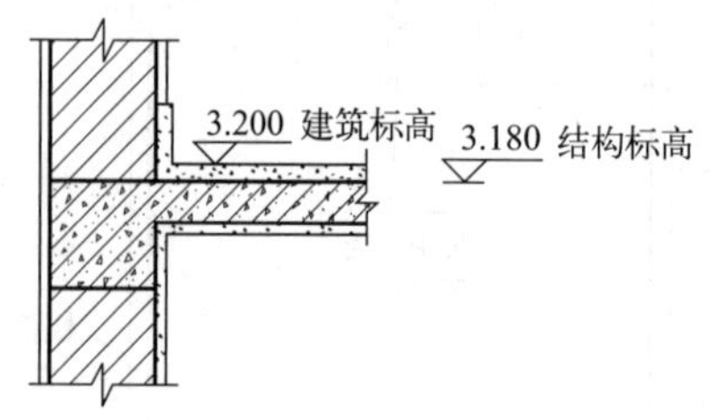

图 6-4 建筑标高与结构标高

标高符号应以等腰直角三角形表示，用细实线绘制，平面图室外地坪标高符号，宜用涂黑的三角形表示，如图 6-5(a) 所示，标高符号的尖端应指至被注高度的位置。尖端宜向下，也可向上，如图 6-5(b) 所示。标高数字应以 m 为单位，注写到小数点以后第三位。在总平面图中，可注写到小数点以后第二位。相对零点标高应注写成 ±0.000，正数标高不注“+”，负数标高应注“−”，例如 3.000、−0.600。标高数字应注写在标高符号的上侧或下侧，在图样的同一位置需表示几个不同标高时，也可按图 6-5(c) 所示形式绘制。

6.4.2　轴线

定位轴线在设计房屋时是定位墙体、柱、梁等构配件的重要依据，也是施工放线时的重要依据。定位轴线的绘制要求包括：①定位轴线应用细长单点画线绘制。②定位轴线应编号，编号应注写在轴线端部的圆内。圆应用细实线绘制，直径为 8～10mm。定位轴线圆的圆心应在定位轴线的延长线或延长线的折线上。③除较复杂需采用分区编号或圆形、折线形平面外，一般平面上定位轴线的编号，宜标注在图样的下方或左侧。横向编号应用阿拉伯数字，从左至右顺序编写；竖向编号应用大写拉丁字母，从下至上顺序编写[图 6-6(a)]。拉丁字母作为轴线号时，应全部采用大写字母，不应用同一个字母的大小写来区分轴线号。拉丁字母的 I、O、Z 不得用作轴线编号（因与数字 1、0、2 相似）。当字母数量不够时，可增用双字母或单字母加数字注脚。附加定位轴线的编号，应以分数形式表示[图 6-6(b)]，并应符合下列规定：两根轴线的附加轴线，应以分母表示前一轴线的编号，分子表示附加轴线的编号，编号宜用阿拉伯数字顺序编写；1 号轴线或 A 号轴线之前的附加轴线的分母应以 01 或 0A 表示。组合较复杂的平面图中定位轴线也可采用分区编号，如图 6-7 所示，编号的注写形式应为“分区号-该分区编号”。通用详图中的定位轴线应只画圆，不注写轴线编号。

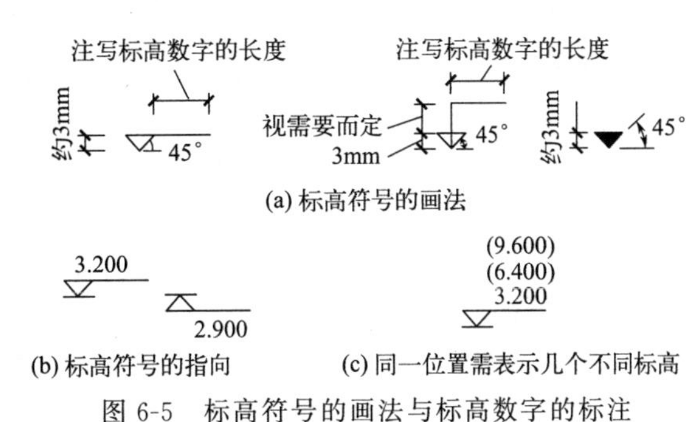

图 6-5　标高符号的画法与标高数字的标注

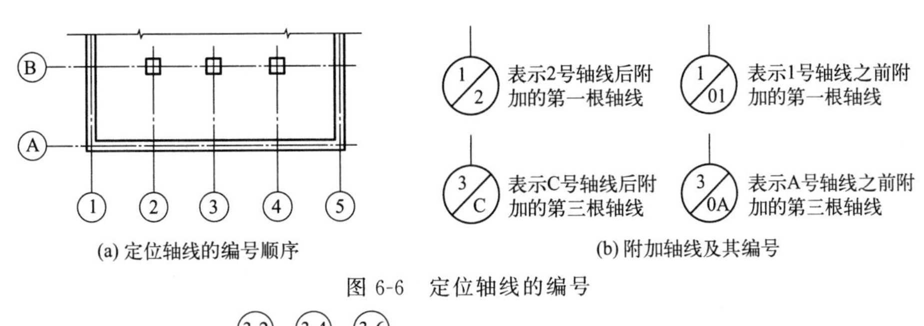

图 6-6　定位轴线的编号

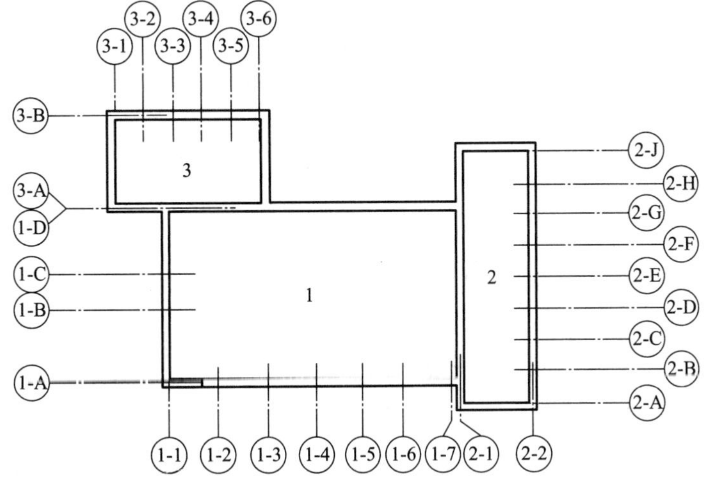

图 6-7　组合较复杂平面图的分区编号

数字化设计：Revit 标高与轴线创建步骤

在 Revit 中创建标高的操作步骤如下（可扫描二维码观看完整教学视频）：

1. 创建标高

（1）选择视图：打开需要添加标高的平面图或立面图。

（2）使用标高工具：在“建筑”选项卡中，点击“标高”工具。

（3）绘制标高线：在绘图区域中绘制标高线，指定标高的位置和方向。

（4）设置标高属性：在“属性”面板中调整标高的名称和高度。

（5）添加标高符号：在标高线末端添加标高符号，显示实际高度。

（6）保存与查看：保存项目，查看标高是否正确显示。

2. 创建轴线

（1）选择视图：打开平面视图，选择适合创建轴线的位置。

（2）使用轴线工具：在“建筑”选项卡中，点击“轴线”工具。

（3）绘制轴线：在绘图区域中绘制轴线，指定方向（垂直或水平）。

（4）设置轴线属性：在“属性”面板中调整轴线的名称和样式。

（5）添加标记：可以选择在轴线旁添加标记，以便清晰识别。

（6）调整位置：根据需要移动或复制轴线，以确保其准确性。

（7）保存与查看：检查轴线在项目中是否准确，并保存项目。

6.4.3　符号

6.4.3.1　剖切符号

剖视图的剖切符号由剖切位置线及剖视方向线组成，均应以粗实线绘制。剖视图的剖切符号应符合下列规定：①剖切位置线的长度宜为 6～10mm；剖视方向线应垂直于剖切位置线，长度应短于剖切位置线，宜为 4～6mm[图 6-8(a)]，也可采用国际统一和常用的剖视方法，如图 6-8(b) 绘制时，剖视剖切符号不应与其他图线相接触。②剖视剖切符号的编号宜采用粗阿拉伯数字，按剖切顺序由左至右、由下向上连续编排，并应注写在剖视方向线的端部。③需要转折的剖切位置线，应在转角的外侧加注与该符号相同的编号。④建筑物剖面图的剖切符号应注在±0.000 标高的平面图或首层平面图上。⑤局部剖面图（不含首层）的剖切符号应注在包含剖切部位的最下面一层的平面图上。⑥断面图的剖切符号应只用剖切位置线表示，并应以粗实线绘制，长度宜为 6～10mm。断面剖切符号的编号宜采用阿拉伯数字，按顺序连续编排，并应注写在剖切位置线的一侧；编号所在的一侧应为该断面的剖视方向(图 6-9)。剖面图或断面图，如与被剖切图样不在同一张图内，应在剖切位置线的另一侧注明其所在图纸的编号，也可以在图上集中说明。

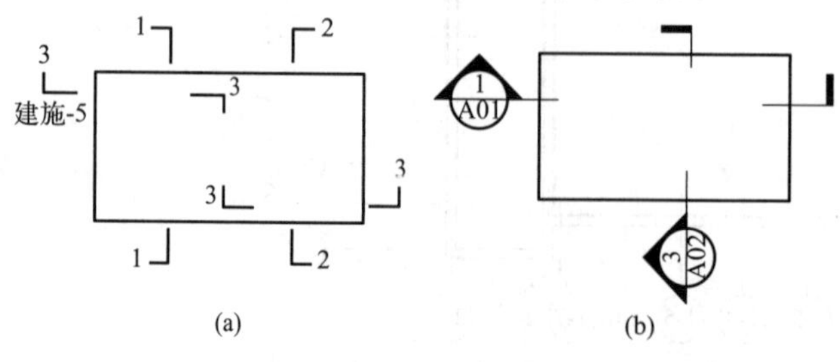

图 6-8　剖视的剖切符号

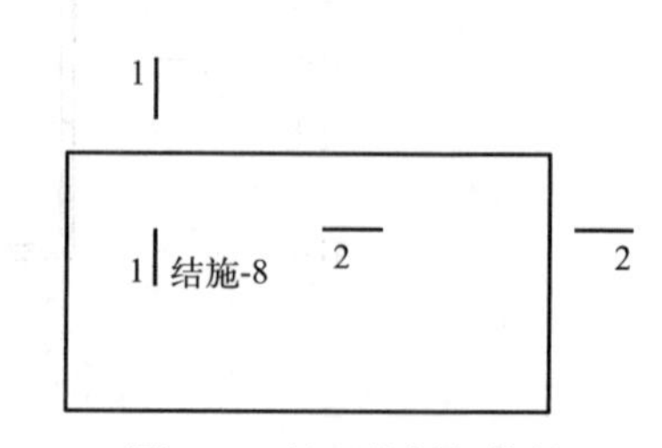

图 6-9　断面的剖切符号

6.4.3.2 索引符号与详图符号

图样中的某一局部或构件，如需另见详图，应以索引符号索引[图 6-10(a)]。索引符号由直径为 8～10mm 的圆和水平直径组成，圆及水平直径应以细实线绘制。索引符号应按下列规定编写：①索引出的详图，如与被索引的详图同在一张图纸内，应在索引符号的上半圆中用阿拉伯数字注明该详图的编号，并在下半圆中间画一段水平细实线[图 6-10(b)]。②索引出的详图，如与被索引的详图不在同一张图纸内，应在索引符号的上半圆中用阿拉伯数字注明该详图的编号，在索引符号的下半圆用阿拉伯数字注明该详图所在图纸的编号[图 6-10(c)]。数字较多时，可加文字标注。③索引出的详图，如采用标准图，应在索引符号水平直径的延长线上加注该标准图册的编号[图 6-10(d)]。需要标注比例时，文字注写在索引符号右侧或延长线下方，与符号下缘对齐。索引符号如用于索引剖视详图，如图 6-11 所示，应在被剖切的部位绘制剖切位置线，并以引出线引出索引符号，引出线所在的一侧应为剖视方向。

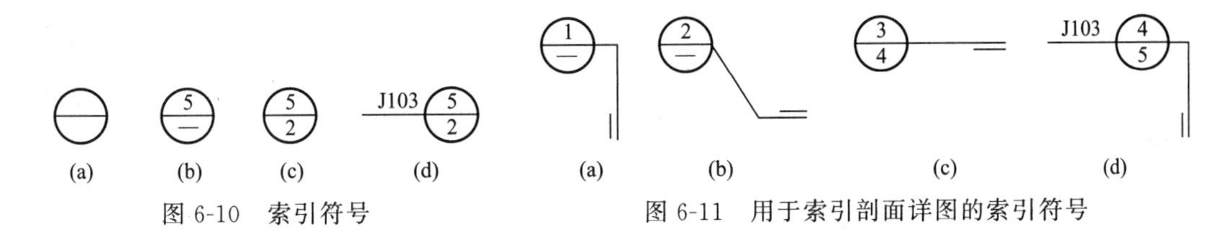

图 6-10 索引符号

图 6-11 用于索引剖面详图的索引符号

详图的位置和编号，应以详图符号表示。详图符号的圆应以直径为 14mm 粗实线绘制。详图应按下列规定编号：①详图与被索引的图样同在一张图纸内时，如图 6-12 所示，应在详图符号内用阿拉伯数字注明详图的编号；②详图与被索引的图样不在同一张图纸内时，如图 6-13 所示，应用细实线在详图符号内画一水平直径，在上半圆中注明详图编号，在下半圆中注明被索引的图纸的编号。

图 6-12 与被索引图样在一张图纸内的详图符号

图 6-13 与被索引图样不在同一张图纸内的详图符号

6.4.3.3 引出线

引出线应以细实线绘制，宜采用水平方向的直线，与水平方向呈 30°、45°、60°、90°的直线，或经上述角度再折为水平线。文字说明宜注写在水平线的上方[图 6-14(a)]，也可注写在水平线的端部[图 6-14(b)]。索引详图的引出线，应与水平直径线相连接[图 6-14(c)]。同时引出的几个相同部分的引出线，宜互相平行[图 6-15(a)]，也可画成集中于一点的放射线[图 6-15(b)]。

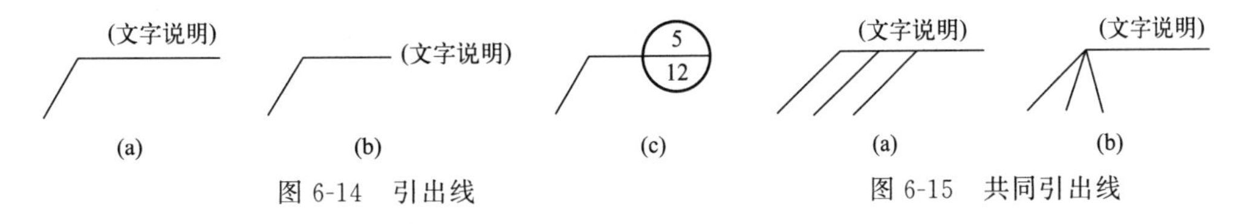

图 6-14 引出线

图 6-15 共同引出线

多层构造或多层管道共用引出线应通过被引出各层。说明文字顺序与被说明的层次一致，文字说明宜注写在水平线的上方，或注写在水平线的端部，说明的顺序应由上至下，并应与被说明的层次相互一致如图 6-16(a) 所示。若层次为横向排序，则由上至下的说明顺序与从左到右的层次一致，如图 6-16(b) 所示。

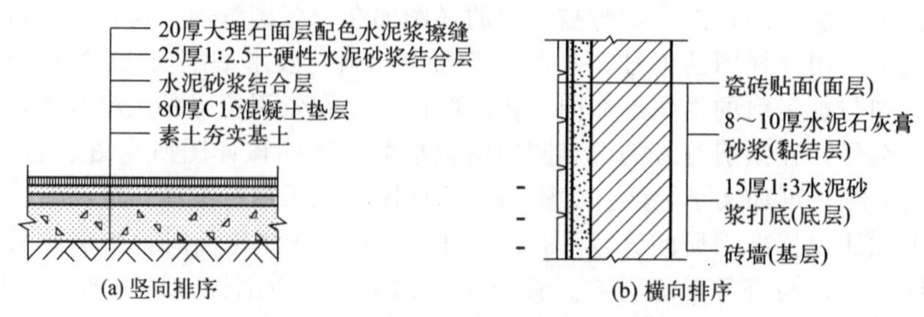

图 6-16　多层共用引出线两种排序方法

数字化设计：Revit 详图符号创建步骤

在 Revit 中创建详图符号的操作步骤如下（可扫描二维码观看完整教学视频）：

（1）选择视图：打开需要添加详图符号的视图，通常是细部图或平面图。

（2）使用符号工具：在“注释”选项卡中，点击“详图符号”工具。

（3）选择符号类型：从下拉菜单中选择适当的详图符号类型。

（4）放置符号：点击绘图区域，在所需位置放置详图符号。

（5）调整符号属性：在“属性”面板中，调整符号的大小、样式等。

（6）添加注释：根据需要添加注释或标注，以说明详图符号的内容。

（7）保存与查看：保存项目，检查符号的显示效果和位置。

6.4.4 尺寸标注

(1) 尺寸界线、尺寸线及尺寸起止符号

图样上的尺寸，包括尺寸界线、尺寸线、尺寸起止符号和尺寸数字（图 6-17）。尺寸界线应用细实线绘制，一般应与被注长度垂直，其一端离开图样轮廓线不应小于 2mm，另一端宜超出尺寸线 2～3mm。图样轮廓线可用作尺寸界线（图 6-18）。

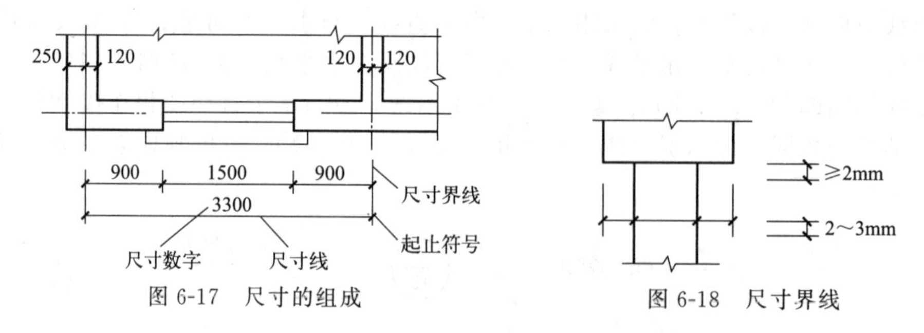

图 6-17　尺寸的组成

图 6-18　尺寸界线

尺寸线应用细实线绘制，应与被注长度平行。图样本身的任何图线均不得用作尺寸线。尺寸起止符号一般用中粗斜短线绘制，其倾斜方向应与尺寸界线呈顺时针 45°角，长度宜为 2～3mm。半径、直径、角度与弧长的尺寸起止符号，宜用箭头表示（图 6-19）。

(2) 尺寸数字

图样上的尺寸，应以尺寸数字为准，不得从图上直接量取。图样上的尺寸单位，除标高及总平面以 m 为单位外，其他必须以 mm 为单位。尺寸数字的方向，应按图 6-20(a) 的规定注写。若尺寸数字在 30°斜线区内，也可按图 6-20(b) 的形式注写。

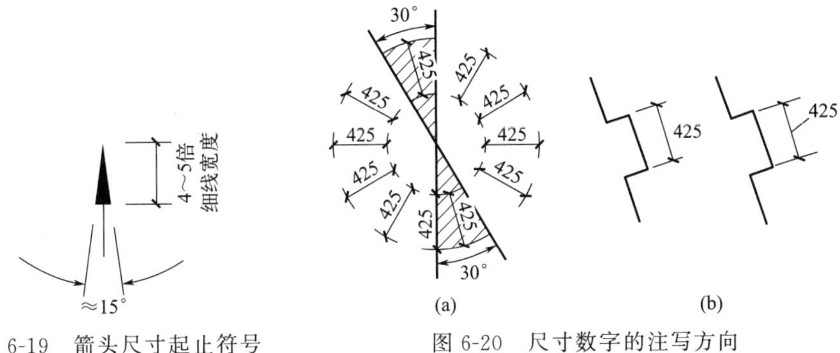

图 6-19　箭头尺寸起止符号

图 6-20　尺寸数字的注写方向

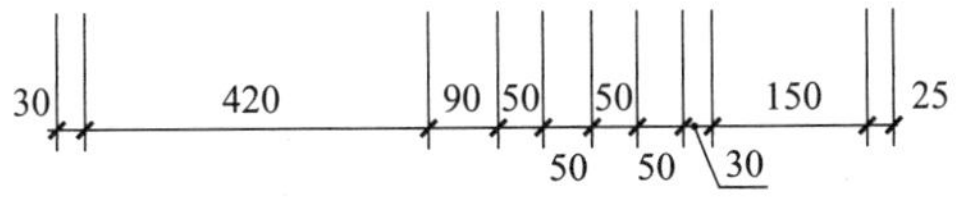

30 420 90 50 50 150 25
50 50 30

图 6-21　尺寸数字的注写位置

如图 6-21 所示，尺寸数字一般应依据其方向注写在靠近尺寸线的上方中部。如没有足够的注写位置，最外边的尺寸数字可注写在尺寸界线的外侧，中间相邻的尺寸数字可上下错开注写，引出线端部用圆点表示标注尺寸的位置。

(3) 尺寸的排列与布置

尺寸宜标注在图样轮廓以外，不宜与图线、文字及符号等相交（图 6-22）。

如图 6-23 所示，互相平行的尺寸线，应从被注写的图样轮廓线由近向远整齐排列，较小尺寸应离轮廓线较近，较大尺寸应离轮廓线较远。图样轮廓线以外的尺寸界线，距图样最外轮廓之间的距离，不宜小于 10mm。平行排列的尺寸线的间距，宜为 7～10mm，并应保持一致。总尺寸的尺寸界线应靠近所指部位，中间分尺寸的尺寸界线可稍短，但其长度应相等。

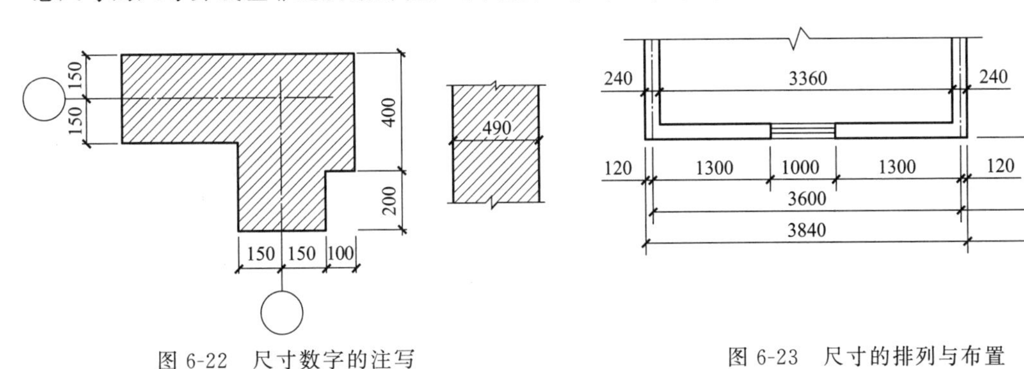

图 6-22　尺寸数字的注写

图 6-23　尺寸的排列与布置

(4) 半径、直径、球的尺寸标注

半径的尺寸线应一端从圆心开始，另一端画箭头指向圆弧。半径数字前应加注半径符号“*R*”（图 6-24）。较小圆弧的半径，可按图 6-25 的形式标注。较大圆弧的半径，可按图 6-26 的形式标注。

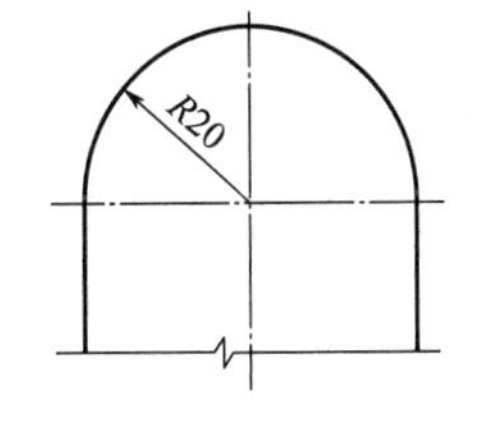

图 6-24　半径标注方法

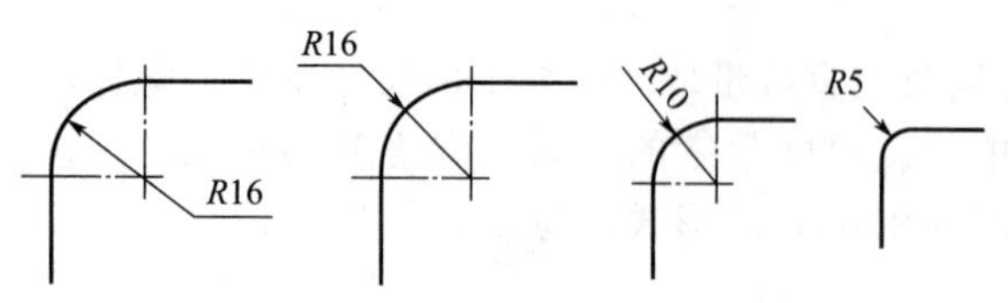

图 6-25 小圆弧半径的标注方法

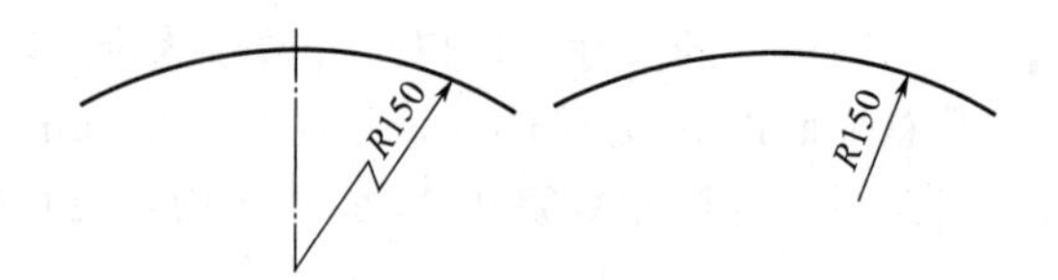

图 6-26 大圆弧半径的标注方法

标注圆的直径尺寸时，直径数字前应加直径符号“ϕ”。在圆内标注的尺寸线应通过圆心，两端画箭头指至圆弧（图 6-27）。较小圆的直径尺寸，可标注在圆外。

球和半球直径的尺寸标注方法如图 6-28 所示。标注球的半径尺寸时，应在尺寸前加注符号“SR”。标注球的直径尺寸时，应在尺寸数字前加注符号“$S\phi$”。注写方法与圆弧半径和圆直径的尺寸标注方法相同。

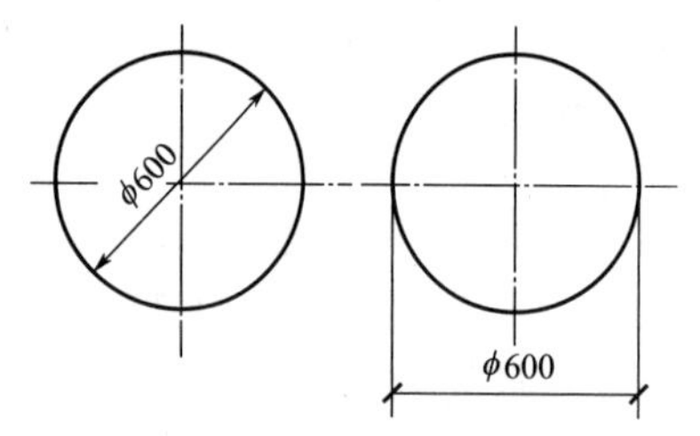

图 6-27 圆直径的标注方法

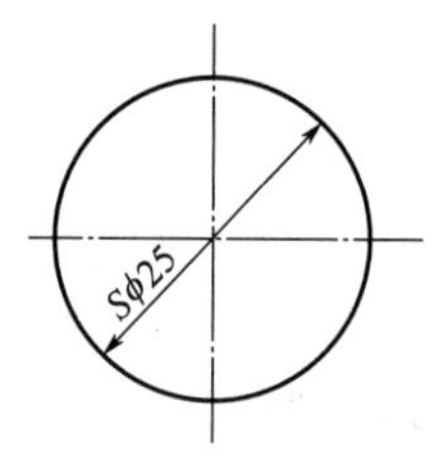

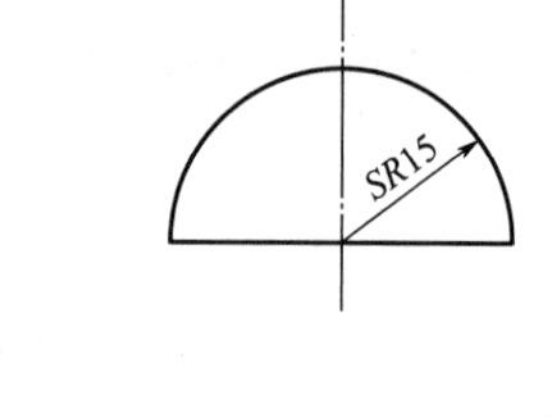

图 6-28 球和半球直径的尺寸标注方法

(5) 角度、弧度、弧长的标注

角度的尺寸线应以圆弧表示。该圆弧的圆心应是该角的顶点，角的两条边为尺寸界线。起止符号应以箭头表示，如没有足够位置画箭头，可用圆点代替，角度数字应沿尺寸线方向注写（图 6-29）。标注圆弧的弧长时，尺寸线应以与该圆弧同心的圆弧线表示，尺寸界线应指向圆心，起止符号用箭头表示，弧长数字上方应加注圆弧符号“⌒”（图 6-30）。标注圆弧的弦长时，尺寸线应以平行于该弦的直线表示，尺寸界线应垂直于该弦，起止符号用中粗斜短线表示（图 6-31）。

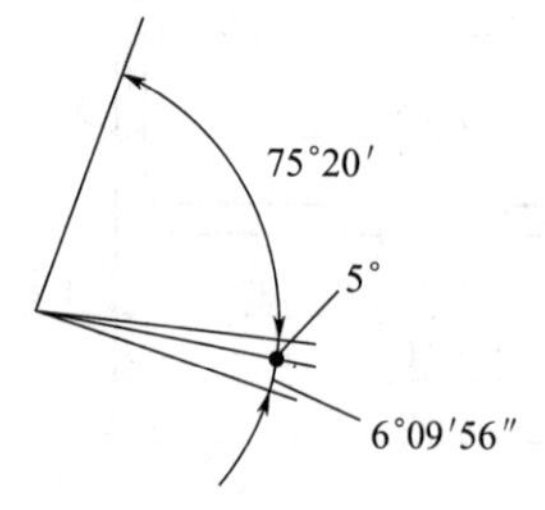

图 6-29 角度标注

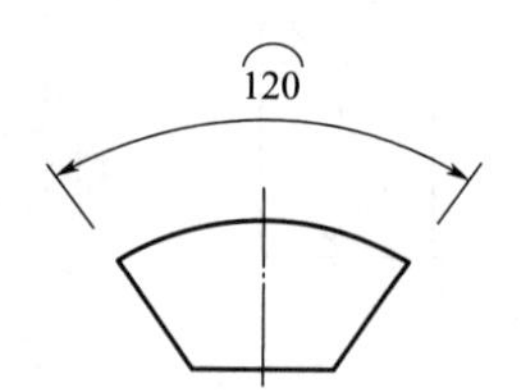

图 6-30 弧长标注方法

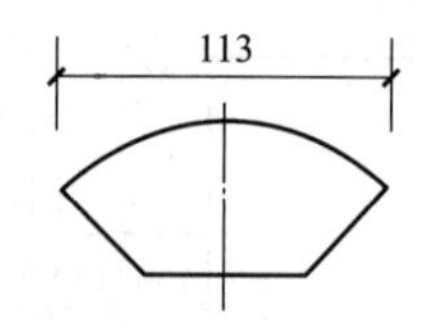

图 6-31 弦长标注方法

(6) 坡度标注

标注坡度时，应加注单面箭头坡度符号“◢”［图 6-32(a)、图 6-32(b)］，该符号为单面箭头，箭头应指向下坡方向。坡度也可用直角三角形形式标注［图 6-32(c)］。

(7) 尺寸的简化标注

① 杆件或管线的长度，在单线图（桁架简图、钢筋简图、管线简图）上，可直接将尺寸数字沿杆件或管线的一侧注写（图 6-33）。

② 连续排列的等长尺寸，可用“等长尺寸×个数＝总长”的形式标注（图 6-34）。

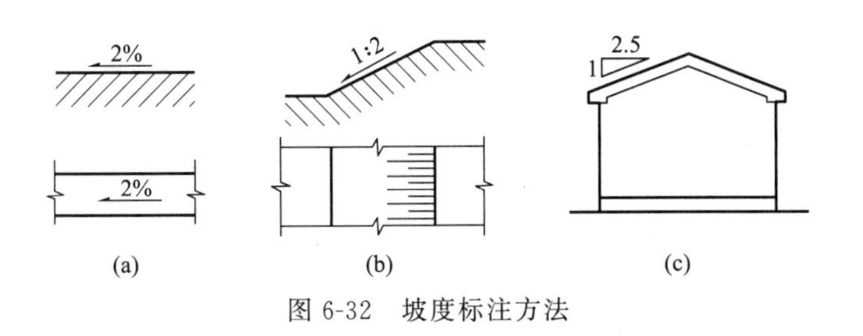

图 6-32　坡度标注方法

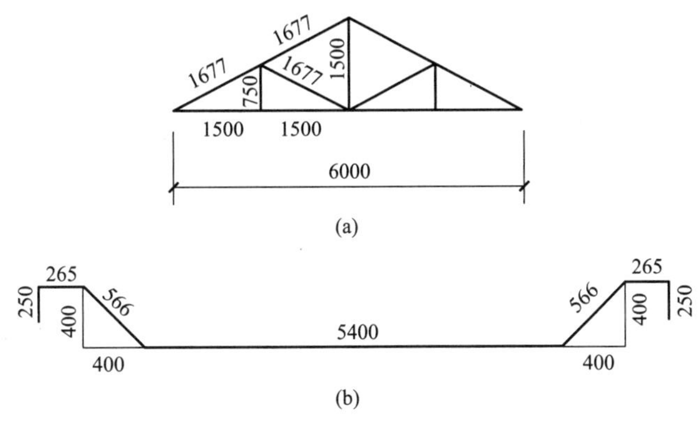

图 6-33　单线图尺寸标注方法

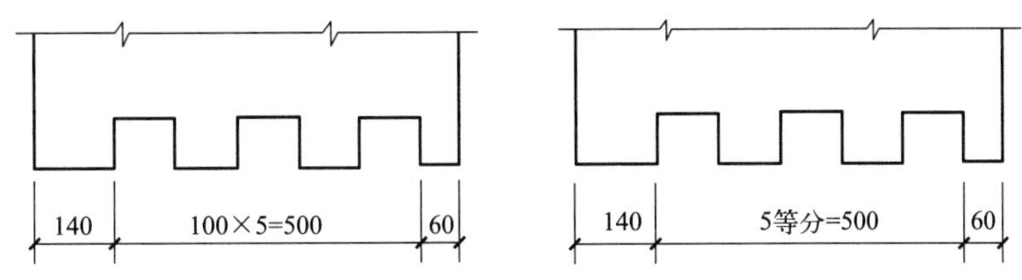

图 6-34　等长尺寸简化标注方法

③ 构配件内的构造因素（如孔、槽等）如相同，可仅标注其中一个要素的尺寸（图 6-35）。

④ 对称构配件采用对称省略画法时，该对称构配件的尺寸线应略超过对称符号，仅在尺寸线的一端画尺寸起止符号，尺寸数字应按整体全尺寸注写，其注写位置宜与对称符号对齐（图 6-36）。

⑤ 两个构配件，如个别尺寸数字不同，可在同一图样中将其中一个构配件的不同尺寸数字注写在括号内，该构配件的名称也应注写在相应的括号内（图 6-37）。

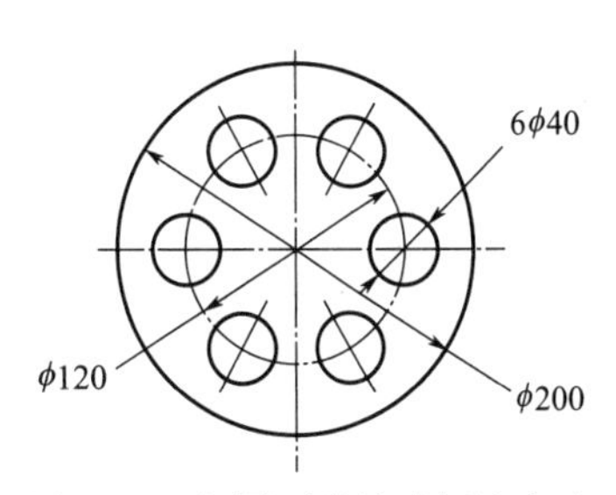

图 6-35　相同要素尺寸标注方法

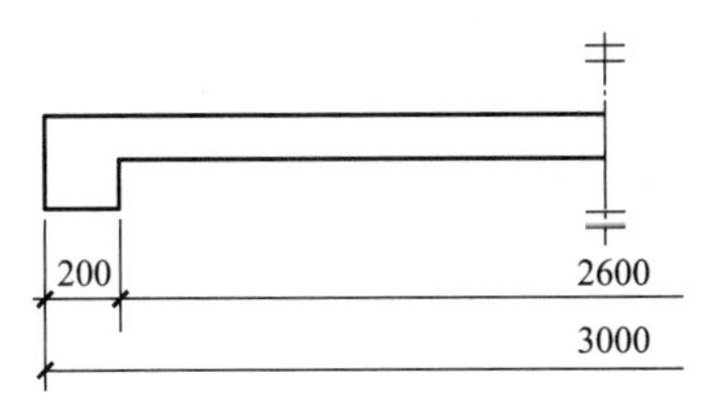

图 6-36　对称构件尺寸标注方法

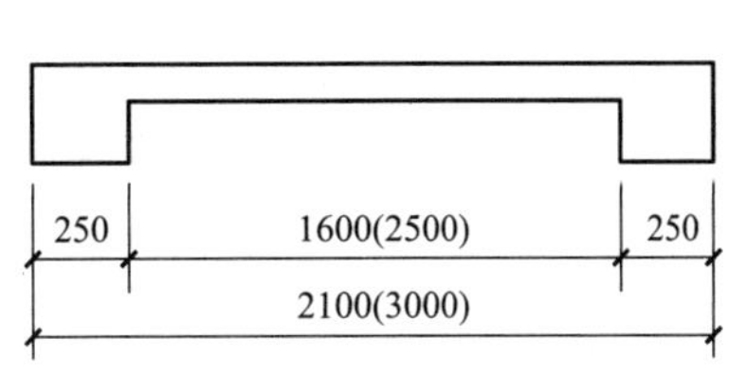

图 6-37　相似构件尺寸标注方法

第6章

⑥ 数个构配件，如仅某些尺寸不同，这些有变化的尺寸数字，可用拉丁字母注写在同一图样中，另列表格写明其具体尺寸（图 6-38）。

6.4.5 常用建筑材料图例

6.4.5.1 绘制规定

《房屋建筑制图统一标准》只规定了常用建筑材料的图例画法，没有对其尺度比例作具体规定。绘图时图例线应间隔均匀，疏密适度，做到图例正确，表示清楚；不同品种的同类材料使用同一图例时（如某些特定部位的石膏板必须注明是防水石膏板时），应在图上附加必要的说明；两个相同的图例相接时，图例线宜错开或使倾斜方向相反（图 6-39）；两个相邻的涂黑图例间应留有空隙，其净宽度不得小于 0.5mm（图 6-40）。

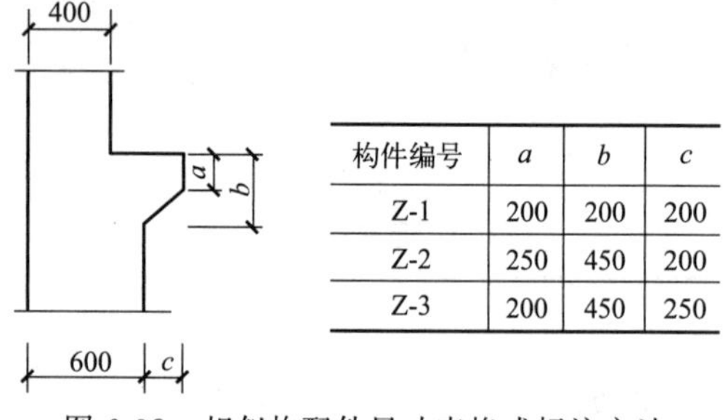

构件编号	a	b	c
Z-1	200	200	200
Z-2	250	450	200
Z-3	200	450	250

图 6-38　相似构配件尺寸表格式标注方法

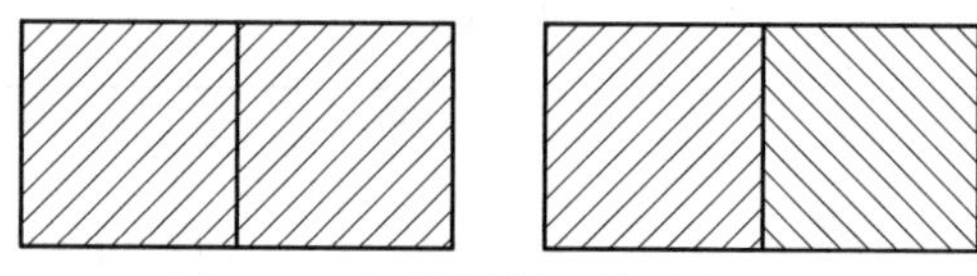

图 6-39　相同图例相接时的画法

一张图纸内的图样只用一种图例时或图形较小无法画出建筑材料图例时可不加图例，但应加文字说明。需画出的建筑材料图例面积过大时，可在断面轮廓线内，沿轮廓线作局部表示（图 6-41）。当选用《房屋建筑制图统一标准》中未包括的建筑材料时，可自编图例。但不得与标准所列的图例重复。绘制时，应在适当位置画出该材料图例，并加以说明。

图 6-40　相邻涂黑图例的画法

图 6-41　局部表示图例

6.4.5.2 常用材料图例

常用建筑材料应按表 6-4 所示图例画法绘制。

表 6-4　常用建筑材料图例

序号	名称	图例	备注
1	自然土壤		包括各种自然土壤
2	夯实土壤	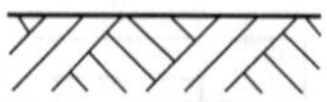	—
3	砂、灰土		—
4	砂砾石、碎砖三合土	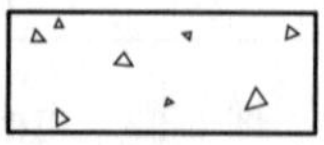	—

续表

序号	名称	图例	备注
5	石材	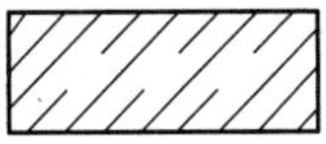	—
6	毛石		—
7	实心砖、多孔砖	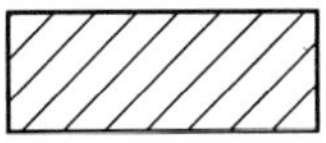	包括普通砖、多孔砖、混凝土砖等砌体
8	耐火砖	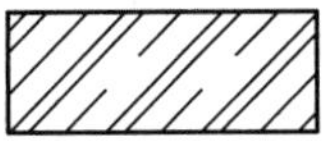	包括耐酸砖等砌体
9	空心砖、空心砌块	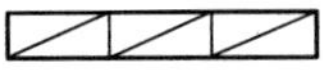	包括空心砖、普通或轻骨料混凝土小型空心砌块等砌体
10	加气混凝土	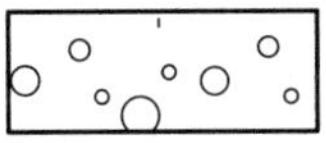	包括加气混凝土砌块砌体、加气混凝土墙板及加气混凝土材料制品等
11	饰面砖	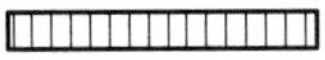	包括铺地砖、玻璃马赛克、陶瓷锦砖、人造大理石等
12	焦渣、矿渣	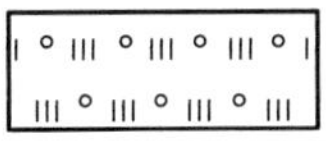	包括与水泥、石灰等混合而成的材料
13	混凝土	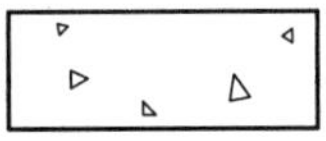	1. 包括各种强度等级、骨料、添加剂的混凝土 2. 在剖面图上绘制表达钢筋时，则不需绘制图例线 3. 断面图形较小，不易绘制表达图例线时，可填黑或深灰(灰度宜70%)
14	钢筋混凝土	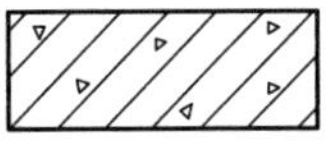	
15	多孔材料	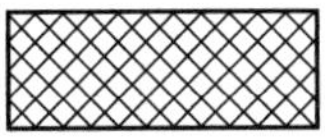	包括水泥珍珠岩、沥青珍珠岩、泡沫混凝土、软木、蛭石制品等
16	纤维材料	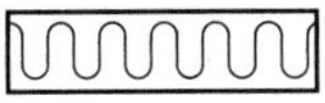	包括矿棉、岩棉、玻璃棉、麻丝、木丝板、纤维板等
17	泡沫塑料材料	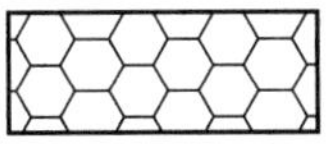	包括聚苯乙烯、聚乙烯、聚氨酯等多聚合物类材料
18	木材		1. 上图为横断面，左上图为垫木、木砖或木龙骨 2. 下图为纵断面
19	胶合板	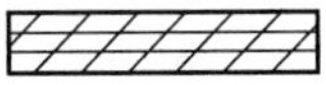	应注明为×层胶合板
20	石膏板	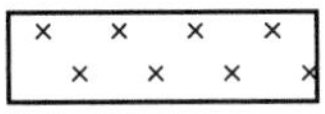	包括圆孔或方孔石膏板、防水石膏板、硅钙板、防火石膏板等
21	金属	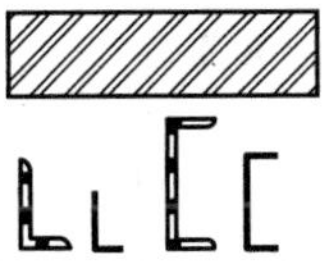	1. 包括各种金属 2. 图形较小时，可填黑或深灰(灰度宜70%)
22	网状材料		1. 包括金属、塑料网状材料 2. 应注明具体材料名称

续表

序号	名称	图例	备注
23	液体		应注明具体液体名称
24	玻璃		包括平板玻璃、磨砂玻璃、夹丝玻璃、钢化玻璃、中空玻璃、夹层玻璃、镀膜玻璃等
25	橡胶		—
26	塑料		包括各种软、硬塑料及有机玻璃等
27	防水材料		构造层次多或绘制比例大时，采用上面的图例
28	粉刷		本图例采用较稀的点

注：1. 本表中所列图例通常在 1∶50 及以上比例的详图中绘制表达。

2. 如需表达砖、砌块等砌体墙的承重情况时，可通过在原有建筑材料图例上增加填灰等方式进行区分，灰度宜为 25%左右。

3. 序号 1、2、5、7、8、14、15、21 图例中的斜线、短斜线、交叉线等均为 45°。

6.5 建筑视图

6.5.1 平立面视图布置相关规定

如在同一张图纸上绘制若干个视图时，各视图的位置宜按图 6-42 的顺序进行布置。每个视图一般均应标注图名。各视图图名的命名，主要包括：平面图、立面图、剖面图或断面图、详图。同一种视图多个图的图名前加编号以示区分。平面图，以楼层编号，包括地下二层平面图、地下一层平面图、首层平面图、二层平面图等等；立面图以该图两端头的轴线号编号；剖面图或断面图以剖切号编号；详图以索引号编号。图名宜标注在视图的下方或一侧，并在图名下用粗实线绘一条横线，其长度应以图名所占长度为准。使用详图符号作图名时，符号下不再画线。

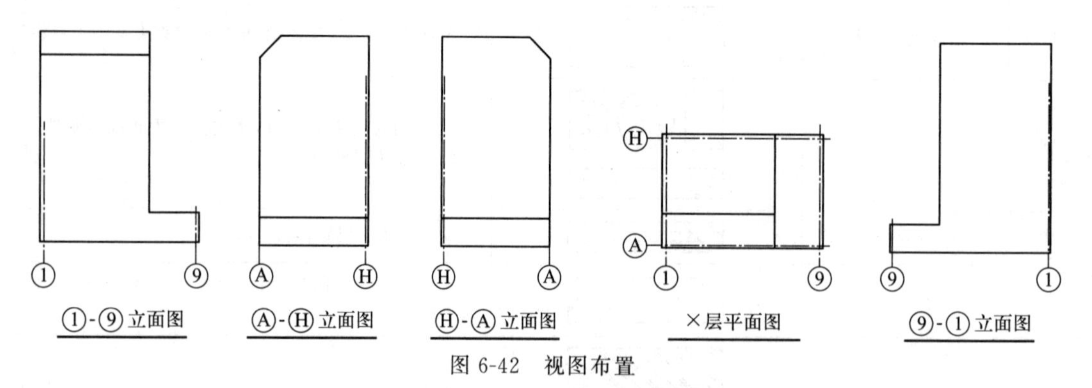

图 6-42 视图布置

分区绘制的建筑平面图，应绘制组合示意图，指出该区在建筑平面图中的位置。各分区视图的分区部位及编号均应一致，并应与组合示意图一致（图 6-43）。

总平面图应反映建筑物在室外地坪上的墙基外包线，不应画屋顶平面投影图。同一工程不同专业的总平面图，在图纸上的布图方向均应一致；单体建筑物平面图在图纸上的布图方

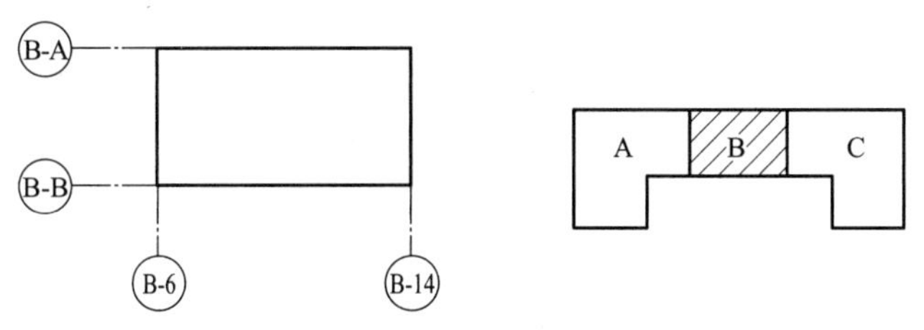

图 6-43　分区绘制建筑平面图

向，必要时可与其在总平面图上的布图方向不一致，但必须标明方位；不同专业的单体建筑物平面图，在图纸上的布图方向均应一致。建筑物的某些部分，如与投影面不平行，在画立面图时，可将该部分展至与投影面平行，再以正投影法绘制，并应在图名后注写“展开”字样。建筑吊顶灯具、风口等设计绘制的布置图，应是反映在地面上的镜面图，不是仰视图。

6.5.2　剖面图和断面图布置相关规定

剖面图除应画出剖切面切到部分的图形外，还应画出沿投射方向看到的部分，被剖切面切到部分的轮廓线用粗实线绘制，剖切面没有切到、但沿投射方向可以看到的部分，用中实线绘制；断面图则只需（用粗实线）画出剖切面切到部分的图形（图 6-44）。

分层剖切的剖面图，应按层次以波浪线将各层隔开，波浪线不应与任何图线重合（图 6-45）。

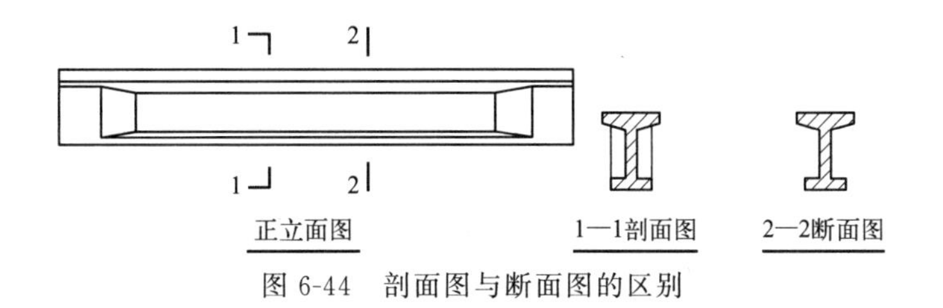

图 6-44　剖面图与断面图的区别

杆件的断面图可绘制在靠近杆件的一侧或端部处并按顺序依次排列（图 6-46），也可绘制在杆件的中断处（图 6-47）；结构梁板的断面图可画在结构布置图上（图 6-48）。

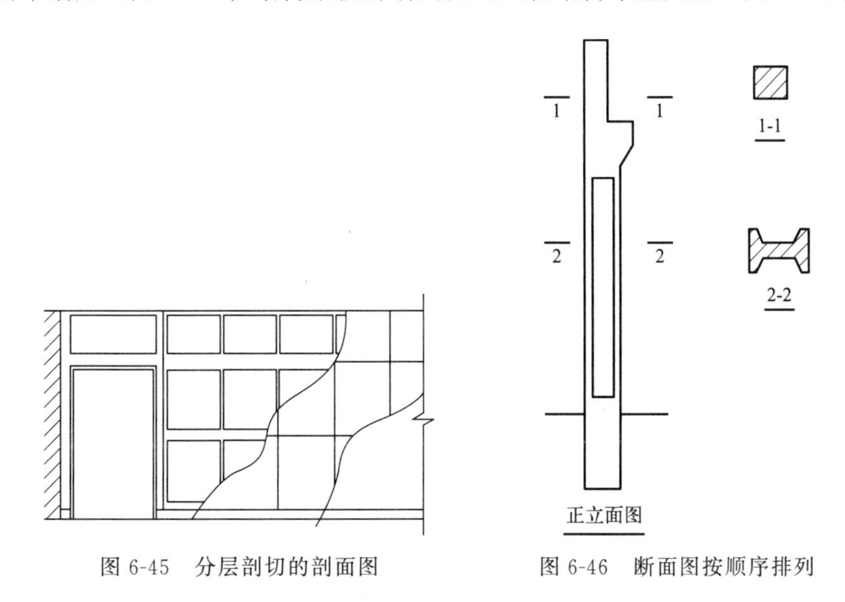

图 6-45　分层剖切的剖面图

图 6-46　断面图按顺序排列

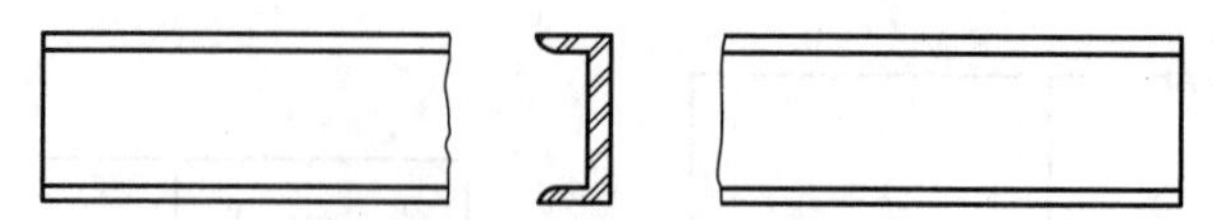

图 6-47 断面图画在杆件中断处

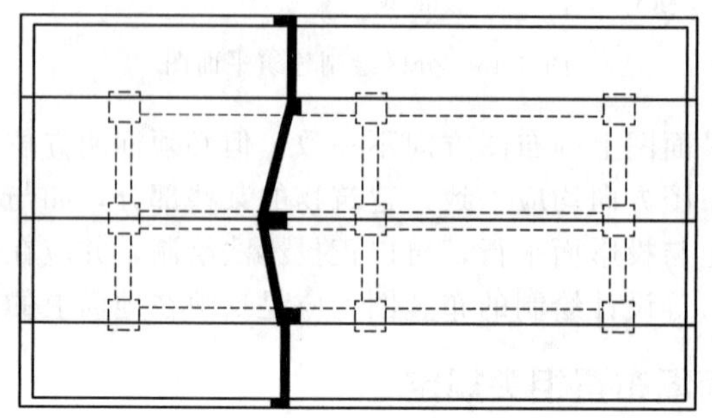

图 6-48 断面图画在布置图上

思考题

1. 阐述建筑初步设计阶段 BIM 数字化设计的主要目的。

2. 建筑设计说明包括哪些内容?

3. 当需要设置附加定位轴线时，轴线的编号应如何编制，并应符合哪些规定?

4. 图样中的某一局部或构件，如需另见详图，应以索引符号索引，编写索引符号时应注意哪些事项?

第 7 章
建筑施工图设计

本章要点

1. 学习建筑的组成部分及其作用与设计要求。
2. 理解建筑构造施工图设计的影响因素和设计原则。

学习知识目标

1. 熟悉建筑构造的研究对象及任务。
2. 掌握建筑的组成部分及其作用与设计要求。

素质能力目标

1. 通过对建筑构造的研究对象及任务的学习，从宏观上理解建筑构造这门学科。

2. 通过本章的学习，掌握建筑六大部分的类型及构造；掌握防水、防潮和保温、隔热等构造的施工图设计方法。

本章数字资源

数字化设计
在线图库
在线题库
参考答案

7.1 建筑施工图设计阶段的 BIM 数字化应用

7.1.1 建筑构造

施工图设计阶段是建筑项目设计的最终阶段，其成果是建筑施工的直接依据，是指导施工人员按照设计要求建造建筑物的指南，被誉为项目设计和施工的桥梁。而建筑构造是建筑组成各部分的具体设计与施工方法，是施工图的核心设计内容之一，涉及建筑物的结构体系、构件形式、材料选择、节点连接及施工工艺等。建筑构造的内容直接体现在施工图中，如墙体的构造、楼板的结构、屋顶的构造、门窗的安装细节等。

各种建筑项目尽管在功能及构造上各有不同，但就一幢房屋而言，基本上是由基础、墙(或柱)、屋顶、楼地层、楼梯和门窗组成的。图 7-1、图 7-2 是一幢被假想垂直和水平面剖切开的房屋，图中比较清楚地表明了房屋各部分的名称及所在位置。建筑组成一般包括以下六个主要部分：

① 基础：建筑物埋在地面以下的承重构件，承受建筑物的全部荷载并将其传递给地基。

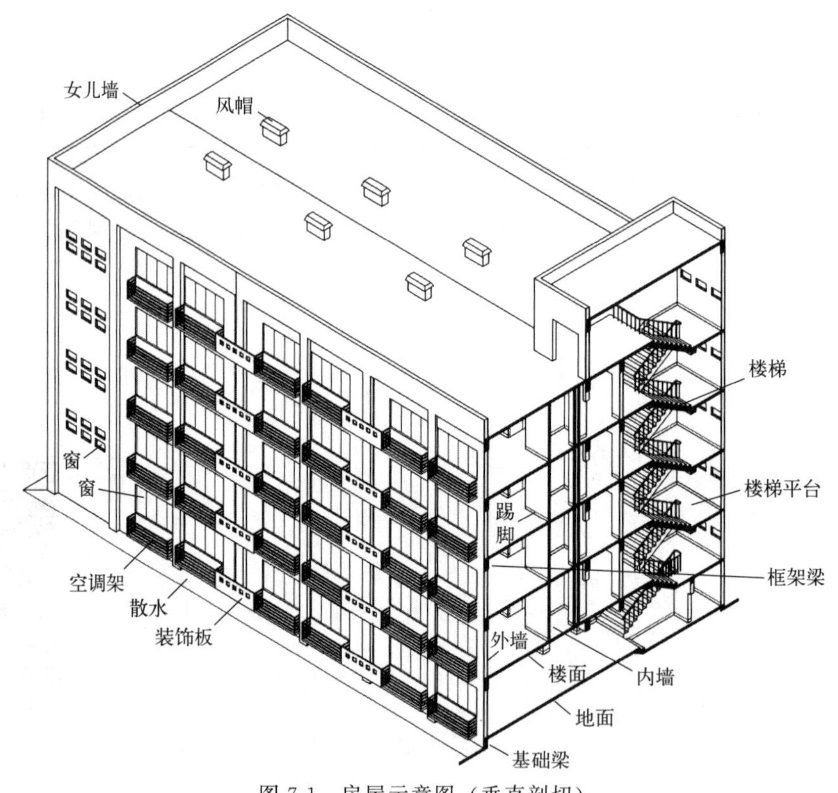

图 7-1 房屋示意图（垂直剖切）

② 墙：作为承重构件，墙承受着建筑物由屋顶或楼板层传来的荷载，并将这些荷载再传给基础；作为围护构件，外墙起着抵御自然界各种因素对室内侵袭的作用，而内墙起着分隔空间、组成房间、隔声、遮挡视线以及保证室内环境舒适的作用。

③ 屋顶：在结构上，屋顶是房屋最上层的承重结构，应能承受自重及作用在屋顶上的各种活荷载（如积雪和风荷载）。作为围护构件，需满足防水、保温、隔热以及隔声、防火等要求。

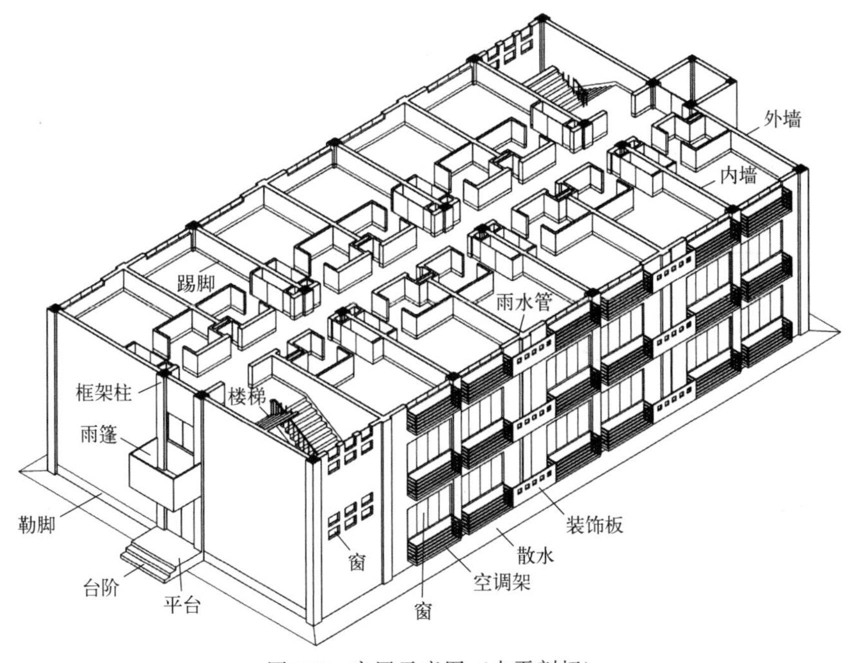

图 7-2 房屋示意图（水平剖切）

④ 楼地层：楼地层包括楼板层和地坪层。楼板层是水平方向的承重结构，并用来分隔楼层之间的空间，它支承着人和家具设备的荷载，并将这些荷载传递给墙或柱。地坪层是指房屋最底层的楼板，紧邻地面土壤，因此又叫地坪。

⑤ 楼梯：楼层之间上下垂直方向的交通联系构件，供人流上下、搬运家具以及紧急状态下的安全疏散转移。

⑥ 门窗：门窗属于围护构件，门主要用于室内外的交通联系、通行人流，窗则起通风、采光作用。

建筑组成提供了建筑的整体框架和功能分区，而建筑构造则是实现这些框架和分区的具体方法。例如，功能空间的分隔需要墙体，而墙体的材料、厚度、连接方式等都由建筑构造来决定。因此，建筑构造是建筑组成的细化，建筑组成中的每一个部分，如墙体、楼板、屋顶等，在建筑构造中都有具体的设计和施工要求，如材料选用、构件尺寸、连接方式等，这也正是施工图设计核心的表达内容。建筑组成确定了建筑物的功能分区和用途，而建筑构造则保障了这些功能分区的实际可行性和持久性。简而言之，建筑组成表述了建筑物“是什么”，即它由哪些部分构成；而建筑构造则表述“怎么做”，即这些部分如何设计、施工并有效组合，两者共同决定了建筑物的整体性能和质量。

初学者容易将建筑构造与建筑结构等同看待，其实二者有专业区别：建筑结构侧重于力学性能和承重能力，关注如何设计承重体系来保证建筑物的整体稳定性和安全性。建筑构造则侧重于建筑物的材料和工艺，关注如何通过具体的设计和施工细节来实现建筑物的功能、性能和美观。因此，建筑结构为建筑物提供了力学支撑和安全保障，而建筑构造则确保这些结构在现实中得以有效实现，并且建筑物能够满足使用需求、舒适性和耐久性要求。二者各自侧重不同的方面，但又相辅相成。

7.1.2 施工图设计阶段的 BIM 数字化应用流程

在建筑施工图设计阶段，应用 BIM 技术的主要目的是提高设计和施工的效率，减少错误，优化资源利用，并提升协同工作能力。例如BIM模型可以生成三维的施工图，这样所有参与方可以直观地了解项目的结构和空间布局，有助于提前发现并解决潜在的问题，降低施工过程中的风险。施工图设计阶段的BIM应用主要分为数据准备和具体实施两部分，详见图7-3。施工图设计阶段BIM应用中数据准备的主要工作是：①相关责任方评审初步设计阶段各专业建筑信息模型及图纸；②项目建设批复初步设计阶段各专业二维图纸；③施工图阶段的模型交付标准。

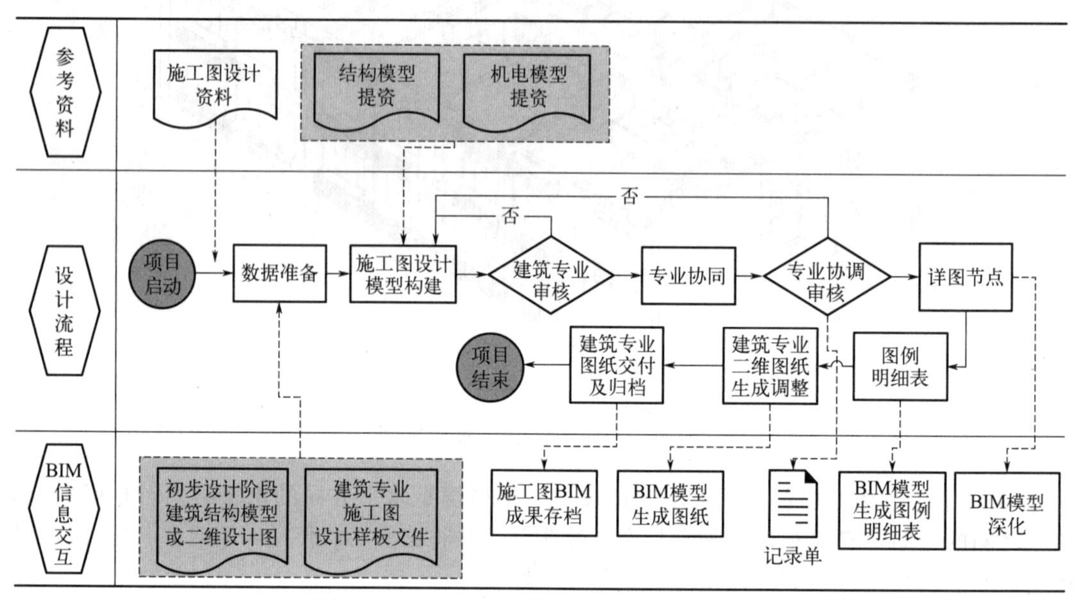

图7-3　基于BIM的建筑施工图设计流程图

具体实施步骤包括：①收集资料，同初步设计。②模型拆分，同初步设计。③统一平台及样本文件，同初步设计。④主体建模。搭建墙体、门窗、屋顶、楼地面、幕墙、楼梯、坡道、台阶、栏杆、檐口、雨篷、停车位、场地铺装、植物、散水、檐口、天沟、变形缝等建筑构件。⑤专业提资，同初步设计；⑥模型检查，同初步设计。⑦模型设计校对、审核。BIM模型由专业负责人检查后提交校对人校对，无重大问题时提交审核人审核。⑧设计出图。完成模型审核后，开始设计出图，图纸应符合现阶段有关图纸制图深度要求，可以部分采用二维＋三维相结合的出图方式，如墙身大样等。⑨虚拟仿真。将建筑信息模型导入具有虚拟动画制作功能的BIM软件，针对复杂节点区域进行详细建模，施工交底时进行演示，切实表达设计意图。⑩提交归档。将过程文件及最终设计模型、图纸、计算书等，提交管理部门归档。⑪项目总结。项目完成后对项目样板文件、构件族等进行整理，提高项目复用能力。施工完成后，基于实际施工情况对BIM模型进行更新，生成精确的竣工图。

7.1.3　施工图设计阶段的BIM数字化交付成果要求

施工图设计阶段的BIM模型需要基于前期的设计方案，将建筑的各个部分（三维模型、构件、设施等）创建在BIM软件中，形成建筑的数字化三维模型。此外，对模型中的各个构件均需要准确输入详细的属性信息，如材质、规格、施工要求等，确保模型不仅仅是对建筑几何形态的表达，还包含了丰富的施工信息。基于BIM模型，自动生成各专业的施工图纸，包括平面图、立面图、剖面图、详图等，确保图纸的精确性和一致性。使用BIM进行施工过程的模拟，将时间维度与模型结合，模拟施工步骤，优化施工流程。利用BIM模型自动计算工程量，如混凝土用量、钢筋长度等，为造价工程师提供精确的数据支持，控制施工成本。

基于以上要求，施工图设计阶段建筑专业信息模型构件的精度要求应达到LOD300及以上，详见表7-1。

表7-1 施工图设计阶段建筑信息模型精度要求

详细等级(LOD)	模型构件	具体要求
≥LOD300	场地	提供场地边界(用地红线、高程、正北向)、建筑地坪、道路等实际平面布置模型
	填充墙	模型应包含精确尺寸、定位、材质以及面层划分
	幕墙	嵌板、竖梃应按实际尺寸建模
	门、窗	模型应包含实际尺寸、定位、材质
	楼板	提供具体面层划分以及洞口尺寸、定位
	屋顶	提供具体面层划分、坡度;檐口、封檐带、排水沟模型应按实际尺寸创建
	楼梯(含坡道、台阶)	模型应包含精确尺寸、定位、材质信息(包含栏杆)
	电扶梯	模型应包含精确尺寸、定位
	垂直电梯	模型应包含精确尺寸、定位
	雨篷	模型应包含精确尺寸、定位
	散水	模型应包含精确尺寸、定位
	吊顶	模型应包含大致尺寸、材质、标高(用于碰撞检测及净高分析)

施工图设计阶段与初步设计阶段类似，结构专业通过插件将结构分析模型转化为信息模型，导入Revit中。信息模型构件的精度要求应达到LOD300及以上，详见表7-2。

表7-2 施工图设计阶段结构信息模型精度要求

详细等级(LOD)	模型构件	具体要求
≥LOD300	基坑	模型应包含实际尺寸、定位
	基础	模型应包含实际尺寸、定位、材质
	集水坑	模型应包含实际尺寸、定位、材质
	电扶梯基坑	模型应包含实际尺寸、定位、材质
	结构墙	模型应包含实际尺寸、定位、材质
	柱	模型应包含实际尺寸、定位、材质(包含柱帽)
	梁	模型应包含实际尺寸、定位、材质(包含梁水平、竖向加腋)
	楼板	模型应包含板厚、洞口(尺寸及定位)、反坎;升降板应分别创建
	楼梯	模型应包含实际尺寸、定位、材质(包含梯柱、梯梁)
	女儿墙	模型应包含实际尺寸、定位、材质
	风井	模型应包含实际尺寸、定位、材质
	雨篷	模型应包含实际尺寸、定位、材质
	设备基础	模型应包含实际尺寸、定位、材质

7.2 基础与地下室

7.2.1 地基与基础的含义

在建筑工程中，基础是建筑最下部的结构构件，承担建筑上部结构传来的荷载，并将其安全地传给地基。地基是基础下部应力和变形不可忽略的那部分土层。广义上讲，整个地球都是地基。基础与地基的关系如图 7-4 所示。

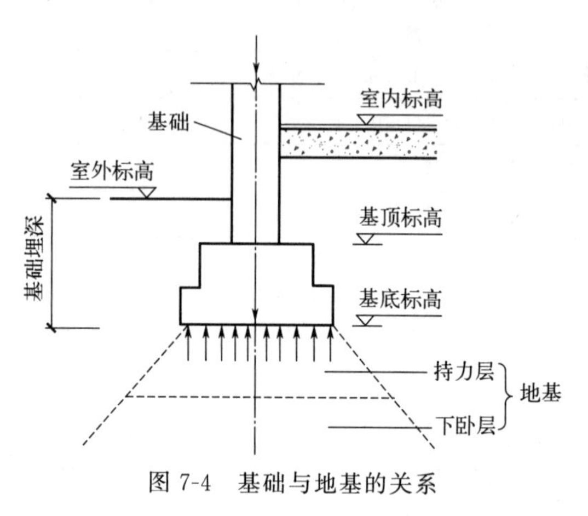

图 7-4 基础与地基的关系

地基每平方米所能承受的最大压力称为地基承载力。为了保证建筑物的稳定和安全，必须控制建筑物基础底面的平均压力使其不超过地基承载力。基础底面积与荷载和地基承载力的关系如下：$A \geqslant N/f$（N 为上部荷载；f 为地基承载力特征值，表征每平方米最大承受压力；A 为基础面积），从公式中不难看出，当地基承载力 f 不变时，建筑上部荷载 N 与基础面积 A 成正比，即建筑越高，荷载越大，所需基础面积 A 就越多；当建筑上部荷载 N 恒定时，基础面积 A 与地基承载力 f 成反比，增大基础底面积可减少单位面积的地基压力。地基应力和变形随深度增加而减小，到一定深度可忽略。

在图 7-4 中，持力层是直接承受基础荷载的土层。下卧层是位于持力层以下，并处于压缩层或可能被剪损深度内的各层地基土，若与持力层相比其强度较低，压缩性大，则称为软弱下卧层。它的存在往往会威胁上部建筑物的安全，故设计时对软弱下卧层也要进行承载力和沉降验算。

7.2.2 基础的分类和埋深

7.2.2.1 地基的分类

地基分天然地基和人工地基。具有足够的承载力，不需要经过人工加固，就可直接在其上建造房屋的土层，称为天然地基，包括岩石、碎石、砂性土和黏性土等，其承载力由勘察部门实测提供。当土层的承载力较差或虽然土层较好，但上部荷载较大时，为使地基具有足够的承载能力，应对土体进行人工加固，这种经人工处理的土层，称为人工地基。人工加固地基的方法有换填法、压实法、打桩法等。换填法用高强度材料置换软弱土并压实的方法来加固地基。压实法用夯击力密实深层土的方法来加固地基。打桩法用打桩方式加固地基。

7.2.2.2 基础的分类

基础按所用材料及受力特点分为无筋扩展基础（刚性基础）和扩展基础（柔性基础）。常见的刚性基础有混凝土基础、砖基础、毛石基础、灰土及三合土基础。无筋扩展基础的优点是便于使用地方材料，成本较低，施工简便，应用广泛，适用于土质均匀、地下水位较低、6 层以下的砖墙承重建筑。砖基础砌成阶梯形，每砌筑二皮砖退一台，这种砌法叫等高式[图 7-5(a)]，其宽高比为 1∶2，符合要求且偏于安全，但材料用量较多，埋深较大。另一种砌法是砌二皮退一台，紧接着砌一皮退一台，以此类推，最底一台必须是二皮砖，这种砌法称为间隔式[图 7-5(b)]，其宽高比为 1∶1.5，刚好符合刚性角最低要求，该砌法虽稍复杂，但在材料消耗、埋置深度和土方量等方面有明显优势。砖基础砌筑时基底应先铺砂或灰土等垫层。

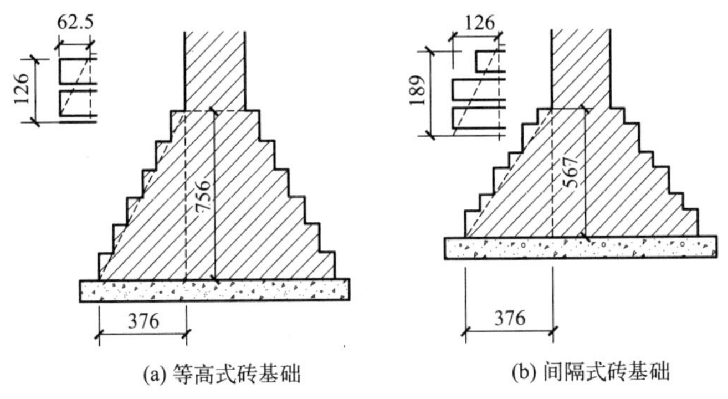

图 7-5 两种砖基础形式

由于相对于素混凝土或砖石材料而言，用钢筋混凝土建造的基础抗弯能力强，不受无筋扩展角限制，具有一定的“柔性”特征，称扩展基础或柔性基础。钢筋混凝土基础按构造形式分为独立基础、条形基础、柱下条形基础、筏片基础、箱形基础、桩基础等，如图 7-6 所示。

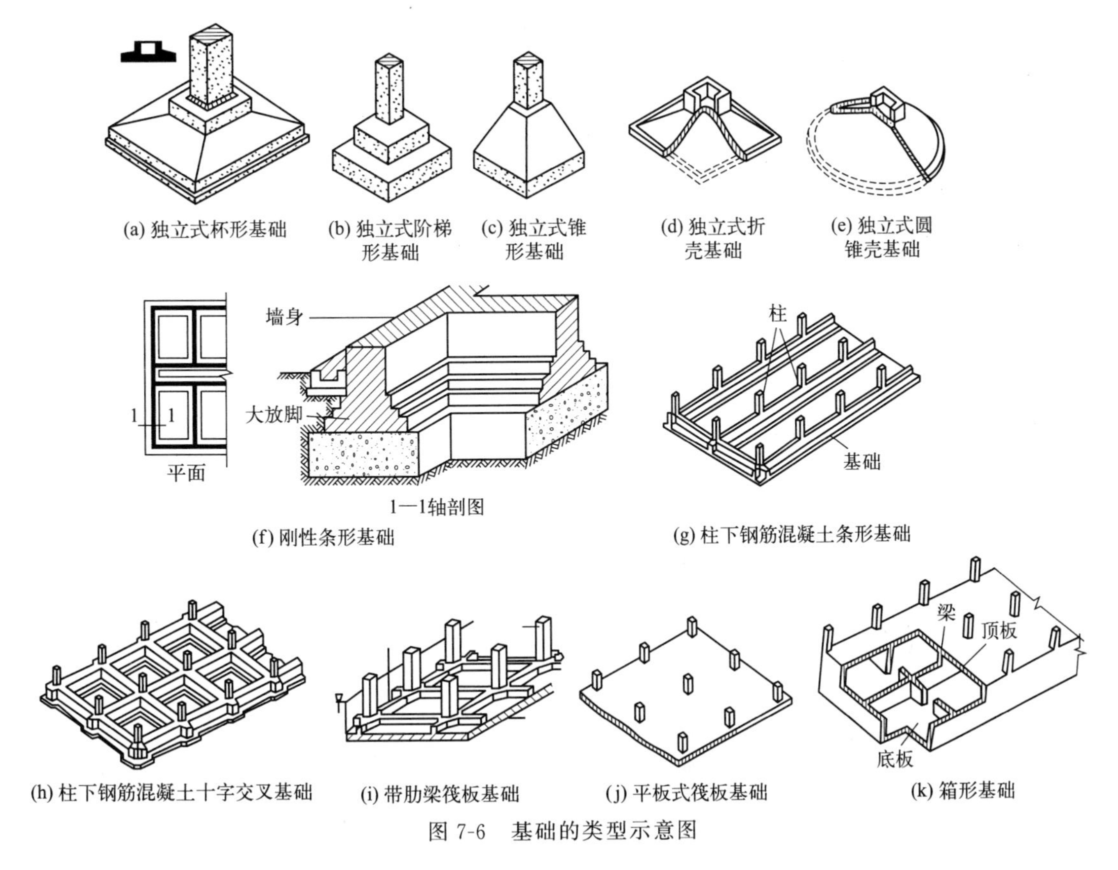

图 7-6 基础的类型示意图

当建筑物上部为柱承重且柱距较大时，基础常采用方形或矩形的独立基础，其形式有阶梯形、锥形等，独立基础土方量小，施工简便，适合于地质均匀、荷载均匀的框架结构、排架结构建筑。

条形基础为连续的带形，也叫带形基础，分为墙下条形基础和柱下条形基础。墙下条形基础一般用于混合结构的墙下，低层或小型建筑常用砖、混凝土等刚性条形基础。柱下基础纵横相连组成井字格状，又称为井格基础。它可克服独立基础下沉不均匀的弊病，适用于荷载较大或荷载分布不均匀、地质情况较差的工程。

由整片的、形如筏片的钢筋混凝土板承受整个建筑的荷载并传给地基的基础称为筏片基础，也称为满堂基础，分为板式和梁板式两大类。前者板厚度较大、构造简单；后者板厚度较小，但增加了双向梁，构造复杂。筏片基础适用于地基承载力较差、荷载较大的房屋，如高层建筑。

箱形基础是由钢筋混凝土的底板、顶板和若干纵横墙组成空心箱体共同承受上部结构荷载的整体结构。整体空间刚度大，对抵抗地基的不均匀沉降有利，可用作地下室，适用于总荷载很大、浅层地质情况较差需要大幅度深埋，并需设一层或多层地下室的高层或超高层建筑。

桩基础由上部结构、承台和桩柱组成（图 7-7），按桩基受力情况，桩基可分端承桩和摩擦桩（图 7-8）；按桩基所采用的材料和施工方法，桩基可分为钢筋混凝土预制桩、灌注桩和其他桩。

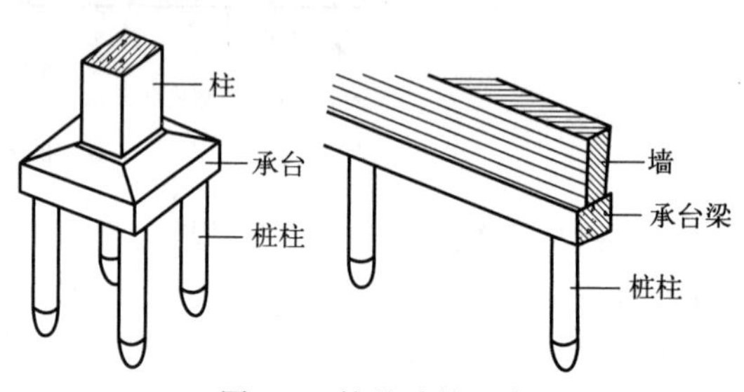

图 7-7 桩基础的组成

7.2.2.3 影响基础埋深的主要因素

基础的埋深是指室外设计地面至基础底面的深度，如图 7-9 所示。基础按基础埋置深度大小分为浅基础和深基础，基础埋置深度小于 5m 的称为浅基础，大于等于 5m 的称为深基础。基坑开挖深度大于等于 3m，属于危险性较大的分部分项工程；基坑开挖深度大于等于 5m，属于超规模的危险性较大的分部分项工程。浅层土质不良，需加大基础埋深，并采取一些特殊的施工手段和相应的基础形式，如桩基、沉井和地下连续墙等，这样的基础一般都是深基础。

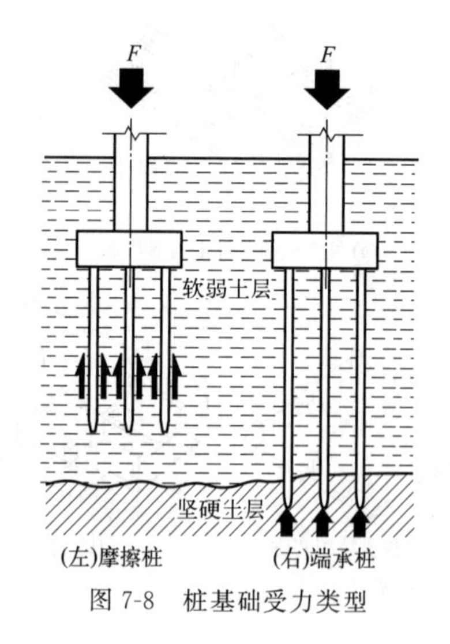

图 7-8 桩基础受力类型

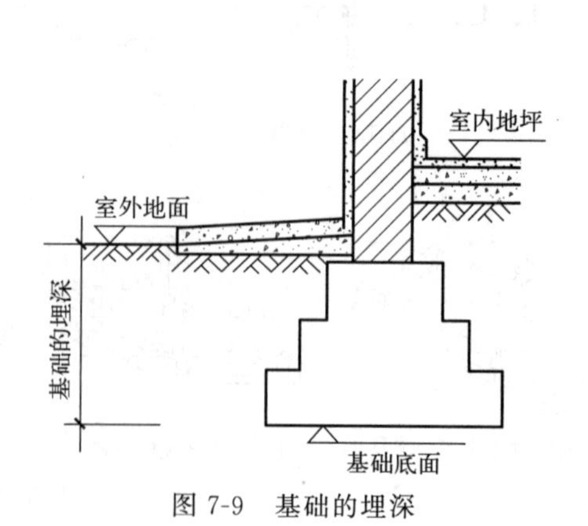

图 7-9 基础的埋深

影响基础埋深的主要因素有以下几点：①建筑的特点。高层建筑一般有地下室，地基打桩处理，基础埋深约为地上建筑高度的 1/15，而多层建筑则要考虑地基土的情况、地下水位及冻土深度来确定埋深。②地基土的优劣。土质好而承载力高的土层可以浅埋，土质差而承载力低的土层则应该深埋。一般应尽可能浅埋，但通常不浅于500mm。③地下水位的影响。地基土含水量的大小对承载力影响很大，且含有侵蚀性物质的地下水对基础还将产生腐蚀。所以，基础应争取埋置在地下水位以上。④土的冻结深度的影响。土的冻结深度即冰冻线。各地区的气温不同，冻结深度也不同。基础原则上应埋在冰冻线以下200mm，土的冻胀现象主要与地基土颗粒的粗细程度、土冻结前的含水量、地下水位高低等有关。⑤相邻建筑物或建筑物基础的影响。新建建筑物基础埋深不宜大于相邻原有建筑物的基础埋深，否则容易导致原有建筑倾斜或产生裂缝等。若新建建筑的基础埋深必须大于原有建筑的基础埋深时，新建建筑与原有建筑物基础边缘的最小水平距离应大于等于2倍的新建建筑与原有建筑物基础底面标高之差。相邻建筑基础开挖的水平安全距离得不到保证时，可考虑钢板桩或挡土墙等技术方案，但必须按规定程序批准后方可实施。

7.2.3 地下室的类型与防水构造

7.2.3.1 地下室的类型

建筑物下部的地下使用空间称为地下室。地下室一般由墙体、顶板、底板、门窗、楼梯五大部分组成。地下室的类型可以根据不同的分类标准来划分，按使用功能分为普通地下室、人防地下室；按顶板标高分全地下室、半地下室。

普通地下室是建筑空间在地下的延伸，通常为单层，有时根据需要可达数层。由于地下室的环境比地上房间差，一般不允许将住宅设置在地下室。地下室主要用于布置一些无长期固定使用对象的公共场所或建筑物的辅助房间，如营业厅、健身房、库房、设备间、车库等。地下室的疏散和防火要求严格，尽量不把人流集中的房间设置在地下室。人防地下室是用钢筋混凝土打造的密闭六面体，是专为战时防空、防爆、防化、防核等准备的人员临时居留处所。人防地下室有防爆门，厚度可达300mm以上，可妥善解决紧急状态下的人员隐蔽与疏散，具备保证人身安全的技术措施。

当地下层房间地坪低于室外地坪面的高度超过该房间净高的1/2时，称为全地下室，如图7-10所示。全地下室完全被土壤包围，采光和通风需要通过人工手段解决，如设置采光窗井(图7-11)或机械通风系统。当地下层房间地坪低于室外地坪面高度超过该房间净高的1/3，且不超过1/2时，称为半地下室，如图7-10所示。半地下室有相当一部分露在室外地面以上，采光和通风相对容易解决，其周边环境要优于全地下室，可以布置一些使用房间，如办公室、客房等。

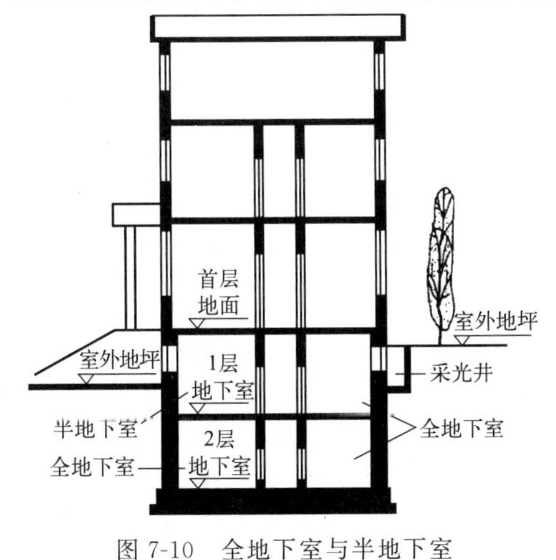

图7-10 全地下室与半地下室

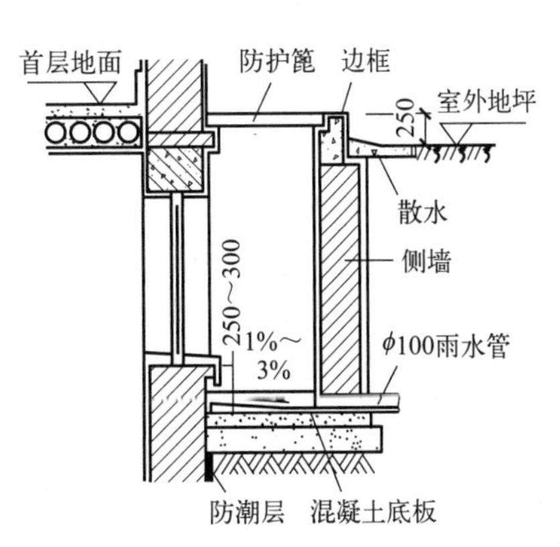

图7-11 采光窗井构造

7.2.3.2 地下室防潮构造

当设计最高地下水位低于地下室地面垫层下皮标高，上层又无形成滞水可能时，地下水不会直接侵入室内，外墙和地层仅受土壤中潮气的影响（如毛细水和地表水下渗而造成的无压水），只需做防潮处理。

地下室外墙的防潮做法，如图 7-12 所示：若为砖墙，需用水泥砂浆砌筑，并做到灰缝饱满避免空隙，外墙面用 1∶3 水泥砂浆抹 20mm 厚，刷成品防水涂料两道；如浇筑混凝土墙，防潮效果更好。外墙外侧回填土做法是在防潮层外侧回填不易透水的土壤，如黏土、低比例灰土等，并分层夯实，以减轻地面水下渗对地下室外墙的渗透危害。这部分回填土的宽度应不小于 500mm，其余的回填土可使用原地挖方土，以降低造价。底板的防潮做法是在灰土或三合土垫层上浇筑 60～80mm 厚的 C15 混凝土，然后再做地面面层。

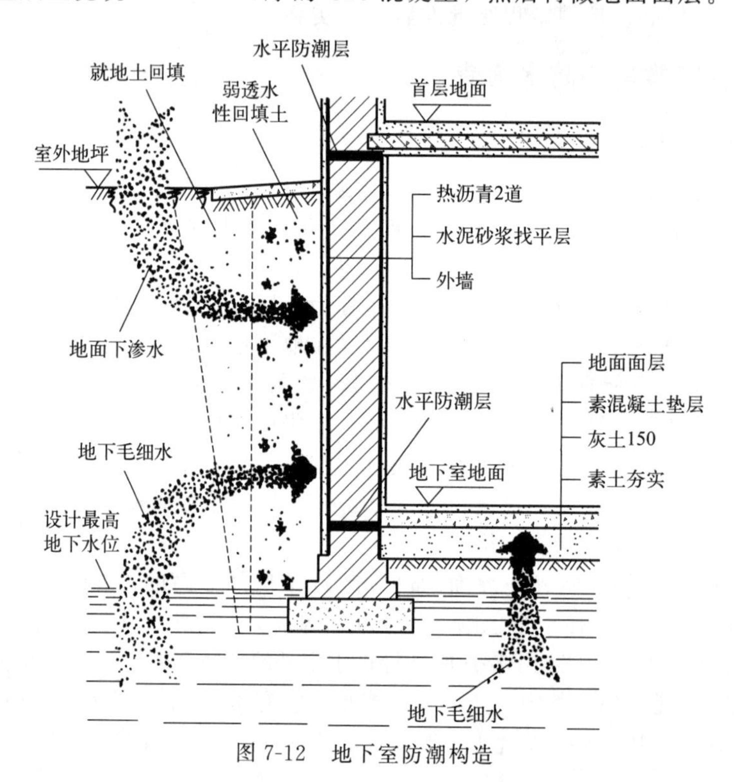

图 7-12 地下室防潮构造

7.2.3.3 地下室防水构造

将防水层设置在地下室外墙的外侧，也称为外包法，如图 7-13 所示。先浇筑混凝土垫层，在垫层上粘贴卷材防水层（卷材层数视水压大小选定），在防水层上抹 20～30mm 厚水泥砂浆保护层，再在保护层上浇筑钢筋混凝土底板。在铺粘防水卷材时，须在底板四周预留甩槎，以便与垂直防水卷材衔接。外墙应砌筑在底板四周之上，墙外皮抹水泥砂浆 20mm 厚，刷结合剂一道，粘贴卷材防水层。卷材必须与底板卷材甩槎叉接牢靠。在垂直防水层外侧紧贴砌筑半砖厚保护墙，每隔 8～10m 设垂直通缝，保护墙根部与底板相交处干铺卷材防水条一层，以利用回填土的侧向挤压促使保护墙贴紧防水层。垂直防水层和保护墙要做到散水处，邻近保护墙 500mm 范围内的回填土应选用弱透水性土，并逐层夯实。

将防水层做在地下室室内，也称作内包法。内防水是将防水层置于背水面，防水效果不如外防水（位于迎水面）效果好，且保护墙设在室内，减少了使用面积。这种做法施工简便，便于修补，一般用于修缮工程。

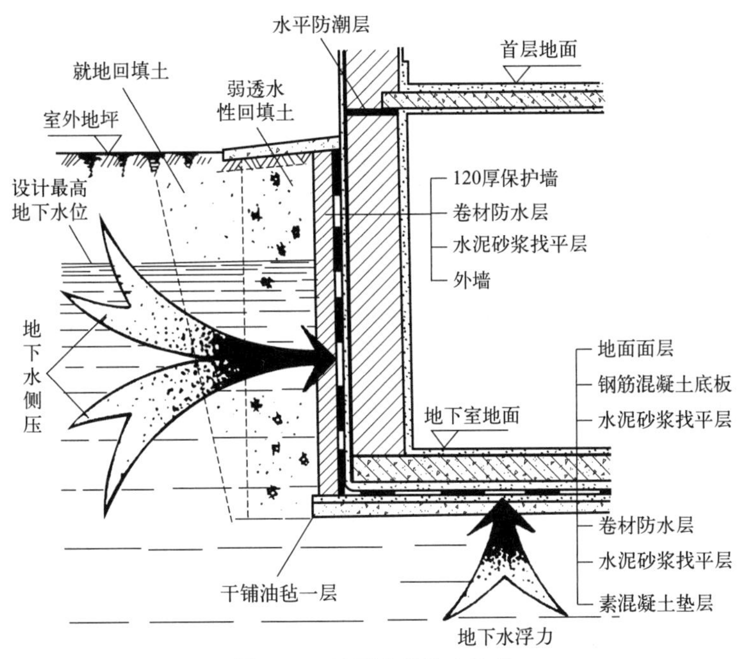

图 7-13　地下室外防水构造

当地下室的外墙和底板均为钢筋混凝土结构时，可采用防水混凝土浇筑。防水混凝土是通过对混凝土中骨料进行科学的级配、对水灰比进行精确的计算及对混凝土严格的振捣而起到防水作用的，也可在普通混凝土中掺入膨胀剂，以提高抗渗性能而达到防水目的。

数字化设计：Revit 结构柱与柱下独立基础创建步骤

在 Revit 中创建结构柱与柱下独立基础的操作步骤如下（可扫描二维码观看完整教学视频）：

1. 创建结构柱：

（1）选择视图：打开平面视图。

（2）使用柱工具：在“结构”选项卡中，点击“柱”工具。

（3）选择柱类型：从“属性”面板中选择所需的柱类型。

（4）放置柱子：点击绘图区域，指定柱子的位置。

（5）调整高度：在“属性”面板中设置柱子的高度。

2. 创建柱下独立基础：

（1）选择视图：确保在与柱子相同的视图中。

（2）使用基础工具：在“结构”选项卡中，点击“基础”工具。

（3）选择基础类型：从“属性”面板中选择独立基础类型。

（4）放置基础：在柱子下方点击绘图区域，放置基础。

（5）调整基础大小：根据需要调整基础的尺寸和深度。

（6）保存与查看：保存项目，检查柱和基础的显示效果。

7.3 墙体

7.3.1 墙体的作用与分类

墙体是建筑物的重要组成部分，它的作用是承重、围护或分隔空间。①承重作用。承受建筑物自重和人及设备等荷载，承受风和地震作用。②围护作用。抵御自然界风、雨、雪等的侵袭，防止太阳辐射和噪声的干扰等。③分隔作用。将建筑物的室内外空间分隔开来，或将建筑物内部空间分割成若干个空间。

墙体按所处位置可以分为外墙和内墙。外墙位于房屋的四周，故又称为外围护墙。内墙位于房屋内部，主要起分隔内部空间的作用。墙体按布置方向又可以分为纵墙和横墙，平行于建筑物长轴方向布置的墙称为纵墙，平行于建筑物短轴方向布置的墙称为横墙，外横墙俗称山墙，该部分详细介绍请参照本书第 5 章 5.2.2.1 节。另外，根据墙体与门窗的位置关系，平面上窗洞口之间的墙体可以称为窗间墙，立面上窗洞口之间的墙体可以称为窗下墙。

墙体按受力情况可以将墙体分为承重墙和非承重墙两种。承重墙直接承受楼板及屋顶传下来的荷载。在混合结构中，非承重墙可以分为自承重墙和隔墙。自承重墙仅承受自身重量，并把自重传给基础。隔墙则把自重传给楼板层或附加的小梁。在框架结构中，非承重墙可以分为填充墙和幕墙。填充墙是位于框架梁柱之间的墙体。当墙体悬挂于框架梁柱的外侧起围护作用时，称为幕墙、幕墙的自重由其连接固定部位的梁柱承担。

墙体按材料可分为砖墙、石墙、土墙、预制砌块墙、幕墙、钢筋混凝土墙或大型墙板等。按照构造方式，墙体可以分为实体墙、空体墙和组合墙三种。实体墙由单一材料组成，如砖墙、砌块墙等。空体墙也是由单一材料组成的，可由单一材料砌成内部空腔，也可用具有孔洞的材料砌筑墙体，如空斗砖墙、空心砌块墙等。组合墙由两种以上材料组合而成，例如混凝土-加气混凝土复合板材墙。其中混凝土起承重作用，加气混凝土起保温隔热作用。墙体构造形式如图 7-14 所示。

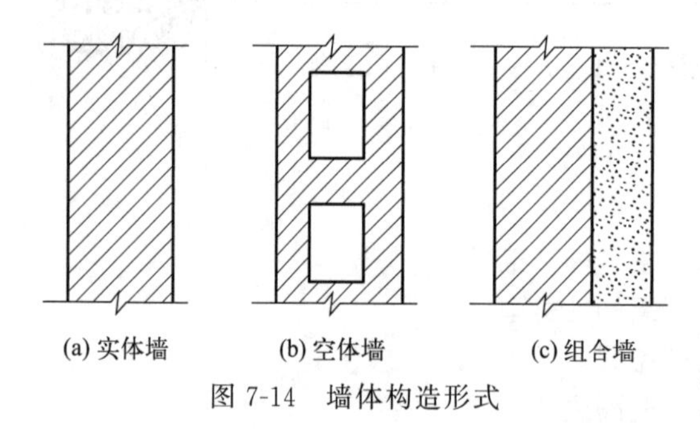

图 7-14 墙体构造形式

按施工方法，墙体可以分为块材墙、板材墙、骨架墙、3D 打印墙等。块材墙是用砂浆等胶结材料将砖石块材等组砌而成的墙，例如砖墙、石墙及各种砌块墙等。板材墙是采用预制或现制的墙板直接固定于建筑主体结构上的墙体，例如蒸压加气混凝土（ALC）板材墙等。骨架墙是先做墙体骨架，再做面板的墙体形式，由骨架（墙筋）和墙体面板两部分组成。3D 打印墙体是利用 3D 打印技术建造建筑物的墙体，它使用一种由计算机控制的机械设备，通过逐层打印材料（如混凝土、土壤、水泥、聚合物等）或机械臂砌筑等方式来构建墙体，如图 7-15 所示。

7.3.2 墙体的基层构造

7.3.2.1 砖墙构造

(1) 砖与砂浆

砖墙由砖和砂浆两种材料组成，砂浆将砖胶结在一起筑成墙体或砌块。墙体的整体强度由砖和砂浆的强度共同决定。

图 7-15 3D打印墙体

砖的种类很多，从所采用的原材料上分，有黏土砖、灰砂砖、页岩砖、煤矸石砖、水泥砖、矿渣砖等。从形状上，有实心砖、多孔砖、空心砖等。

砂浆由胶结材料（水泥、石灰、黏土）和填充材料（砂、石屑、矿渣、粉煤灰）用水搅拌而成，常用的有水泥砂浆、混合砂浆和石灰砂浆，水泥砂浆的强度和防潮性能最好，混合砂浆次之，石灰砂浆最差，但它的和易性好，在墙体要求不高时采用。砂浆的等级也是以抗压强度来进行划分的，如 M15、M10、M7.5、M5、M2.5、M1、M0.4，单位为 N/mm^2。

(2) 砖墙的砌筑方式

砖墙的砌筑方式是指砖块在砌体中的排列方式。为了保证墙体的坚固，砖块的排列应遵循砂浆饱满、横平竖直、内外搭接、上下错缝的原则。错缝长度不应小于 60mm，且应便于砌筑及少砍砖，否则会影响墙体的强度和稳定性。在墙的组砌中，砖块的长边平行于墙面的砖称为顺砖，砖块的长边垂直于墙面的砖称为丁砖。上下皮砖之间的水平缝称为横缝，左右两砖之间的垂直缝称为竖缝，砖砌筑时切忌出现竖直通缝，否则会影响墙的强度和稳定性，如图 7-16 所示。

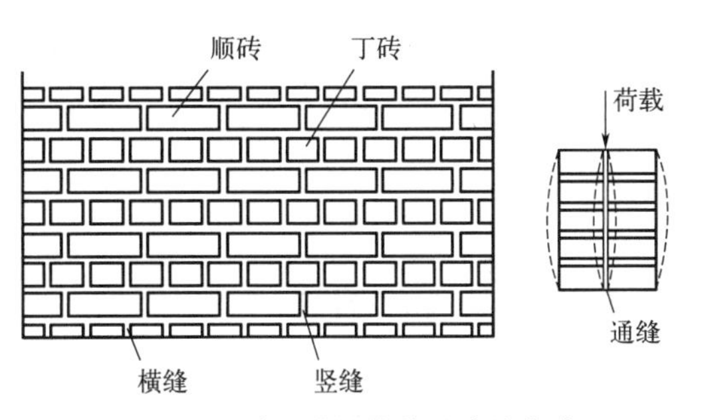

图 7-16 砖的错缝搭接及砖缝名称

砖墙的叠砌方式可分为下列几种：全顺式、一顺一丁式、丁顺夹砌式、两平一侧式，如图 7-17 所示。

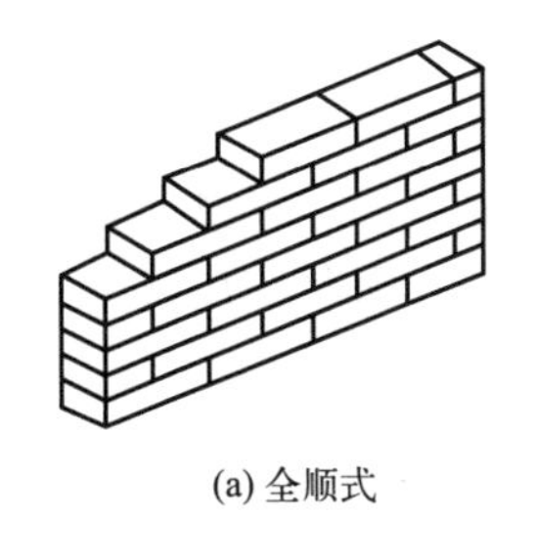

(a) 全顺式

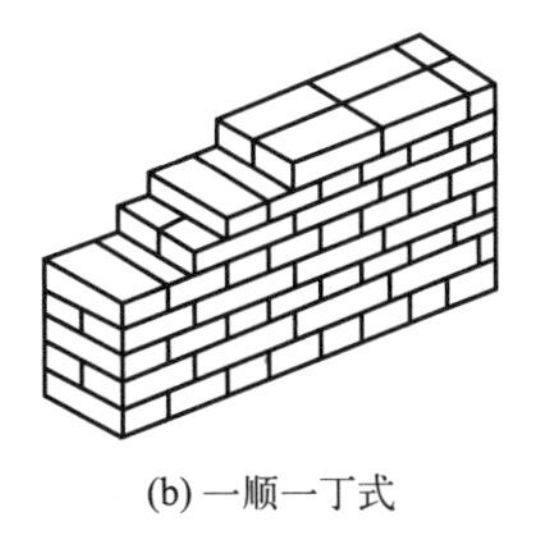

(b) 一顺一丁式

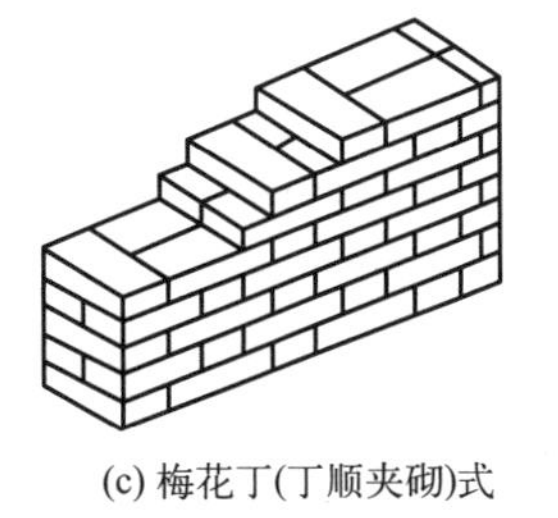

(c) 梅花丁(丁顺夹砌)式

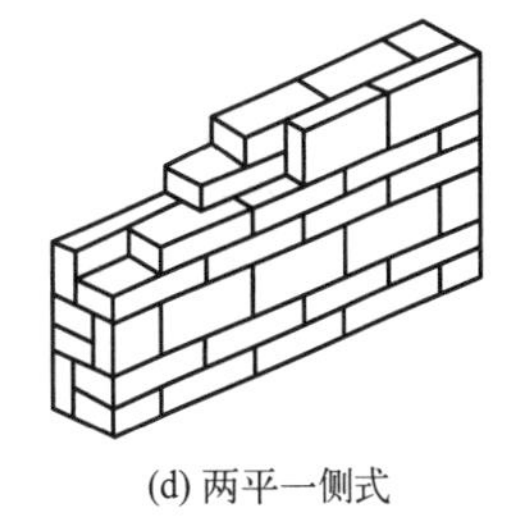

(d) 两平一侧式

图 7-17 砖的砌筑方式

(3) 砖墙的基本尺寸

砖墙的基本尺寸包括墙厚和墙段两个方向的尺寸，在满足结构和功能要求的同时，满足砖的规格。以标准砖为例，根据砖块的尺寸、数量，灰缝可形成不同的墙厚度和墙段的长度。①墙厚。标准砖的长、宽、高规格为 240mm×115mm×53mm，砖块间灰缝宽度为 8～

12mm。砖厚加灰缝、砖宽加灰缝后与砖长形成 1∶2∶4 的比例特征，组砌灵活。②墙身长度。当墙身过长时，其稳定性就差，故每隔一定距离应有垂直于它的横墙或其他构件来增强其稳定性。横墙间距超过 16m 时，墙身做法应根据我国《砌体结构设计规范》的要求进行加强。③墙身高度。墙身高度主要是指房屋的层高。依据实际要求，即设计要求而定，但墙高与墙厚有一定的比例制约，同时要考虑水平侧推力的影响，保证墙体的稳定性。④砖墙洞口与墙段的尺寸。砖墙洞口主要是指门窗洞口，其尺寸应符合模数要求，尽量减少与模数不符的门窗规格，以利于工业化生产。国家及地区的通用标准图集是以扩大模数 3M 为倍数的，故门窗洞口尺寸多为 300mm 的倍数，1000mm 以内的小洞口可采用基本模数 100mm 的倍数。

7.3.2.2 砌块墙体构造

砌块比砖的尺寸大，长度一般为 600mm，高度为 200mm、240mm、250mm、300mm 等，厚度为 60mm、80mm、100mm、120mm、150mm、180mm、200mm、240mm 等。重量在 20kg 以下，称作小型砌块；重量在 20～350kg 之间，称作中型砌块；重量大于 350kg，称作大型砌块。材料多采用工业废灰、废渣，优点是节约良田、重量小、费用低、节能、环保、施工效率高等，缺点是粉刷性能较差、需专用砌筑黏结剂。砌块按其构造方式可分为实心砌块和空心砌块，空心砌块有单排方孔、单排圆孔和多排扁孔三种形式，多排扁孔砌块有利于保温，如图 7-18 所示。砌块的组砌原则和砖的相同，当采用混凝土空心砌块时，上下皮砌块应孔对孔、肋对肋，使其之间有足够的接触面，扩大受压面积。

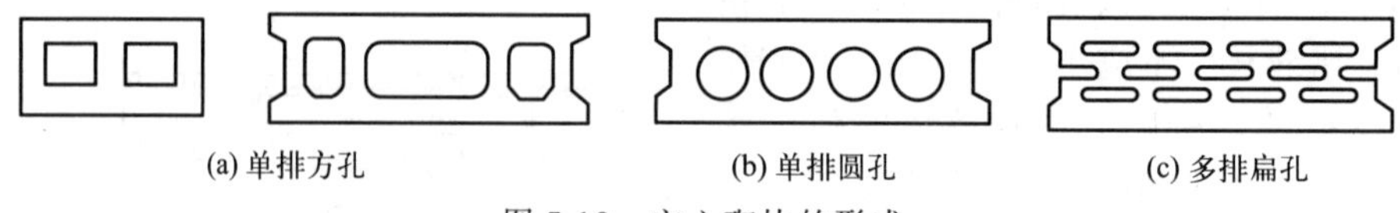

图 7-18　空心砌块的形式

7.3.2.3 砌筑式隔墙构造

(1) 普通砖隔墙

普通砖隔墙使用半砖（120mm）或 1/4 砖（60mm）砌筑。半砖墙砂浆深度＞2.5m，1/4 砖墙＞5m。超 3m 高的墙需加固，可每隔 0.5m 加 2Φ4 钢筋或 1.2～1.5m 设水泥砂浆层加 2Φ6 钢筋。顶部与楼板连接用斜砌立砖。有门的隔墙需预埋铁件或用混凝土预制块固定门框。1/4 砖墙用于次要房间，不宜过高过长，门洞两侧需加固或设钢筋混凝土柱，每隔 0.5m 加设 1Φ6 钢筋，如图 7-19 所示为半砖隔墙。

(2) 砌块隔墙

砌块隔墙重量轻、块体大。目前常用加气混凝土砌块、粉煤灰硅酸盐砌块、水泥炉渣空心砖等砌筑隔墙。砌块大多质轻、空隙率大、隔热性能好，但吸水性较强，因此应在砌块下方先砌 3～5 皮黏土砖。砌块隔墙采取的加固措施同砖墙，如图 7-20 所示。

(3) 条板隔墙

条板隔墙是指由预制轻质的大型板材拼合而成的隔墙。目前常用成品条板有：加气混凝土条板、石膏空心条板、水泥玻璃纤维空心板等。条板厚度为 60～100mm，宽度为 600～1000mm，高度略小于房间净高。安装时，条板下部先用木楔顶紧，然后用细石混凝土堵严，板缝用黏结砂浆或黏结剂黏结，并用胶泥刮缝（图 7-21）。条板隔墙自重轻（条板可以直接放在楼板上）、安装方便、施工速度快、工业化程度高，适用于各种民用建筑隔墙。

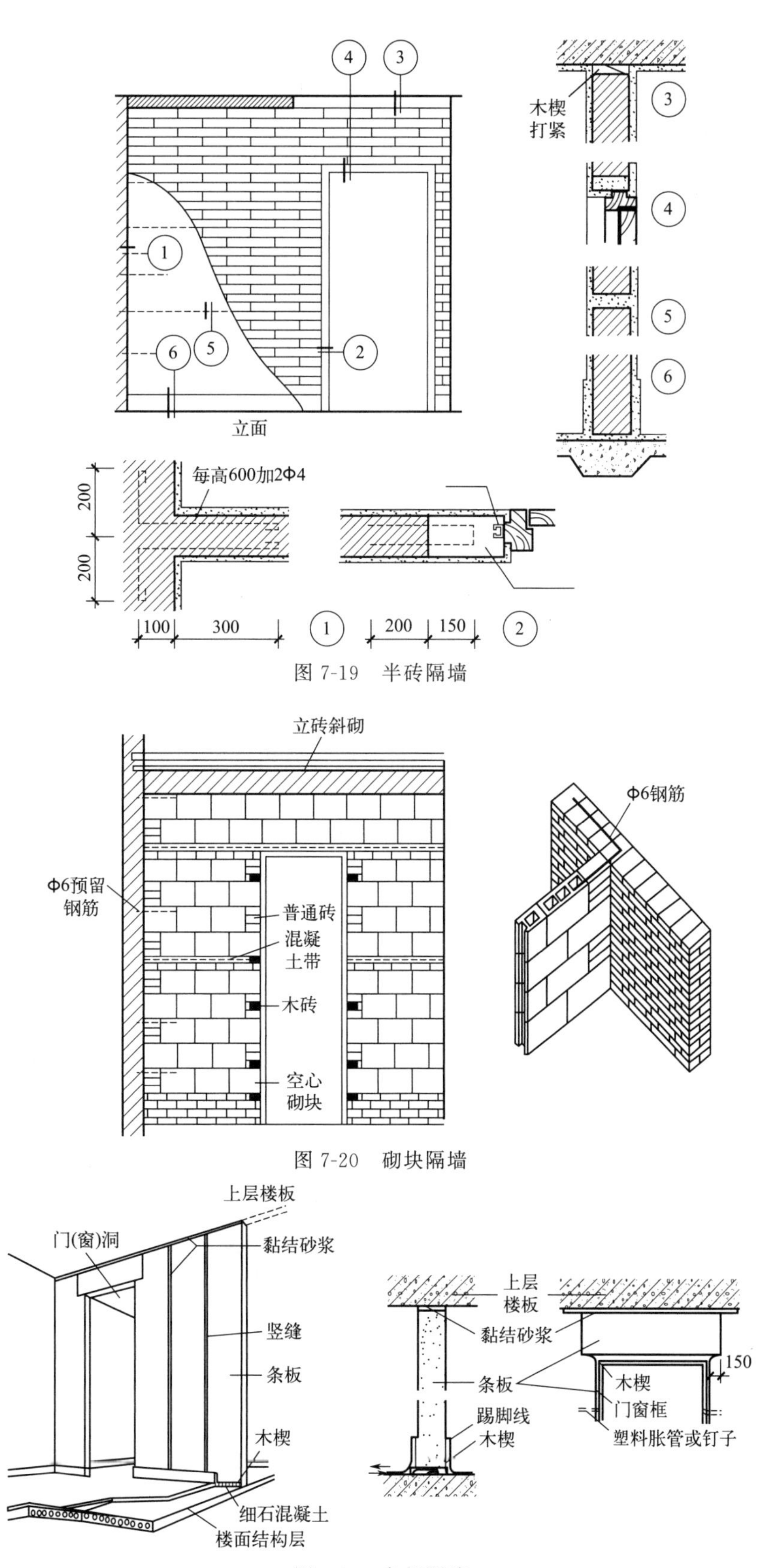

图 7-19　半砖隔墙

图 7-20　砌块隔墙

图 7-21　条板隔墙

水泥玻纤空心板隔墙应用较广泛，如图 7-22 所示，是以低碱水泥净浆或砂浆、玻璃纤维及添加剂组成的水泥复合板材，简称 GRC 板，厚度常用 60mm。其优点是强度高、韧性好、防火性能好、耐潮湿等。

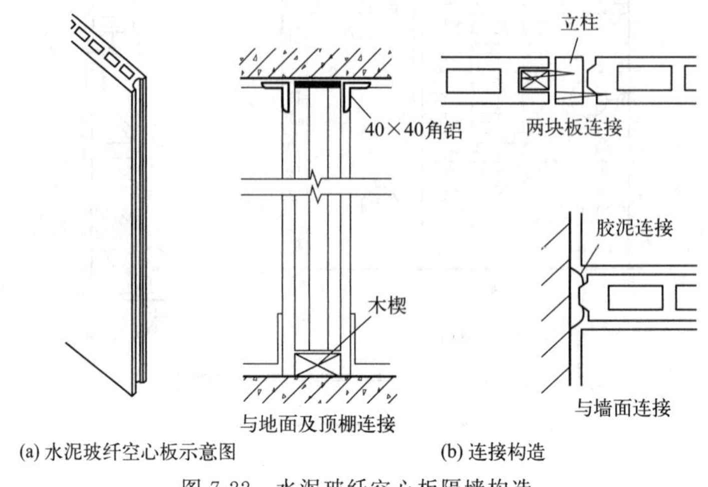

(a) 水泥玻纤空心板示意图　　(b) 连接构造

图 7-22　水泥玻纤空心板隔墙构造

7.3.2.4　立筋式隔墙

立筋式隔墙由骨架（也称龙骨）和面板组成，应先立墙筋（骨架）再做面层。立筋分木骨架和金属骨架，木骨架由上槛、下槛、墙筋、斜撑及横撑组成，金属骨架一般采用薄壁型钢加工。面板有板条抹灰、钢板网抹灰、纸面石膏板等。如图 7-23 所示，木筋板条隔墙由上下槛、立筋、斜档组成骨架，将木板条钉在立筋上，再在板条上抹灰而形成。木筋的断面尺寸通常为 50mm×70mm 或 50mm×100mm，视墙高不同而异。立筋间距一般为 400～600mm。板条（俗称灰板条）钉在立筋上，板条之间留出空隙 6～10mm，以便抹灰浆能挤入板条缝的背后咬住板条。图 7-24 是轻钢龙骨纸面石膏板隔墙构造，其特点是自重轻、防火性能好、表面平整以及易施工，广泛应用在办公建筑等中。但这种隔墙一般防水、防潮、隔声性能较差，不宜用于卫生间、厨房等处隔墙。

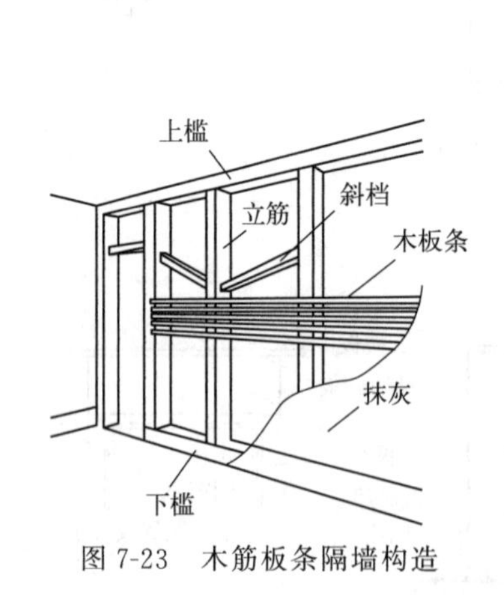

图 7-23　木筋板条隔墙构造

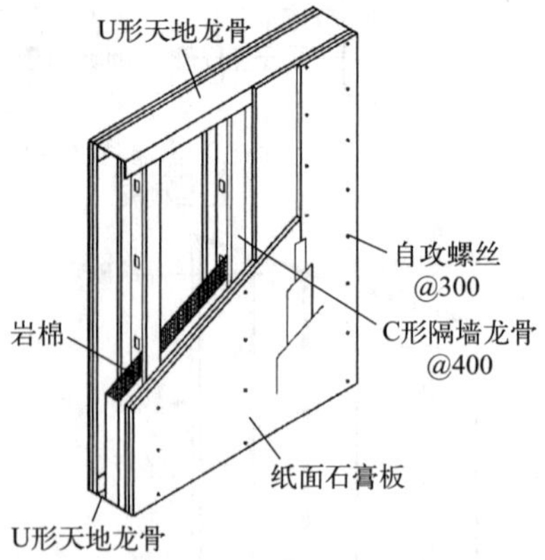

U形天地龙骨
自攻螺丝
@300
岩棉
C形隔墙龙骨
@400
纸面石膏板
U形天地龙骨

图 7-24　轻钢龙骨纸面石膏板隔墙构造

7.3.2.5　幕墙构造

幕墙是一种外墙结构形式，常用于高层建筑中。它不承受主体结构的荷载，仅起到围护和装饰作用，装饰效果好、质量轻、安装速度快，是外墙轻型化、装配化比较理想的形式。幕墙通常先将骨架安装在主体结构上，再在骨架上安装面板，最后对板缝进行处理。幕墙系统主要包括玻璃幕墙、金属幕墙、石材幕墙和陶板幕墙等。每种幕墙系统都有其独特的设计要求和施工工艺。下面主要介绍玻璃幕墙、金属幕墙、石材幕墙。

(1) 玻璃幕墙

玻璃幕墙根据构造方式不同可分为有框幕墙和无框幕墙两类。有框玻璃幕墙又有明框和隐框两种，如图 7-25 所示。

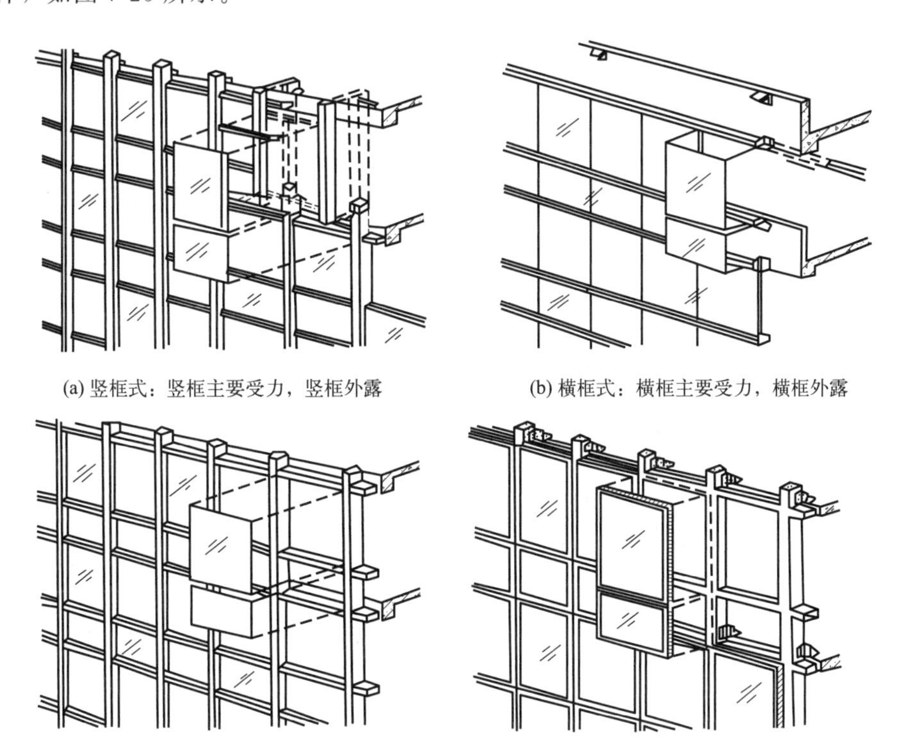

(a) 竖框式：竖框主要受力，竖框外露　(b) 横框式：横框主要受力，横框外露

(c) 框格式：竖框、横框外露成框格状态　(d) 隐框式：框格隐藏在幕面板后，又有包被式之称

图 7-25　有框式幕墙分类示意

玻璃幕墙按施工方法分为：现场组装（元件式幕墙）和预制装配（单元式幕墙）两种。有框幕墙可以现场组装，也可以预制装配；无框幕墙只能现场组装。

① 明框构件式玻璃幕墙。明框构件式玻璃幕墙是在现场将金属边框、玻璃、填充层和内衬墙以一定顺序进行安装组合而成的幕墙。金属边框有竖框、横框之分，起骨架和传递荷载作用，可用铝合金、不锈钢等型材制作，如图 7-26(a) 所示。玻璃有镀膜玻璃、Low-E

(a) 金属边框的工程实例

(b) 竖向骨架与横向骨架的连接

(c) 竖向骨架与梁板的连接

图 7-26　玻璃幕墙实例

玻璃、热反射玻璃、中空玻璃、镜面玻璃等，起采光、通风、隔热、保温等围护作用。连接固定件有预埋件、转接件、连接件、支承用材等，在幕墙及主体结构之间以及幕墙元件与元件之间起连接固定作用，如图 7-26(b) 和 (c) 所示。装修件：包括后衬板（墙）、扣盖件等构件，起装修、防护等作用。密封材料有密封膏、密封带、压缩密封件、防止凝结水和变形缝的专用件等，起密闭、防水、保温、绝热等作用。此外，还要满足幕墙的防火设计要求。

② 明框单元组装式玻璃幕墙。明框单元组装式玻璃幕墙是把整体幕墙分成许多标准单元，在工厂预先把骨架和玻璃组装成标准单元，再运到现场，安装在建筑外侧的幕墙。

③ 隐框式玻璃幕墙。隐框式玻璃幕墙是把幕墙的金属骨架全部隐藏于幕墙玻璃的背面，玻璃的安装固定主要依靠硅酮结构胶与背面的幕墙金属骨架直接黏结，使建筑表面看不到金属骨架的幕墙形式。

④ 全玻幕墙。全玻幕墙是由玻璃板和玻璃肋制作的玻璃幕墙。全玻幕墙的支承系统分为吊挂式、支撑式（座地式）和混合式三种，如图 7-27 所示。全玻幕墙的玻璃在 6m 以上时，应采用吊挂式系统。

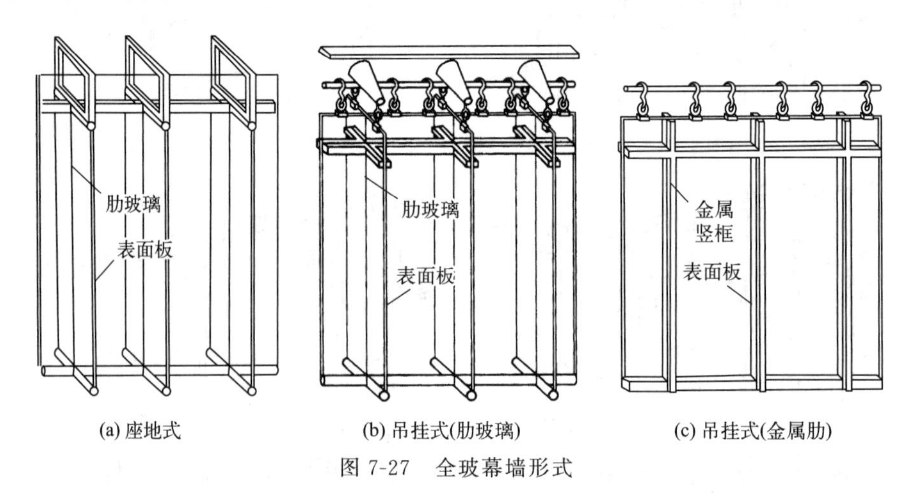

图 7-27　全玻幕墙形式

⑤ 点式玻璃幕墙。点式玻璃幕墙主要由玻璃面板、连接件和支撑结构组成。与传统的幕墙系统不同，点式幕墙的玻璃面板通常通过点状的支撑连接到金属框架上，可以实现更加透明、简洁的幕墙外观，同时最大化地引入自然光，增强室内的采光效果。

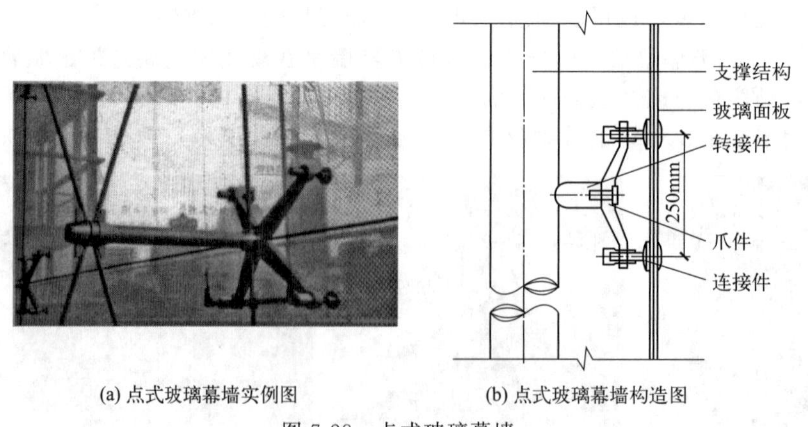

图 7-28　点式玻璃幕墙

(2) 金属幕墙

金属幕墙是金属构架与金属板材组成的、不承担主体结构荷载与作用的建筑外围护结构。图 7-29 为饰面铝板与立柱和横梁连接。

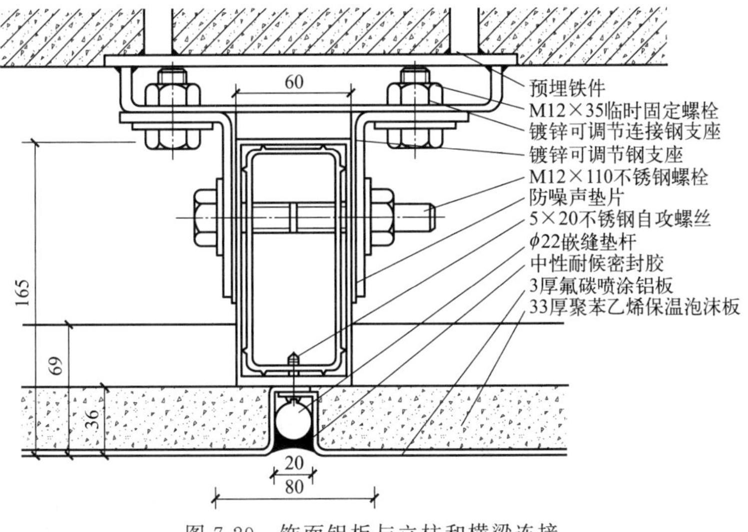

图 7-29　饰面铝板与立柱和横梁连接

(3) 石材幕墙

石材幕墙是由金属构架与建筑石板组成的、不承担主体结构荷载与作用的建筑外围护结构。图 7-30 为石材幕墙立面，图 7-31 为石材用钢销与横梁连接构造。

图 7-30　石材幕墙立面

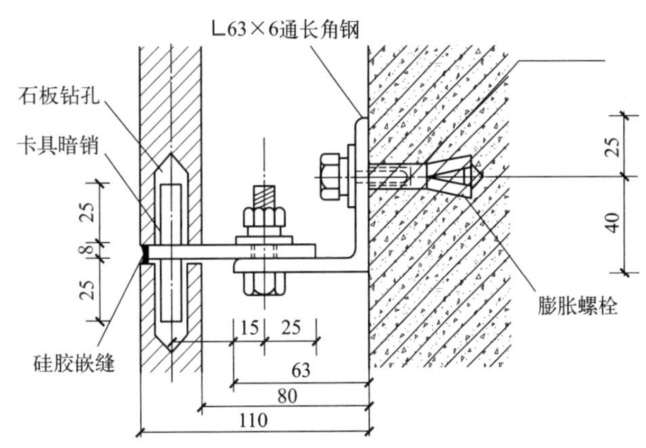

图 7-31　石材用钢销与横梁连接构造

7.3.3　墙体细部构造

墙体作为建筑物主要的承重或围护构件，不同部位必须进行不同的处理，才可能保证其耐久、适用。砖墙主要的细部构造包括：勒脚构造、散水及明沟构造、门窗洞口构造、墙身的加固构造，以及变形缝构造。

(1) 勒脚的构造

勒脚是外墙的墙脚，接近室外地面的部位。如图 7-32 所示，(a) 为抹灰勒脚，(b) 为石材贴面勒脚，(c) 为石砌勒脚。由于它易遭到雨水的浸溅及受到土壤中水分的侵蚀，影响房屋的坚固、耐久、美观和使用，因此在此部位要采取一定的防潮、防水措施。

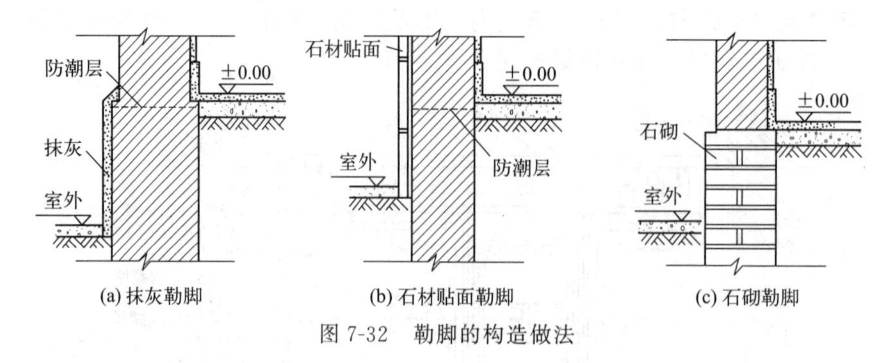

图 7-32 勒脚的构造做法

(2) 散水及明沟

为了防止雨水及室外地面水浸入墙体和基础，沿建筑物四周勒脚与室外地坪相接处设散水或排水沟（明沟、暗沟），使其附近的地面积水迅速排走（图 7-33）。

图 7-33 散水和明沟实例

散水又称排水坡、护坡，属于无组织排水。散水可用混凝土、砖、石材等材料做成。散水的宽度为 600～1000mm，当屋面为自由落水时，散水宽度至少应比屋面挑檐宽 200mm。散水的向外坡度为 3%～5%，散水外缘高出室外地坪 30～50mm 较好。散水的外沿应设滴水砖（石）带，散水与外墙交接处应设分隔缝，并以弹性材料嵌缝，以防墙体下沉时散水与墙体裂开，散水构造做法如图 7-34 所示。

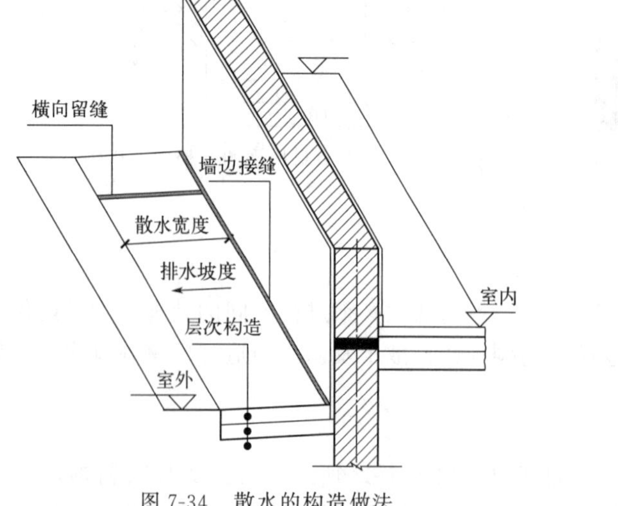

图 7-34 散水的构造做法

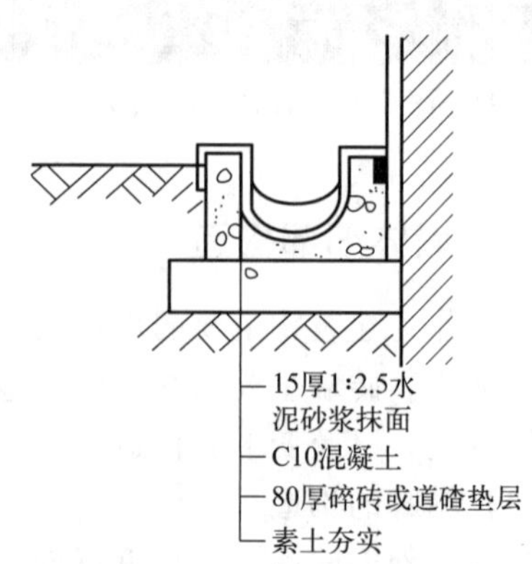

图 7-35 明沟的构造做法

明沟为有组织排水，即把雨水汇集起来再统一排走，其构造做法如图 7-35 所示。可用砖砌、石砌和混凝土浇筑。沟底应设微坡，坡度为 0.5%～1%，使雨水流向窨井。若用砖砌明沟，应根据砖的尺寸来砌筑，槽内需用水泥砂浆抹面。

(3) 墙体防潮层

由于砖或其他砌块基础的毛细管作用，土壤中的水分易从基础墙处上升，腐蚀墙身，因此必须在内、外墙脚部设置连续的防潮层以隔绝地下水的作用。墙身防潮层分水平和垂直两种。如图 7-36 所示，水平防潮层的材料和做法通常有两种：(a) 是防水砂浆防潮层，(b) 为细石混凝土防潮层。

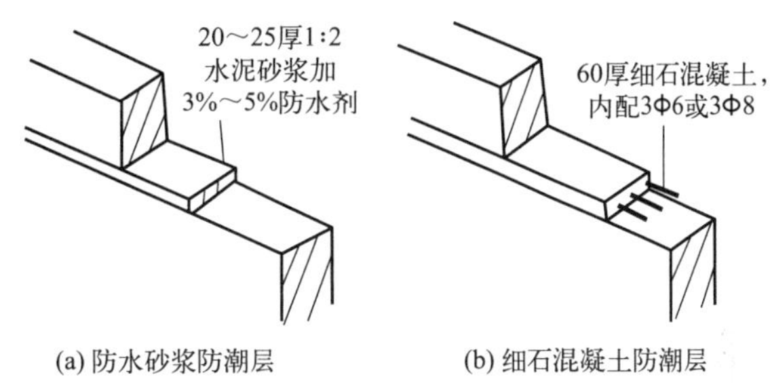

图 7-36 水平防潮层构造

防潮层的位置首先至少高出人行道或散水表面 150mm，防止雨水溅湿墙面。鉴于室内地面构造的不同，防潮层的标高多为以下三种情况：①当地面垫层为混凝土等不透水材料时，水平防潮层应设在垫层范围内，并低于室内地坪 60mm（即一皮砖）处，如图 7-37(a) 所示；②当室内地面垫层为炉渣、碎石等透水材料时，水平防潮层的位置应平齐或高于室内地面 60mm（即一皮砖）处，如图 7-37(b) 所示；③当内墙两侧室内地面有标高差时：防潮层设在两不同标高的室内地坪以下 60mm（即一皮砖）的地方，并在两防潮层之间墙的内侧设垂直防潮层，如图 7-37(c) 所示。

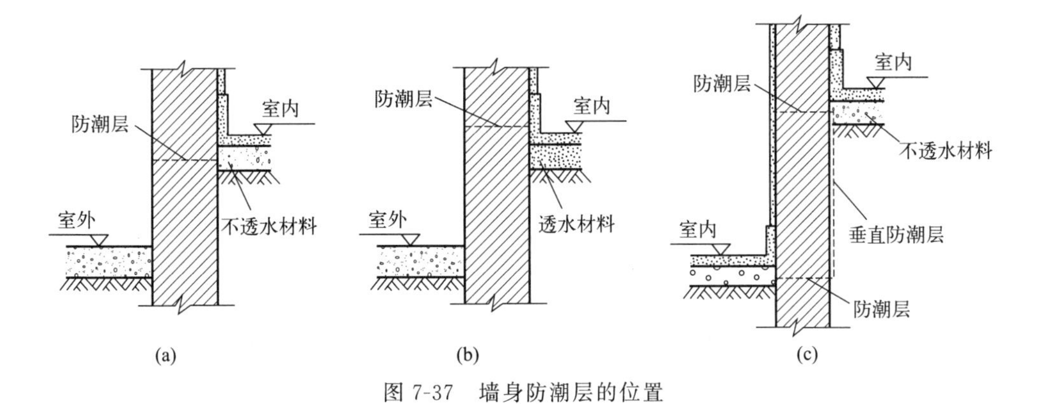

图 7-37 墙身防潮层的位置

(4) 墙体洞口构造

① 门窗过梁。墙体上难免会开门开窗形成洞口，为了支承门窗洞口上部荷载，并将其传给洞口两侧的墙体，需在洞口上方设置横梁，简称门窗过梁。目前门窗过梁的主要材料为钢筋混凝土过梁。钢筋混凝土过梁承载能力强，跨度大，适应性好。其种类有现浇和预制两种，现浇钢筋混凝土过梁在现场支模，扎钢筋，浇筑混凝土。预制装配式过梁事先预制好后直接进入现场安装，施工速度快，是最常用的一种方式，钢筋混凝土过梁如图 7-38 所示。

此外，还有砖拱过梁，按形式分为平拱、弧拱和半圆拱三种。钢筋砖过梁是在洞口顶部配置钢筋，其上用砖平砌，钢筋为Φ 6，间距小于 120mm，伸入墙内 1～1.5 倍砖长。过梁跨度不超过 2m，高度不应少于 5 皮砖，且不小于 1/4 洞口跨度，如图 7-39 所示。

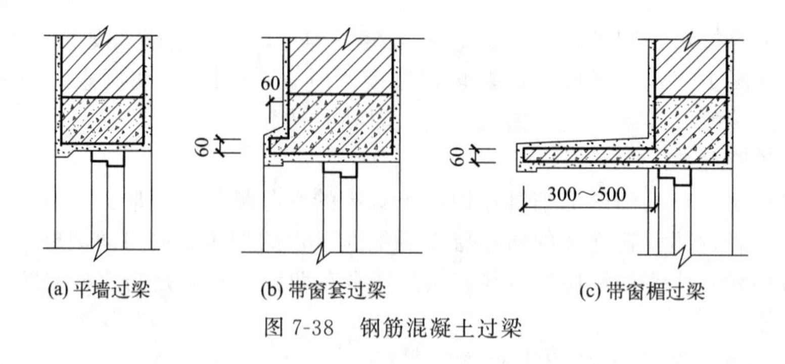

图 7-38 钢筋混凝土过梁

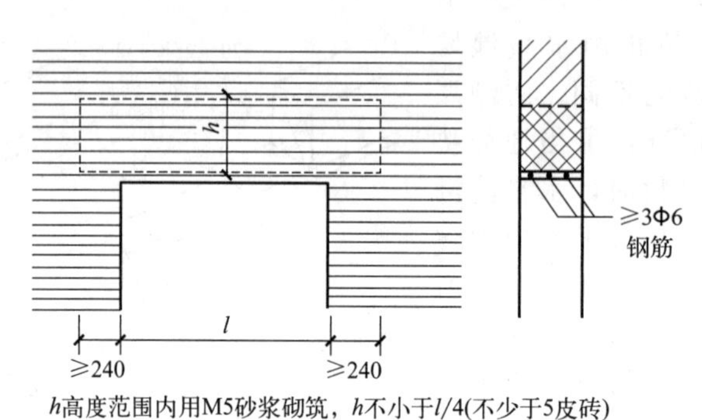

图 7-39 钢筋砖过梁

② 窗台构造。外窗的窗洞下部设窗台，目的是排除窗面流下的雨水，防止其渗入墙身和沿窗缝渗入室内。外墙面材料为面砖时，可不必设窗台。窗台可用砖砌挑出，也可采用钢筋混凝土窗台的形式，挑出外墙面至少 60mm，并设置 10%左右的外排水坡度。注意抹灰与窗槛下的交接处理必须密实，防止雨水倒渗入室内。窗台下必须抹滴水槽，避免雨水污染墙面。滴水有外凸式、凹槽式、鹰嘴式三种，如图 7-40 所示。

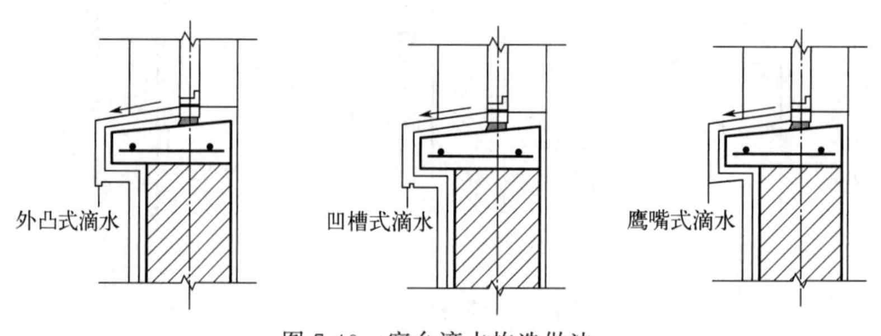

图 7-40 窗台滴水构造做法

(5) 墙身的加固

墙身的尺寸，是指墙的高度、长度和厚度。这些尺寸的大小要根据设计要求而定，但必须符合一定的比例要求，保证墙体的稳定性。若其尺寸比例超出要求，墙体稳定性不好，需要加固时，可采用壁柱（墙墩）、门垛、构造柱、圈梁等做法。

① 壁柱和门垛。壁柱是墙中柱状的凸出部分，通常直通到顶，以承受上部梁及屋架的荷载，并提高墙身强度及稳定性，如图 7-41(a) 所示。

墙体上开设门洞一般应设门垛，特别是在墙体端部开启与之垂直的门洞时必须设置门垛，以保证墙身稳定和门框的安装。门垛长度一般为 120mm 或 240mm，如图 7-41(b) 所示。

② 圈梁和腰梁。圈梁是沿房屋外墙和部分内墙顶部布置的钢筋混凝土连续封闭的梁，通常设置在楼层间、窗顶、檐口或基础顶部等位置。圈梁的作用是增强建筑物的空间刚度以及整体性，减少由于地基不均匀沉降或振动等引起的墙体开裂。三层或 8m 以下建筑设一道圈梁，四层以上则每隔一层或两层设置一道，屋盖处必须有圈梁。地基较差时，基础顶面也需设置。圈梁主要沿纵墙布置，内横墙间距 10～15m 设一道，屋顶横墙间距不大于 7m。圈梁应闭合，洞口处上下搭接。有钢筋混凝土和钢筋砖两种圈梁，前者宽同墙厚，高 240mm 或 180mm；后者用 M5 砂浆砌筑，高不小于 5 皮砖，内置 4Φ6 通长钢筋。圈梁的位置以通过相应楼层楼板下为宜。当楼板与相应窗过梁位置靠近时，可用圈梁代替门窗过梁。圈梁应闭合，如遇洞口必须断开时，应在洞口上端设附加圈梁，并应上下搭接（图 7-42）。

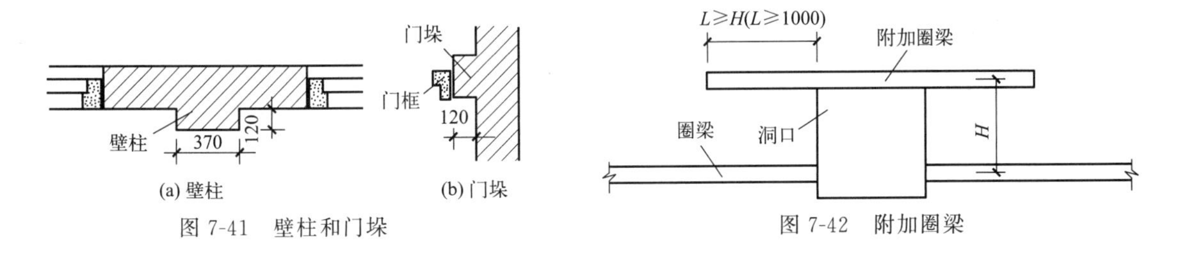

图 7-41　壁柱和门垛

图 7-42　附加圈梁

腰梁通常设置在墙体中部位置（图 7-43），尤其是在高墙或有较大开口（如窗户、门洞）的位置，也可以设置多道腰梁，用于增强墙体的局部刚度和稳定性，提高抗震能力。

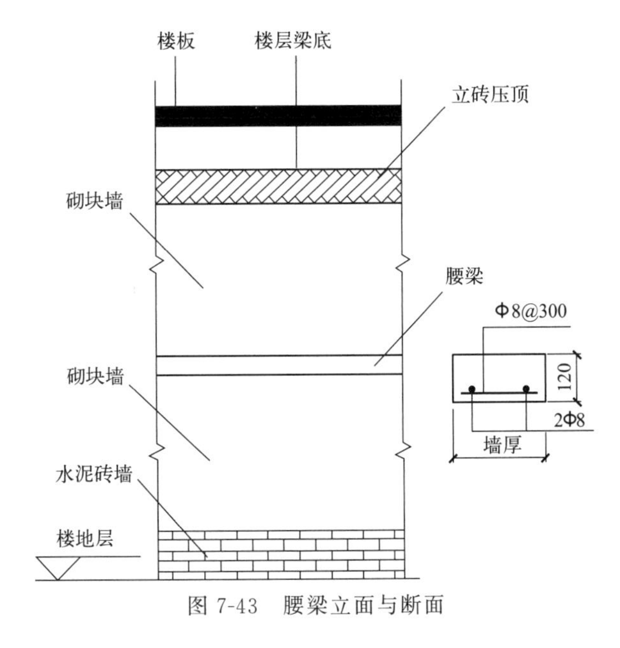

图 7-43　腰梁立面与断面

③ 构造柱。为增强建筑稳定性，多层砖混结构应设钢筋混凝土构造柱，与圈梁连接形成抗弯剪框架。设置部位包括外墙四角、横纵墙交接处、较大洞口两侧和大房间内外墙交接处等。构造柱的最小截面尺寸为 240mm×180mm，竖向主钢筋多用 4Φ12，箍筋间距不大于 250mm，且在上下适当地方加密。构造柱的施工方式是先绑扎钢筋，再砌墙，最后浇混凝土，沿墙每隔 500mm 高度设置深入墙体不小于 1m 的 2Φ6 拉接钢筋。墙体需先退后进，砌筑成马牙槎形式，如图 7-44 所示。构造柱不单独设基础，但需深入地面下 500mm 或锚入圈梁。

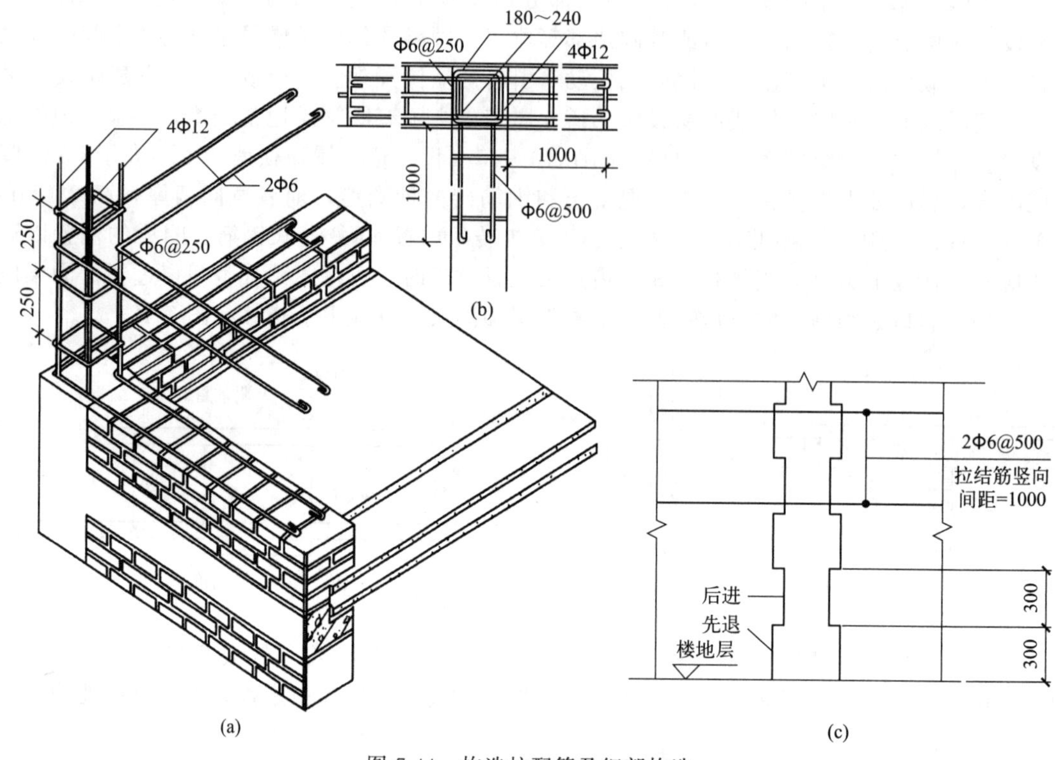

图 7-44 构造柱配筋及细部构造

7.3.4 墙体饰面构造

7.3.4.1 抹灰类与涂料类墙面

(1) 抹灰类墙面

抹灰饰面均是以石灰、水泥等为胶结材料，掺入砂、石骨料，用水拌和后，采用抹、刷、磨、斩、粘等多种方法进行施工的。抹灰的基本构造可分为三层：底层（找平层）、中层（垫层）、面层。底层的底灰（又叫刮糙）根据基层材料的不同和受水侵蚀的情况而定。中层抹灰材料同底层，起进一步找平的作用，并可减少底层砂浆干缩导致面层开裂的可能，同时还作为底层与面层之间的黏结层。面层主要起装饰作用，根据所选材料和施工方法不同，形成各种不同性质与外观的抹灰。

在外墙抹灰过程中饰面会产生裂纹，考虑施工的方便以及立面处理的需要，常对抹灰面层做分格处理，分格形成的线条称为引条线。引条线有 3 种形式：凹线、凸线和嵌线。引条线一般采用凹线，为防止雨水通过引条线渗入墙内，还应在引条线处做防水处理。

(2) 涂料类墙面

涂料类墙面是在木基层表面或抹灰墙面上，喷、刷涂料涂层的饰面装修。涂料饰面主要以涂层起保护和装饰作用。按涂料种类的不同，饰面可分为刷浆类饰面、涂料类饰面、油漆类饰面。涂料类饰面虽然抗腐蚀能力差，但施工简单、省工省时、维修方便，应用较为方便。装饰涂料由成膜物质、颜料、填料以及各种助剂组成。涂料按其组成成分，可分为无机类涂料、有机合成类涂料和有机无机复合型涂料等；按其用途，又可分为外墙涂料和内墙涂料。乳胶漆属乳液型涂料，其特点是以水为分散介质，施工方便，漆膜透气性好，无结露，耐水性、耐气候性良好。涂料类装修对基层表面的平整度和洁净度要求较高。如果基层表面不平整，则应先处理平整，轻微不平可用腻子刮平，较深的洞孔等缺陷应先用聚合物水泥砂浆修补平整。涂层一般要抹三遍。

(3) 特殊做法的抹灰涂料类墙面

抹灰涂料类墙面根据其用料、构造做法及装饰效果的不同又可分为弹涂墙面、滚涂墙面、拉毛墙面、扫毛抹灰墙面等。弹涂墙面使用专用工具将水泥彩色浆弹到基层上，分基层、面层和罩面层。基层材料多样，面层为聚合物水泥砂浆，最后喷涂罩面层保护墙面。滚涂墙面是一种用橡皮辊在聚合砂浆上滚出花纹的墙面装修方法，滚涂墙面基层选择视墙体材料而定，面层为3～4mm厚聚合物水泥砂浆，喷涂罩面层。拉毛墙面按材料分为水泥、油漆、石膏拉毛，适用于多种墙体，施工简便、成本低。扫毛抹灰墙面仿天然石饰面效果，面层为混合砂浆，用竹丝扫帚扫出花纹，施工简单、造价低、美观大方。

7.3.4.2 铺贴类墙面

铺贴类墙面多用于外墙及潮湿度较大、有特殊要求的内墙。铺贴类墙面包括陶瓷贴面类墙面、天然石材墙面、人造石材墙面、装饰水泥墙面等。主要介绍陶瓷贴面类墙面和石材墙面。

(1) 陶瓷贴面类墙面

陶瓷贴面类墙面面砖包括釉面砖、无釉面砖等，用于内外墙面。无釉面砖适用于外墙，坚硬耐用；釉面砖多用于厨卫，表面光滑易清洁。安装时需水浸、沥干后用砂浆粘贴，外墙留缝隙排湿，内墙紧密安装。陶瓷（玻璃）锦砖饰面俗称马赛克，是高温烧制的小块材料。施工时贴于牛皮纸上，半凝时洗去纸面，修正缝隙，耐磨耐酸碱，价格低廉，但易脱落。

(2) 石材墙面

石材的自重较大，在安装前必须做好准备工作，如颜色、规格的统一编号，天然石材的安装孔、背部粗糙面的打凿，石材接缝处的处理等。石材的安装有拴挂法、连接件挂接法、粘贴法等。拴挂法先将基层剁毛，打孔，插入或预埋外露50mm以上并弯钩的Φ6钢筋，插入主筋和水平钢筋，并绑扎固定。将背后打好孔的板材用双股铜丝或进行过防锈处理的铁件固定在钢筋网上。在板材和墙柱间灌注水泥砂浆，灌浆高度不宜太高，一般少于此块板高的1/3。待其凝固后，再灌注上一层，以此类推。灌浆完毕后，将板面渗出物擦拭干净，并以砂浆勾缝，最后清洗表面，其细部构造如图7-45所示。

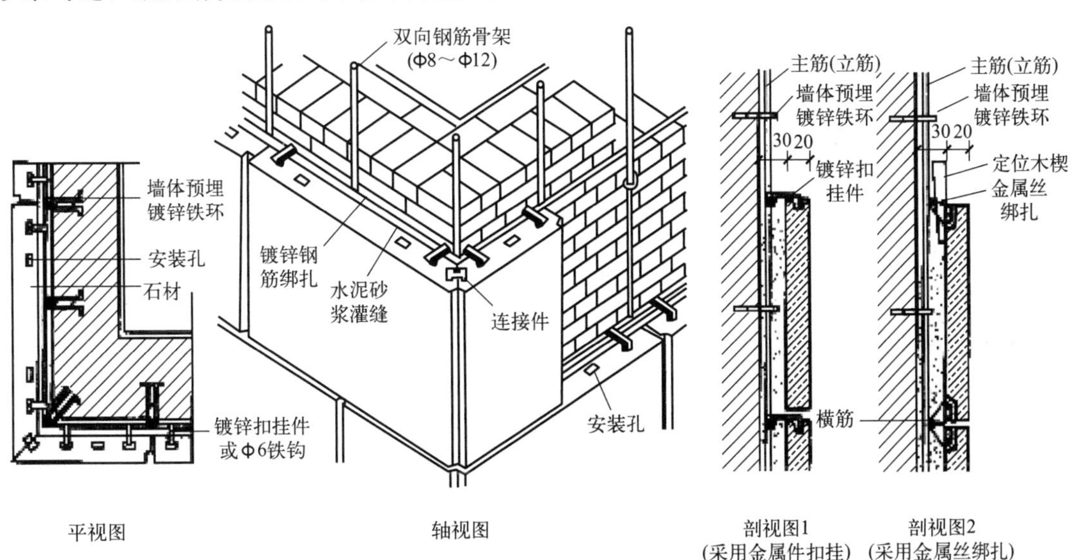

图7-45 石材拴挂法细部构造

连接件挂接法采用连接件、锚钉将石材墙板与墙体基层连接。将连接件预埋、锚固或卡在预留的墙体基层导槽内，另一端插入板材表面的预留孔内，并在板材与墙体之间填满水泥砂浆，如图7-46所示。

粘贴法适用于厚度较薄、尺寸不大的板材，此种方法首先要处理好基层，如水泥砂浆打底或涂胶等，然后进行涂抹粘贴。施工时应注意板的就位、挤紧、找平、找正、找直以及顶、卡固定，防止砂浆未达到固化强度时板面移位或脱落伤人。

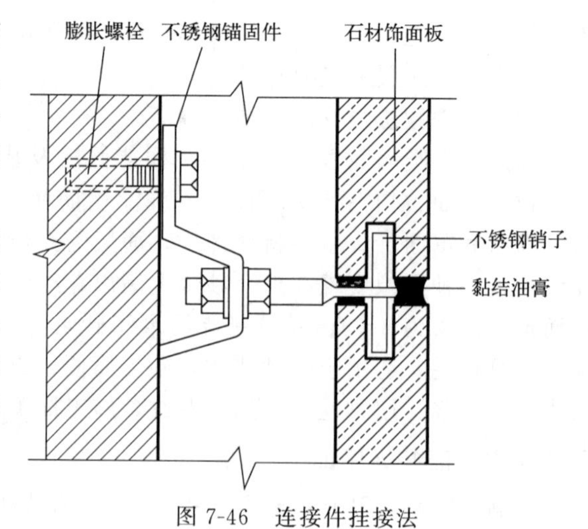

图7-46　连接件挂接法

7.3.4.3　板材墙面

木板墙面由木骨架和板材组成，预埋防腐木砖或木楔固定龙骨，间距450～600mm。墙上刷沥青、铺油毡防变形。木板用暗钉固定于骨架，表面刷漆。注意边缝、压顶等细部处理。

(1) 装饰板材墙面

随着建筑技术、建筑材料的发展，装饰板材墙面种类越来越多，目前常见的有：装饰微薄木贴面板、印刷木纹人造板、聚酯装饰板、覆塑中密度纤维板、纸面石膏板、防火纸面石膏板等。这些板材大多采用骨架连接，其骨架可采用木骨架，也可采用金属骨架，骨架间距参考板材规格确定。其中一些板材也可采用粘贴法固定。

(2) 金属板材墙面

金属板材墙面由骨架和板材组成，骨架有轻钢和木两种。板材包括多种美观、耐腐蚀的金属板，如铝板、不锈钢板等。铝板有单层铝板、复合铝板（铝塑板，分普通型和防火型）和蜂窝铝板（两张铝合金板夹蜂窝形铝箔），适用于大面积外墙。

金属板材与金属基层之间主要靠螺栓、铆钉连接，也可采用扣接法与墙筋龙骨连接，如图7-47所示。

7.3.4.4　裱糊类墙面

裱糊类墙面多用于内墙面的装修，饰面材料的种类很多，有墙纸、墙布、锦缎、皮革、薄木等。下面仅介绍最常用的两种形式——墙纸与墙布。

墙纸可分为普通墙纸、发泡墙纸、特种墙纸三大类。它们各有不同的性能：普通墙纸有单色压花和印花压花两种，价格便宜、经济实用；发泡墙纸经过加热发泡，有装饰和吸声双效功能；特种墙纸有耐水、防火等特殊功能，多用于有特殊要求的场所。

常用的墙布有玻璃纤维墙布和无纺墙布，玻璃纤维墙布强度大、韧性好、耐水、耐火、可擦洗，但遮盖力较差，且易磨损；无纺布色彩鲜艳不褪色，有弹性、有透气性，可擦洗。

裱糊类墙面的基层要坚实牢固、表面平整光洁、色泽一致。在裱糊前要对基层进行处理，首先要清扫墙面、满刮腻子、用砂纸打磨光滑。墙纸和墙布在施工前，要做浸水或润水处理，使其充分膨胀；为了防止基层吸水过快，要先用稀释的107胶满刷一遍，再涂刷黏结剂。然后按先上后下，先高后低的原则，对准基层的垂直准线，用胶辊或刮板将其赶平压实，排除气泡。当饰面无拼花要求时，将两幅材料重叠20～30mm，用直尺在搭接中部压紧后进行裁切，揭去多余部分，刮平接缝。当有拼花要求时，要使花纹重叠搭接。

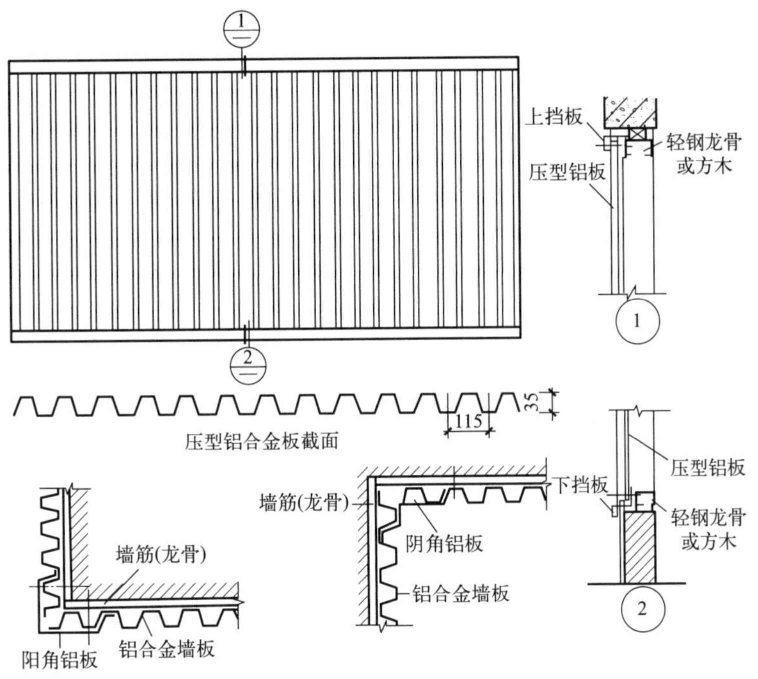

图 7-47　金属板扣接法细部构造

数字化设计：Revit 墙体与幕墙创建步骤

在 Revit 中创建墙体与幕墙的操作步骤如下（可扫描二维码观看完整教学视频）：

1. 创建墙体

（1）选择视图：打开平面视图。

（2）使用墙体工具：在“建筑”选项卡中，点击“墙”工具。

（3）选择墙体类型：在“属性”面板中选择所需的墙体类型（如叠层墙、基本墙等）。

（4）设置墙体高度：在属性面板中，可以设置墙体的高度和底部约束。

（5）绘制墙体：在绘图区域中点击并拖动鼠标绘制墙体，或输入准确的长度。

（6）调整墙体位置：使用“移动”工具或直接拖动墙体调整位置。

（7）添加墙体洞口：使用“门”工具或“窗户”工具在墙体上添加洞口。

2. 创建幕墙

（1）选择视图：打开平面视图。

（2）使用墙体工具：在“建筑”选项卡中，点击“墙”工具。

（3）选择墙体类型：在“属性”面板中选择所需的幕墙类型（如幕墙、外部玻璃、店面等）。

（4）使用幕墙工具：在“建筑”选项卡中，点击“幕墙”工具。

（5）绘制幕墙轮廓：点击绘图区域，绘制幕墙的轮廓，通常使用直线或矩形工具。

（6）调整幕墙属性：根据需要调整幕墙的高度、宽度和细节。

（7）设置幕墙面板：在“属性”中选择幕墙面板类型和材料。

（8）添加幕墙构件：使用嵌板工具修改幕墙嵌板为“门”或“窗户”。

（9）保存与查看：保存项目，检查幕墙的显示效果。

第7章

7.4 楼地层

楼地层是楼板层和地坪层的统称。楼板层是建筑沿水平方向的承重构件，将建筑物沿垂直方向分为若干部分。地坪层是建筑底层房间与地基土层相接触的水平构件，二者所处位置如图 7-48 所示。

图 7-48 楼板层和地坪层

7.4.1 楼板类型

根据楼板使用材料的不同，楼板分为木楼板、钢木复合楼板、钢筋混凝土楼板和压型钢板组合楼板。

（1）新型木结构楼板

在现代建筑中木结构越来越受欢迎，特别是在低层和中层建筑中，得到了广泛应用。木材是可再生资源，符合可持续发展的理念。木结构楼板重量较轻，有助于减少建筑的整体负荷。现代木结构构件可以在工厂完成预制，节约了时间成本并提高了施工效率。现代木结构技术经过改进，采用了防腐、防火等处理手段，使得木结构楼板具有较高的耐久性和安全性，如图 7-49 所示。

（2）钢木复合楼板

钢木复合楼板结合了钢材和木材两种材料的优势，既能提供足够的承重能力，又能减轻结构的自重，减少对基础的压力，如图 7-50 所示。

图 7-49 新型木结构楼板

图 7-50 钢木复合楼板

（3）钢筋混凝土楼板

钢筋混凝土楼板强度高，整体性好，耐久性和耐火性好，混凝土可塑性强，可浇筑各种尺寸和形状的构件，被广泛采用，如图 7-51 所示。

(a) 现浇钢筋混凝土楼板

(b) 预制钢筋混凝土楼板

图 7-51 钢筋混凝土楼板

(4) 压型钢板组合楼板

压型钢板组合楼板是以压型钢板为永久性模板，在其上现浇混凝土形成的楼板。混凝土与钢板共同作用，形成高效的组合结构，这种楼板承载力大，整体性和稳定性好，无须拆模，施工方便，适合在大跨度、大空间和高荷载建筑中采用，如图7-52所示。

(a) 压型钢板

(b) 压型钢板组合楼板

图7-52 压型钢板组合楼板

7.4.2 地坪层构造

地坪层主要由面层、垫层和基层三个基本构造组成，为了满足使用和构造要求，必要时可在面层和垫层之间增设功能层。

①面层。面层是人们进行各种活动时接触到的表面层，也称地面，它直接承受摩擦、洗刷等各种物理与化学作用，起保护结构层和美化室内的作用。②垫层。垫层位于面层之下，是指承受并均匀传递荷载给基层的构造层。民用建筑通常采用C15混凝土做地面垫层，厚度均为80mm，有时也可采用灰土、三合土等材料做垫层。工业建筑地面垫层可根据计算加厚，在工程设计图中标示。③基层。基层位于垫层之下，用以承受垫层传下来的荷载。通常将素土夯实作为基层，又称地基，当土层不够密实时需加强处理。④功能层。为满足某些特殊功能而设置的构造层次，如防潮层、防水层、管线敷设层等。

当垫层和基层直接接触时，该地坪层称为直接式地坪层，如图7-53所示；当垫层和基层留有空腔，不直接接触时，称为架空式地坪层。利用该空腔可阻隔土层中的潮气，同时还便于布置管线和电缆。其主要优点包括良好的隔声效果和便于维修，如图7-54所示。

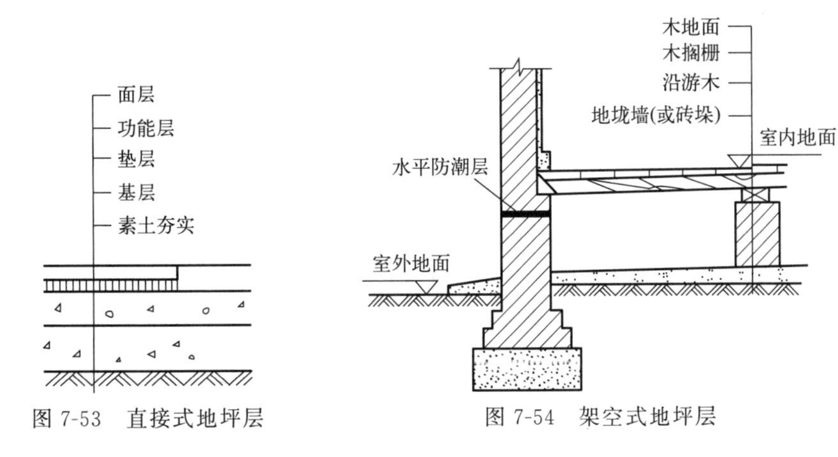

图7-53 直接式地坪层

图7-54 架空式地坪层

7.4.3 楼板层构造

7.4.3.1 楼板层组成

楼板层是多楼层房屋的重要组成部分，主要由面层、结构层和顶棚三个基本部分组成，如图 7-55 所示。为了满足不同的使用要求，必要时还应设功能层。

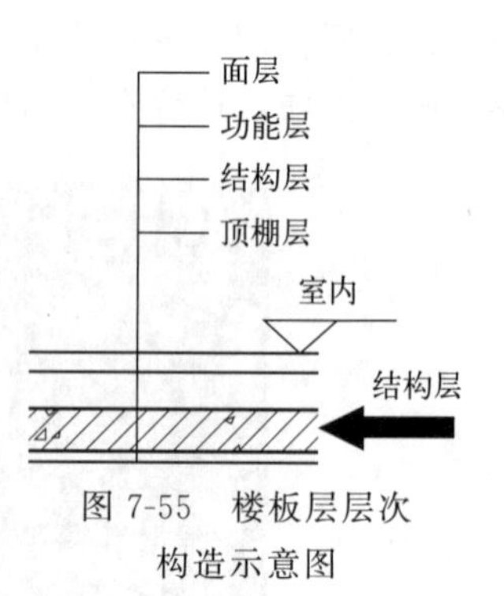

图 7-55 楼板层层次构造示意图

①面层。面层是楼板层最上面的层次，也称楼面，直接与人和设备接触，起着保护楼板结构层、传递荷载的作用，同时可以美化室内空间。要求坚固耐磨，具有必要的热工、防水、隔声等性能及光滑平整等。②结构层。结构层是楼板层的承重构件，位于楼板层的中部，也称楼板，由梁、板等构件组成。它承受整个楼板层的荷载，并将其传递给墙或柱，同时可以提高墙体的稳定性，增强建筑的整体刚度。楼板须具有足够的强度和刚度，以确保安全和正常使用。③顶棚层。顶棚层是楼板层最下部的层次，又称天花板，对楼板起保护作用，也对室内空间起美化作用，同时满足了管线敷设的要求。

功能层可根据楼板使用要求来选用：①找平层，在结构层之上经常会铺设一层找平层，通常用较为细腻的混凝土或砂浆制成，用于提供一个平整的底面，以便上面的地板材料能够被平整地铺设。②防水层，易积水的楼面需要考虑防水的要求，例如地下室或浴室等房间的楼板中，会设置防水层以防止水分向下渗漏。③保温层，保温层主要用于提高楼板的隔热性能，减少能量损失。常见的保温材料包括泡沫塑料、玻璃棉、岩棉等。④隔声层，为了减少楼层间的声音传递，有时会在楼板中加入隔声层，可以是一种特殊的隔声材料，也可以是具有良好吸声性的复合材料，如图 7-56 所示。⑤地暖层，通过地板辐射层中的热媒，均匀加热整个地面，来达到取暖的目的，如图 7-57 所示。⑥附加层，在一些有特殊要求的楼板设计中，可能还会包括电磁屏蔽层、抗震层等特殊功能层。

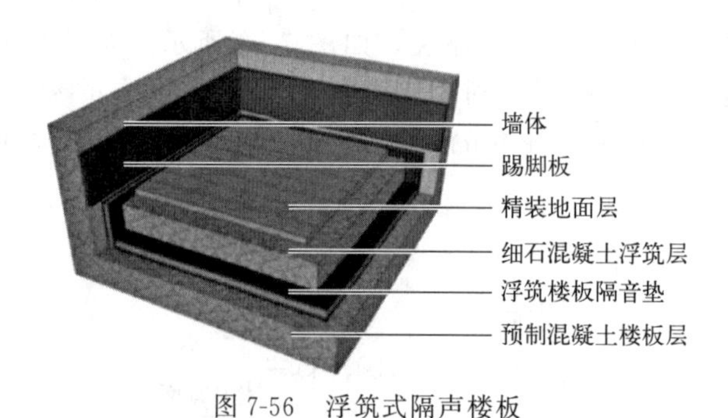

图 7-56 浮筑式隔声楼板

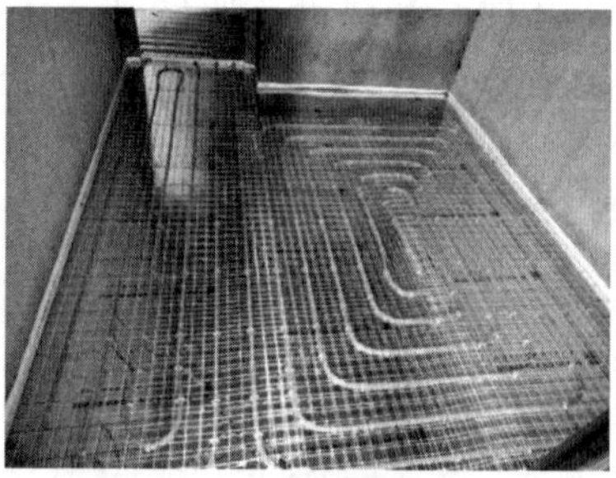

图 7-57 地暖楼板

7.4.3.2 钢筋混凝土楼板层的类型

钢筋混凝土楼板因其整体性好、刚度大、有利于抗震、布置灵活、适应各种不规则形状而被广泛采用。钢筋混凝土楼板的类型多样，每种类型都有其独特的特点和优势。按受力和传力路径，主要分为板式楼板、梁板式楼板、无梁楼板、组合楼板等。

(1) 板式楼板

板式楼板是一种简单的现浇钢筋混凝土结构，它没有任何梁或桁架支撑，完全依靠楼板自身的厚度和钢筋网来承载荷载。这种楼板具有施工简便、整体性好、外观简洁等优点，但由于缺少梁的支撑，其承载能力相对较低，适用于荷载较小的住宅或办公楼建筑。钢筋混凝土楼板按照结构受力方向，可以分为单向板和双向板（图 7-58）。一般按照板的长短边之比来划分，单向板的长短边之比大于 2，双向板的长跨与短跨的比值小于 2。长跨与短跨的比值等于 2 时，宜按双向板考虑。单向板是指显著在一个方向上承受弯矩的楼板，它主要通过该方向上的梁来支撑荷载，并将荷载传递给下方的支撑结构。这种楼板类型通常适用于跨度较大且荷载主要集中在一个方向的建筑，例如长条形的商铺或走廊。双向板设计为在两个垂直方向上同时承担相近大小的弯矩和荷载。它在两个方向都布置有承重的梁，能够有效地在两个方向上分散荷载，然后再将荷载传递到支撑结构上。双向板适用于荷载较重或需要良好整体稳定性的建筑，如体育馆、大型商场、仓库等大跨度及多向荷载作用的建筑。

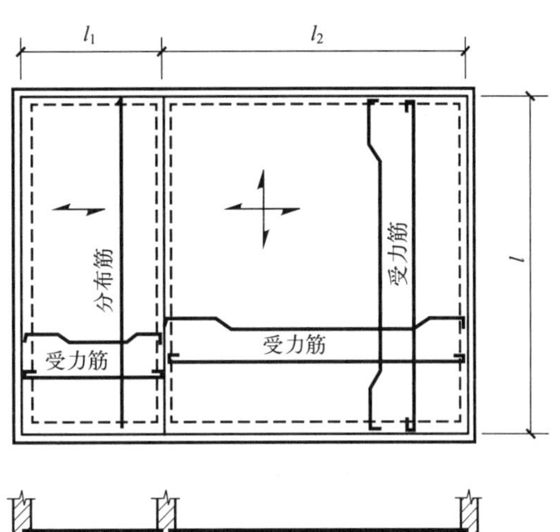

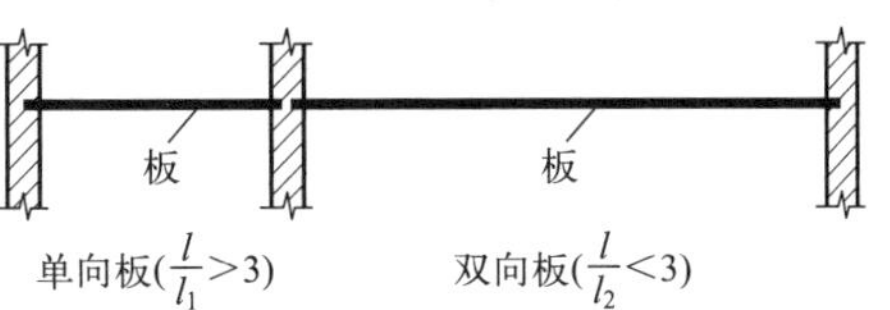

图 7-58　单向板和双向板

(2) 梁板式楼板

梁板式楼板由现浇板和梁组成，梁作为板的支撑结构，提高了楼板的整体承载力。这种楼板类型承载能力强，能够承受较大的荷载，适用于商场、仓库、多层停车库等建筑。梁板式楼板的施工相对复杂，需要模板支撑，但提供了更好的性能和适应性，如图 7-59 所示。

(3) 无梁楼板

无梁楼板通过增加楼板的厚度来替代传统的梁，楼板直接支撑在柱上，从而提供更大的空间自由度。这种楼板类型便于管道和设备的布置，常用于需要大空间的商场、展览馆、机场等建筑。无梁楼板需要较重的柱和较厚的板，成本较高，但提供了更开阔的视觉效果和空间，如图 7-60 所示。

图 7-59　梁板式楼板

图 7-60　无梁楼板

(4) 组合楼板

组合楼板有钢木组合、钢混凝土组合等多种形式，目的是充分发挥不同材料的优势，使它们共同工作来提高承载能力和刚度。组合楼板适用于大跨度及高层建筑，可以有效地减少结构占用的空间。

7.4.3.3　预制装配式钢筋混凝土楼板

预制装配式钢筋混凝土楼板是将楼板在预制厂或施工现场预制，然后在施工现场装配而成的楼板。这种楼板可节省模板，改善劳动条件，提高施工速度，同时施工受季节影响较小，有利于实现建筑的工业化，但楼板的整体性差，不宜用于抗震设防要求较高的建筑。

根据受力特点，预制板可分为预应力板和非预应力板两类。钢筋混凝土楼板根据截面形状可分为实心平板、槽形板和空心板三类。另有将现浇和预制相结合的叠合楼板。

(1) 实心平板

实心平板制作简单，但隔声效果较差，且板的跨度受限，一般在 2.4m 以内，预应力实心平板一般不大于 2.7m。板的两端简支在墙或梁上，适用于阳台、走廊或跨度较小房间的楼板，也可用作楼梯平台板或管道盖板等，如图 7-61 所示。

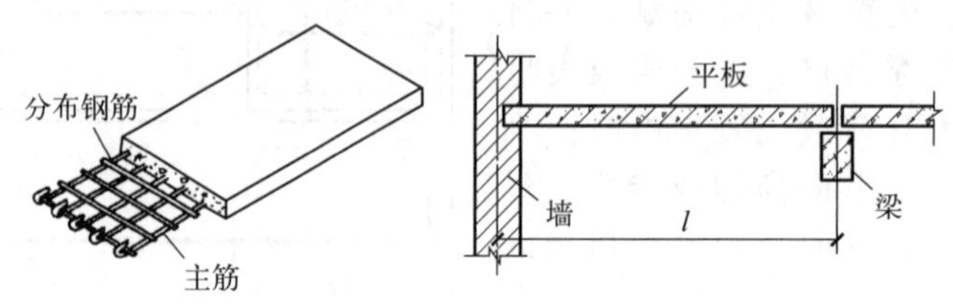

图 7-61 实心平板

(2) 预制槽形板

当板的跨度较大时，为了减轻板的自重和节省材料，可在实心板两侧设肋，这种由板和肋组成的板叫作槽形板，是一种梁板结合构件。肋设于板的两侧来承受荷载，便于搁置和提高板的刚度。槽形板自重轻，承载能力较好，适用于跨度较大的建筑，但隔声性能差，常用于工业建筑。槽形板的搁置方式有两种：一种是正置式（肋向下搁置），另一种是倒置式（肋向上搁置），如图 7-62 所示。

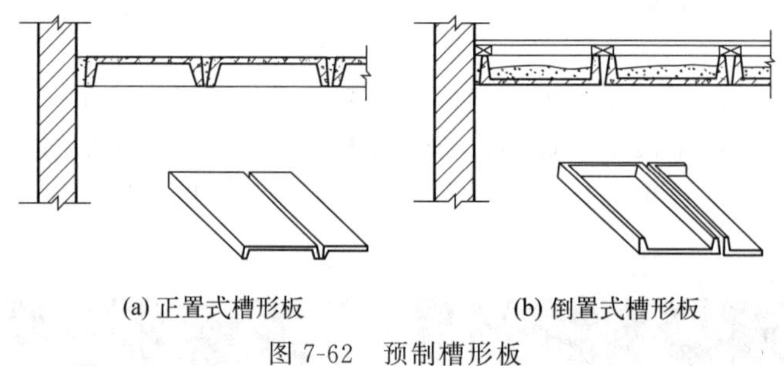

(a) 正置式槽形板　　(b) 倒置式槽形板

图 7-62 预制槽形板

(3) 空心板

为减轻板的自重，并使上下板面平整，可将预制板抽孔做成空心板。空心板的优点是自重较轻，节省材料、受力合理，隔声隔热性能较好，缺点是空心板板面不能随意开洞，如图 7-63 所示。

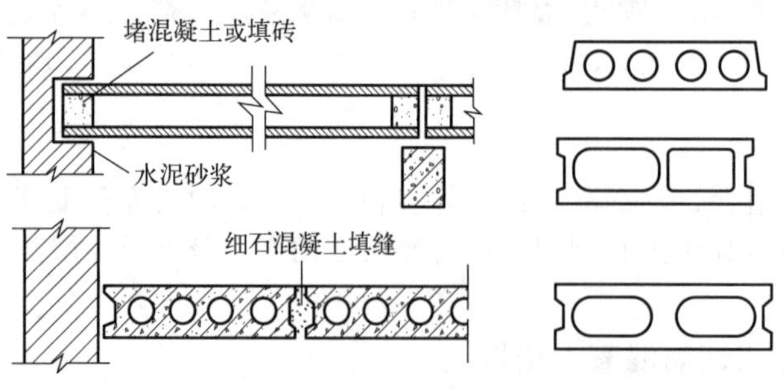

图 7-63 空心板

(4) 叠合楼板

叠合楼板是预制和现浇相结合的楼板，其中部分构件预制，在现场安装，再整体浇筑另一部分，从而连接成一个整体的楼板。这种楼板的整体性好，又可节省模板，施工速度也较快，兼有预制板和现浇板的优点。叠合楼板是以预制薄板作为模板，其上再整浇一层钢筋混凝土层而成的装配整体式钢筋混凝土楼板。预制薄板不仅是楼板的永久性模板，也是楼板结构的一部分，具有模板、结构和装修三个方面的功能。为保证预制薄板与叠合层之间有较好的连接，应对薄板表面进行处理，如可在薄板表面进行刻槽处理，也可在板的表面露出较规则的三角形的结合钢筋。预制薄板安装好后，在预制板的上面浇筑30～70mm厚的混凝土，这样既加强了楼板层的整体性，又提高了楼板的强度，如图7-64所示。叠合板比现浇混凝土楼板的工业化程度高，比全预制楼板的整体性好，缺点是装配率没有全预制式高，工艺、设计和计算要求也较高。

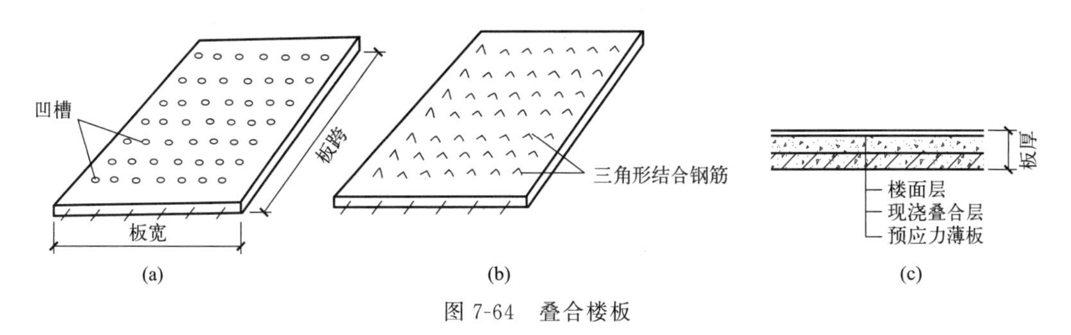

图7-64 叠合楼板

7.4.4 楼地层面层构造

楼地层常以面层的材料和做法来命名：如面层为水磨石，则该地面称为水磨石地面；面层为木材，则称为木地面。地面按其面层材料和施工方法分为四大类，即整体类地面、板块类地面、卷材地面和涂料地面。

(1) 整体类地面

整体类地面是指用现场浇筑的方法做成的整片地面，这种地面具有构造简单，容易施工等优点，缺点是容易开裂，因此必须分缝、分块浇筑。按面层材料不同分为水泥砂浆地面、混凝土地面、水磨石地面和耐磨地面等，如图7-65所示。水泥砂浆地面构造简单、施工方便、坚固耐磨、防潮防水而造价较低，是一种低档地面做法。水磨石地面坚硬耐磨、光洁美观、容易清洁、不透水且不易起灰，装饰效果好，常用于人流较大的交通空间和房间，如公共建筑的门厅、走廊、楼梯间以及标准较高的房间地面。耐磨地面有着防腐蚀、耐磨损、防滑、污染小及装饰性强等特点，在工业地坪、地下停车场及清洁环境场所得到了大量采用。

(2) 板块类地面

板块类地面是指用板材或块材铺贴而成的地面，根据面层材料的不同有陶瓷板块地面、石材地面、木地板、防静电地板等，如图7-66所示。

陶瓷板块地面简称瓷砖，坚硬耐磨，色泽稳定，易于清洁，而且具有较好的耐水和耐酸碱腐蚀的性能，可拼出各种图案，装饰效果好，但造价较高，多用于高档地面的装修，有水的房间及有腐蚀性的房间，如厕所、盥洗室、浴室和实验室等均可使用。陶瓷锦砖是马赛克的一种，另外一种是玻璃锦砖，有不同大小、形状和颜色并可由此组成各种图案，主要用于防滑及卫生要求高的卫生间、浴室地面，也可用于墙面。

石材地面包括天然石材地面和人造石材地面。天然石材主要有大理石和花岗石两种。大理石的色泽和纹理美观，磨光的花岗石材耐磨度优于大理石，两者均具有较好的装饰效果，但造价较高，多用在标准较高的建筑门厅、大厅等。

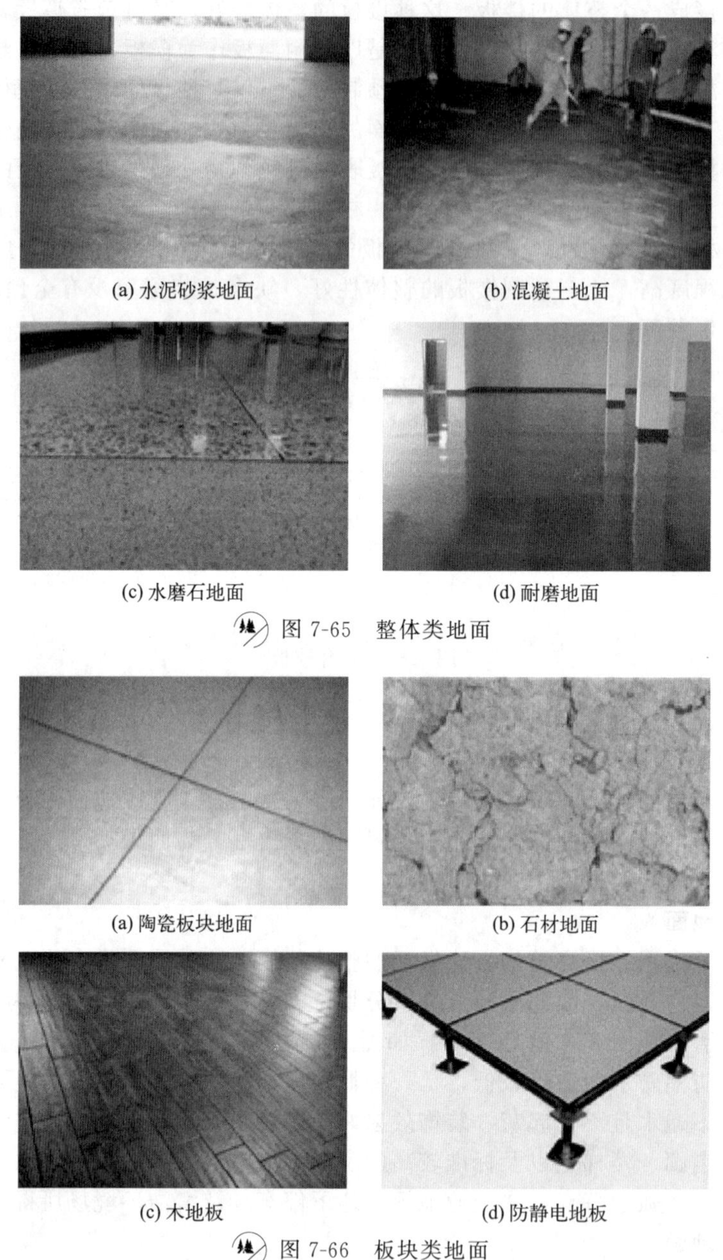

(a) 水泥砂浆地面　(b) 混凝土地面

(c) 水磨石地面　(d) 耐磨地面

图 7-65　整体类地面

(a) 陶瓷板块地面　(b) 石材地面

(c) 木地板　(d) 防静电地板

图 7-66　板块类地面

木地板保温性好，弹性好，易清洁，不易起灰，常用于家庭装修、剧院、健身房等。木地板分为实木地板、复合地板、实木复合地板等。按铺装方法分空铺和实贴两种，空铺是将地板铺贴在龙骨上，龙骨起到找平、隔声的作用。

防静电地板一般架空于楼地面结构层之上，利用架空空间可布置电线电缆，设备布局灵活，常用于计算机机房、数据处理中心、监控室等场所。

(3) 卷材地面

卷材地面是用成卷的铺材铺贴而成，常见的地面卷材有软质聚氯乙烯塑料地毡、塑胶地毡以及地毯等（图 7-67）。软质聚氯乙烯塑料地毡俗称静音地面，常用于幼儿园、医院、机场、会议室、图书馆等场所。塑胶地毡常用于乒乓球、羽毛球、网球等运动场地。地毯地面常用于会议室、接待室、宾馆、住宅等场所。

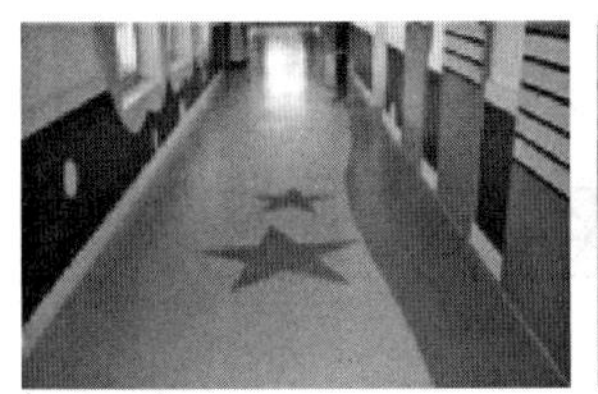

(a) 聚氯乙烯塑料地毡　(b) 塑胶地毡

(c) 地毯

图 7-67　卷材地面

(4) 涂料地面

涂料地面是利用涂料涂刷或涂刮而成的。它是水泥砂浆地面的一种表面处理形式。按照地面涂料的成膜物质来分，主要有环氧树脂地面涂料和聚氨酯地面涂料，适用于室内外停车场、餐厅、库房、工业厂房等。

7.4.5 楼地层顶棚层构造

顶棚又称为吊顶或天花板，应光滑平整，美观大方，满足室内使用和美观方面的要求和管线敷设的需要，良好地反射光线改善室内照度，并与楼板结构层有可靠的连接。按其构造方式不同分为直接式顶棚和悬吊式顶棚两种，如图 7-68 所示。

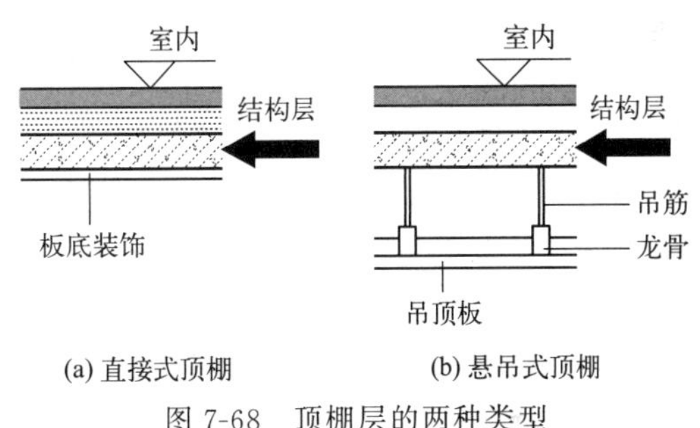

(a) 直接式顶棚　(b) 悬吊式顶棚

图 7-68　顶棚层的两种类型

(1) 直接式顶棚

直接式顶棚是指直接在楼板结构层底面做饰面层所形成的顶棚，这种顶棚构造简单、施工方便，造价较低。当楼板底面平整、室内装饰要求不高时，可在楼板底面填缝刮平后直接喷刷大白浆、石灰浆等涂料，形成直接喷刷涂料顶棚[图 7-69(a)]，适用于装修标准较低的房间。当楼板底面不够平整且室内装饰要求较高时，可在楼板底面勾缝或刷素水泥浆后进行抹灰装修，然后在抹灰表面喷刷涂料，形成抹灰顶棚，适用于一般装修标准的房间。当楼板底部需要敷设管线而装修要求又高时，可在楼板底面用砂浆打底找平后，用黏结剂粘贴墙纸、泡沫塑料板或装饰吸声板等，形成贴面顶棚[图 7-69(b)]，适用于有保温、隔热、吸声要求的房间。

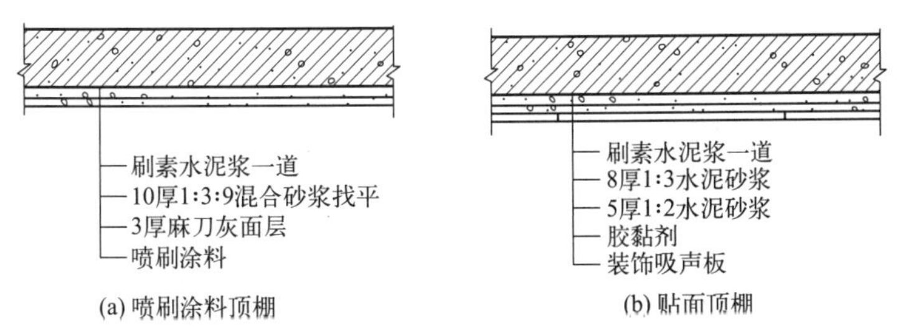

(a) 喷刷涂料顶棚　(b) 贴面顶棚

图 7-69　直接式顶棚构造

(2) 悬吊式顶棚

悬吊式顶棚简称吊顶，是将饰面层悬吊在楼板结构上而形成的顶棚。吊顶构造复杂，施工麻烦，造价较高，一般用于装修标准较高而楼板底部不平整或楼板下面需要敷设管线的房间。吊顶由吊筋、龙骨和面板三部分组成，龙骨又分主龙骨和次龙骨。主龙骨通过吊筋或吊件固定在屋顶（或楼板）结构上，次龙骨固定在主龙骨上，面层固定在次龙骨上，如图 7-70 所示。

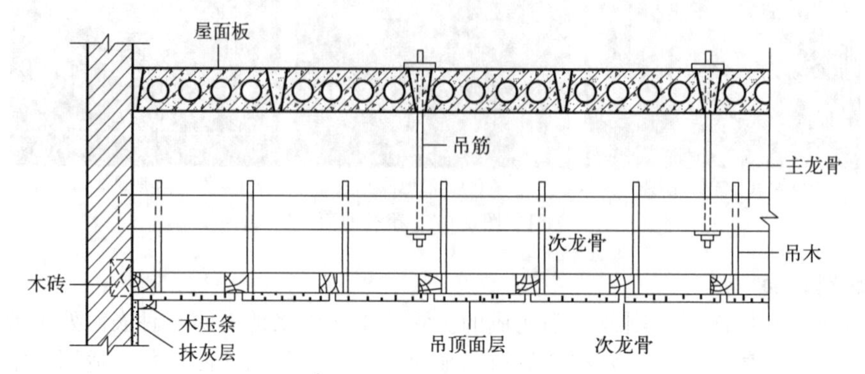

图 7-70　悬吊式顶棚构造

吊筋是连接龙骨和楼板或屋面板的构件，龙骨和面板的重量通过吊筋传递给承重结构层。吊筋与结构层的固定方法有：预埋件锚固、预埋筋锚固、膨胀螺栓锚固和射钉锚固。龙骨是用来固定面板并承受其重量的。主龙骨通过吊筋和承重结构层相连，次龙骨固定在主龙骨上。龙骨分为木龙骨（图 7-71）和金属龙骨（图 7-72）两种，现多采用轻钢或铝合金型材制作的轻型金属龙骨。面层可采用木质板材、石膏板、矿棉板、铝塑板和金属板等。面板可借用自攻螺丝固定在龙骨上或直接搁置在龙骨上。

图 7-71　木龙骨

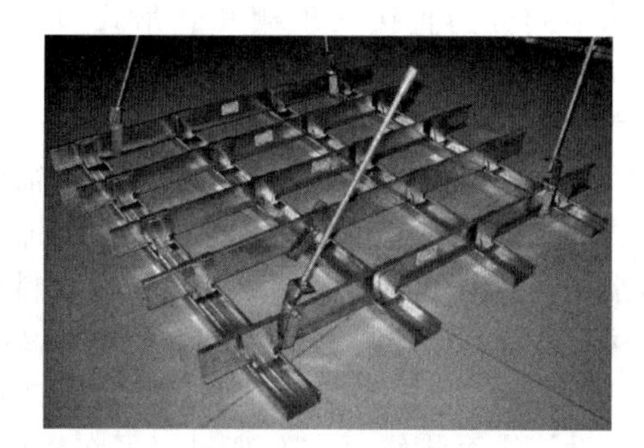

图 7-72　金属龙骨

7.4.6 楼地层细部构造

7.4.6.1 防排水构造

在厕所、浴室、泳池等用水频繁的房间，应做好楼地层的防水和排水。使用中有水的房间楼板宜采用现浇板。防水要求较高时，应在楼板与面层之间设置防水层。为防止卫生间四周与墙相交处渗漏，需要设防水附加层，防水层应向上延伸至少 150mm。当遇到开门时，防水层应向外延伸 250mm 以上。当竖向管道穿越楼地面时，为防止渗漏，需做相应处理：对于冷水管，可在竖管穿越区域用 C20 干硬性细石混凝土填实，再以防水卷材或涂料做密封处理；对于热水管，为适应温度变化导致的胀缩现象，常在穿管位置预埋较竖管略粗的套管，高出地面 30mm 左右，并在缝隙内填塞防水材料，构造做法如图 7-73 所示。

有水房间标高应低于相邻房间约 20～30mm 或在房间门口设置一定高度的门槛。结构

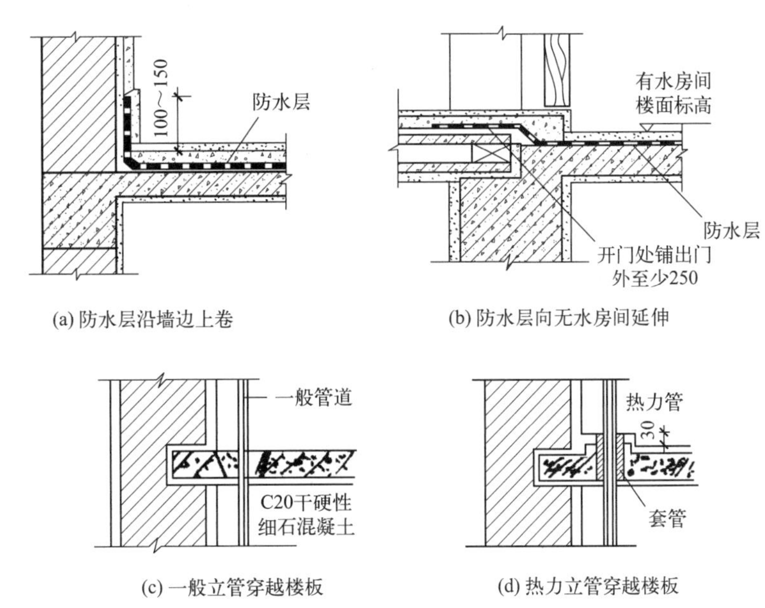

(a) 防水层沿墙边上卷　(b) 防水层向无水房间延伸

(c) 一般立管穿越楼板　(d) 热力立管穿越楼板

图 7-73　楼地面防水构造

层及面层材料一般应选用密实不透水的材料。同时，为利于排水，有水房间地面应有一定的坡度，一般为 1%～1.5%，并在最低处设置地漏，使水能够有组织地排入地漏不致外溢，如图 7-74 所示。

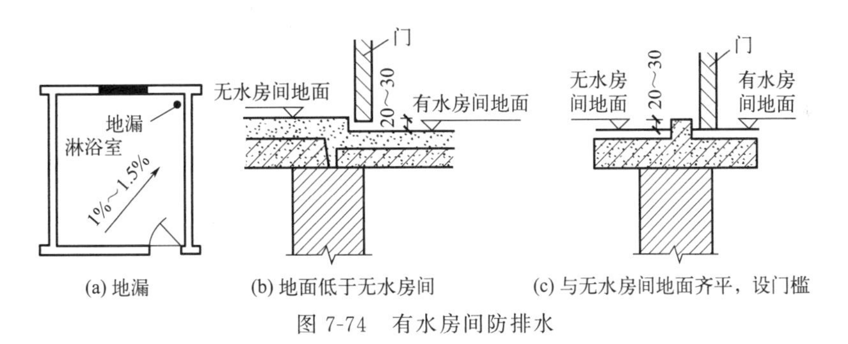

(a) 地漏　(b) 地面低于无水房间　(c) 与无水房间地面齐平，设门槛

图 7-74　有水房间防排水

7.4.6.2　踢脚

踢脚俗称踢脚线，设置在外墙内侧或内墙两侧，通常凸出墙面，高度一般为 100～150mm，有时为了墙面效果或防潮，也可将其延伸设置成墙裙的形式。踢脚在设计施工时应尽量选用与地面材料相一致的面层材料，如图 7-75 所示。

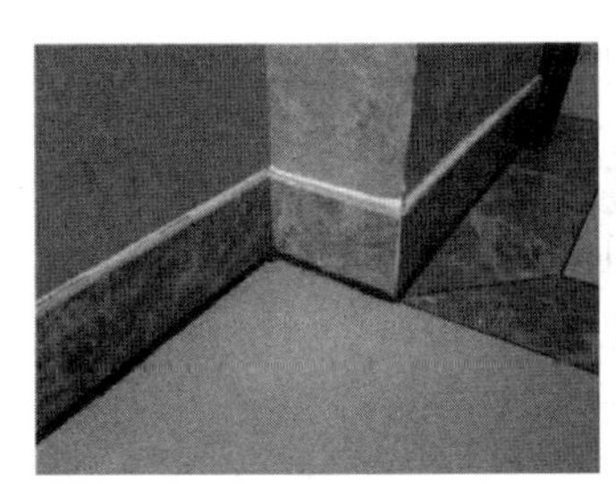

(a) 瓷砖踢脚

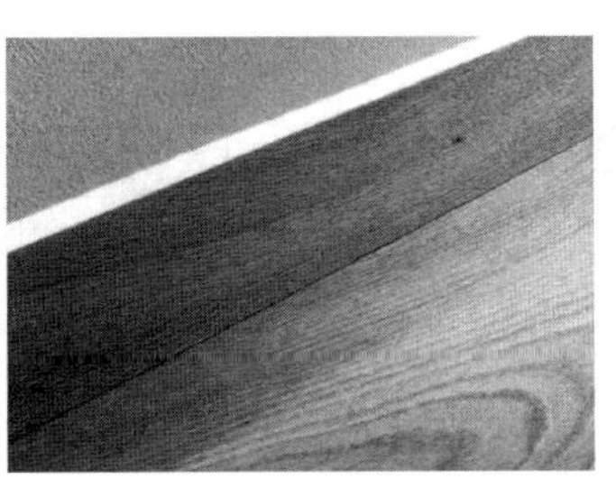

(b) 木质踢脚

(c) 金属踢脚

图 7-75　踢脚实例

7.4.7 阳台、雨篷构造

7.4.7.1 阳台

阳台是楼房建筑中，房间与室外接触的平台。阳台按使用要求的不同，可分为生活阳台、服务阳台；按其与建筑物外墙的关系分可分为挑阳台（凸阳台）、凹阳台和半挑半凹阳台，如图 7-76 所示；按阳台在外立面的位置又可分为转角阳台和中间阳台；按阳台栏板上部的形式又可分为封闭式阳台和开敞式阳台等；按施工形式可分为现浇式和预制装配式；按悬臂结构的形式又可分为板悬臂式与梁悬臂式等。当阳台宽度占有两个或两个以上开间时，被称为外廊。

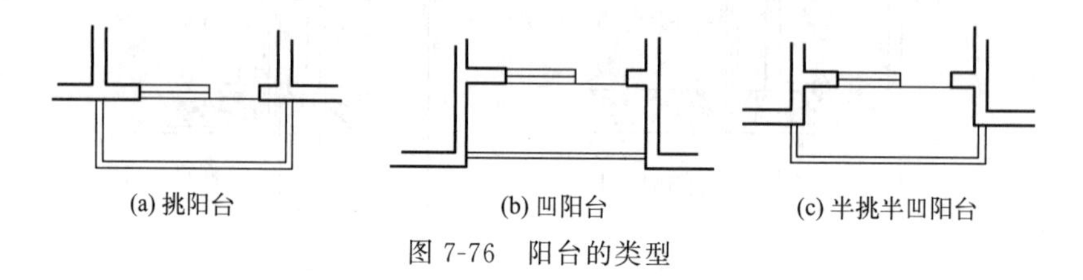

图 7-76 阳台的类型

凹阳台实为楼板层的一部分，是将阳台板直接搁置在墙上，构造与楼板层相同；而凸阳台为悬挑构件，钢筋混凝土凸阳台的结构布置方式大体可以分为挑梁式、压梁式和挑板式三种，如图 7-77 所示。①挑梁式：挑梁式阳台应用广泛，一般是由横墙伸出挑梁搁置阳台板。为防止阳台发生倾覆破坏，悬挑长度不宜过大，挑梁与阳台板一起现浇成整体，悬挑长度可适当大些。②挑板式：挑板式阳台是将房间楼板直接悬挑出外墙形成阳台板，这种做法构造简单，阳台底部平整美观，阳台板可形成半圆形、弧形等丰富的形状，但悬挑长度一般不超过 1.2m。③压梁式：压梁式阳台将阳台板与墙梁现浇在一起，利用梁上部的墙体压重来平衡阳台板。这种做法阳台底部平整，阳台宽度不受房间开间限制，但阳台悬挑长度不宜超过 1.2m。当挑出长度在 1.2m 以内时，可用挑板式或压梁式；大于此挑出长度则用挑梁式。

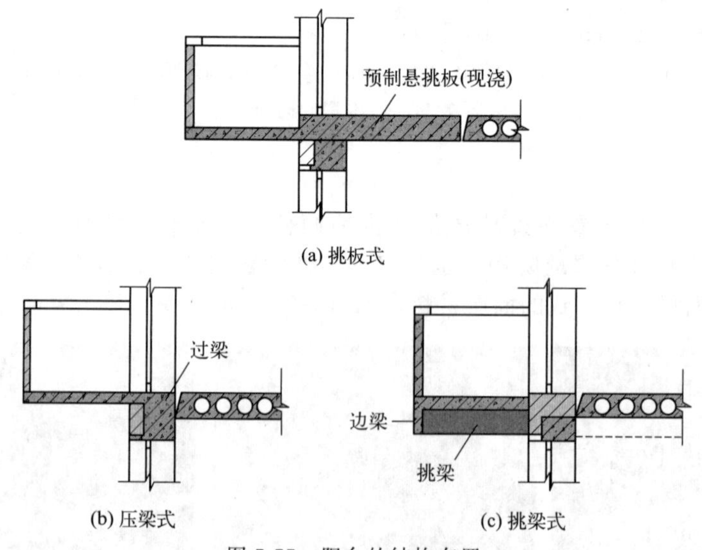

图 7-77 阳台的结构布置

阳台主要由阳台板和栏杆（栏板）扶手组成。阳台栏杆（栏板）按材料分，有砖砌栏板、金属栏杆和钢筋混凝土栏杆。栏杆按形式分，有空心栏杆、实心栏板以及组合式栏杆三种（图 7-78）。扶手有金属扶手和混凝土扶手。

(a) 空心栏杆　(b) 实心栏板　(c) 组合式栏杆

图 7-78　阳台的栏杆形式

为避免落入阳台的雨水流入室内，阳台地面应低于房间地面 30～50mm，并在阳台一侧或两侧设排水口，沿排水方向地面抹出 0.5%的排水坡度，坡向排水孔。阳台排水分外排水和内排水两种方式，如图 7-79 所示。底层和多层建筑的阳台可采用外排水，在阳台外侧设置 ϕ40～50mm 的铁管或塑料管作为水舌排水，水舌外挑不小于 80mm 以防止雨水溅落到下层阳台。高层建筑和高标准建筑适宜采用内排水，在阳台内侧设置排水立管或地漏，将雨水直接排入管网。

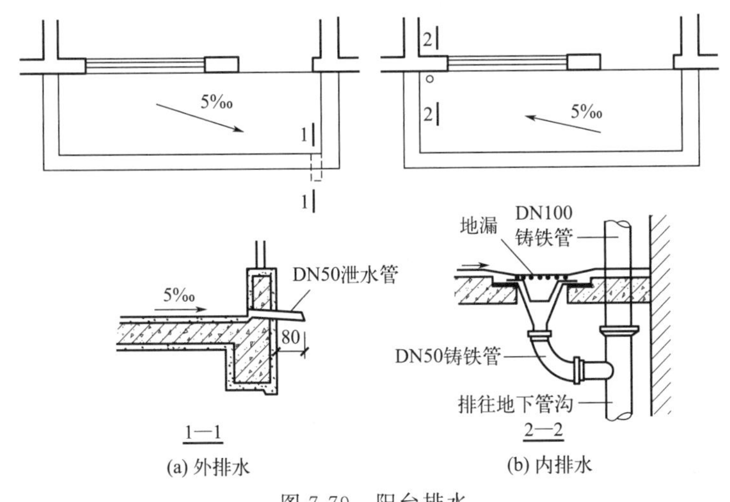

(a) 外排水　(b) 内排水

图 7-79　阳台排水

7.4.7.2　雨篷

雨篷是建筑物外墙出入口上方用以挡雨并有一定装饰作用的水平构件。雨篷按材料可分为钢筋混凝土雨篷和钢结构-玻璃采光雨篷（图 7-80）等，目前很多建筑中采用轻型材料雨篷，这种雨篷美观轻盈、造型丰富，体现出现代建筑技术的特色。

雨篷按结构形式的不同有板式和梁板式两种，如图 7-81 所示。板式雨篷是将雨篷与外门上面的过梁浇筑为一个整体，因所受荷载不大，厚度较薄，一般为 60mm，悬挑长度不超过 1.5m。当挑出长度较大时采用梁板式。为使板底平整，通常采用反梁形式。当雨篷外伸尺寸较大时，可结合建筑物的造型，设置柱来支承雨篷。雨篷顶面和底面应做好防水和排水处理。通常用 20mm 厚防水砂浆抹面，并应上翻至墙面形成泛水，高度不小于 250mm，同时沿排水方向抹出 1%的坡度。

(a) 钢筋混凝土雨篷

(b) 钢结构-玻璃采光雨篷

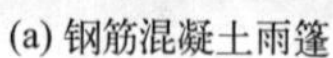

图 7-80 不同材料的雨篷形式

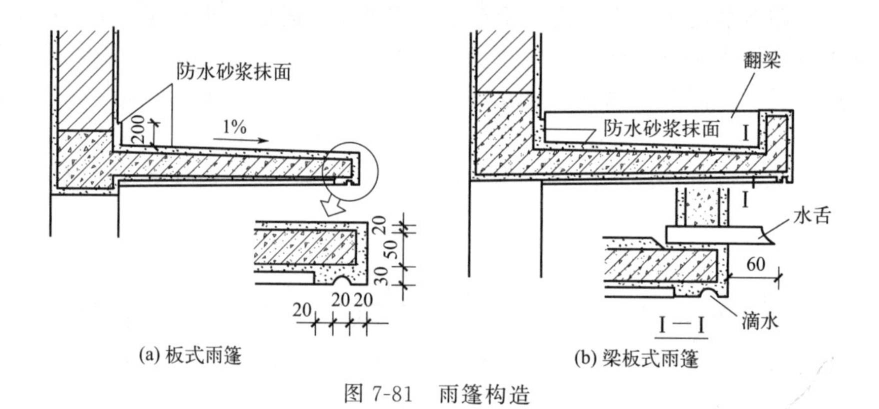

(a) 板式雨篷　　(b) 梁板式雨篷

图 7-81 雨篷构造

数字化设计：Revit 楼板创建步骤

在 Revit 中创建楼板的操作步骤如下（可扫描二维码观看完整教学视频）：

（1）选择视图：打开平面视图。

（2）使用楼板工具：在“建筑”选项卡中，点击“楼板”工具。

（3）选择楼板类型：在“属性”面板中选择所需的楼板类型（如混凝土、木材等）。

（4）绘制楼板轮廓：使用“画线”工具或拾取墙体工具，在平面图中绘制楼板的轮廓。

（5）设置楼板高度：在属性面板中设置楼板的厚度和高度。

（6）确认楼板绘制：确认绘制完成后，点击“完成”以生成楼板。

（7）检查与调整：检查楼板在三维视图中的显示效果，必要时调整位置或形状。

（8）保存项目：保存项目。

7.5 楼梯

在建筑物中，为了解决垂直方向的交通问题，一般采取的设施有楼梯、电梯、自动扶梯、爬梯以及坡道等。楼梯作为建筑空间竖向联系的主要构件，除了起到提示、引导人流的作用，还应充分考虑其造型美观，上下通行方便，结构坚固，防火安全的作用。

7.5.1　楼梯的组成与类型

7.5.1.1　楼梯的组成

楼梯主要由楼梯梯段、楼梯平台（中间休息平台、楼层平台）及栏杆扶手三部分组成，如图 7-82 所示。

（1）楼梯梯段：梯段是供建筑物楼层之间上下行走的通道段落，楼梯梯段设有踏步。踏步又分为踏面（供行走时踏脚的水平部分）和踢面（形成踏步高差的垂直部分）。为减轻爬梯疲劳，梯段的踏步步数一般不宜超过 18 级，也不宜少于 3 级。相邻梯段与平台之间围合的空间称为梯井。

（2）楼梯平台：楼梯平台按其所处位置，分为楼层平台和中间休息平台。与楼层地面标高平齐的平台称为楼层平台，用来分配从楼梯到达各楼层的人流。两楼层之间的平台称为中间休息平台，其作用是供人们行走时调节体力和改变行进方向。

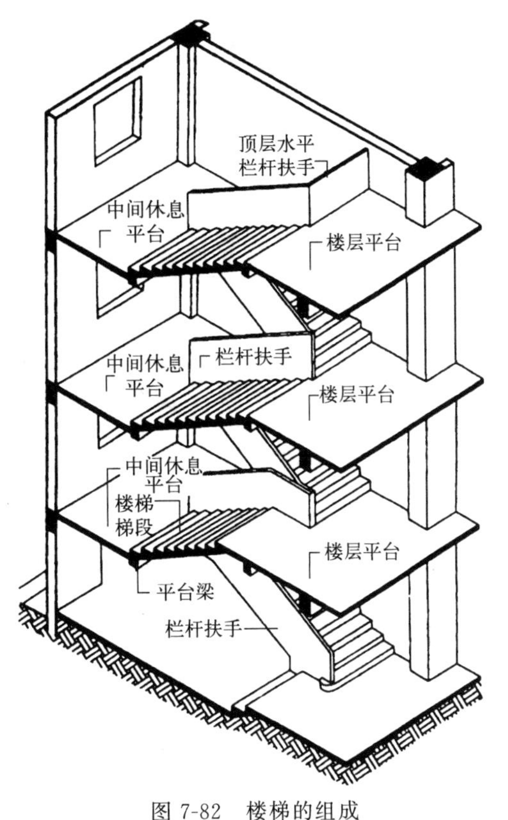

图 7-82　楼梯的组成

（3）栏杆扶手：栏杆扶手是设在梯段及平台边缘的安全保护构件。当梯段宽度不大时，可只在梯段临空面设置；当梯段宽度较大时，非临空面也应加设靠墙扶手。当梯段宽度很大时，则需在梯段中间加设中间扶手。

7.5.1.2　楼梯的类型

按不同的分类标准，楼梯可以分为多种类型。楼梯按位置可分为室外楼梯和室内楼梯；按使用性质可分为主要楼梯和辅助楼梯；按楼梯与走廊的联系情况，分为开敞式楼梯间、封闭式楼梯间和防烟楼梯间（详见第 5 章 5.2.1.3 小节）。按结构材料可以分为钢筋混凝土楼梯、木楼梯、金属楼梯、复合楼梯等。

按布置方式和造型的不同，楼梯的形式可分为单跑楼梯、交叉式楼梯、双跑楼梯（双跑折梯、双跑直楼梯、双跑平行楼梯、双分式平行楼梯、双合式平行楼梯）、剪刀式楼梯、三跑楼梯、弧形楼梯、螺旋楼梯、专用楼梯等形式，如图 7-83 所示。一般建筑物中最常采用的是双跑楼梯。楼梯形式取决于所处位置、楼梯间平面形状与面积大小、层高与层数、人流的多少缓急等，设计时需综合权衡。

7.5.2　楼梯尺寸

7.5.2.1　楼梯的坡度

楼梯的坡度是指踏步的踢面高与踏面宽之比，一般为 20°～45°，以 30°或 1∶2 左右较为舒适。坡度小于 10°时为坡道，坡度大于 45°时为爬梯。对公共建筑人流量大，安全要求高的楼梯坡度应该平缓一些，反之则可陡一些，以节约楼梯间面积。楼梯、爬梯、台阶和坡道坡度的适用范围如图 7-84 所示。

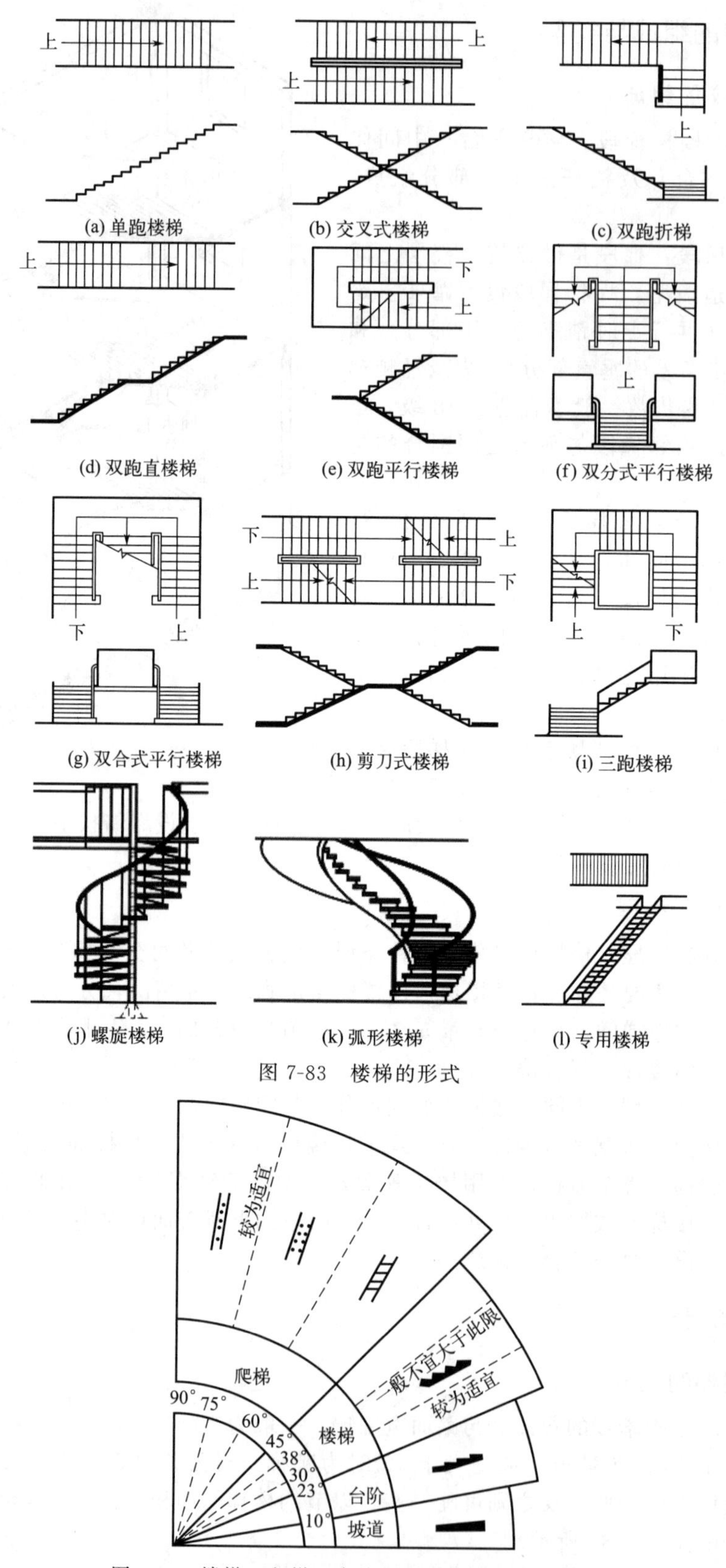

图 7-83 楼梯的形式

图 7-84 楼梯、爬梯、台阶和坡道坡度的适用范围

7.5.2.2　踏步尺寸

踏步高度简称踏高，踏步宽度简称踏宽，踏高与踏宽的比值（即高宽比）决定了楼梯的坡度。楼梯踏步高度和宽度的尺寸应符合表 7-3 的规定。为了安全疏散，从表格中不难发现面向老年人和幼儿使用的建筑的踏高较低，公共建筑比住宅建筑的踏高要低，公共建筑的踏宽更宽，人员密集场所的疏散楼梯坡度更缓和。在不改变梯段长度的情况下，为加宽踏面，可将踏步的前缘挑出，形成突缘，增加行走舒适度。

表 7-3　楼梯踏步的尺寸

楼梯类别		最小踏步宽度/mm	最大踏步高度/mm	坡度/(°)	步距/mm
住宅楼梯	住宅公共楼梯	260	175	33.94	610
	住宅套内楼梯	220	200	42.27	620
宿舍楼梯	小学宿舍楼梯	260	150	29.98	560
	其他宿舍楼梯	270	165	31.43	600
老年人建筑楼梯	住宅建筑楼梯	300	150	26.57	600
	公共建筑楼梯	320	130	22.11	580
幼儿园、托儿所楼梯		260	130	26.57	520
小学校楼梯		260	150	29.98	560
人员密集且竖向交通繁忙的建筑和大、中学校楼梯		280	165	30.51	610
其他建筑楼梯		260	175	33.94	610
超高层建筑核心筒内楼梯		250	180	35.75	610
检修及内部服务楼梯		220	200	42.27	620

7.5.2.3　梯段尺寸

梯段尺寸分为梯段宽度和梯段长度。梯段净宽是指墙边到扶手中心线的距离。《建筑防火通用规范》（GB 55037—2022）规定了疏散楼梯的总宽度要求，学校、商店、办公楼等一般民用建筑疏散楼梯的总宽度，应以计算确定。楼梯宽度不小于第 5 章第 5.2.1.3 小节表 5-5 中的规定。一部疏散楼梯的最小梯段宽度不应小于 1.1m。楼梯的净宽度除应符合上述规定外，供日常主要交通用的公共楼梯的梯段净宽应根据建筑物的使用特征，按人流股数来确定，并不少于两股人流。楼梯梯段净宽在防火标准中是以每股人流 0.55m 计，并规定按两股人流最小宽度不应小于 1.10m。作为日常主要交通的楼梯，尤其是人员密集的公共建筑（如商场、剧场、体育馆等）中的楼梯则应在设计时考虑多股人流通行的情况，避免发生阻塞和踩踏事故。尽管人流宽度按 0.55m 计，但考虑人体行进中的摆幅和空隙，因此每股人流宽度为 0.55m+(0～0.15m)，双人通行时为 1.1～1.4m，见表 7-4。

表 7-4　楼梯梯段宽度　　单位：mm

类别	梯段净宽度	备注
单人通过	>900	满足单人携物通过
双人通过	1100～1400	
三人通过	1650～2100	

7.5.2.4　平台净宽度

楼梯平台包括楼层平台和中间平台，封闭楼梯间楼层平台的净宽指最后一个踏步前缘到靠楼梯墙面的距离；开敞楼梯间楼层平台的净宽指最后一个踏步前缘到靠走廊（大厅）墙面的距离，开敞楼梯间最后一个踏步前缘到靠走廊（大厅）墙面的距离需不小于 0.5m，如图 7-85 所示；中间平台的净宽指墙面装饰面至扶手中心线之间的水平距离。当楼梯平台有障碍物影响通行宽度时，应从障碍物外缘算起。

当梯段改变方向时，平行楼梯扶手转向处的平台最小宽度不应小于梯段净宽或 1.20m。考虑不同类型建筑对梯段宽度的要求，平台最小宽度应与疏散宽度一致。当有搬运大型物件需要时以能通过为宜，如图 7-86 所示。直跑楼梯的中间平台主要供途中休息用，不影响疏散宽度，要求与梯段净宽一致或大于 0.9m。

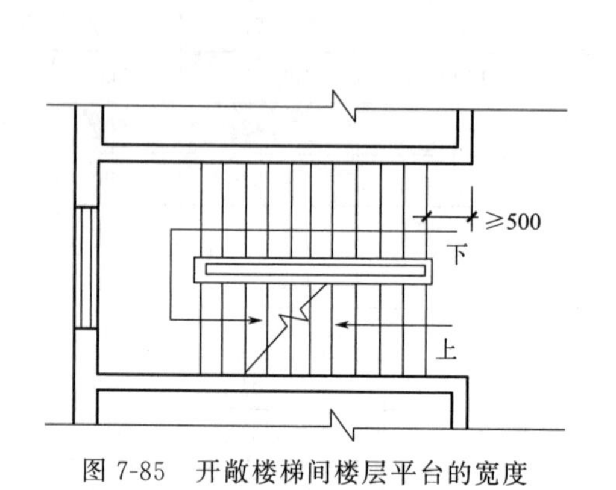

图 7-85 开敞楼梯间楼层平台的宽度

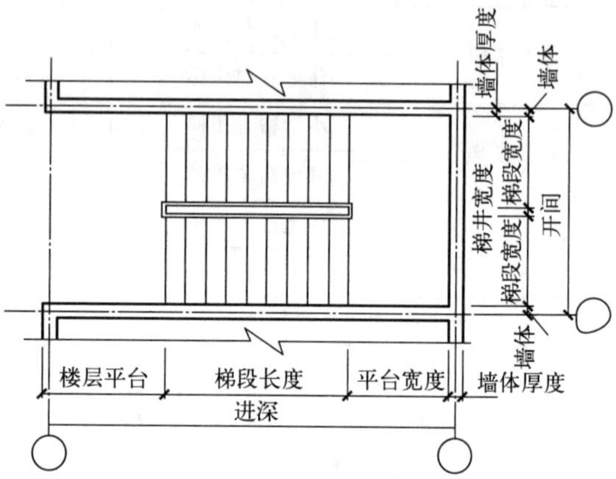

图 7-86 楼梯平台宽度

7.5.2.5 梯井宽度

梯井是相邻梯段与平台之间围合的空间，此空间从顶层到底层贯通。梯井宽度应以 60～200mm 为宜，对于宽度大于 200mm 的梯井应考虑安全防护措施，例如加高栏杆高度、加密立杆间距等。供少年儿童使用的楼梯梯井不应大于 120mm，以利安全，否则必须设置防坠落措施。在平行多跑楼梯中可不设梯井，但从梯段施工安装和平台转弯缓冲角度考虑则可设梯井。

7.5.2.6 楼梯净空高度

楼梯下部净空高度（净高）的控制不但关系到行走安全，而且在很多情况下涉及楼梯下部空间的利用和通行的可能性，它是楼梯设计中的重点也是难点。楼梯下的净高包括梯段部位和平台部位，其中梯段部位净高不应小于 2200mm，若楼梯平台下做通道时，平台部位下净高应不小于 2000mm（如图 7-87 所示）。为使平台下净高满足要求，一般可以采用以下方式解决：

（1）在底层变作长短跑梯段。起步第一跑为长跑，以提高中间平台标高，如图 7-88（a）所示。这种方式仅在楼梯间进深较大、底层平台宽富余时适用。

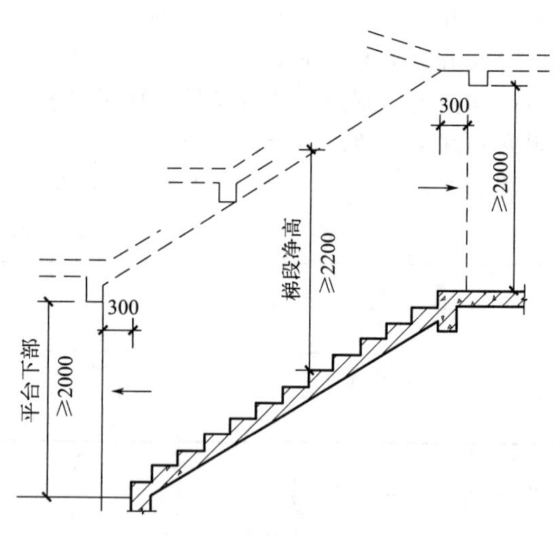

图 7-87 楼梯下面净空高度控制

（2）局部降低底层中间平台下地坪标高，使其低于室内地坪标高（±0.000），但应高于室外地坪标高，以免雨水内溢，如图 7-88(b) 所示。

（3）综合以上两种方式，在采取长短跑梯段的同时，又降低底层中间平台下地坪标高，如图 7-88(c) 所示。这种处理方法兼有前两种方式的优点，又规避了其缺点。

（4）底层用直行楼梯直接从室外上二层，如图 7-88(d) 所示。这种方式常用于住宅建筑，设计时需注意入口处雨篷底面标高的位置，保证净空高度要求。

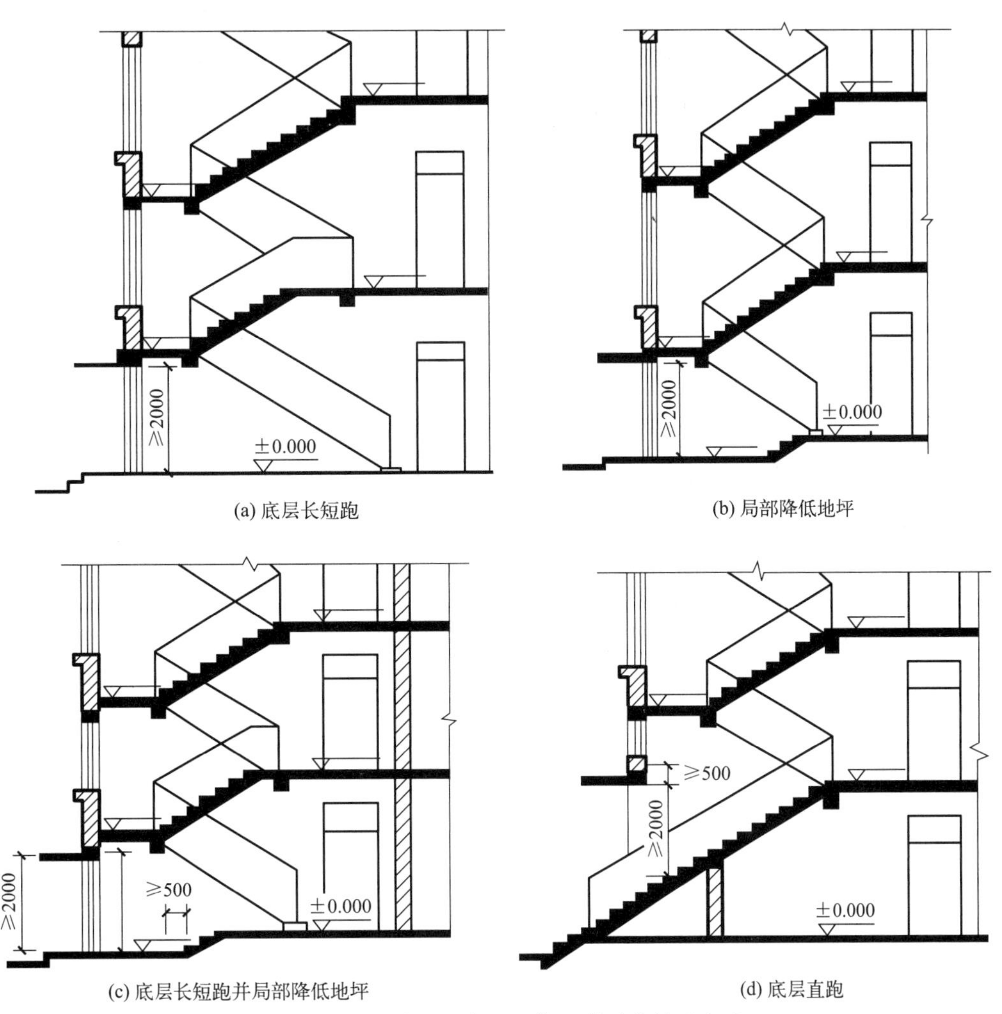

图 7-88　底层中间平台下用作通道时的处理方式

7.5.2.7　栏杆扶手高度

楼梯栏杆扶手的高度是指从踏步面至扶手上表面的垂直距离。一般室内楼梯栏杆扶手的高度不宜小于 900mm（通常取 900mm）。室外楼梯栏杆扶手高度应不小于 1100mm，立杆间距小于 110mm。在幼儿园等建筑中，需要在 500～600mm 高度处再增设一道扶手，以适应儿童的身高，如图 7-89 所示。

7.5.3　楼梯的设计步骤

楼梯先后经历了方案设计阶段、初步设计阶段的设计，施工图设计阶段已明确了建筑的层高、楼梯间在建筑中的具体位置、开间进深、开敞还是封闭的形式等等，因此施工图设计阶段的楼梯设计主要从平面和剖面两个方面来详细设计。因建筑物层高为已知条件，即不变值，要满足建筑物的使用性质，首先要根据其高度确定楼梯形式，进而确定楼梯间的进深、梯段踏步尺寸和梯段坡度。下面以最常见的平行双跑楼梯为例，介绍其设计步骤，其他类型的楼梯可参考该方法设计。

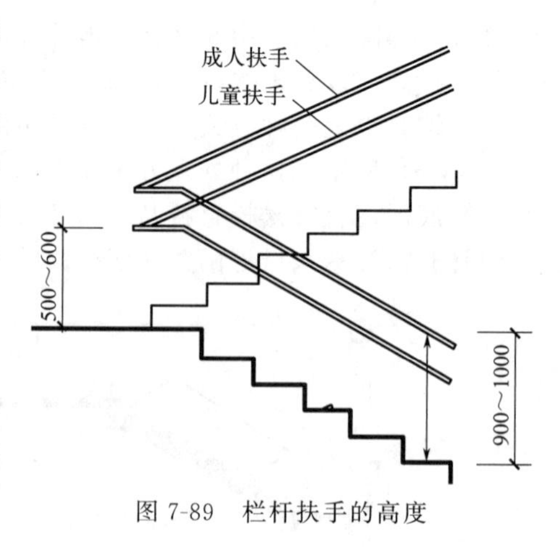

图 7-89 栏杆扶手的高度

7.5.3.1 计算楼梯踏步数量和尺寸

根据层高 H 和建筑物的使用要求初选踏步高度 h，确定每层总踏步数 N，即 $N=H/h$。在实际工程中，一般常取等长梯段，减少构件种类，故 N 宜为偶数。当所求 N 为奇数或非整数时，可对 h 在允许范围内做调整，踏步高度 h 为 150～175mm。踏步宽 b 可根据不同的建筑物使用性质在本章第 7.5.2.2 小节查表 7-3 确定，b 为 250～300mm。

7.5.3.2 计算梯段宽度和长度

梯段宽度在满足建筑物使用性质的前提下，根据楼梯开间确定。对双跑楼梯而言，当楼梯开间为 A 时，则梯段宽 a 为：$a=(A-C)/2$。式中，C 为梯井宽度，一般取 100mm。如图 7-90 所示，楼梯段长度 L，根据踏步数 N 和满足建筑物使用性质而确定的踏步宽 b 来确定，其值 $L=(N/2-1)b$。对一般建筑，当楼梯间进深受到限制，L 值不满足时，可在允许范围内调整 b 值，或适当缩小 b 值，并将踏步踢面改为斜面或将踏面外挑 20～30mm，使踏步实际宽度大于其水平投影宽度，如图 7-91 所示。

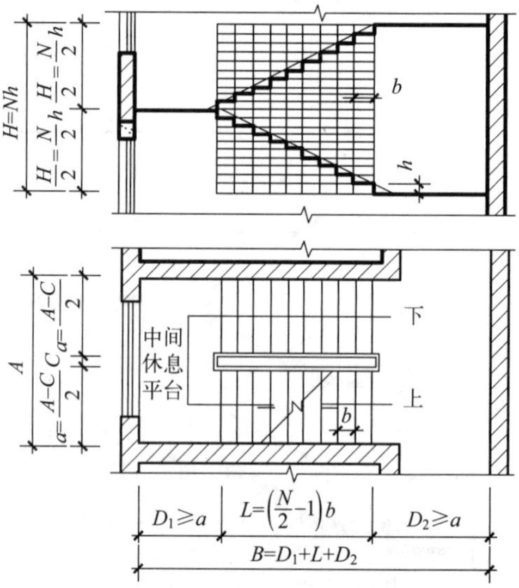

图 7-90 楼梯尺寸计算

7.5.3.3 计算楼梯平台宽度

平台宽度分为中间休息平台宽度 D_1 和楼层平台宽度 D_2 两部分，中间休息平台宽度 D_1 应不小于单梯段净宽度，且不小于 1.2m。楼层平台宽度 D_2，一般比中间平台更宽松一些，以利于人流分配和停留。楼梯总长 $B=D_1+L+D_2=D_1+(N/2-1)b+D_2$，其中 b 为踏面水平投影步宽，N 为每层总梯段踏步数量。楼梯开间≈梯段宽度×2＋梯井宽度；楼梯进深≈梯段长度＋休息平台＋楼层平台。

7.5.3.4 绘制楼梯平面详图

楼梯平面详图主要解决楼梯间的开间、进深尺寸和楼梯梯段、平台水平投影尺寸。一般从标准层的楼梯开始绘制，再绘制底层和顶层楼梯平面。

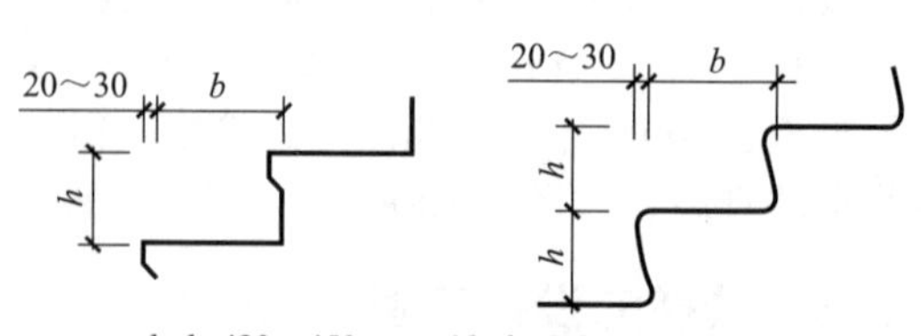

如图 7-92 所示，楼梯平面详图绘制分解步骤：①绘制楼梯间定位轴线；②绘制楼梯

$h+b$=420～450mm；$2h+b$=600～620mm；
b=250～300mm；h=150～175mm

图 7-91 踏步出挑形式

间墙体、门窗洞位置；③绘制梯段、梯井、扶手投影线；④整理图线，绘制破断线、上下符号、标高；⑤绘制开间、进深方向尺寸、轴线编号；⑥绘制门窗图例、确定线型、图名标注；⑦按上述步骤绘制底层楼梯平面详图；⑧按上述步骤绘制顶层楼梯平面详图。

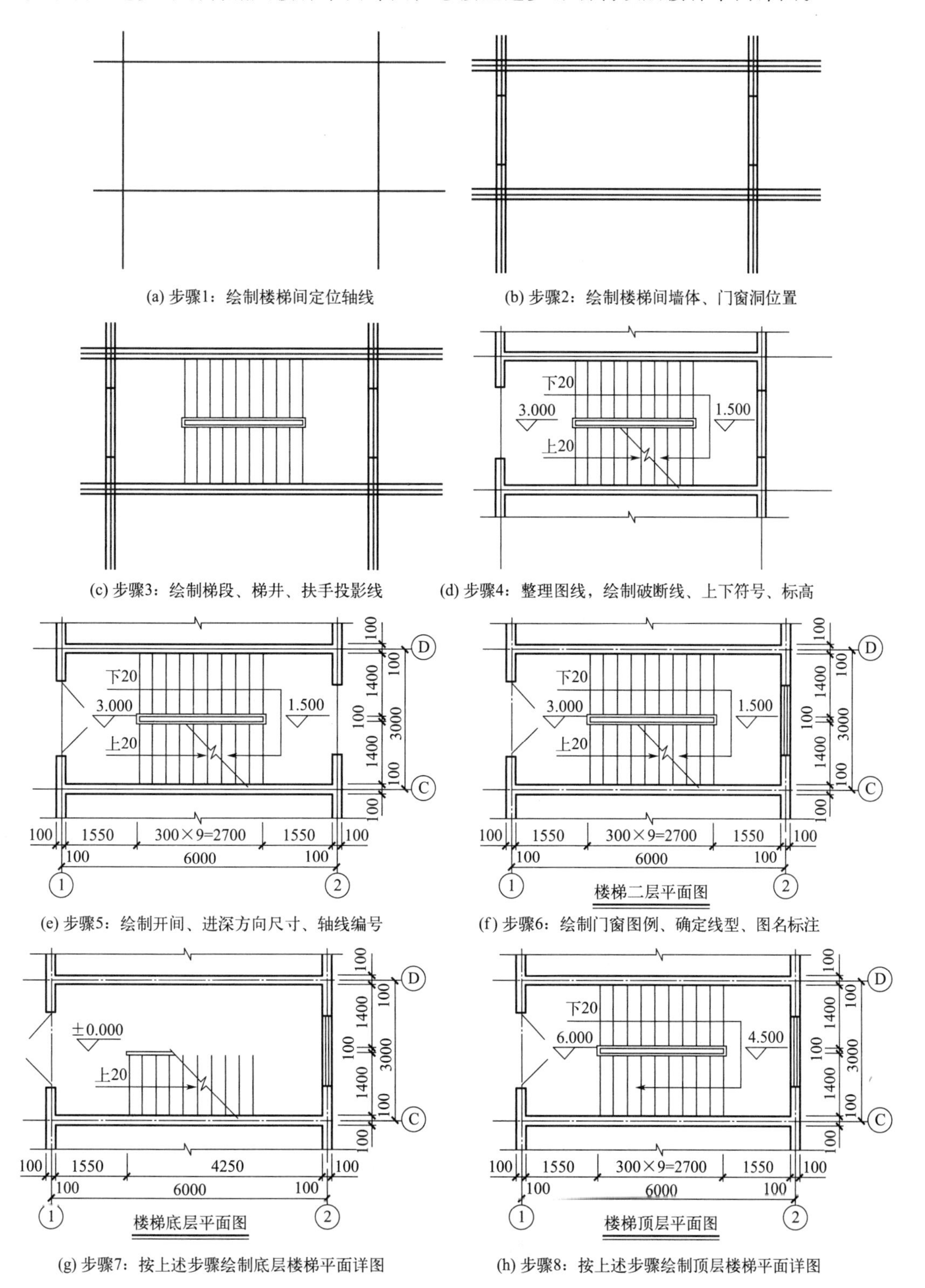

图 7-92　楼梯平面详图绘制分解步骤

7.5.3.5 绘制楼梯剖面详图

楼梯剖面需解决楼梯连通室外、抵达各楼层、连接屋顶的标高关系。绘制楼梯剖面详图前，需对楼梯平面设计成果进行深入分析，再选择合适的剖切位置与投影方向，如图 7-93 所示，绘制楼梯剖面图分解步骤如下：①绘制建筑控制线；②绘制楼梯轮廓线；③图线整理；④绘制栏杆、扶手、门窗等；⑤绘制线型、绘制图例、图名等。

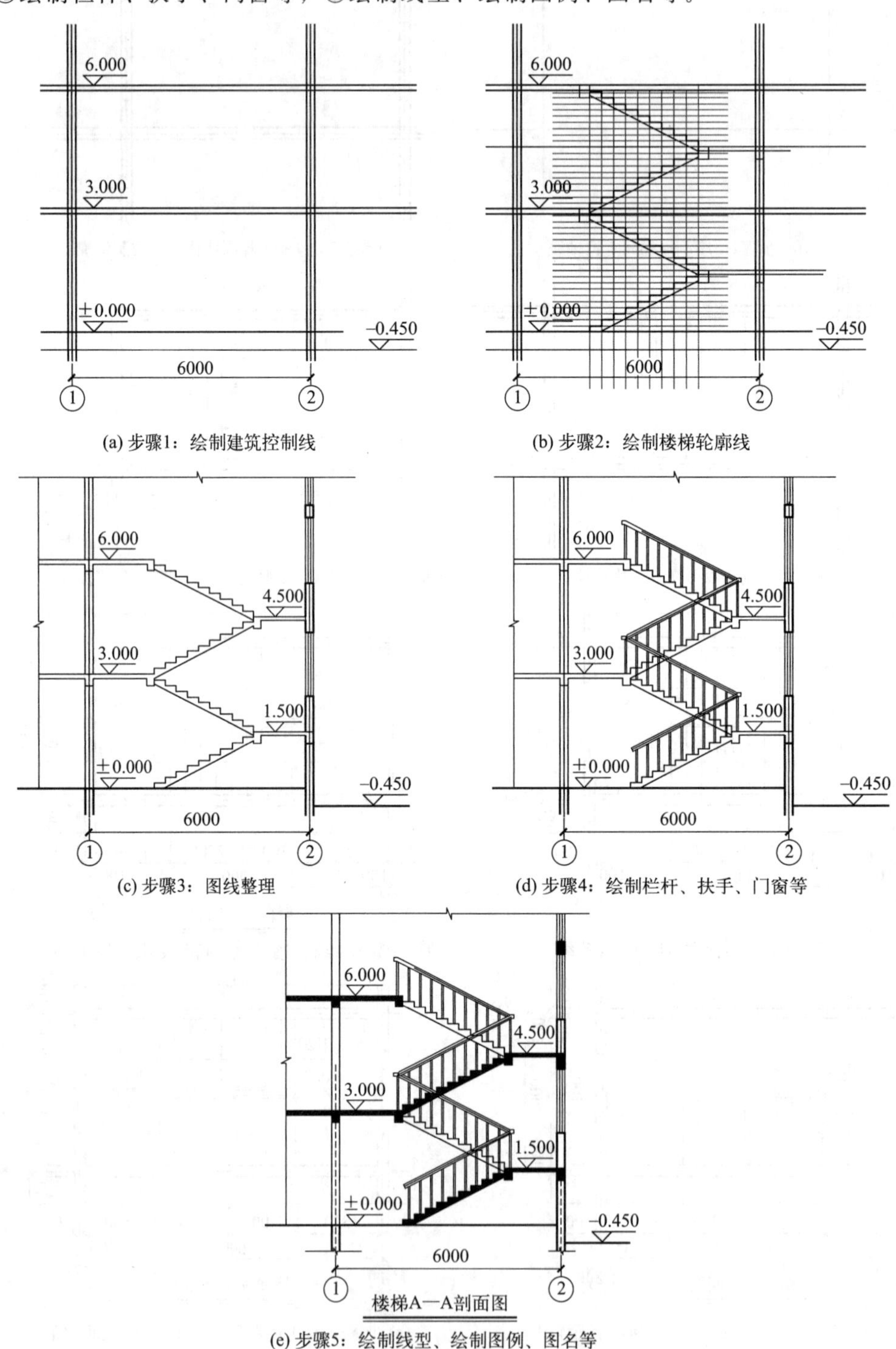

(a) 步骤1：绘制建筑控制线

(b) 步骤2：绘制楼梯轮廓线

(c) 步骤3：图线整理

(d) 步骤4：绘制栏杆、扶手、门窗等

(e) 步骤5：绘制线型、绘制图例、图名等

图 7-93　绘制楼梯剖面图的分解步骤

数字化设计：Revit 楼梯创建步骤

在 Revit 中创建楼梯的操作步骤如下（可扫描二维码观看完整教学视频）：

（1）选择视图：打开平面视图。

（2）使用楼梯工具：在“建筑”选项卡中，点击“楼梯”工具。

（3）选择楼梯类型：在“属性”面板中选择所需的楼梯类型（如直楼梯、旋转楼梯等）。

（4）定义楼梯边界：使用“绘图”工具在平面图中绘制楼梯的边界。

（5）设置楼梯高度和步高：在“属性”面板中设置楼梯的总高度和每步的高度。

（6）放置楼梯：确定位置后，点击“确认”生成楼梯。

（7）添加扶手：在“建筑”选项卡中，使用“扶手”工具，在楼梯的边缘添加扶手。

（8）检查与调整：在三维视图中检查楼梯的效果，必要时调整位置或尺寸，并保存。

7.5.4　台阶、坡道、电梯与自动扶梯

7.5.4.1　台阶

为了防止室外雨水流入室内，并防止墙身受潮，一般民用建筑常把室内地坪适当提高，以使建筑物室内外地面形成一定高差，该高差主要通过台阶和坡道来解决。台阶、坡道是指建筑物出入口处室内外高差之间的交通联系部分。由于人流量大，又处于室外，应充分考虑环境条件，合理设计，以满足使用需求。

台阶由踏步与平台两部分组成。台阶不宜少于 2 级，高差不足 2 级时宜设置坡道。台阶踏步宽度不宜小于 300mm；高度不宜大于 150mm，不宜小于 100mm。应采取防滑措施，人员密集场所的台阶总高超过 0.7m 时，应在临空面采取防护措施。

如图 7-94 所示，平台设于台阶与建筑物出入口大门之间，以缓冲人流。作为室内外空间的过渡，其宽度一般不小于 1000mm 且大于门洞口宽加 2×300mm，进深大于门扇宽加 300～600mm。为利于排水，其标高应低于室内地面 30～50mm，并做向外 1%～4% 的排水坡度。人流量大的建筑入口平台还应设刮泥槽等防滑措施。

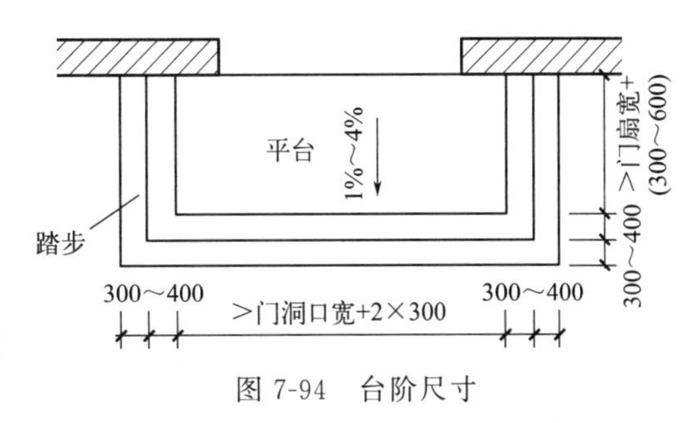

图 7-94　台阶尺寸

台阶应在建筑物主体工程完成后再施工，并与主体结构之间留出约 10mm 的沉降缝。台阶的构造与地面相似，由面层、垫层和基层等组成，面层应采用水泥砂浆、混凝土、地砖和天然石材等具有耐气候作用的材料。在北方冰冻地区，室外台阶应考虑抗冻要求，面层选择抗冻、防滑的材料，并在垫层下设置非冻胀层或采用钢筋混凝土架空台阶。图 7-95 是常见的台阶构造。

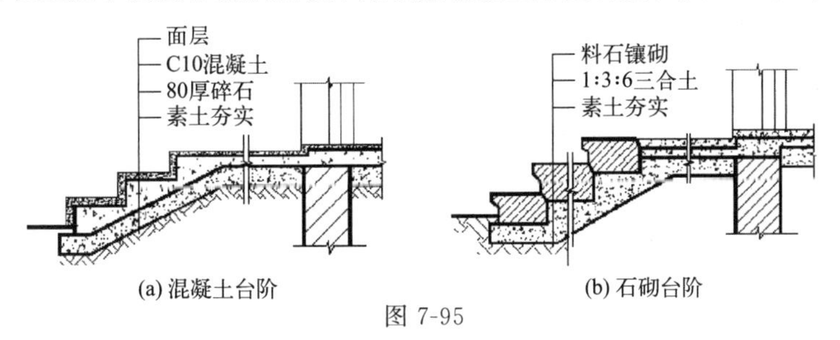

(a) 混凝土台阶　(b) 石砌台阶

图 7-95

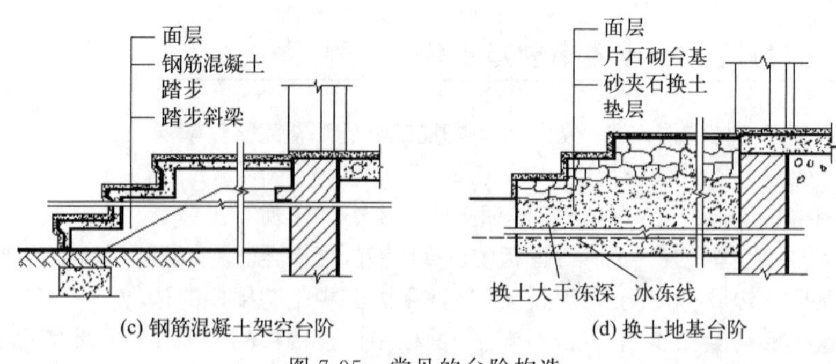

(c) 钢筋混凝土架空台阶　　(d) 换土地基台阶

图 7-95　常见的台阶构造

数字化设计：Revit 台阶、散水、女儿墙创建步骤

在 Revit 中创建阳台的操作步骤如下（可扫描二维码观看完整教学视频）：

1. 台阶创建：

（1）选择视图：打开适合的平面视图。

（2）使用楼板工具：在“建筑”选项卡中，点击“楼板”-“楼板边”工具。

（3）选择楼板边类型：在“属性”面板中载入合适的台阶轮廓族。

（4）创建台阶：使用“拾取”命令在所需楼板边位置绘制台阶轮廓。

（5）添加扶手（可选）：选择“扶手”工具，为台阶添加扶手。

（6）检查与保存：在三维视图中检查台阶的效果，确认无误后保存项目。

2. 散水创建

（1）选择视图：打开建筑底层平面视图。

（2）使用墙体工具：在“建筑”选项卡中，点击“墙”-“墙饰条”工具。

（3）选择散水类型：在“属性”面板中载入合适的散水轮廓族。

（4）创建散水：使用“拾取墙”命令在所需外墙外侧绘制散水线。

（5）检查与保存：在三维视图中检查散水的效果，确认无误后保存项目。

3. 女儿墙创建

（1）选择视图：打开建筑屋顶平面视图。

（2）使用墙体工具：在“建筑”选项卡中，点击“墙”工具。

（3）选择墙体类型：在“属性”面板中选择所需的墙体类型（如叠层墙、基本墙等）。

（4）设置墙体高度：在“属性”面板中，可以设置女儿墙的高度和底部约束。

（5）绘制墙体：在绘图区域中点击并拖动鼠标绘制墙体，或输入准确的长度。

（6）检查与保存：在三维视图中检查女儿墙的效果，确认无误后保存项目。

7.5.4.2　坡道

坡道的构造与台阶基本相同，坡道分为一般坡道、无障碍坡道和机动车坡道等，为适应人口老龄化趋势，一般民用建筑主要出入口均应设置无障碍坡道。坡道坡度一般取 1/12～1/6。坡道的坡度受面层做法的限制：光滑面层坡道不大于 1∶12，粗糙面层坡道（包括设置防滑条的坡道）不大于 1∶6，带防滑齿坡道不大于 1∶4。常见的坡道构造如图 7-96 所示。

公共建筑、住宅建筑中，除设置台阶外，还须在台阶的主入口附近设置无障碍坡道。随着社会的发展和进步，无障碍设计正通过规划、设计减少或消除残疾人、老年人等弱势群体

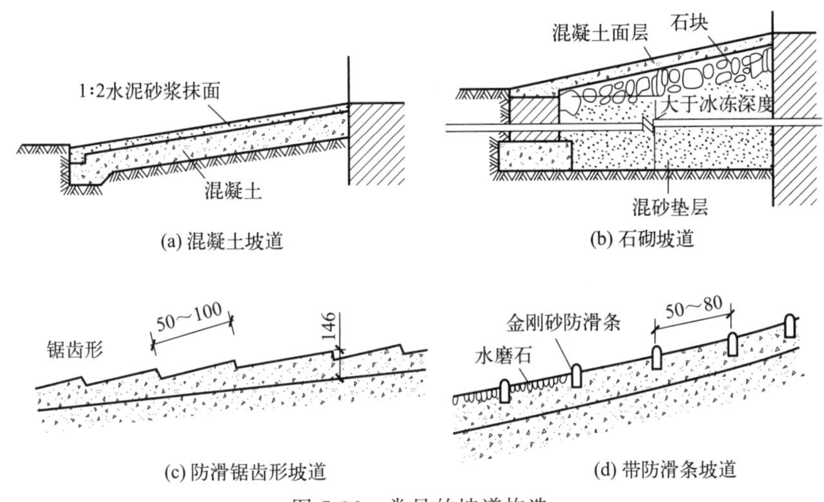

(a) 混凝土坡道　(b) 石砌坡道

(c) 防滑锯齿形坡道　(d) 带防滑条坡道

图 7-96　常见的坡道构造

在公共空间（包括建筑空间、城市环境）活动中行为不便的问题。无障碍坡道应考虑残疾人轮椅的通过性，表面不做锯齿，其坡度约 1/20～1/10，单段坡道长度不大于 9m，超过需设置休息平台。同时设置台阶和轮椅坡道的出入口，轮椅坡道的净宽度不应小于 1.00m，无障碍出入口的轮椅坡道净宽度不应小于 1.20m，转弯平台宽度不应小于 1.5m（图 7-97）。无障碍单层扶手的高度应为 850～900mm，无障碍双层扶手的上层扶手高度应为 850～900mm，下层扶手高度应为 650～700mm。扶手末端应向内拐到墙面或向下延伸不小于 100mm，栏杆式扶手应向下呈弧形或延伸到地面上固定。

机动车坡道宽度不应小于 4m，转弯半径不宜小于 6m（图 7-98）。下地库机动车坡道的宽度、坡度和转弯半径需参考机动车库出入口规范设计。

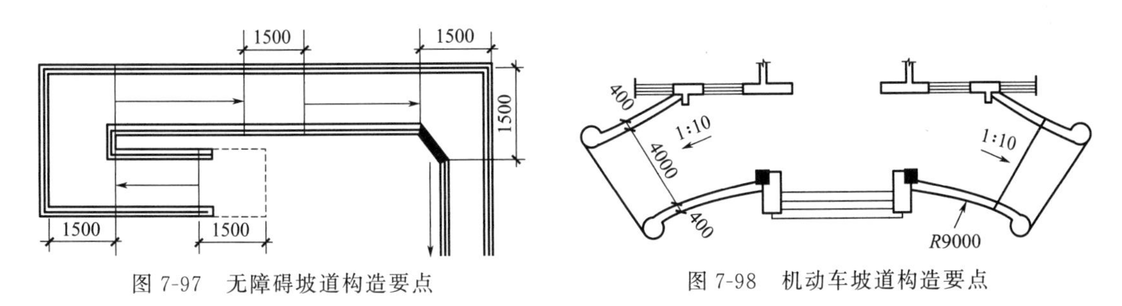

图 7-97　无障碍坡道构造要点　　图 7-98　机动车坡道构造要点

数字化设计：Revit 坡道创建步骤

在 Revit 中创建坡道的操作步骤如下（可扫描二维码观看完整教学视频）：

（1）选择视图：打开平面视图。

（2）使用坡道工具：在“建筑”选项卡中，点击“坡道”工具。

（3）选择坡道类型：在“属性”面板中选择“结构”或“实体”以满足坡道板类型。

（4）绘制坡道边界：使用“绘图”工具在平面图中绘制坡道的边界线。

（5）设置坡道高度：在“属性”面板中设置坡道的总高度和坡度。
（6）确认坡道生成：确定边界后，点击“完成”即生成坡道。
（7）添加扶手：在“建筑”选项卡中，使用“扶手”工具，在坡道的边缘添加扶手。
（8）检查与调整：在三维视图中检查坡道的效果，必要时进行调整，并保存项目。

7.5.4.3 电梯

电梯是建筑物内部解决垂直交通的另一种措施。电梯有载人、载货两大类，除普通乘客电梯外还有医院专用电梯、消防电梯、观光电梯、汽车电梯等。按有无机房分有机房电梯（楼顶设置机房）和无机房电梯（利用顶层层高富余空间设置升降装置，不独立设置机房）。电梯按行驶速度可分为高速（2m/s）、中速、低速（1.5m/s）。常用轿厢容量包括 1000kg、800kg、630kg、450kg。如图 7-99 所示为不同类别电梯的平面示意图。

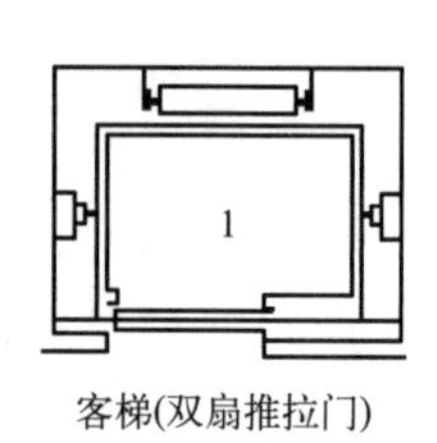

客梯(双扇推拉门)

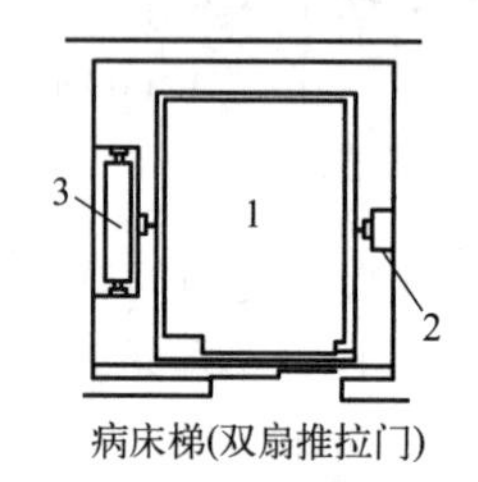

病床梯(双扇推拉门)

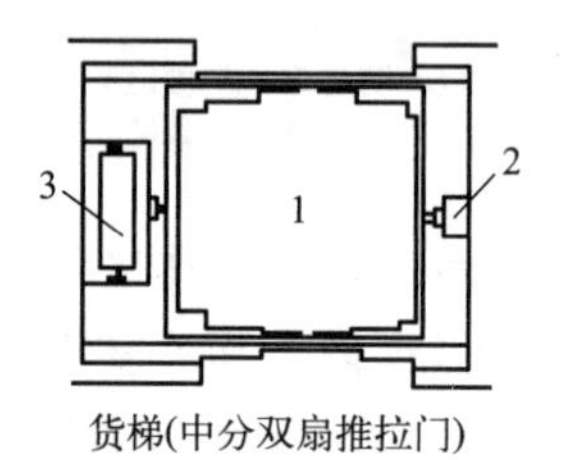

货梯(中分双扇推拉门)

小型杂物梯

图 7-99　电梯分类与井道平面示意图

1—电梯轿厢；2—轨道及撑架；3—平衡重

电梯由井道、轿厢、机房、平衡重、地坑等构造部分组成。电梯井道是电梯轿厢运行的通道，其内除电梯及出入口外还安装有轨道、平衡重和缓冲器等，如图 7-100 所示。电梯井道由于穿通各层，火灾事故中火焰及烟雾容易从中蔓延，因此井道的围护构件较多采用钢筋混凝土墙。电梯井道常用尺寸为：(1800～2500)mm×(2100～2600)mm，为了减轻机器运行时对建筑物产生的振动和噪声，应采取适当的隔振及隔声措施。一般情况下，只在机房机座下设置弹性垫层来达到隔振和隔声的目的，电梯运行的速度超过 1.5m/s 时，除弹性垫层外，还应在机房与井道间设隔声装置。

电梯机房一般设置在电梯井道的顶部，少数也设在地层井道旁边。机房的平面尺寸须根据机械设备的尺寸、安排及管理、维修等需要来决定，高度一般为 2.5～3.5m。井道地坑在最底层平面标高下，深度为 1.3～2.0m，作为轿厢下降时所需的缓冲器的安装空间，地坑应做防水处理。

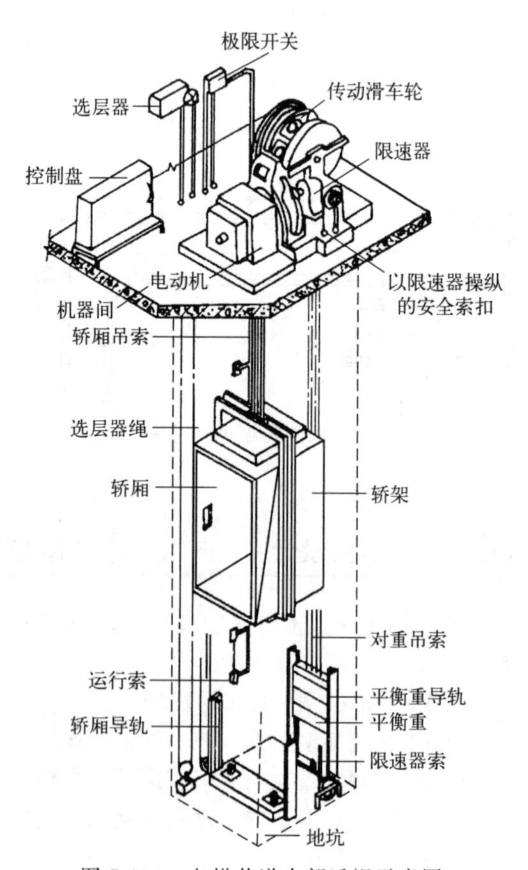

图 7-100　电梯井道内部透视示意图

7.5.4.4 自动扶梯

自动扶梯是建筑物层间连续运输效率最高

的载客设备。一般自动扶梯均可正、逆方向运行，停机时可当作临时楼梯行走。自动扶梯的角度有 27.3°、30°、35°，其中 30°最常用。自动扶梯由电机驱动，踏步与扶手同步运行，速度为 0.45～0.75m/s。平面布置可单台设置或双台并列，双台并列时一般采取一上一下的方式，以求得垂直交通的连续性，但必须在二者之间留有足够的结构间距（目前有关规定为不小于 380mm），以保证装修的方便及使用者的安全。

自动扶梯的机械装置悬在楼板下面，楼层下做装饰处理，底层则做地坑，自动扶梯剖面和平面示意如图 7-101 所示。在其机房上部自动扶梯口处应做活动地板，以利检修，平时应定期检查，地坑也应做防水处理。在建筑物中设置自动扶梯时，上下两层面积总和如超过防火分区面积要求时，应按防火要求设防火隔断或复合式防火卷帘封闭自动扶梯井。

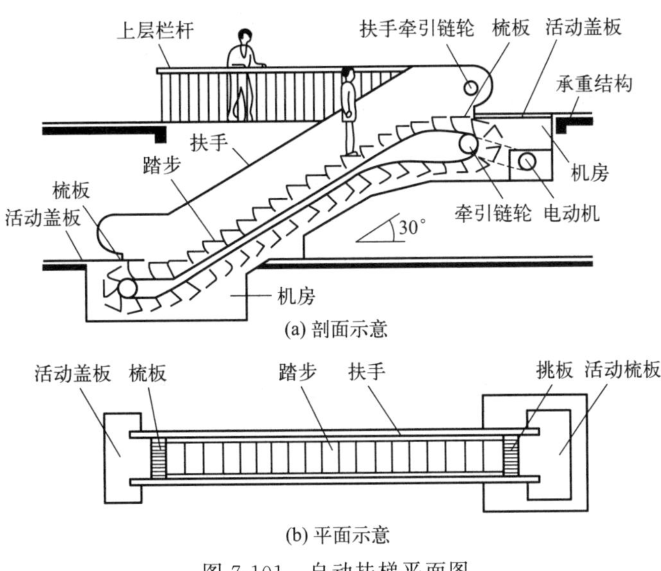

图 7-101 自动扶梯平面图

7.6 屋顶

屋顶是房屋最上层的水平构件，包括承重结构（如板、梁、檩条等）和覆面材料，用于抵御外界环境的影响（如雨水、太阳、风等），同时具有保护和装饰作用。屋顶的主要两个作用，一是承受作用于屋顶上的风荷载、雪荷载和屋顶自重等，起承重作用，要求有一定的强度和刚度；二是防御自然界的风、雨、雪、太阳辐射热和冬季低温等的影响，起围护作用，要求它具有防水、保温、隔热、隔声和防火等作用。但屋顶构造设计的核心还是防排水，漏水的屋顶即使再美观再稳固也影响正常使用。因此屋面做法尤为重要，是评价屋顶好坏的首要因素。屋面专指屋顶的最外层，直接暴露于外部环境，用于屋顶功能性的保护。屋面通常包括防水层、保温层和面层（如瓦、金属板等）。防排水顾名思义一是要迅速排除屋面雨水，二是要防止雨水渗漏。除防水外，屋顶的另一功能是从节能角度考虑保温与隔热，关于这一部分将在第 8 章建筑节能设计阶段的 BIM 数字化应用及流程中详述。此外，屋顶在建筑造型中素有第五立面的称谓，屋顶的设计应符合美学要求。因此，屋顶是建筑物的重要组成部分之一，在设计时应保证功能、构造合理、防排结合、优选用材、美观耐用。

7.6.1 屋顶的类型

7.6.1.1 按形式分类

屋顶坡度是屋顶形成排水系统的首要条件。只有形成一定的屋顶坡度，才能使屋顶的雨雪水按设计意图流向一定的处所而达到排水的目的。常用的坡度表示方法有角度法、斜率法和百分比法三种（图 7-102）。斜率法以屋顶高度与坡面的水平投影长度之比表示，如：1∶2、1∶5 等，可用于平屋顶和坡屋顶；百分比法以屋顶高度与坡面的水平投影长度的百分比表示，如 2%、3% 等，多用于平屋顶；角度法以倾斜屋面与水平面的夹角表示，多用于有较大坡度的坡屋顶，如 30°、45°等。

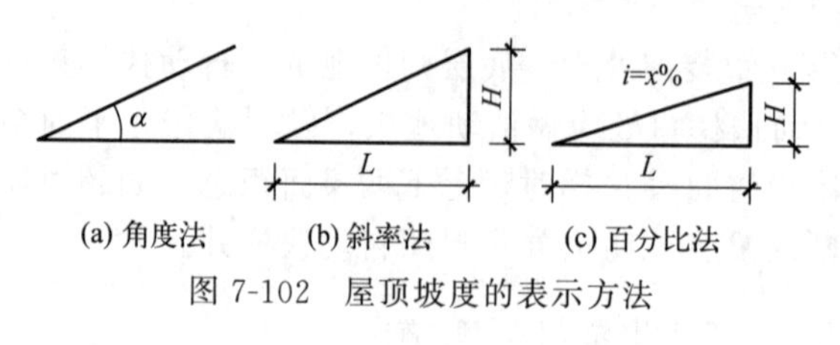

图 7-102 屋顶坡度的表示方法

屋顶根据形式上的起坡大小一般可分为平屋顶、坡屋顶和其他形式的屋顶。

（1）平屋顶。平屋顶通常是指屋顶坡度小于 10%的屋顶，最常用的坡度为 2%～5%，也是目前应用最广泛的一种屋顶形式，大量民用建筑多采用与楼板层基本类同的结构布置形式的平屋顶，如图 7-103 所示。

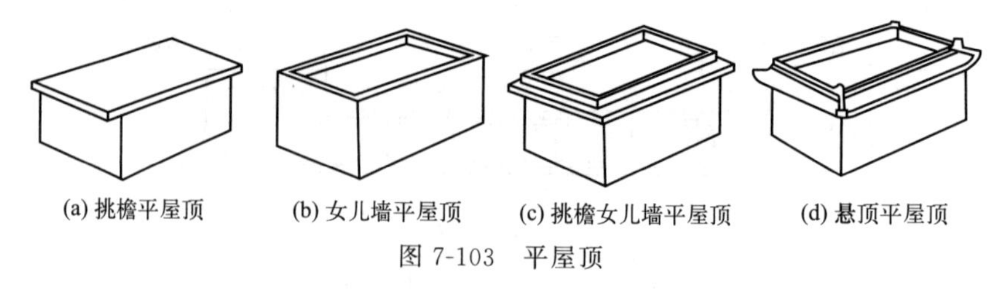

图 7-103 平屋顶

（2）坡屋顶。坡屋顶是指屋顶坡度在 10%以上的屋顶。坡屋顶是我国传统的建筑屋顶形式，有着悠久的历史。现代公共建筑考虑景观环境、建筑风格、维护成本、耐久性等要求也常采用坡屋顶。常见形式有：单坡、双坡屋顶，硬山及悬山屋顶，歇山及庑殿屋顶，圆形或多角形攒尖屋顶等，如图 7-104 所示。

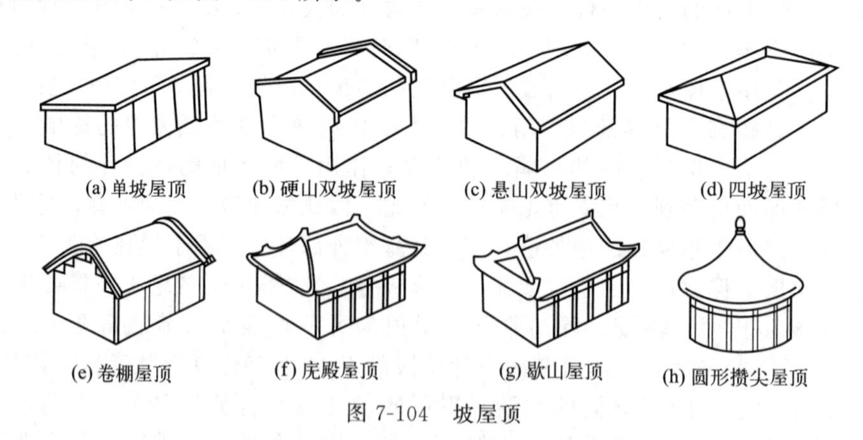

图 7-104 坡屋顶

（3）其他形式的屋顶。随着建筑科学技术的发展，出现了许多新型结构屋顶，如图 7-105 所示，有折板屋顶、拱屋顶、薄壳屋顶、悬索屋顶、网架屋顶、膜结构屋顶等。这些屋顶能充分发挥材料的力学性能、节约材料，且能提供较为宽敞的大跨度使用空间，创造丰富的外观形象，适用于航空港、体育建筑、影剧院等，但其施工复杂、造价较高。

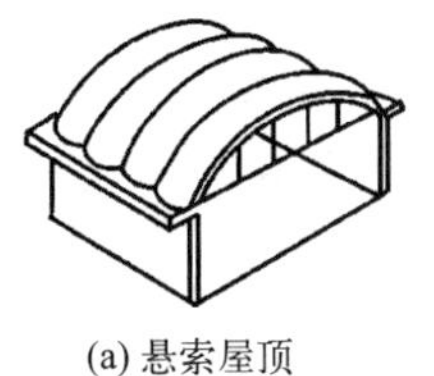
(a) 悬索屋顶

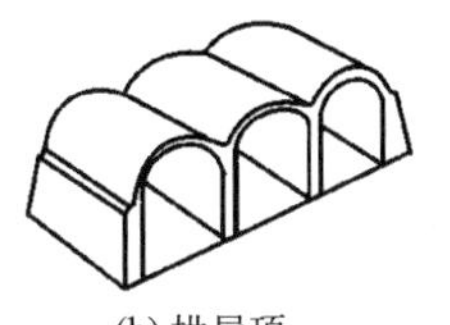
(b) 拱屋顶

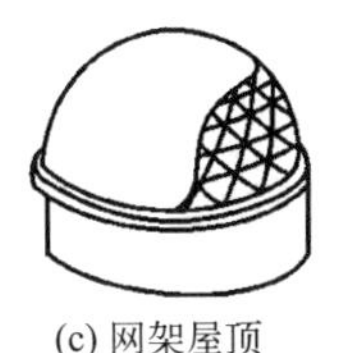
(c) 网架屋顶

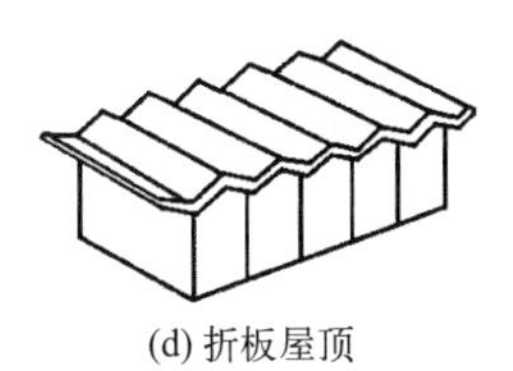
(d) 折板屋顶

图 7-105 其他形式的屋顶

7.6.1.2 按防水材料分类

根据《屋面工程技术规范》（GB 50345—2012）的规定，屋面防水等级应根据建筑物的类别、重要程度、使用功能要求确定。不同防水等级的屋面均不得发生渗漏。规范规定Ⅰ级防水屋面应采用两道防水设防，Ⅱ级防水屋面应采用一道防水设防，对防水有特殊要求的建筑屋面，应进行专项防水设计。屋面防水等级和设防要求应符合第 1 章 1.3.2 小节表 1-3 的规定。

按屋面防水材料可将屋顶分为柔性防水屋顶、刚性防水屋顶、涂膜防水屋顶、粉剂防水屋顶、金属板屋顶、透光材料屋顶等。将柔性防水卷材通过胶黏剂粘贴在屋顶基层上，形成密闭防水层的屋顶，称为柔性防水屋顶，也是现代建筑工程最为广泛使用的防水屋顶形式。刚性防水屋顶是以刚性材料作为防水层，如防水砂浆、细石混凝土、配筋细石混凝土等。涂膜防水屋顶是在屋面基层上涂刷液态防水涂料，经固化后形成有一定厚度和弹性的整体防水膜的屋顶。金属板屋顶是将镀锌钢板、铝合金板或压型钢板用作屋顶防水层的屋顶。透光屋顶材料包括：有机玻璃、夹层玻璃、钢化玻璃或透光膜等。

(1) 柔性防水屋顶

柔性防水层具有一定的延伸性和适应变形（温度、振动、不均匀沉陷）的能力，故称为柔性防水。柔性防水材料包括防水卷材和卷材黏合剂，二者缺一不可。常用的防水卷材主要有沥青类防水卷材、高聚物改性沥青类防水卷材、合成高分子类防水卷材等。

沥青类防水卷材是用原纸、纤维织物、纤维毡等胎体材料浸涂沥青，表面撒布粉状、粒状或片状材料后制成的可卷曲片状材料。沥青油毡防水屋顶的防水层遇高温容易产生起鼓、沥青流淌、油毡开裂等问题，从而导致防水质量下降和使用寿命缩短，近年来在实际工程中已较少采用。用于沥青卷材的黏合剂主要有冷底子油、沥青胶和溶剂型胶黏剂等。

高聚物改性沥青类防水卷材是以高分子聚合物改性沥青为覆盖层，纤维织物或纤维毡为胎体，粉状、粒状、片状或薄膜材料为覆面材料制成的可卷曲片状防水材料，如 SBS 改性沥青油毡、再生胶改性沥青聚酯油毡、铝箔塑胶聚酯油毡、丁苯橡胶改性沥青油毡等。

合成高分子类防水卷材是以各种合成橡胶、合成树脂或两者的混合物为主要原料，加入适量化学辅助剂和填充料，加工制成的弹性或弹塑性卷材，称为高分子防水卷材。常见的有三元乙丙橡胶防水卷材、氯化聚乙烯防水卷材、聚氯乙烯防水卷材、氯丁橡胶防水卷材、聚乙烯橡胶防水卷材等。高分子防水卷材具有重量轻，适用温度范围宽（－20～80℃），耐候性好，抗拉强度高（2～18.2MPa），延伸率大（＞45％）等优点，近年来已越来越多地用于各种防水工程中。

用于高聚物改性沥青防水卷材和高分子防水卷材的黏合剂，主要为溶剂型胶黏剂。如适用于改性沥青类卷材的 RA-86 型氯丁胶黏结剂、SBS 改性沥青黏结剂等；三元乙丙橡胶卷材所用的聚氨酯底胶基层处理剂、CX-404 氯丁橡胶黏合剂；氯化聚乙烯胶卷所用的 LYX-603 胶黏剂等。

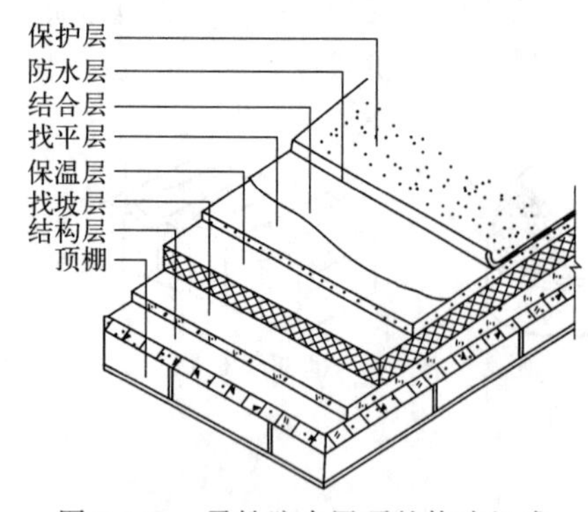

图 7-106 柔性防水屋顶的构造组成

屋顶具有多层次构造的特点，其组成分为基本构造层和辅助构造层两类。基本构造层按其作用分别为：结构层、找坡层、找平层、结合层、防水层、保护层等，辅助构造层如保温层（防止冬季室内过冷）、隔热层（防止室内过热）、隔蒸汽层（防止潮气侵入屋顶保温层）等。柔性防水屋顶的构造如图 7-106 所示。

结构层通常为预制或现浇钢筋混凝土屋面板，要求具有足够的强度和刚度。找坡层用于水平搁置的屋面板，层面排水坡度的形成常采用材料找坡，如用 1∶8 的水泥焦渣或石灰炉渣，根据找坡材料的厚度不一，形成排水坡度。找平层的作用是给卷材防水层提供一个平整坚固的基层，避免防水卷材凹陷或断裂失去防水效果，一般采用 20mm 厚 1∶3 水泥砂浆，也可采用 1∶8 的沥青砂浆等。结合层的作用是使卷材与基层胶结牢固。沥青类卷材通常用冷底子油作结合层，高分子卷材则多用配套基层处理剂。防水层由胶结材料与卷材黏合而成，卷材连续搭接，形成屋面防水的主要部分：当屋面坡度较小时，卷材一般平行于屋脊铺设，从檐口到屋脊层层从下向上粘贴，上下搭接宽度为 80～120mm，左右搭接宽度为 100～150mm，多层铺法的上下卷材层的接缝应错开。为了保护柔性防水层少受气候变化的影响，提高其耐久性，往往在其表面上再做一层平整耐磨的保护层，一般可在防水层上浇筑 30～40mm 厚的细石混凝土面层。

(2) 刚性防水屋顶

刚性防水屋顶是利用刚性防水材料，形成连续致密的构造层来防水的一种屋顶。刚性防水屋顶一般由结构层、找平层、隔离层和防水层组成，如图 7-107 所示。防水层常采用不低于 C20 的防水细石混凝土整体现浇而成，其厚度宜不小于 40mm，配置Φ 4～Φ 6.5，间距为 100～200mm 的双向钢筋网片。隔离层的作用是减少结构层在荷载和温度变形下对防水层的不利影响。另外还应做好防水层的分格缝构造。

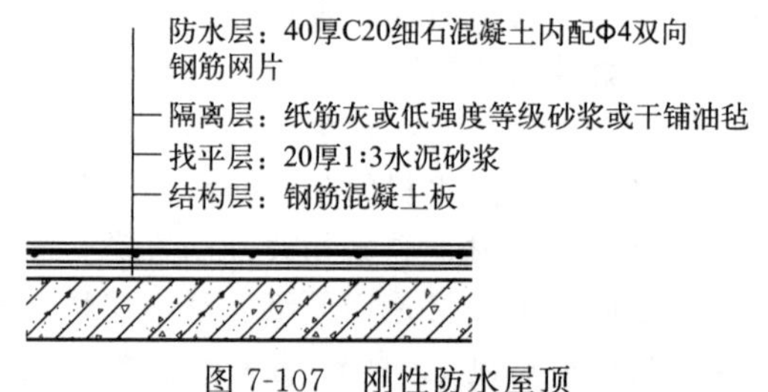

图 7-107 刚性防水屋顶

刚性防水屋顶因使用材料属于脆性材料，抗拉强度较低，因而称为刚性防水屋顶。刚性防水屋顶的主要优点是构造简单，施工方便，造价经济和维修较为方便。其主要缺点是对温度变化和结构变形较为敏感，较易产生裂缝而渗漏水，要采取防止渗漏的构造措施，因此已不作为主要防水设防层。

(3) 涂膜防水屋顶

涂膜防水屋顶是将黏结力较强的高分子防水涂料直接涂刷在屋面基层上，形成一层满铺的不透水薄膜层的屋顶。常用的高分子防水涂料主要有乳化沥青、氯丁橡胶类涂料、丙烯酸树脂类涂料等。涂膜防水原理通常分为两大类：一类是将涂料用水或溶剂溶解后在基层上涂刷，通过水或溶剂的蒸发而干燥硬化形成防水涂膜；另一类是通过材料的化学反应而硬化形成防水涂膜。涂膜的基层为配筋混凝土或水泥砂浆。

涂膜防水屋顶的构造层次与柔性防水屋顶相同，由结构层、找坡层、找平层、结合层、防水层和保护层组成，构造如图 7-108 所示。涂膜防水屋顶具有防水、抗渗、黏结力强、耐腐蚀、耐老化、延伸率大、弹性好、不延燃、施工方便等优点，已广泛应用于建筑各部位的防水工程中。

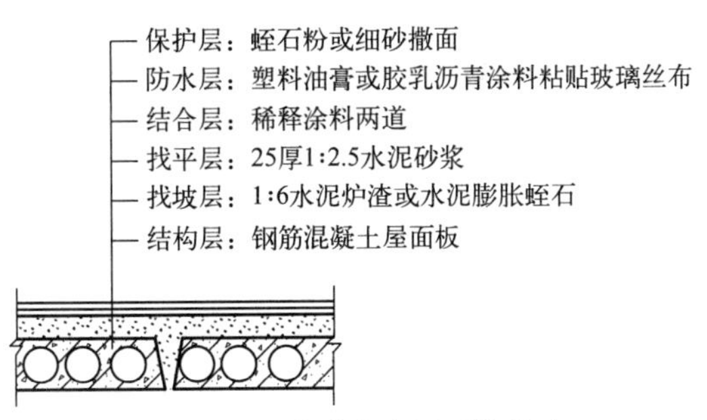

图 7-108　涂膜防水屋顶的构造

(4) 粉剂防水屋顶

粉剂防水屋顶是以脂肪酸钙和氧化钙的复合型白色粉状物为主体、通过特定的化学反应组成的复合型粉状防水材料作为屋面防水层的一种做法。该粉剂具有透气但不透水的特点，有极好的憎水性、耐久性和随动性，并且具有施工简单、快捷、造价低、寿命长等优点，主要适用于坡度较为平坦的防水基层，即平屋顶防水。粉剂防水屋顶构造如图 7-109 所示。

(5) 金属板屋顶

金属板屋顶凭借自身轻质高强、施工安装方便、色彩丰富、美观耐用、抗震性好等特点，越来越多地在各类民用和工业建筑中使用。金属板屋顶的材料有彩色涂层钢板、镀层钢板、不锈钢板、铝合金板、钛合金板。金属板断面有波形、梯形、带肋梯形等。彩色压型钢板屋顶是用镀锌钢板或铝合金瓦做防水层的一种屋顶，主要用于大跨度建筑的屋顶。彩色压型钢板屋顶简称彩钢板屋顶，其构造如图 7-110 所示。金属板屋顶需进行专项防雷设计，并符合相应规范。

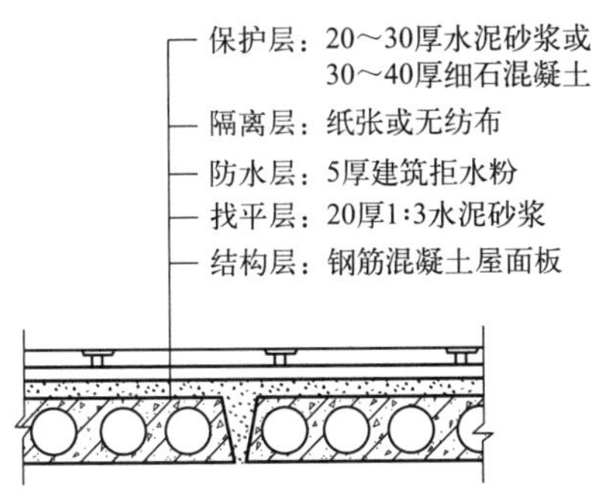

图 7-109　粉剂防水屋顶构造

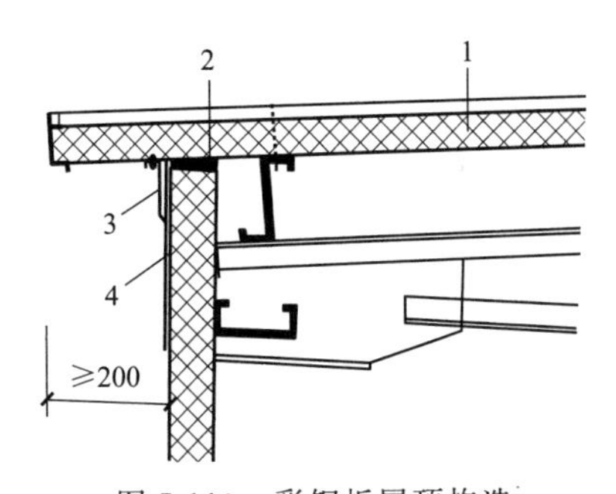

图 7-110　彩钢板屋顶构造

1—金属板；2—通长密封条；3—金属压条；4—金属封檐板

(6) 透光材料屋顶

透光材料屋顶是利用透明或半透明材料建造的屋顶，这样可以让自然光通过屋顶进入室内，不仅可以增加室内的自然采光，还能营造一种明亮、开放的空间感。常见的屋顶透光材料包括钢化玻璃、夹层玻璃、光伏玻璃、透光膜（ETFE 膜材）等。透光屋顶可应用于住宅形成天窗，其构造如图 7-111 所示，可增强自然采光；透光屋顶可应用于图书馆、博物馆等，创造开阔的公共空间；透光屋顶还可应用于植物园温室中，提供良好的植物光照环境。透光材料屋顶需进行专项防雷设计，并符合相应规范。

7.6.1.3　按找坡方法分类

屋顶按排水坡度的形成方法可分为材料找坡屋顶和结构找坡屋顶。

(1) 材料找坡屋顶

材料找坡，又称建筑找坡，如图 7-112(a) 所示，是指屋顶结构层的屋顶楼板水平搁置，利用轻质材料垫置坡度，因而材料找坡又称垫置坡度。常用找坡材料有水泥炉渣、石灰炉渣等，找坡材料最薄处以不小于 20mm 厚为宜。这种做法可获得平整的室内顶棚，空间完整，但找坡材料增加了屋顶荷载，且多费材料和人工。当屋顶坡度不大或需设保温层时广泛采用这种做法。

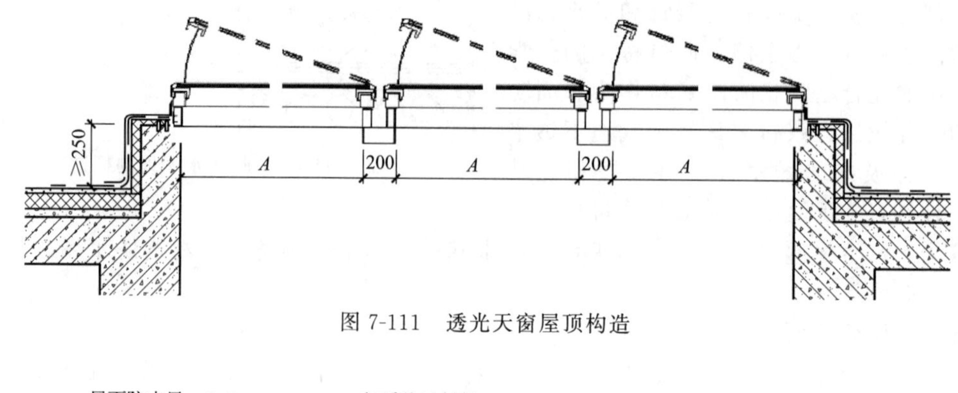

图 7-111 透光天窗屋顶构造

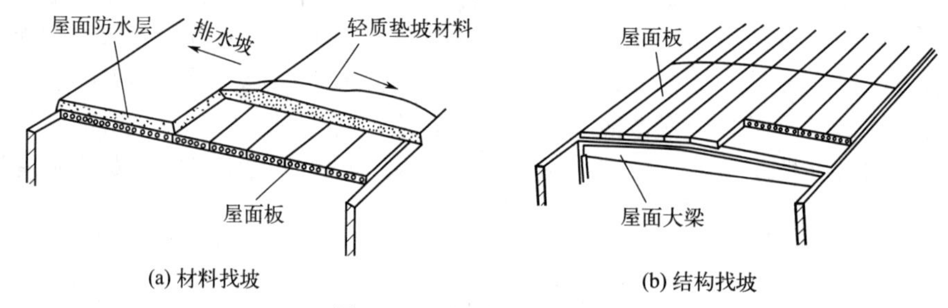

图 7-112 屋顶坡度的形成

(2) 结构找坡屋顶

结构找坡是指将屋顶楼板倾斜搁置在下部的墙体或屋顶梁及屋架上，再在结构层上铺设防水层等构造层次的一种做法，如图 7-112(b) 所示。这种做法不需要在屋顶上另加找坡层，具有构造简单、施工方便、节省人工和材料、减轻屋顶自重的优点，但室内顶棚面是倾斜的，空间不够完整。因此结构找坡常用于设有吊顶棚或室内音质要求不高的建筑工程中。

7.6.1.4 按排水方式分类

屋顶按排水方式分为无组织排水屋顶和有组织排水屋顶两大类。高度较低的简单建筑，可选用无组织排水，积灰多的屋面应采用无组织排水；在降雨量大的地区或房屋较高的情况下，应采用有组织排水；临街建筑雨水排向人行道时宜采用有组织排水。

(1) 无组织排水屋顶

无组织排水又称自由落水，是指屋顶雨水直接从檐口落到室外地面的一种排水方式，如图 7-113 所示。这种做法具有构造简单、造价低廉的优点，但屋顶雨水自由落下会溅湿墙面，外墙墙脚常被飞溅的雨水侵蚀，影响外墙的坚固耐久，并可能影响人行道的交通。无组织排水方式主要适用于少雨地区或一般低层建筑，不宜用于临街建筑和高度较高的建筑。

(2) 有组织排水屋顶

有组织排水是指屋顶雨水通过天沟、雨水口、雨水管等雨水收集系统，有组织地排至地面或地下管沟的一种排水方式。这种排水方式构造较复杂，造价相对较高、但是减少了雨水对建筑物的不利影响，因而在建筑工程中应用广泛。

有组织排水方案根据具体条件不同可分为外排水和内排水两种类型。有组织外排水是指雨水管装在建筑外墙以外的一种排水方案，构造简单，雨水管不进入室内，有利于室内美观和减少渗漏，使用广泛，尤其适用于湿陷性黄土地区，可以避免水落管渗漏造成地基沉陷，南方地区采用较多。常用有组织排水方案包括：檐沟外排水（挑檐沟、悬挂檐沟）、女儿墙外排水（内檐沟）、天沟内排水、其他排水（女儿墙挑檐沟外排水、暗管外排水），如图 7-114 所示。

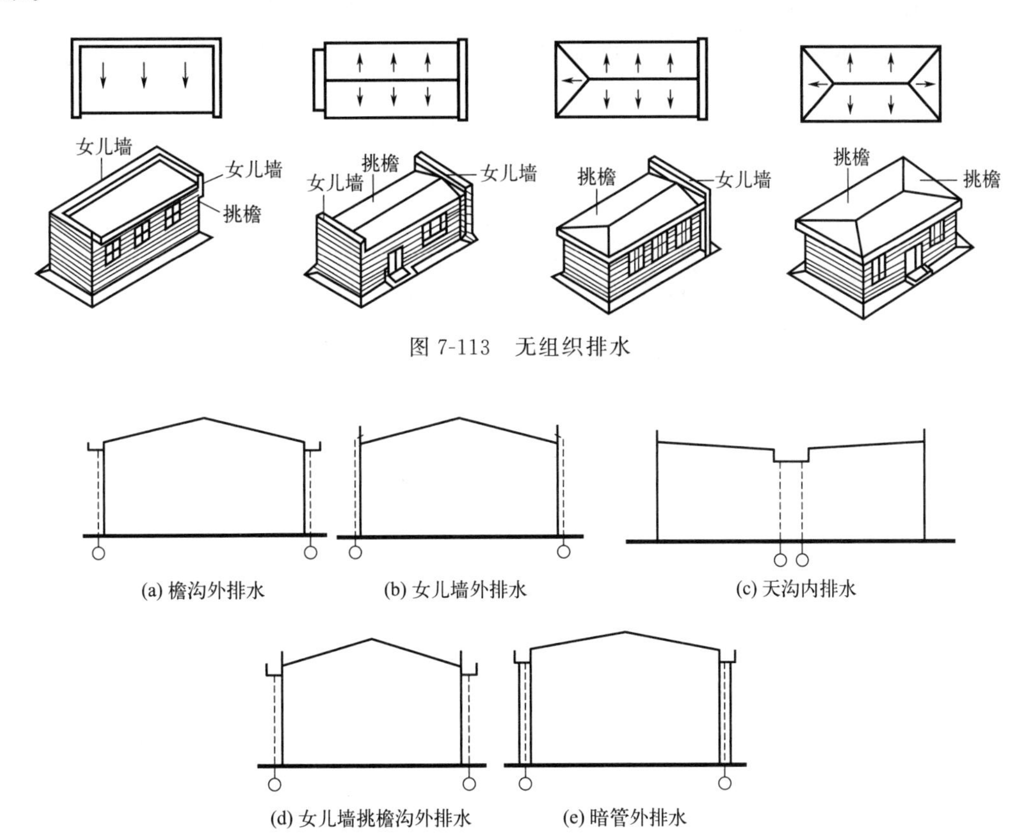

图 7-113　无组织排水

(a) 檐沟外排水　(b) 女儿墙外排水　(c) 天沟内排水

(d) 女儿墙挑檐沟外排水　(e) 暗管外排水

图 7-114　有组织排水常用方案

7.6.1.5　按热工性能分类

按照热工性能可将屋顶分为保温屋顶、隔热屋顶、非保温非隔热屋顶等（图 7-115）。保温屋顶是在屋顶的构造层次中添加保温材料，避免结露或内部受潮，使严寒、寒冷地区保持室内正常的温度，减少室内外热量的过快传递，保证顶层房间的舒适度，减少冬季的采暖能耗的屋顶。隔热屋顶是在屋顶的构造中采用通风、蓄水、种植等构造做法，减少室外向室内传递的热量，使建筑在炎热的夏季避免强烈的太阳辐射引起顶层房间室内温度过高，减少夏季空调能耗的屋顶，详见第 8 章 8.4.2 建筑屋面节能设计。非保温非隔热屋顶如冷摊瓦屋顶，不设保温层，也不采用隔热措施，构造简单，造价低廉，一般用于简易建筑或者不需要调节温度的建筑，如车库、景观构筑物等。

7.6.1.6　按使用性质分类

根据使用性质，屋顶分为上人屋顶和不上人屋顶。上人屋顶可以作为人们室外活动、休闲的场所，需要考虑人员活动的活荷载。如图 7-116(a) 所示，上人屋顶的坡度较缓，一般为 1%～2%。如图 7-116(b) 所示，不上人屋顶不允许人员在上面活动，仅供临时检修，坡度可更陡，以利于排水，一般为 2%～3%。

(a) 保温屋顶

(b) 隔热屋顶

(c) 非保温非隔热屋顶

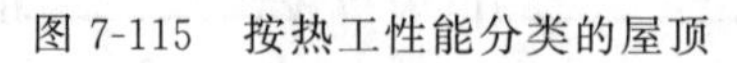

图 7-115　按热工性能分类的屋顶

(a) 上人屋顶

(b) 不上人屋顶

图 7-116　按使用性质分类的屋顶

7.6.2　平屋顶构造

平屋顶屋顶平坦、简洁，没有传统坡屋顶的倾斜面。平屋顶的结构简单，施工方便，成本相对较低，且可以充分利用屋顶空间，例如设置屋顶花园、露台或太阳能设备。然而，平屋顶也有其不足之处，如排水、积灰、积雪等。

7.6.2.1　平屋顶构造设计要求

平屋顶构造设计需着重考虑以下内容：①防水等级和设防要求；②屋面构造设计；③屋面排水设计；④找坡方式和选用的找坡材料；⑤防水层选用的材料、厚度、规格及其主要性能；⑥保温层选用的材料、厚度、燃烧性能及其主要性能；⑦接缝密封防水选用的材料及其主要性能。

平屋顶防水层设计应采取下列技术措施：①卷材防水层易拉裂部位，宜选用空铺、点粘、条粘或机械固定等施工方法；②结构易发生较大变形、易渗漏和损坏的部位，应设置卷材或涂膜附加层；③在坡度较大和垂直面上粘贴防水卷材时，宜采用机械固定和对固定点进行密封的方法；④卷材或涂膜防水层上应设置保护层；⑤在刚性保护层与卷材、涂膜防水层之间应设置隔离层。

7.6.2.2　构造形式

平屋顶根据结构层、防水层和保温层所处的位置不同，有下面两种情况：

(1) 保温层设在防水层与结构层之间，成为封闭的保温层，叫正置式，该种做法构造简单、施工方便、被广泛采用，如图 7-117(a) 所示。

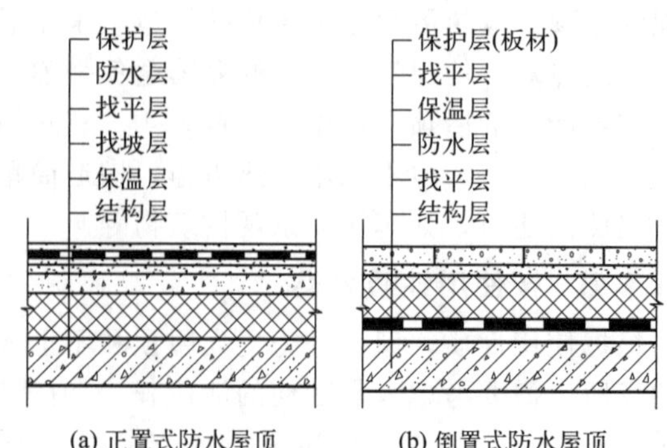

(a) 正置式防水屋顶　(b) 倒置式防水屋顶

图 7-117　正置式和倒置式平屋顶构造

(2) 保温层设在防水层之上，成为敞露的保温层，又叫倒置式，该种做法的优点是防水层不受外界气温变化的影响，不易受外来作用力的破坏；缺点是保温材料受限，应选用适应变形能力强、接缝密封保证率高的防水材料，如聚氨酯和聚苯乙烯发泡材料、膨胀沥青珍珠岩等。保温层上要用混凝土、卵石等较重的材料压住，如图 7-117(b) 所示。倒置式屋顶的坡度宜为 3%，保温层应采用吸水率低，且长期浸水不变质的保温材料。

保温层与结构层结合有三种做法，一种是保温层设在槽形板的下面；一种是保温层放在槽形板朝上的槽口内；还有一种是将保温层与结构层融为一体，如图 7-118 所示。

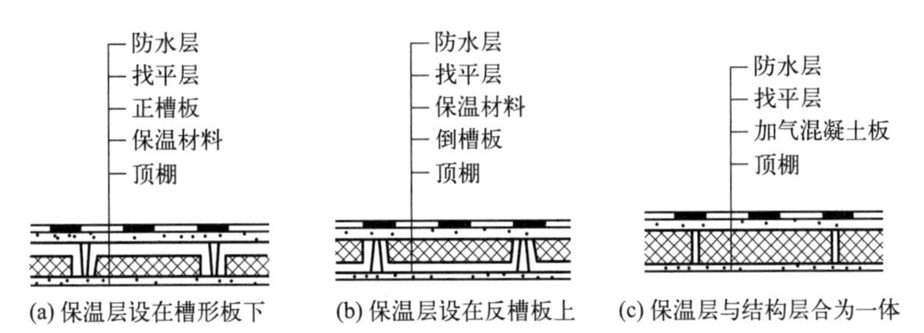

图 7-118　保温层与结构层的结合

为保证建筑物室内有良好的学习、工作和生活的环境，在我国南方地区，屋顶的隔热是建筑物必须采取的措施。常采用的构造做法有通风隔热屋顶、蓄水隔热屋顶、种植隔热屋顶、反射隔热屋顶等。通风隔热屋顶根据通风层与结构层的位置的不同分为两类：一类是通风层在结构层之下，通过设置吊顶棚，在檐墙上设一定数量的通风口，使得顶棚内空气能迅速对流，顶棚通风层应有足够的净空高度，一般为 500mm，如图 7-119(a) 所示；另一类是通风层设于屋面结构层上，通过设置架空层，并在其周边设一定数量的通风孔，让架空层中的空气自由流通，将热量源源不断地带走，如图 7-119(b) 所示，架空层的净高随屋面宽度和坡度增大而增大，但不宜过高，否则架空层内风速会变小。

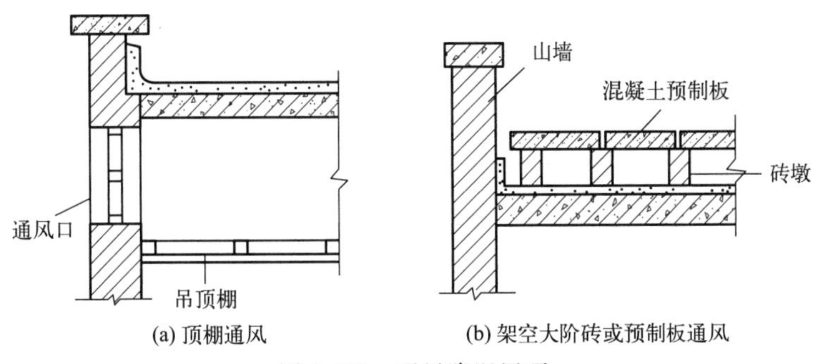

图 7-119　通风降温屋顶

在屋顶建蓄水池也是解决屋顶隔热问题的一种方式。水的蓄热和蒸发，可以消耗照射在屋顶的太阳辐射热，同时蓄水屋顶对防水层和屋盖结构起到了有效的保护，延缓了防水层的老化，但它对屋顶的防水有效性和耐久性要求较高，否则引起渗漏很难修补。蓄水屋顶适宜的水层深度为 150～200mm，蓄水屋顶的坡度不宜大于 0.5%。蓄水屋顶的分格缝不宜大于 10m，如图 7-120 所示。

在平屋顶上种植植物，借助栽培介质隔热及植物吸收阳光进行光合作用和遮挡阳光的双重功效可达到降温隔热的目的，如图 7-121 所示。一般种植隔热屋顶是在屋顶防水层上铺设种植土，栽培植物。种植屋顶的结构层宜采用现浇钢筋混凝土，种植土宜选用改良土或无机

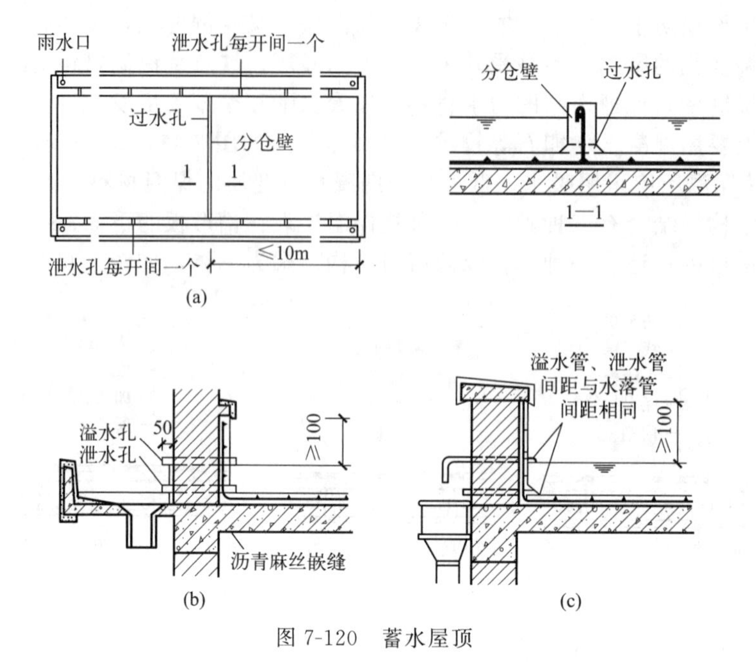

图 7-120 蓄水屋顶

复合种植土，防水层采用两道或两道以上防水设防，最上道防水层必须采用耐根穿刺防水材料。当屋面坡度大于20%时，其防水层、排水层、种植土层等应采取防滑措施。常年有六级风以上地区的屋顶，不宜种植大型乔木。种植介质四周需增设挡墙，挡墙下部应设泄水孔。

7.6.3 坡屋顶构造

坡屋顶利用屋面坡度进行排水，当雨水集中到檐口处时，可以无组织排水，也可以有组织排水（内排水或外排水）。坡屋顶的坡面交接形成屋脊、斜脊、斜沟，如图 7-122 所示。

图 7-121 种植屋顶

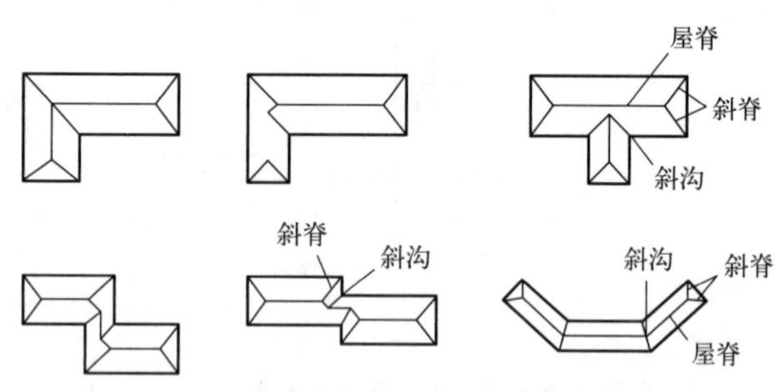

图 7-122 坡屋顶坡面组织示意图

7.6.3.1 坡屋顶的承重结构

坡屋顶的承重结构形式主要有横墙承重、梁架承重、屋架承重等（图 7-123）。横墙承重又叫山墙支承，是把承重横墙做成山尖状来支承檩条。梁架承重即所谓“四梁八柱”的传统建筑形式，它由柱和梁组成，檩条置于梁上，承受屋面荷载，墙体只起围护和分隔作用。屋架承重是指由一组杆件在同一平面内互相结合而成的桁架，其上搁置承重构件（如檩条）来承受屋顶荷载的结构方式（图 7-124）。

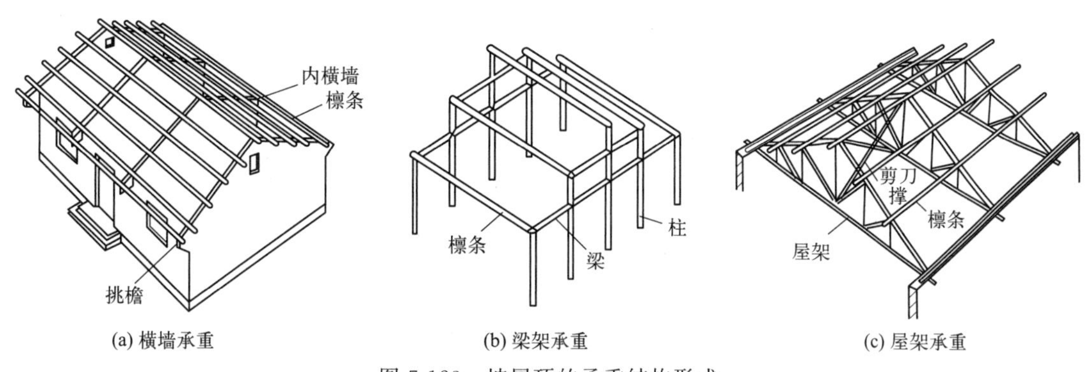

(a) 横墙承重　　(b) 梁架承重　　(c) 屋架承重

图 7-123　坡屋顶的承重结构形式

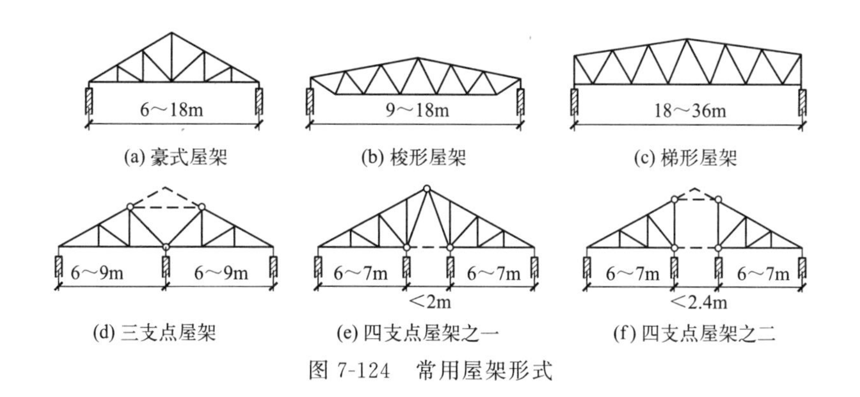

(a) 豪式屋架　　(b) 梭形屋架　　(c) 梯形屋架

(d) 三支点屋架　　(e) 四支点屋架之一　　(f) 四支点屋架之二

图 7-124　常用屋架形式

根据屋面结构中檩条（或称“檩”）是否存在，坡屋顶可分为有檩体系与无檩体系。檩条是一种水平放置在屋架或屋梁上的构件，用于支承屋面板或屋顶瓦片等（图 7-125）。

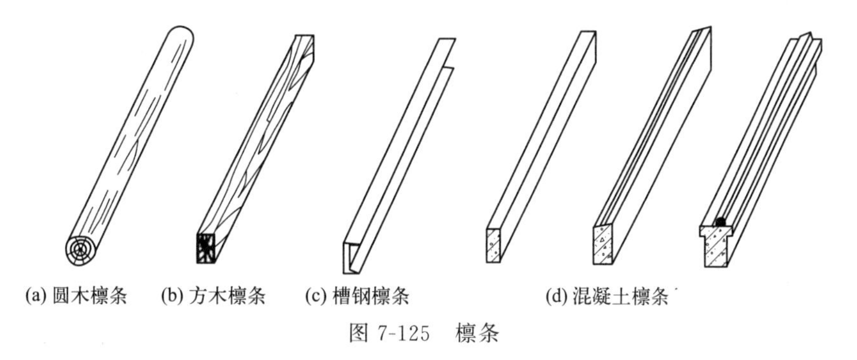

(a) 圆木檩条　(b) 方木檩条　(c) 槽钢檩条　　(d) 混凝土檩条

图 7-125　檩条

在有檩体系中，檩条是主要的承重构件，屋面板或瓦片直接铺设在檩条上。檩条将屋面板的荷载传递给下部的屋架或梁柱。有檩体系结构简单，易于施工，常见于传统的钢结构、木结构或轻钢结构的房屋中，如图 7-126(a) 所示。在大风地区，可以通过减小檩距、增加螺钉数量来提高抗风性能。有檩体系常用于工业厂房、仓库、住宅等建筑。

在无檩体系中，不使用檩条，屋面板直接铺设在主要的结构构件（如钢筋混凝土屋面板、钢梁或钢架）上，或者使用大跨度的屋面板将荷载直接传递给下部的支撑构件，如图 7-126(b) 所示。无檩体系施工速度较快，结构更为简洁。屋面板一般具有较高的刚度和承载力，能够直接跨越较大的跨度。无檩体系常用于大跨度的工业厂房、体育馆、大型会展中心等建筑。

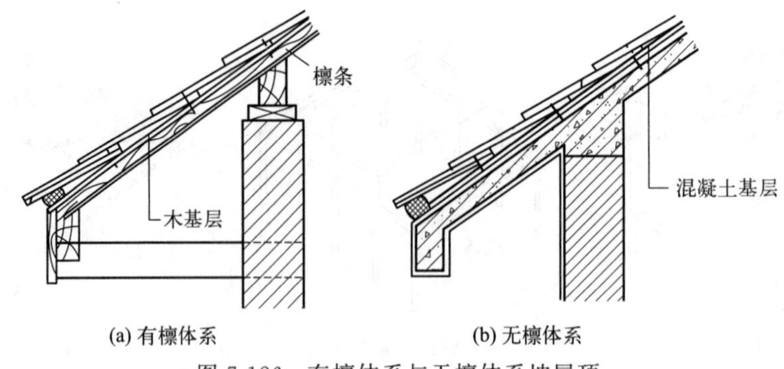

图 7-126 有檩体系与无檩体系坡屋顶

7.6.3.2 坡屋顶的屋面构造

坡屋顶一般利用各种瓦材，如平瓦、波形瓦、小青瓦、金属瓦、彩色压型钢板等作为屋顶防水材料。

(1) 冷摊瓦屋面

冷摊瓦屋面广泛应用于传统建筑、古建筑修缮、园林建筑以及一些重视屋面美观和传统风格的现代建筑中。与热摊法不同，冷摊瓦屋面在施工过程中不需要加热设备，瓦片在自然环境温度下直接铺设在屋面上。如图 7-127 所示，施工时先在檩条上顺水流方向钉木椽条，形成顺水条，断面一般为 40mm×60mm 或 50mm×50mm，中距 400mm 左右；然后在顺水条上垂直于水流方向钉挂瓦条，挂瓦条的断面尺寸一般为 30mm×30mm，中距 330mm，最后盖瓦。

(2) 木望板平瓦屋面

这种屋面由于有木望板和油毡，避风保温效果优于前一种做法。其构造方法是先在檩条上铺钉 15～20mm 厚木望板，然后在望板上干铺一层油毡，油毡须平行于屋脊铺设并顺水流方向钉木压毡条，压毡条又称为顺水条，其断面尺寸为 30mm×15mm，中距 500mm。如图 7-128 所示，挂瓦条平行于屋脊钉在顺水条上面，其断面和中距与冷摊瓦屋面相同。

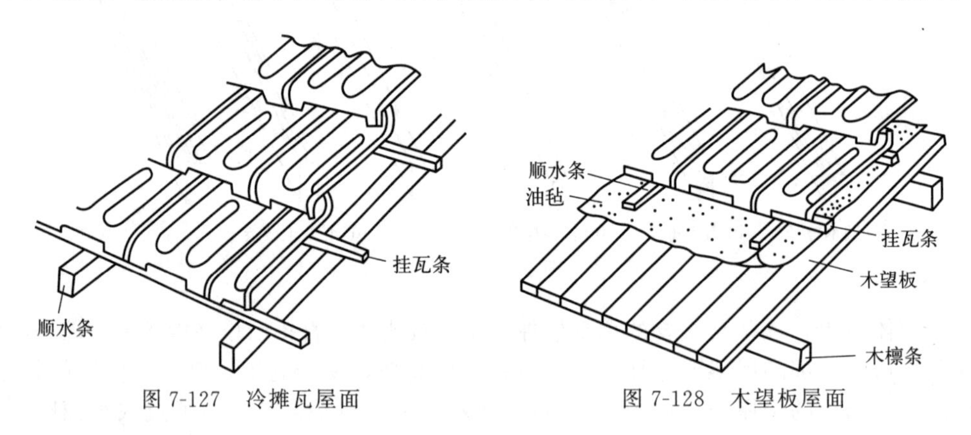

图 7-127 冷摊瓦屋面　　图 7-128 木望板屋面

(3) 钢筋混凝土挂瓦板平瓦屋面

目前最常用的是大面积现浇钢筋混凝土坡屋面，即用钢筋混凝土浇筑坡屋顶板，板面上做防水卷材层再贴接各种瓦材和面砖（图 7-129）。屋面从下至上大致可分为：结构层、找平层、防水隔热层、屋面瓦等 4 大构造层，各构造层的质量好坏都与屋面渗漏与否密切相关。①结构层：现浇钢筋混凝土板，是屋面的主体结构。②找平层：用以找平结构，形成坚硬平整表面，以便防水隔热层的施工。找平层施工时的质量好坏，将直接影响防水隔热层的质量。③防水隔热层：其实是隔热层和防水层 2 层，质量与各自的施工工艺及材料好坏有很大关系，如果质量不佳产生裂缝会导致屋面渗漏。④屋面瓦：贴于坡屋面外表面，起到美化立面及防水、防渗作用。若瓦片抗渗、抗冻、吸水等性能不佳，尺寸控制不严，瓦接缝不严等都会造成屋面渗漏。

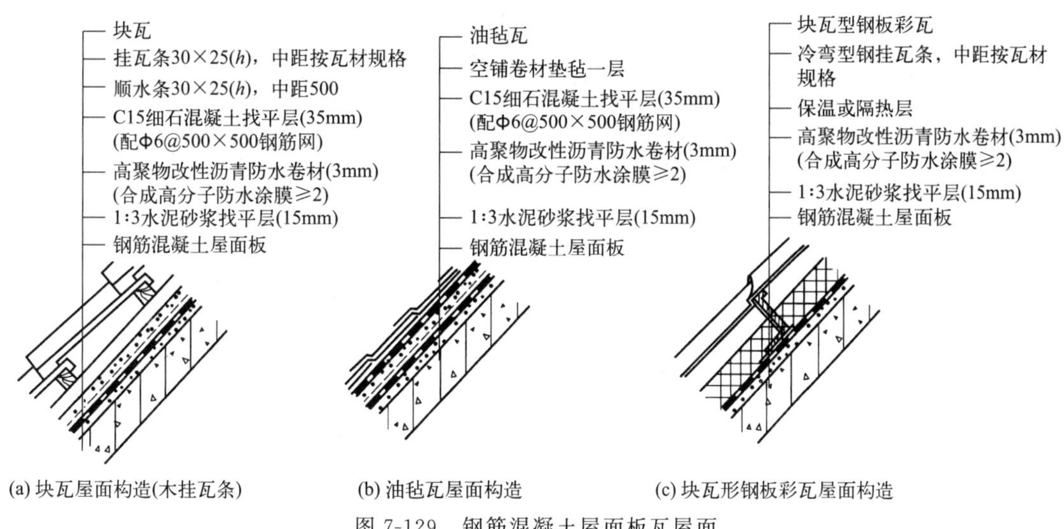

图 7-129　钢筋混凝土屋面板瓦屋面

挂瓦板为预制或现浇钢筋混凝土构件，板肋根部预留有泄水孔，可以排出瓦缝渗下的雨水。钢筋混凝土挂瓦板平瓦屋面的构造可分为以下两种：①将断面形状呈倒 T 形或 F 形的预制钢筋混凝土挂瓦板固定在横墙或屋架上，然后在挂瓦板的板肋上直接挂瓦，如图 7-130 所示；②采用钢筋混凝土屋面板作为屋顶的结构层，上面固定挂瓦条挂瓦，或用水泥砂浆、麦秸泥等固定平瓦，如图 7-131 所示。

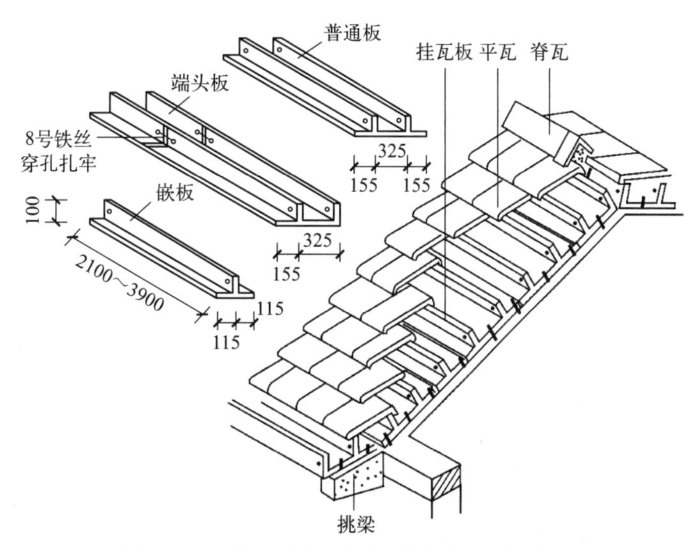

图 7-130　倒 T 形挂瓦板钢筋混凝土平瓦屋面

（4）金属板屋面

金属板屋面是用镀锌钢板或铝合金板做防水层的一种屋面，主要用于大跨度建筑的屋面。彩色压型钢板屋面简称彩板屋面，是最常用的金属板屋面。它不仅自重轻、强度高，而且主要采用螺栓连接，不受季节气候的影响，安装方便。根据彩板的功能、构造分为单层彩板和保温夹心彩板。单层彩板屋顶是将彩色压型钢板直接支承于檩条上，一般为槽钢、工字钢或轻钢檩条。檩条间距视屋顶板型号而定，一般为 1.5～3.0m。屋顶板的坡度大小与降雨量、板型号、拼缝方式有关，一般不小于 3°。单层彩板屋顶构造如图 7-132 所示。

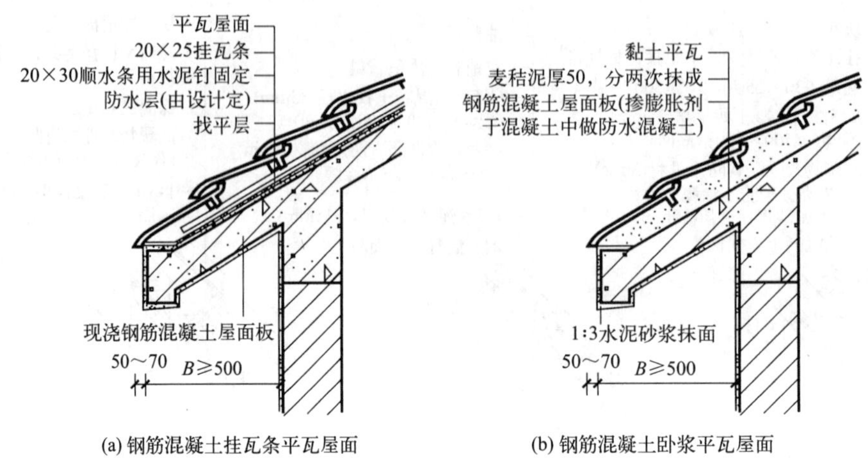

(a) 钢筋混凝土挂瓦条平瓦屋面　　(b) 钢筋混凝土卧浆平瓦屋面

图 7-131　钢筋混凝土屋面板基层平瓦屋面

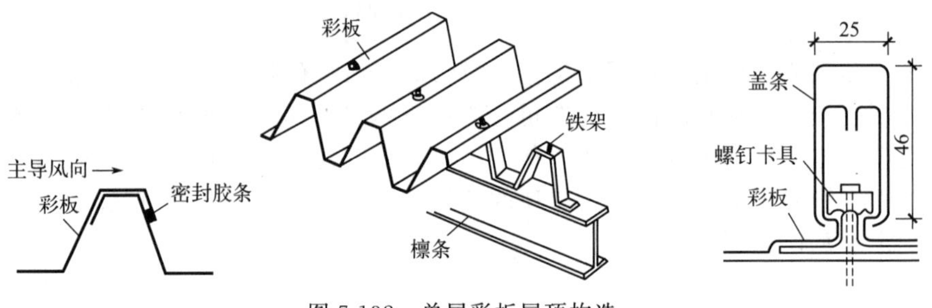

图 7-132　单层彩板屋顶构造

保温夹心板是由彩色涂层钢板作表层，聚苯乙烯泡沫塑料或硬质聚氨酯泡沫作心材，通过加压加热固化制成的夹心板，是具有防寒、保温、体轻、防水、装饰、承力等多种功能的高效结构材料，主要适用于公共建筑、工业厂房的屋顶。在运输、安装许可条件下，应采用较长尺寸的夹心板，以减少接缝、防止渗漏和提高保温性能，但一般不宜大于 9m。一般情况下，应使每块板至少有三个支承檩条，以保证屋顶板不发生翘曲。保温夹心彩色压型钢板屋顶构造如图 7-133 所示。

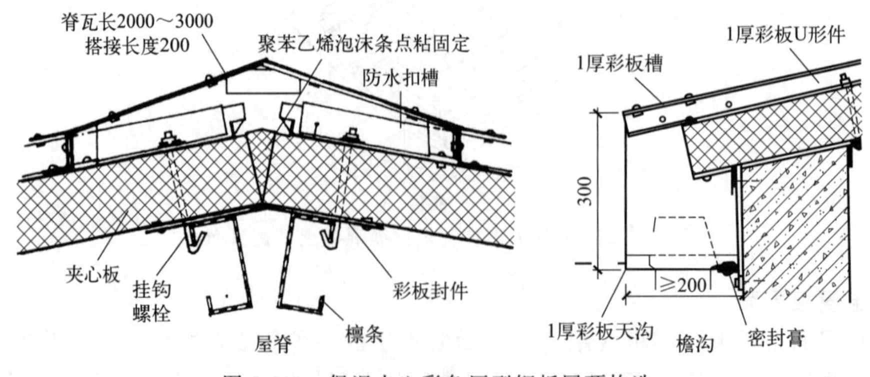

图 7-133　保温夹心彩色压型钢板屋顶构造

7.6.4　屋顶细部构造

为保证柔性防水屋顶的防水性能，对可能造成渗漏的防水薄弱环节，应采取加强措施，屋顶上应采取措施的构造主要包括泛水、檐口、天沟、雨水口、检修口等细部。

(1) 泛水构造

泛水指屋顶上沿所有垂直面所设的防水构造。凸出于屋面之上的女儿墙、烟囱、楼梯间、变形缝、检修孔、立管等的壁面与屋面的交接处是最容易漏水的地方，必须将屋面防水层延伸到这些垂直面上，形成立铺的防水层，称为泛水。

在屋面与垂直面交接处的水泥砂浆找平层应抹成直径不小于 150mm 的圆弧形或 45°斜面，上刷卷材黏结剂。屋面的卷材防水层继续铺至垂直面上，在弧线处使卷材铺贴牢固，以免卷材架空或折断，直至泛水高度不小于 250mm，形成卷材泛水，其上再加铺一层附加卷材。做好泛水上口的卷材收头固定，防止卷材在垂直墙面上下滑动渗水。可在垂直墙中预留凹槽或凿出通长凹槽，将卷材的收头压入槽内，用防水压条钉压后再用密封材料嵌填封严，外抹水泥砂浆保护。凹槽上部的墙体则用防水砂浆抹面。女儿墙柔性防水泛水构造如图 7-134 所示。

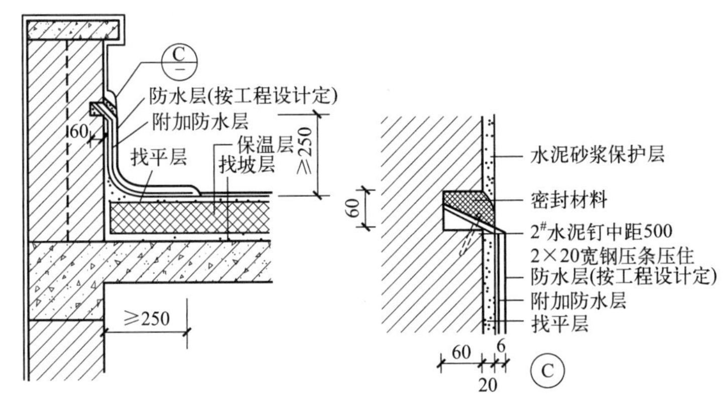

图 7-134　柔性防水泛水构造

(2) 挑檐口构造

挑檐口是没有女儿墙屋面防水层的收头处，此处的构造处理方法与檐口的形式有关。挑檐口的形式由屋面的排水方式和建筑物的立面造型要求确定。挑檐口不宜直接采用屋顶楼板外悬挑，因其温度变形大，易使檐口抹灰砂浆开裂，可采用与圈梁整浇的混凝土挑板。在檐口 800mm 范围内的卷材应采取满贴法，为防止卷材收头处粘贴不牢而出现漏水，应在混凝土檐口上用细石混凝土或水泥砂浆先做一凹槽，然后将卷材贴在槽内，将卷材收头用水泥钉钉牢，上面用防水油膏嵌填，挑檐口构造如图 7-135 所示。

(3) 有组织排水天沟

屋顶上的排水沟称为天沟，有两种设置方式，一种是利用屋顶倾斜坡面的低洼部位做成三角形断面天沟，另一种是用专门的槽形板做成矩形天沟。采用女儿墙外排水的民用建筑一般进深不大，因此采用三角形天沟的较为普遍。沿天沟长向需用轻质材料垫成 0.5%～1% 的纵坡，使天沟内的雨水迅速排入雨水口。天沟部位应沿天沟中心线增设防水垫层附加层，宽度不小于 1000mm，防水垫层和瓦材应顺流水方向铺设，如图 7-136 所示。多雨地区或跨度大的房屋，为了增加天沟的汇水量，常采用断面为矩形的天沟即钢筋混凝土预制天沟板取代屋顶板，天沟内也需设纵向排水坡。防水层应铺到高处的墙上形成泛水。

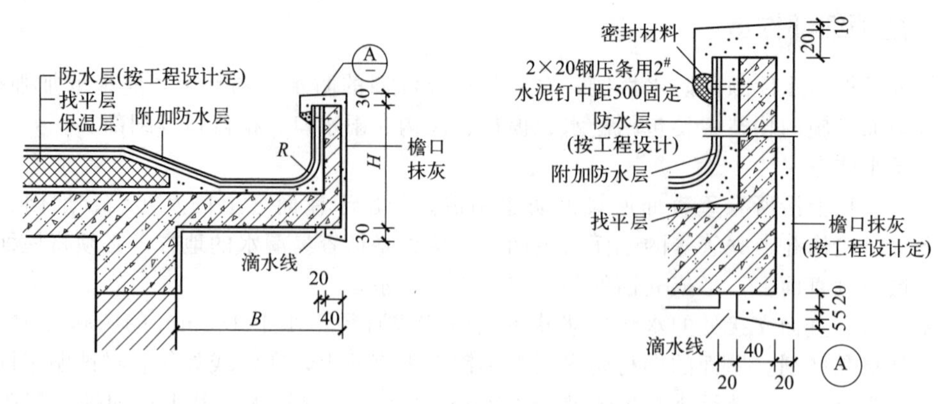

图 7-135 无组织落水挑檐口构造

(4) 雨水口构造

雨水口有水平雨水口（设在天沟、檐沟底部）和垂直雨水口（设在女儿墙上）两种，如图 7-137 所示。雨水口采用铸铁或塑料制品的漏斗形定型配件，上设格栅罩。雨水口周围直径 500mm 范围内坡度不应小于 5%，并应用防水涂料或密封材料涂封，其厚度不应小于 2mm，水平雨水口与基层接触处应留宽 20mm、深 20mm 的凹槽，嵌填密封材料。

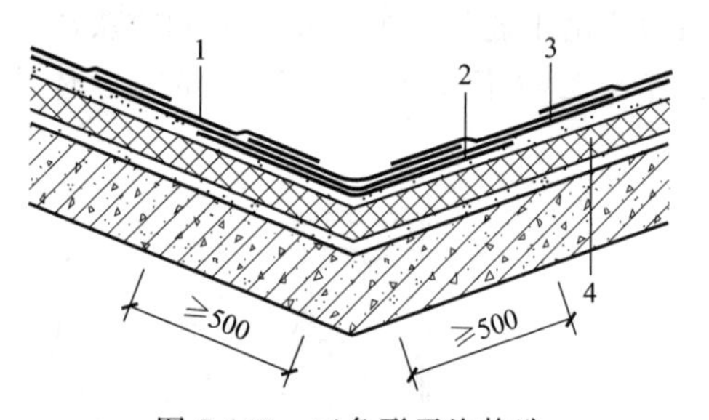

图 7-136 三角形天沟构造

1—沥青瓦；2—附加层；3—防水垫层；4—保温层

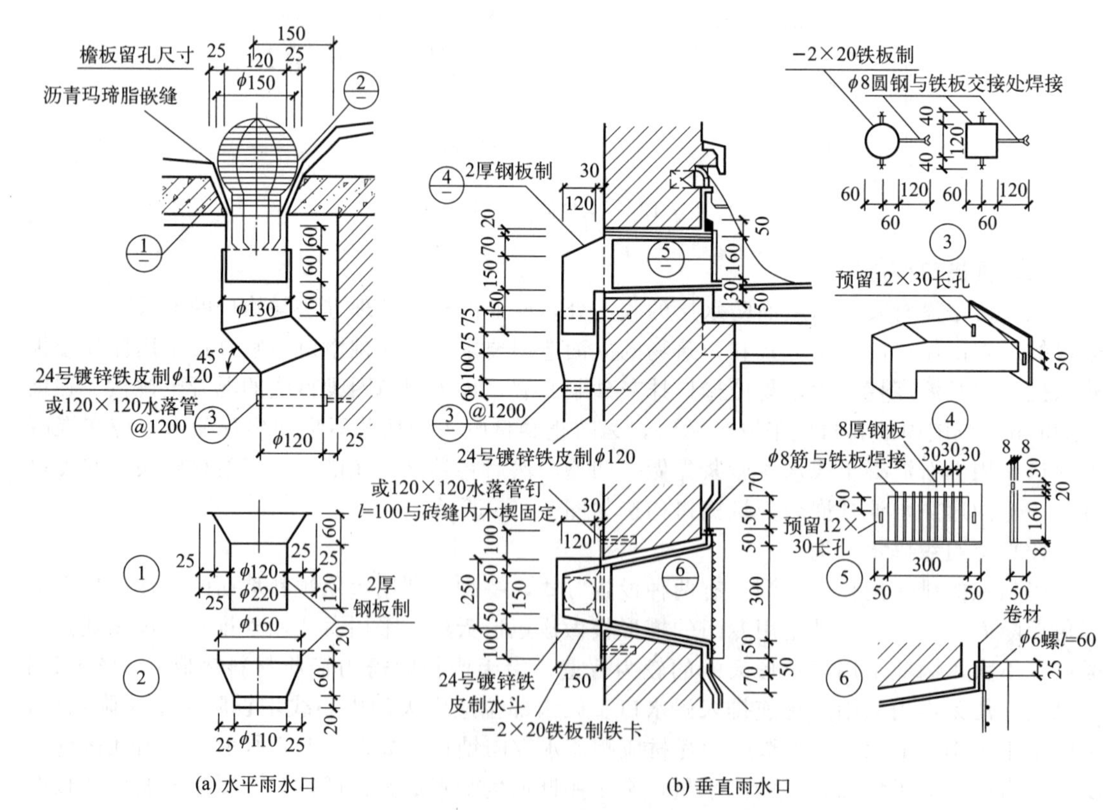

图 7-137 雨水口构造

(5) 屋脊构造

屋脊防水是屋顶防水系统中的一个关键环节，主要用于防止雨水从屋顶的最高点渗入室内。因此屋脊部位在做面层保护前，还应增设附加防水层，宽度不小于 250mm，附加防水层应完整覆盖屋脊两面，并应顺流水方向铺设和搭接，如图 7-138 所示。

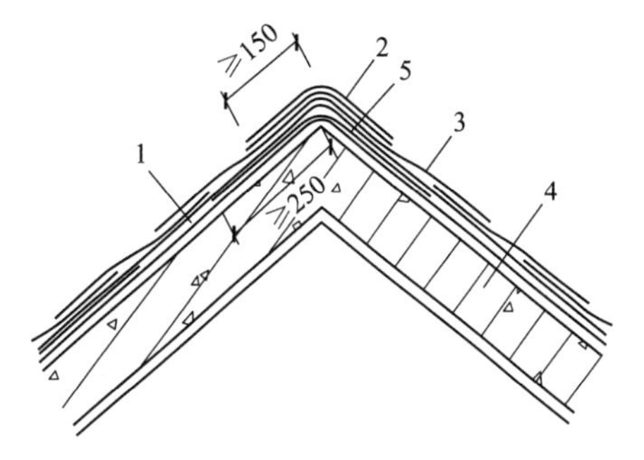

图 7-138　钢筋混凝土沥青瓦屋面屋脊构造
1—防水垫层；2—脊瓦；3—沥青瓦；
4—结构层；5—附加层

(6) 不上人屋顶检修孔、上人屋顶出入口构造

不上人屋顶须设屋顶检修孔。检修孔的尺寸应足够大，允许工人携带必要的工具方便地进出，较常见的标准尺寸有 450mm×450mm、500mm×500mm、600mm×600mm。检修孔四周的孔壁可用砖立砌，现浇屋顶板时可用混凝土上翻制成，其高度一般为 300mm，壁外侧的防水层应做成泛水并将卷材用镀锌钢板盖缝钉压牢固，如图 7-139 所示。

直达屋顶的楼梯间，室内地坪应高于上人屋顶顶面标高（防止雨水倒灌），若不满足时应设门槛，屋顶与门槛交接处的构造可参考泛水构造，上人屋顶出入口构造如图 7-140 所示。

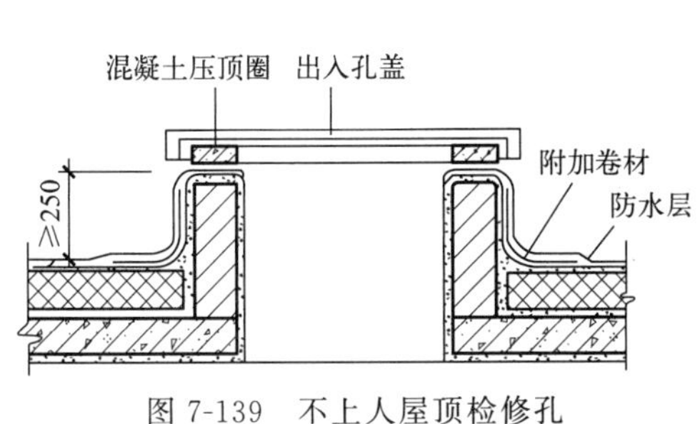

图 7-139　不上人屋顶检修孔

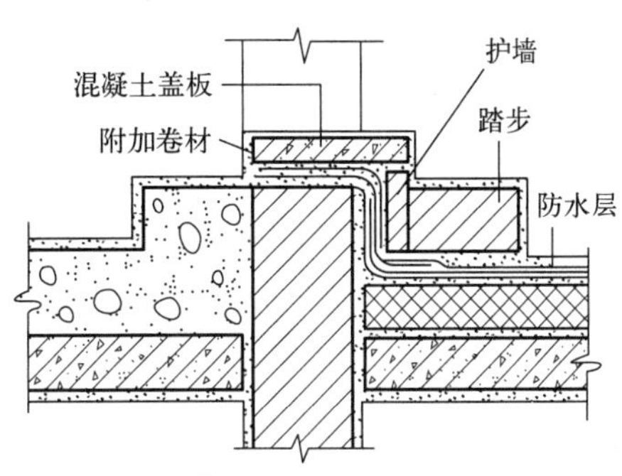

图 7-140　上人屋顶出入口构造

7.6.5　屋顶排水组织设计

屋顶排水组织设计是把屋顶划分成若干个排水区，将各区的雨水分别引向各雨水管，使排水线路短捷，雨水管负荷均匀，排水顺畅。如果屋顶没有划分排水区，大面积的雨水可能集中排向某一处，导致排水口或排水沟阻塞，从而出现排水不畅、倒灌等问题。因此屋顶须有适当的排水坡度，设置必要的天沟、雨水管和雨水口，并合理地确定这些排水装置的规格、数量和位置，最后将它们标绘在屋顶平面图上，这一系列的工作就是屋顶排水组织设计。

屋顶排水组织设计步骤如下：

(1) 确定排水方式

了解当地的降雨量、降雨强度、风速等气候条件，明确适合的排水系统。严寒地区应采用内排水，高层及寒冷地区的屋面宜采用内排水，多层屋面宜采用有组织排水。少雨地区的低层及屋檐高小于 10m 的屋面可采用无组织排水。确定屋顶的类型，如平屋顶、坡屋顶。分析屋顶结构的覆面系统材料，如瓦屋面、金属屋面还是玻璃屋面，不同类型的屋顶需要不同的排水方案。多跨及汇水面积较大的屋面宜采用中间天沟排水，中间天沟排水时可采用中间内排水和两端外排水。常用的有组织外排水方式如图 7-141 所示，有组织内排水方式如图 7-142 所示。

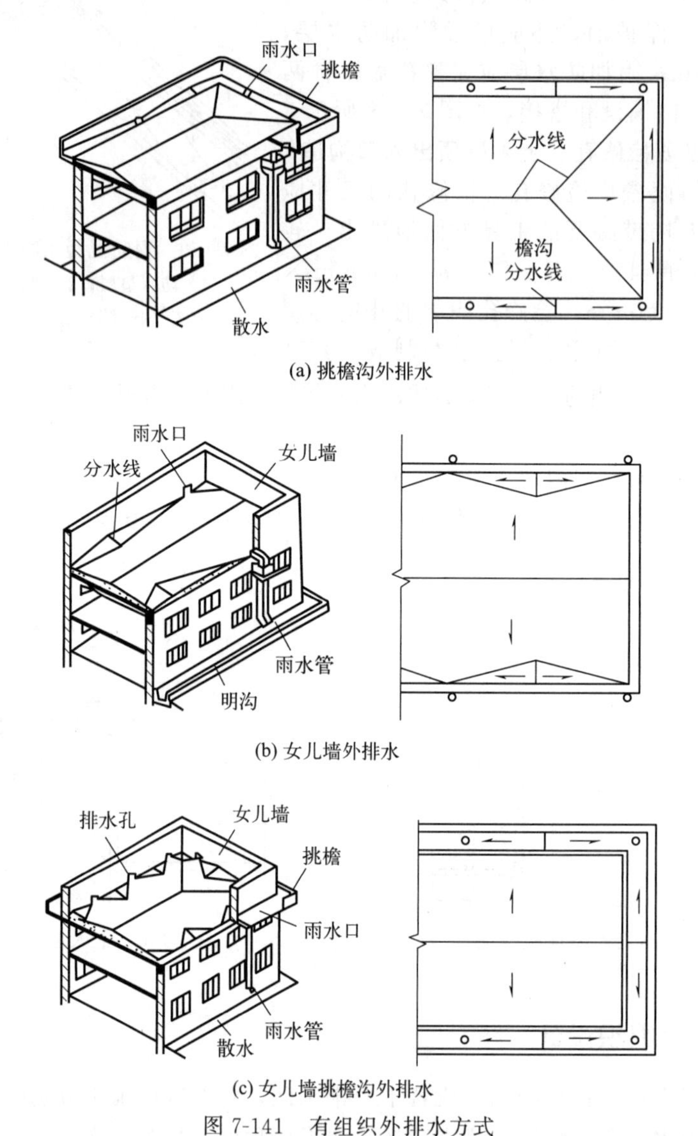

图 7-141　有组织外排水方式

(2) 确定排水坡面的数目

有组织排水应根据屋顶的形状、尺寸、地面排水方向或地下排水管位置以及建筑周围环境等条件综合安排。一般平屋顶进深不超过 12m 的房屋或临街建筑，可采用单坡排水；进深超过 12m 时，为了不使水流的路线过长，宜采用双坡或四坡排水。

(3) 划分排水区域

划分排水区域的目的是便于均匀地布置雨水管。排水区域的大小一般按一个雨水口负担 $200m^2$ 屋顶面积的雨水考虑，屋顶面积按水平投影面积计算，如图 7-143 所示。

(4) 确定檐沟断面大小和檐沟纵坡的坡度值

檐沟即屋顶上的排水沟，位于外檐边。檐沟的功能是汇集和迅速排除屋顶雨水，故其断面大小应恰当，沟底沿长度方向应设纵向排水坡，简称檐沟纵坡。檐沟纵坡的坡度通常为

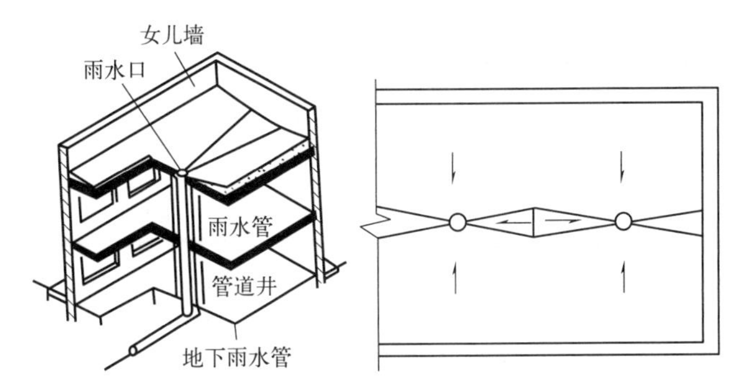

(a) 中间天沟内排水

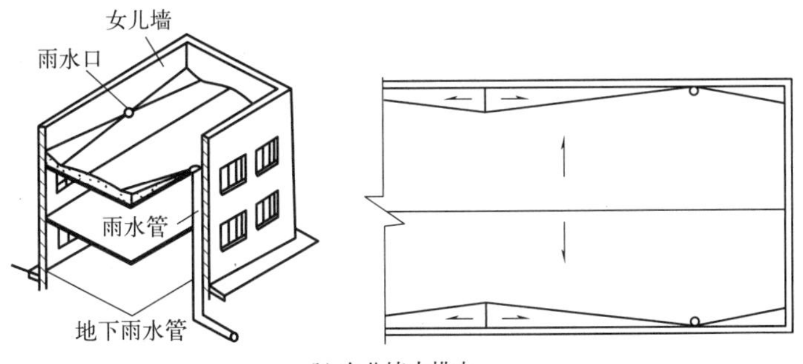

(b) 女儿墙内排水

图 7-142 有组织内排水方式

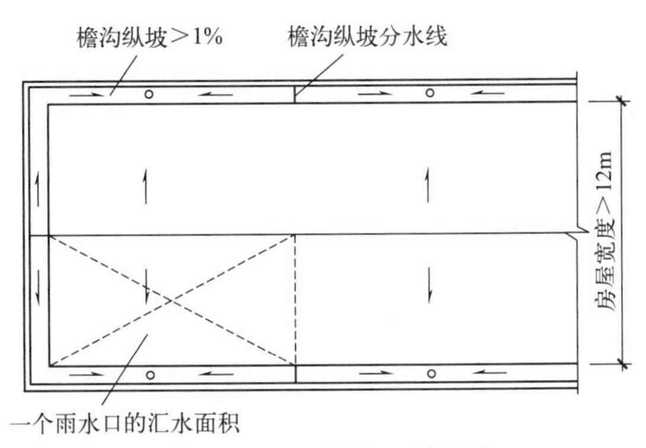

图 7-143 屋顶排水区域划分

0.5%～1%；平屋顶沿横向方向排水横坡的坡度通常为1%～5%。檐沟的净断面尺寸应根据降雨量和汇水面积的大小来确定，一般建筑的檐沟净宽不应小于200mm，檐沟上口至分水线的距离不应小于120mm。

(5) 雨水管的规格及间距

根据排水区的面积和雨水量计算排水设施的数量和规格。常见的雨水管材料有PVC管、玻璃钢管、金属管等。雨水管直径有50mm、75mm、100mm、125mm、150mm、200mm等多种规格。民用建筑雨水管多用100mm。雨水管的数量与雨水口相等。雨水管的间距不宜超过18m，最大间距不宜超过24m，以防垫置纵坡过厚而增加屋顶荷载或雨水从檐沟外侧涌出。考虑上述各事项后，即可较为顺利地绘制屋顶平面图。如图7-144所示，是挑檐沟外排水的平面和立面图中雨水管的布置。

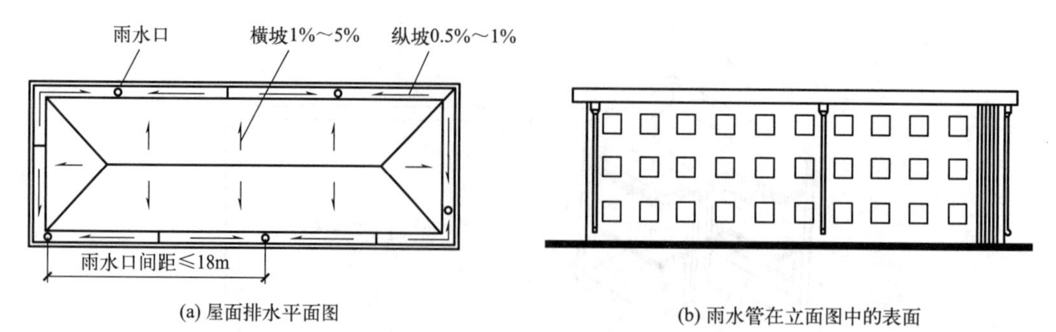

(a) 屋面排水平面图

(b) 雨水管在立面图中的表面

图 7-144 雨水口的布置

数字化设计：Revit 屋顶创建步骤

在 Revit 中创建屋顶的操作步骤如下（可扫描二维码观看完整教学视频）：

1. 创建迹线屋顶：

（1）选择视图：打开平面视图。

（2）使用屋顶工具：在“建筑”选项卡中，点击“屋顶”下的“迹线屋顶”工具。

（3）选择屋顶类型：在“属性”面板中选择适合的屋顶类型。

（4）绘制屋顶边界：使用“画线”或“拾取墙体”工具在平面图中绘制屋顶的轮廓。

（5）设置屋顶高度：在“属性”面板中设置屋顶的高度和倾斜度。

（6）确认生成屋顶：完成边界绘制后，点击“完成”以生成迹线屋顶。

（7）添加屋檐和细节：根据需要添加屋檐、排水沟等细节。

（8）检查与调整：在三维视图中检查屋顶的效果，必要时进行调整，并保存。

2. 创建拉伸屋顶：

（1）选择视图：打开立面视图。

（2）使用屋顶工具：在“建筑”选项卡中，点击“屋顶”下的“拉伸屋顶”工具。

（3）选择屋顶类型：在“属性”面板中选择所需的屋顶类型。

（4）绘制屋顶边界：使用“画线”工具在平面图中绘制拉伸屋顶的边界轮廓。

（5）定义屋顶高度：在“属性”面板中设置屋顶的高度和坡度。

（6）确认生成屋顶：完成边界绘制后，点击“完成”以生成拉伸屋顶。

（7）调整屋顶细节：根据需要添加屋檐、排水沟或其他细节。

（8）检查与调整：在三维视图中检查屋顶效果，必要时进行调整，并保存。

7.7 门窗

门和窗均是建筑物重要的组成部分。门在建筑中的作用主要是交通联系，并兼有采光、通风的作用；窗在建筑物中主要起采光兼有通风的作用。它们均属建筑的围护构件。门窗的形状、尺度、排列组合以及材料，对建筑的整体造型和立面效果影响很大。在构造上门窗还应具有一定的保温、隔声、防雨、防火、防风沙等能力，并且要开启灵活、关闭紧密、坚固耐久、便于擦洗，以降低成本和适应建筑工业化生产的需要。在实际工程中，门窗的制作生产已具有标准化、规格化和商品化的特点，各地都有标准图供设计者选用。

无论门窗的形式、材质如何，基本的设计要求包括以下几点：①防风雨、保温、隔声；②开启灵活、关闭紧密；③便于擦洗和维修方便；④坚固耐用，耐久性好；⑤美观、经济性好；⑥符合《建筑模数协调标准》的要求。

7.7.1　门窗的类型与组成

7.7.1.1　门的类型和尺寸

(1) 门的类型

根据门的使用材料可分为木门、钢门、铝合金门、塑钢门、彩板门等；根据门的开启方式可分为平开门、弹簧门、推拉门、折叠门、转门等，如图 7-145 所示。

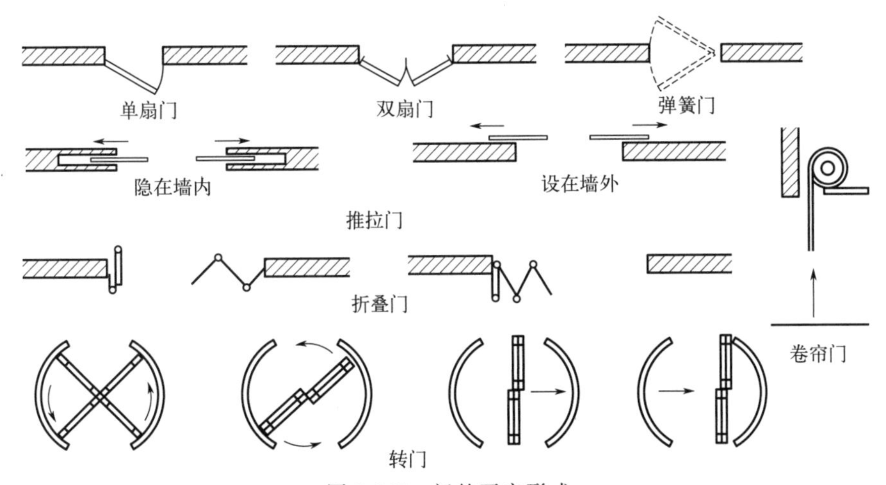

图 7-145　门的开启形式

平开门具有构造简单、开启灵活、制作安装和维修方便等特点。有单扇、双扇和多扇，内开和外开等形式，是建筑中使用最广泛的门。

弹簧门的形式与普通平开门基本相同，不同的是用弹簧铰链或用地弹簧代替普通铰链，开启后能自动关闭。单向弹簧门常用于有自动关闭要求的房间，如卫生间的门、纱门等。双向弹簧门多用于人流出入频繁或有自动关闭要求的公共场所，如公共建筑门厅的门等。双向弹簧门扇上通常应安装玻璃，供出入的人相互观察，以免碰撞。

推拉门开启时门扇沿上下设置的轨道左右滑行，通常为单扇和双扇，开启后门扇可隐藏于墙内或悬于墙外。开启时不占空间，受力合理，不易变形，但难以严密关闭，构造亦较复杂，较多用作工业建筑中的仓库和车间大门。在民用建筑中，一般采用轻便推拉门分隔居室内部空间。

折叠门门扇可拼合，折叠推移到门洞口的一侧或两侧，减少占用的房间使用面积。一侧两扇的折叠门，可以只在侧边安装铰链，一侧三扇以上的还要在门的上边或下边安装导轨及转动五金配件。

转门是三扇或四扇门用同一竖轴组合成夹角相等、在弧形门套内水平旋转的门，对防止内外空气对流有一定的作用。它可以作为人员进出频繁，且有采暖或空调设备的公共建筑的外门，但不能作为疏散门。在转门的两旁还应设平开门或弹簧门，以便在不需要空调的季节或大量人流疏散时使用。转门构造复杂，造价较高，常见于各类高级宾馆入口。

卷帘门是由很多金属叶片连接而成的门，开启时，门洞上部的转轴将金属叶片向上卷起。它的特点是开启时不占使用面积，但加工复杂，造价高，常用于不经常开关的商业建筑的大门。

（2）门的尺度

门扇的宽度和高度取决于人的通行要求、家具器械的搬运要求及与建筑物的比例关系等，并要符合现行《建筑模数协调标准》的规定。一般民用建筑门的高度不宜小于2100mm。如门设有亮子（固定玻璃）时，亮子高度一般为300～600mm，公共建筑大门高度可视需要适当提高。门的宽度：单扇门为700～1000mm，双扇门为1200～1800mm。宽度在2100mm以上时，则多做成三扇、四扇门或双扇带固定扇的门。为了使用方便，一般民用建筑门（木门、铝合金门、塑料门等）均编制成标准图，在图上注明类型及有关尺寸，设计时可按需要直接选用。

7.7.1.2 窗的类型和尺寸

（1）窗的分类

根据框料不同可分为木窗、钢窗、铝合金窗及塑钢窗等。按照开启方式有固定窗、平开窗、推拉窗、悬窗、立转窗等形式，如图7-146所示。

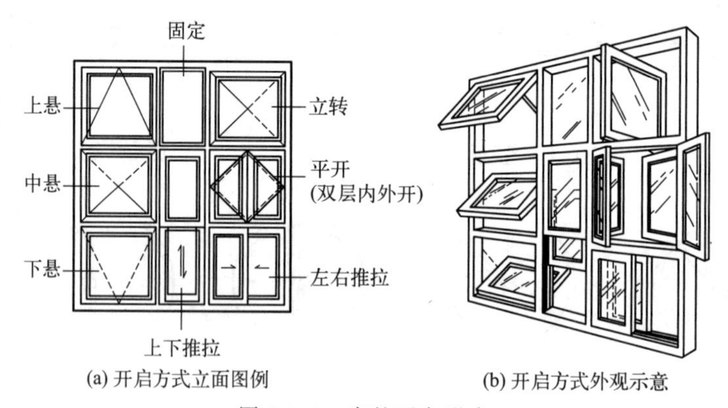

(a) 开启方式立面图例　　(b) 开启方式外观示意

图7-146　窗的开启形式

平开窗有内开和外开之分。它构造简单，制作、安装、维修、开启等都比较方便，在建筑中应用较广泛。

悬窗根据旋转轴的位置不同，分为上悬窗、中悬窗和下悬窗。上悬窗和中悬窗一般向外开，防雨效果好，且有利于通风，尤其用于高窗，开启较为方便；下悬窗防雨效果差，一般向内开启，占用室内空间，可防止高空坠物，应用于安全性较高的建筑。悬窗用两条交叉的线表示开启，实线表示外开，虚线表示内开，两条线交点的一侧安装铰链，两条线开口的一侧安装执手。

立转窗的窗扇可沿竖轴转动。竖轴可设在窗扇中心，也可以略偏于窗扇一侧。立转窗的通风效果好。

推拉窗分水平推拉和垂直推拉。水平推拉窗需要在窗扇上下设轨槽，垂直推拉窗要有滑轮及平衡措施。推拉窗开启时不占室内外空间，窗扇和玻璃的尺寸可以较大，但它不能全部开启，通风效果受到影响。

固定窗为不能开启的窗，主要用作采光，玻璃尺寸可以较大。

（2）窗的尺度

窗户在制作安装前需要确定窗台的高度尺寸。窗台高度与使用要求、人体尺度、家具尺寸及通风要求有关。在民用建筑中，一般的生活、学习、工作用房，窗台高度常取900～1000mm，这样窗台距桌面高度控制在100～200mm，保证了桌面上充足的光线，并使桌上纸张不致被风吹出窗外；设有高侧窗的陈列室，为消除和减少眩光，一般将窗下口提高到离地2500mm以上；厕所、浴室窗台可提高到1800mm左右；托儿所、幼儿园的窗台考虑儿童的身高和家具尺寸，高度常采用600～700mm。医院儿童病房的窗台高度也较一般民用建筑的窗台低一些。除此之外，公共建筑中的某些房间，如餐厅、休息厅等为扩大视野，丰富室内空间，常常降低窗台高度，甚至采用落地窗。需要特别强调的是，临空的窗台低于800mm时，应采取加设栏杆等防坠落安全措施，栏杆扶手顶面距底面不小于1.1m。

窗户本身的高度和宽度尺寸主要取决于房间的采光通风、构造做法和建筑造型等要求，并要符合现行《建筑模数协调标准》的规定。为使窗坚固耐久，一般平开木窗的窗扇高度为800～1200mm，宽度不宜大于500mm。上、下悬窗的窗扇高度为300～600mm，中悬窗窗扇高度不宜大于1200mm，宽度不宜大于1000mm；推拉窗高宽均不宜大于1500mm。对一般民用建筑用窗，各地均有标准图集，各类窗的高度与宽度尺寸通常采用扩大模数3M数列作为洞口的标志尺寸，需要时只要按所需类型及尺度大小直接选用即可。

7.7.2　门窗的构造

7.7.2.1　门的构造

一般门主要由门框和门扇两部分组成。门框又称门樘，由上框、中横框和边框等部分组成，多扇门还有中竖框。门扇由上冒头、中冒头、下冒头和边挺等组成。为了通风采光，可在门的上部设门亮（俗称上亮子），亮子有固定、平开及上、中、下悬等形式。门框与墙间的缝隙常用木条盖缝，称门头线，俗称贴脸板。门上还有五金零件，常见的有铰链、门锁、插销、拉手、停门器等，如图7-147所示。

7.7.2.2　窗的构造

窗主要由窗框和窗扇两部分组成。窗框又称窗樘，一般由上框、下框、中横框、中竖框及边框等组成。窗扇由上冒头、中冒头（窗芯）、下冒头及边挺组成。根据镶嵌材料的不同，有玻璃窗扇、纱窗扇和百叶窗扇等。平开窗的窗扇宽度为400～600mm，高度为800～1500mm，窗扇与窗框用五金零件连接，常用的五金零件有铰链、风钩、插销、拉手及导轨、滑轮等。窗框与墙的连接处，为满足不同的要求，有时加贴脸、窗台板、窗帘盒等，窗的构造组成如图7-148所示。门窗节能设计详见第8章8.4.3建筑外门窗节能设计。

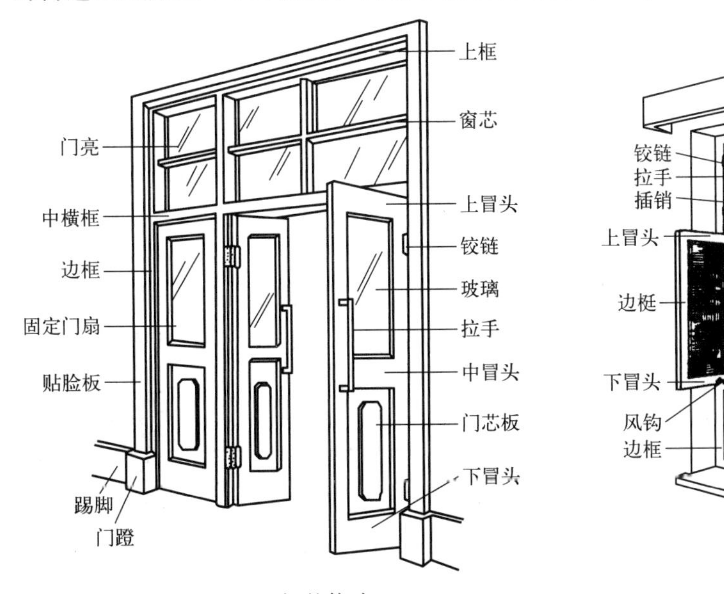

图7-147　门的构造

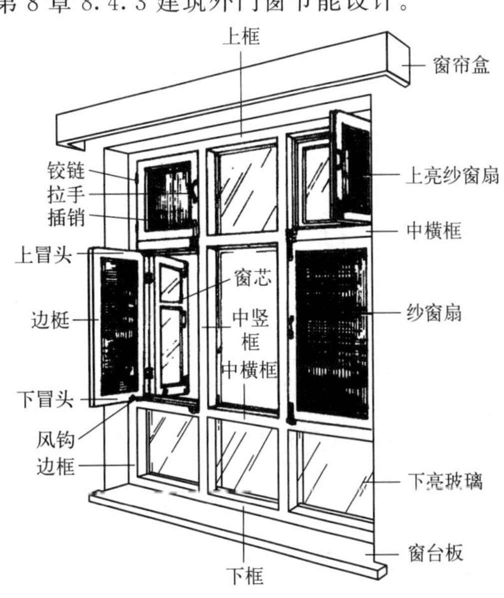

图7-148　窗的构造组成

7.7.2.3 特殊要求的门窗构造

(1) 防火门窗

防火门窗是一种特殊设计的门窗，用于在火灾发生时延缓火势和烟雾的扩散，从而保护建筑内人员的安全，为疏散赢得时间。如图 7-149(a) 所示，防火门通常用于建筑物的防火分区、疏散通道、楼梯间等关键位置。防火门窗框应与墙体固定牢固，通常用电焊或射钉枪将门窗框固定。甲、乙级防火门框上设有防烟条槽，固定后油漆前用钉和树脂胶镶嵌固定防烟条。大多数防火门配有自动关闭装置，以防止火焰和烟雾通过门口蔓延。防火门的开启方向必须面向易于人员疏散的地方。

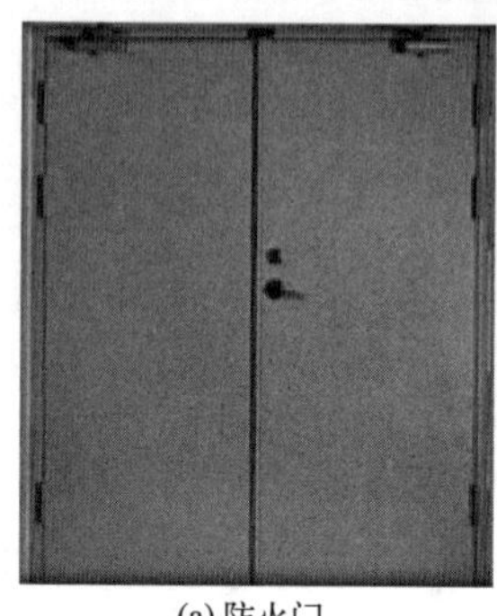
(a) 防火门

(b) 人防门

(c) 保温门

图 7-149 特殊类型的门

(2) 人防门

人防门是一种专门设计的防护门，用于人民防空工程（如地下防空洞、防空地下室等）中，主要作用是保护人员在战争或紧急情况下免受爆炸冲击波、放射性污染、化学武器和生物武器的侵害。人防门不仅具备强大的抗冲击能力，还具有气密性、防火性和防水性，如图 7-149(b) 所示。

(3) 保温门、隔声门

保温门是一种具有保温功能的门，通常用于需要隔热、保温的场所，如冷库、冷藏室、食品加工车间、实验室等。保温门要求门扇具有一定热阻值并做门缝密闭处理，故常在门扇两层面板间填以轻质、疏松的材料（如玻璃棉、矿棉等），如图 7-149(c) 所示。

隔声门是一种专门设计用于减少噪声传播的门，通常用于需要隔绝噪声的场所，如录音室、电影院、会议室、工业厂房以及医院的手术室等。隔声门的主要功能是通过阻挡空气中的声音传递，从而降低噪声对房间内部的干扰。隔声门的隔声效果与门扇的材料及门缝的密闭有关，隔声门常采用多层复合结构，即在两层面板之间填吸声材料如玻璃棉、玻璃纤维板等。

一般保温门和隔声门的面板常采用整体板材（如五层胶合板、硬质木纤维板等），并且在门缝内粘贴填缝材料，如橡胶管、海绵橡胶条、泡沫塑料条等，提高隔声、保温性能。

数字化设计：Revit 门窗创建步骤

在 Revit 中创建门窗的操作步骤如下（可扫描二维码观看完整教学视频）：

（1）选择视图：打开平面视图。

（2）使用门或窗户工具：在“建筑”选项卡中，点击“门”或“窗户”工具。

（3）选择门或窗户类型：在“属性”面板中选择所需的门或窗的类型。

（4）放置门或窗户：在墙体上点击确定门或窗户的位置，Revit 会自动生成门或窗。

（5）调整门或窗户属性：如果需要，可以在“属性”面板中调整门的尺寸、标高或窗台高度等。

（6）检查与保存：检查门或窗的显示效果，确认无误后保存项目。

7.8　变形缝

当建筑物的长度过长，平面形式曲折变化，或一幢建筑物不同部分的高度或荷载有较大差别时，建筑构件会因温度变化、地基不均匀沉降和地震等原因产生变形，甚至产生裂缝。为了预防和避免这种情况发生，可以在这些容易发生变形的地方预先留设缝隙，将建筑物分为若干个独立的部分，使其适应变形的需要，从而避免出现裂缝及破坏，这些缝隙统称为变形缝。因此，变形缝是建筑设计阶段为避免结构开裂或破坏，而提前设置的构造缝的统称。

7.8.1　变形缝的类型及设置原则

变形缝依据结构变形的发生条件，可分为伸缩缝、沉降缝和防震缝三种基本形式。通常情况下，伸缩缝的缝宽要求最小，防震缝最大。

7.8.1.1　伸缩缝

伸缩缝是为了预防温度变化对建筑物的不利影响而设置的，又叫温度缝。一般出现以下状况时可以考虑设置伸缩缝：①建筑物长度超过一定限值；②建筑平面变化较大，转折较多；③建筑结构类型变化较大。

伸缩缝要求建筑物自地面以上的全部构件在垂直方向上断开，包括墙体、楼板层、屋顶等。伸缩缝把建筑分为若干部分，以适应水平方向上的伸缩变形。基础部分因位于地下，受到的温度影响较小，一般无须断开。

伸缩缝的最大间距视不同结构类型而定，具体可查相关规范规定。根据《砌体结构设计规范》（GB 50003—2011）的要求，砌体结构伸缩缝的最大间距见表 7-5。

表 7-5　砌体房屋伸缩缝的最大间距

屋盖或楼盖类别		间距/m
整体式或装配整体式钢筋混凝土结构	有保温层或隔热层的屋盖、楼盖	50
	无保温层或隔热层的屋盖	40
装配式无檩体系钢筋混凝土结构	有保温层或隔热层的屋盖、楼盖	60
	无保温层或隔热层的屋盖	50
装配式有檩体系钢筋混凝土结构	有保温层或隔热层的屋盖	75
	无保温层或隔热层的屋盖	60
瓦材屋盖、木屋盖或楼盖、轻钢屋盖		100

根据《混凝土结构设计标准（2024 年版）》（GB/T 50010—2010）的要求，钢筋混凝土结构伸缩缝的最大间距见表 7-6。

表 7-6 钢筋混凝土结构伸缩缝最大间距

结构类别		室内或土中/m	露天/m
排架结构	装配式	100	70
框架结构	装配式	75	50
	现浇式	55	35
剪力墙结构	装配式	65	40
	现浇式	45	30
挡土墙、地下室墙壁等类结构	装配式	40	30
	现浇式	30	20

从表 7-5、表 7-6 中可以看出伸缩缝间距与墙体的类别、屋顶和楼板的类型有关。整体式或装配整体式钢筋混凝土结构，因屋顶和楼板本身没有自由伸缩的余地，当温度变化时，在结构内部产生温度应力大，因而伸缩缝间距比其他结构形式小。

7.8.1.2 沉降缝

沉降缝是为了预防地基不均匀沉降对建筑物的不利影响而设置的。沉降缝从檐口到基础断开，把建筑物分成若干个长高比较小、整体性较好、自成沉降体系的单元。一般出现以下状况时可以考虑设置沉降缝：①建筑物地基条件不同、不均匀沉降较大；②建筑物不同组成部分基础或结构类型不同；③建筑平面变化复杂，转折较多；④建筑不同组成部分高差较大、长高比过大；⑤不同时期建造的新、旧相邻建筑交界处。

此外，沉降缝可以兼作伸缩缝，当两者合二为一时，在构造设计中需考虑双重要求。沉降缝的宽度随地基情况与建筑物高度不同而异，缝宽可参考表 7-7 设置。

表 7-7 沉降缝最小宽度

地基性质	建筑物高度(H)或层数	缝宽/mm
一般地基	$H<5$m	30
	$H=5\sim10$m	50
	$H=10\sim15$m	70
软弱地基	2～3 层	50～80
	4～5 层	80～120
	5 层以上	>120
湿陷性黄土地基	—	30～70

7.8.1.3 防震缝

抗震工作必须贯彻预防为主的方针，保障人民生命财产和设备的安全。震级表示地震强度大小的等级。地震烈度表示地面及建筑物受到破坏的程度。震中区的烈度最大，叫震中烈度。一次地震只有一个震级，但不同地区烈度大小是不一样的。世界上大多数国家把烈度划分为 12 度，在 1～6 度时，一般建筑物的损失很小，而烈度在 10 度以上时，即使采取重大抗震措施也难确保安全，因此建筑工程把设防重点放在 7～9 度地区。目前，我国已经颁发了相关抗震设计规范，对防震缝的设置做出了明确规定。在地震设防烈度为 6～9 度地区，有下列情况之一时需设防震缝：①相邻建筑高差超过 6m；②建筑错层楼板高差较大；③建筑毗邻部分结构刚度、质量截然不同。防震缝是为防止抗震设防烈度为 6～9 度地区的房屋受到地震作用被破坏，按抗震要求设置的垂直缝隙。防震缝应沿建筑物全高设置，一般基础可不断开，但平面较复杂或结构需要时也可断开。防震缝一般应与伸缩缝、沉降缝协调布置，但当地震区需设置伸缩缝和沉降缝时，须按防震缝构造要求处理。

根据《建筑抗震设计标准（2024 年版）》（GB/T 50011—2010）的要求，钢筋混凝土房屋防震缝宽度应符合表 7-8 的要求，防震缝两侧结构类型不同时，宜按需要较宽防震缝的结构类型和较低房屋高度确定缝宽。

表 7-8　防震缝最小宽度

结构形式	建筑高度、设防烈度与防震缝宽度		
框架结构（包括设置少量抗震墙的框架结构）	≤15m		≥100mm
	>15m	6 度区，每增加 5m	宜加宽 20mm
		7 度区，每增加 4m	
		8 度区，每增加 3m	
		9 度区，每增加 2m	
框架-抗震墙结构	不小于框架结构对应情形的 70%，且均不宜小于 100mm		
抗震墙结构	不小于框架结构对应情形的 50%，且均不宜小于 100mm		

7.8.2　地下室变形缝

7.8.2.1　变形缝的设置

一般情况下基础内可不设抗震缝，但当抗震缝与沉降缝结合设置时，基础要分开。地下室变形缝处的构造做法如图 7-150 所示。变形缝处是地下室最容易发生渗漏的部位，因而地下室应尽量采用后浇带避免做变形缝，如必须做变形缝（一般为沉降缝）应采用止水带、遇水膨胀止水条等高分子防水材料和接缝密封材料做多道防水。止水带构造有内埋式和可拆卸式两种，对水压大于 0.3MPa、变形量为 20～30mm、结构厚度大于等于 300mm 的变形缝，应采用中埋式橡胶止水带。

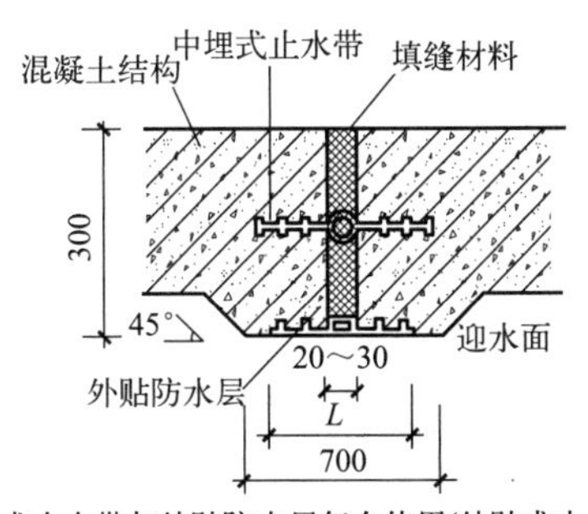

(a) 中埋式止水带与外贴防水层复合使用(外贴式止水带$L \geqslant 300$；外贴防水卷材$L \geqslant 400$；外涂防水涂层≥400)

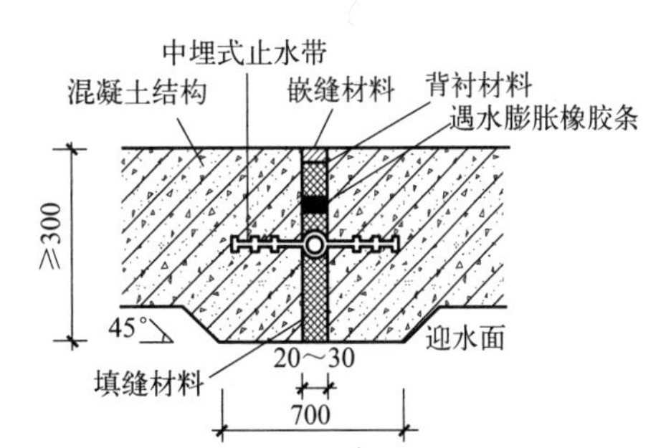

(b) 中埋式止水带与遇水膨胀橡胶条、嵌缝材料复合使用

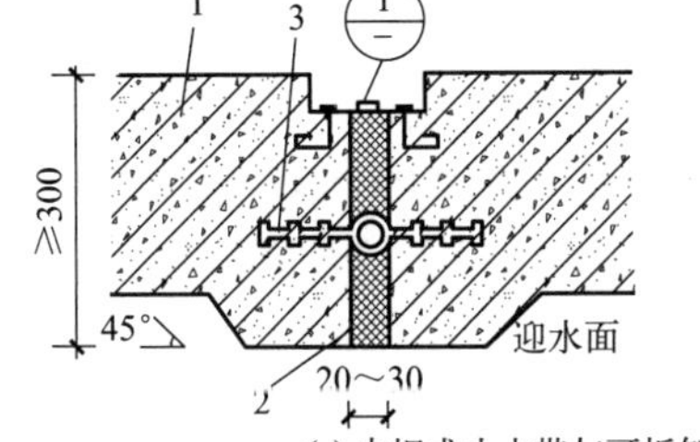

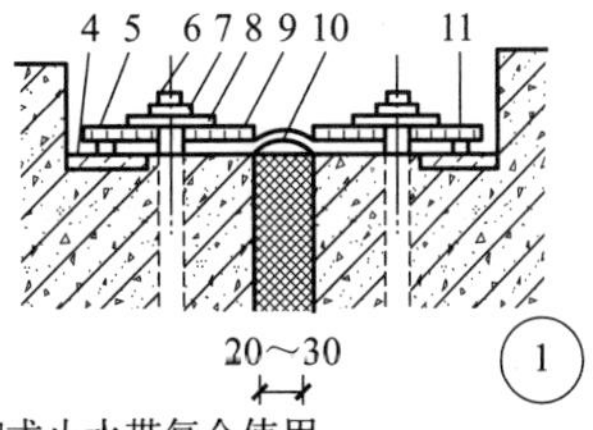

(c) 中埋式止水带与可拆卸式止水带复合使用

1—混凝土结构；2—填缝材料；3—中埋式止水带；4—预埋钢板；5—紧固件压板；6—预埋螺栓；7—螺母；8—垫圈；9—紧固件压块；10—凸形止水带；11—紧固件圆钢

图 7-150　地下室变形缝构造

7.8.2.2 后浇带的设置

后浇带（后浇缝）是建筑工程中的一种技术措施，通常用于混凝土结构的施工中。它是在混凝土浇筑过程中，故意留出的一条暂时不浇筑的缝隙，42d 后再用补偿收缩混凝土浇筑。当在建筑物中采用后浇带解决变形问题时，后浇带设置要求有：①后浇带应设在结构的薄弱部位或受力集中部位，如伸缩缝、沉降缝等位置，宽度宜为 700～1000mm。②后浇带可做成平直缝结构，主筋不宜在缝中断开，如必须断开，则主筋搭接长度应大于 45 倍主筋直径，并应按设计要求加设附加钢筋。③后浇带需超前止水时，后浇带部位混凝土应局部加厚，并增设外贴式或中埋式止水带，后浇带的防水构造如图 7-151 所示。后浇带超前止水构造如图 7-152 所示。

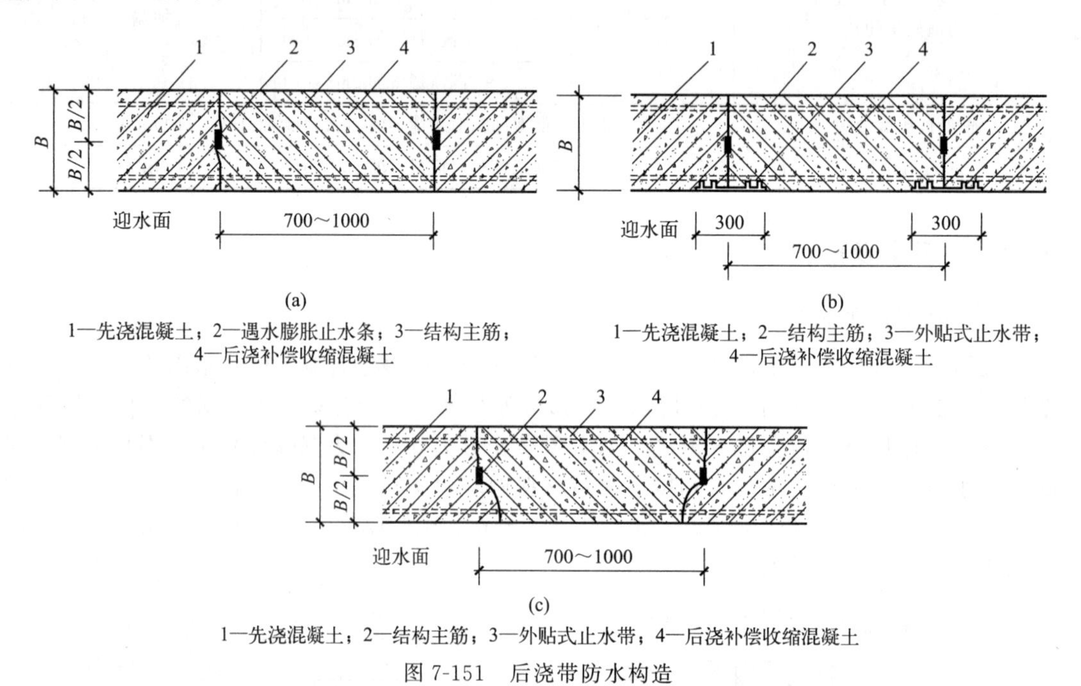

1—先浇混凝土；2—遇水膨胀止水条；3—结构主筋；4—后浇补偿收缩混凝土

1—先浇混凝土；2—结构主筋；3—外贴式止水带；4—后浇补偿收缩混凝土

1—先浇混凝土；2—结构主筋；3—外贴式止水带；4—后浇补偿收缩混凝土

图 7-151 后浇带防水构造

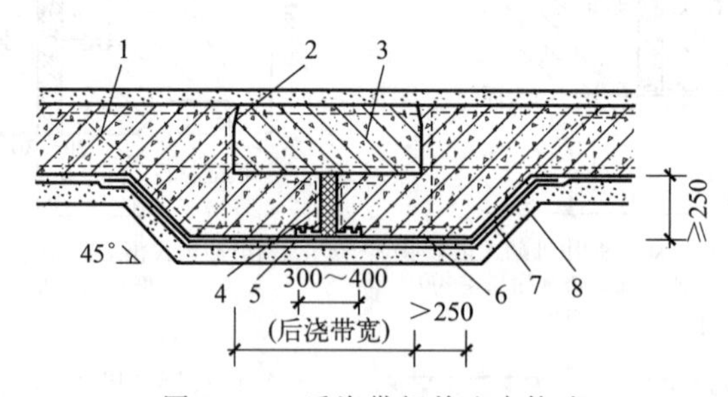

图 7-152 后浇带超前止水构造

1—混凝土结构；2—钢丝网片；3—后浇带；4—填缝材料；5—外贴式止水带；6—细石混凝土保护层；7—卷材防水层；8—垫层混凝土

7.8.3 墙体变形缝

7.8.3.1 伸缩缝

伸缩缝的宽度为 20～30mm。外墙伸缩缝形式有平缝、错口缝、企口缝。如图 7-153(a)

所示。为了防止透风和透蒸汽，在外墙两侧缝口采用有弹性而又不渗水的材料，如沥青麻丝填塞，当伸缩缝较宽时，缝口可采用镀锌钢板或铝皮进行盖封调节，外墙伸缩缝构造如图 7-153(b) 所示。

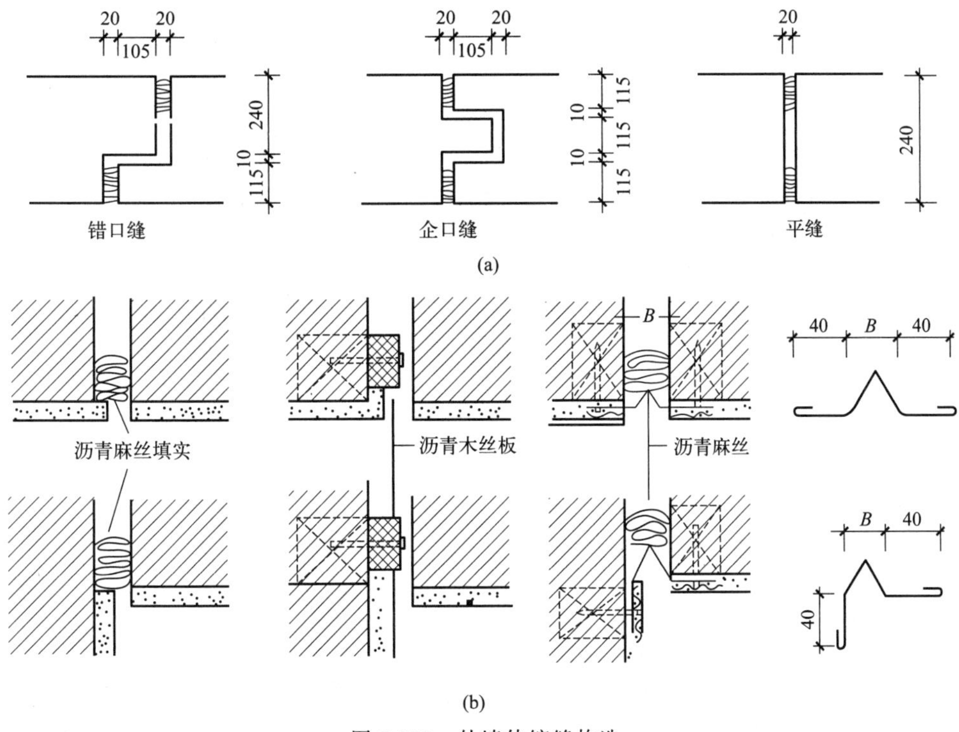

图 7-153　外墙伸缩缝构造

内墙伸缩缝可采用木压条或金属盖缝条，一边固定在一面墙上，另一边允许左右移动，如图 7-154 所示。

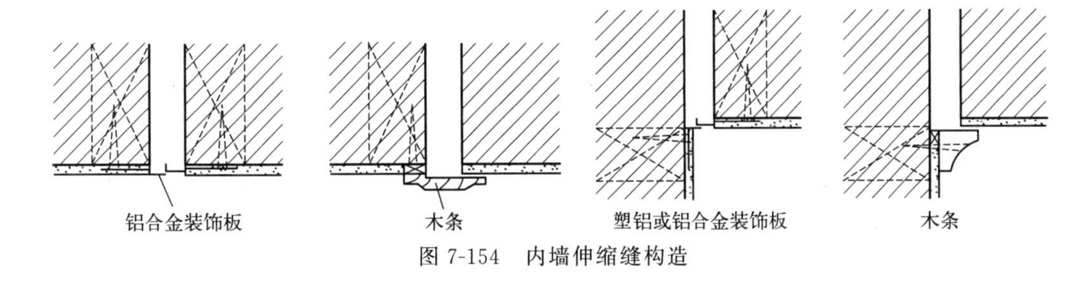

图 7-154　内墙伸缩缝构造

7.8.3.2　沉降缝

墙体沉降缝宽度与地基情况及建筑高度有关，地基弱的，缝宽宜大。沉降缝一般宽度为 30～70mm。内、外墙体沉降缝构造做法如图 7-155 所示。沉降缝同时起伸缩缝的作用，但伸缩缝不能代替沉降缝。

7.8.3.3　抗震缝

墙体抗震缝的宽度应按建筑高度以及设计烈度的不同而定。抗震缝在墙身的构造如图 7-156 所示。抗震缝不能做成企口、错口形式，外墙面处缝内应用松软有弹性的材料填充。

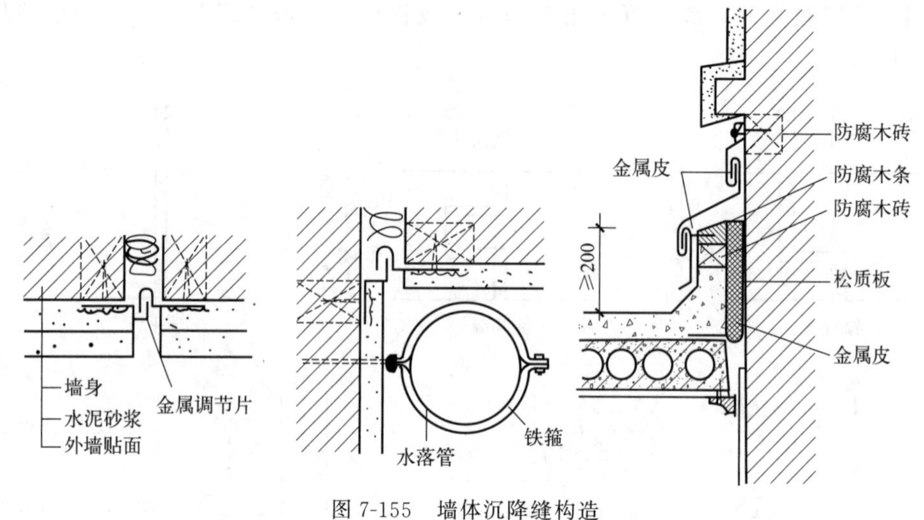

图 7-155 墙体沉降缝构造

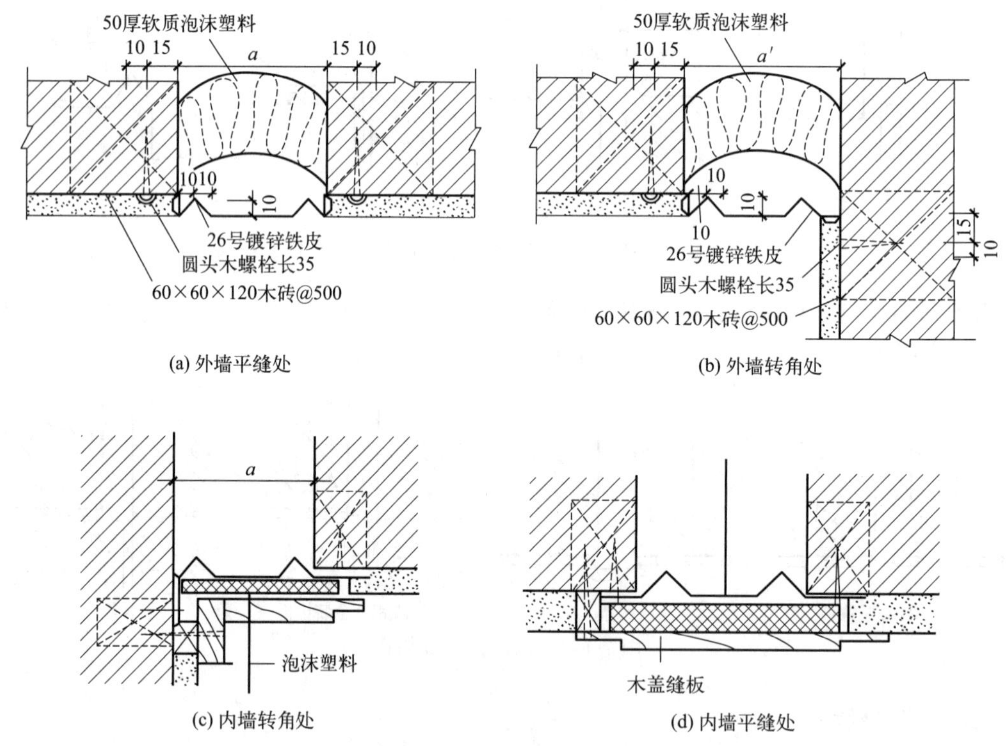

图 7-156 墙身抗震缝构造

7.8.4 楼地面变形缝

楼地面变形缝的尺寸与墙体变形缝要求一致，大面积的楼地面还应适当增加伸缩缝。缝内用玛琋脂、经过防腐处理的金属调节片、沥青麻丝进行处理，并常常在面层和顶棚处加设盖缝板，盖缝板不得妨碍缝隙两边构件的变形，构造形式如图 7-157 所示。

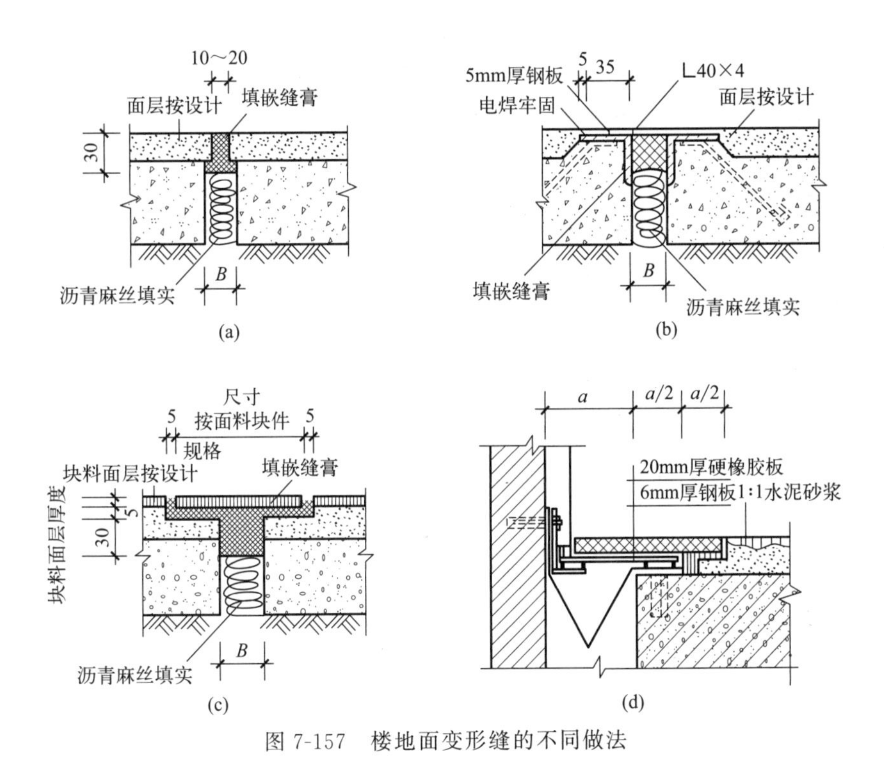

图 7-157 楼地面变形缝的不同做法

7.8.5 屋顶变形缝

屋顶变形缝的设置一方面要保证屋顶能在水平方向上自由伸缩，另一方面还要求变形缝同样具有防水、保温、隔热等功能，尽量减少或避免雨水等不利因素影响建筑物的正常使用，必要时须对屋顶变形缝细部构造处采取加强措施。

如图 7-158(a) 所示，当两侧屋面标高不同即屋面为高低跨，一般在低侧屋面砌筑矮墙，矮墙高度一般大于 250mm，做泛水，并用镀锌薄钢板等材料盖缝，此外也可在高侧墙上悬挑钢筋混凝土板盖缝。

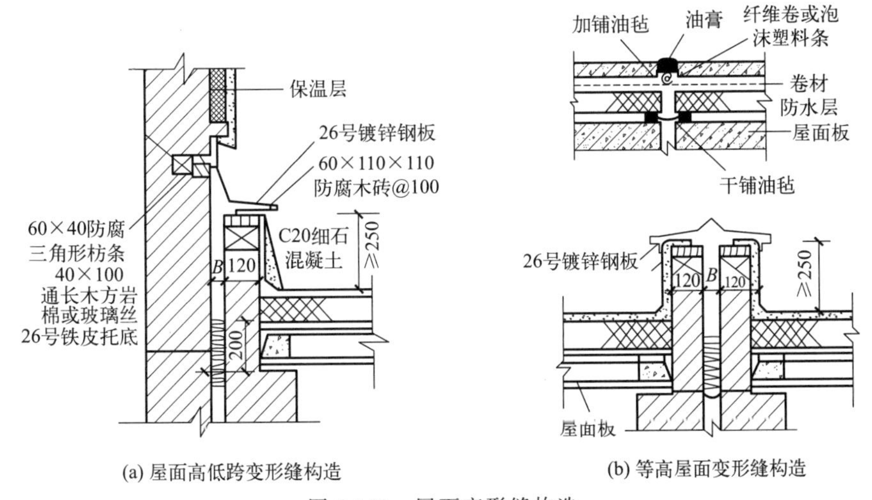

图 7-158 屋面变形缝构造

如图 7-158(b) 所示，当两侧屋面标高相同时即为等高屋面，一般在变形缝两侧砌筑矮墙，矮墙高度一般大于 250mm，并用镀锌薄钢板、彩色薄钢板、铝板等材料盖缝，缝内做防水处理，顶部用镀锌钢板盖缝或用混凝土盖板压顶。

思考题

在线题库
参考答案

1. 建筑由哪六大部分组成？各自的主要功能是什么？
2. 阐述建筑施工图设计阶段 BIM 的价值，以及具体的实施步骤。
3. 什么是地基？什么是基础？
4. 墙体起什么作用？是如何分类的？
5. 楼板层由哪三个基本部分组成？各部分作用是什么？
6. 简述楼梯的组成及各部分的作用。
7. 屋顶按形式划分有哪些类型？按防水材料划分有哪些类型？按找坡材料划分有哪些类型？按排水方式划分有哪些类型？按热工性能划分有哪些类型？
8. 简述门窗的作用和设计要求。
9. 什么是变形缝？简述其分类及其各自作用。

第8章
建筑节能设计

本章要点

1. 了解影响我国建筑能耗的因素。
2. 熟悉建筑节能工作的主要内容及节能建筑、绿色建筑等新型节能建筑的特点。
3. 熟悉建筑单体的节能设计要求。

学习知识目标

1. 学习并掌握建筑节能基本原理。
2. 通过学习建筑热工分区，理解不同分区的节能设计策略。

素质能力目标

1. 完善各专业建筑信息模型，熟悉节能分析需求的关键参数。
2. 通过将节能分析软件模拟计算结果，与国家及地方绿色建筑评价标准相关条文对比，掌握绿色建筑星级的评价方法。
3. 根据节能分析结果，寻求建筑综合性能平衡点，最大化提高建筑物理性能。

本章数字资源

- 数字化设计
- 在线题库
- 参考答案

8.1 建筑节能设计阶段的BIM数字化应用及流程

8.1.1 建筑节能设计

随着现代化建筑的发展和人民生活水平的提高，降低建筑能耗的呼声也越来越高。建筑节能是指通过优化建筑设计、采用节能材料和技术、提高能源使用效率等手段，减少建筑物在建造和使用过程中能源的消耗。建筑节能的意义有如下几点：①有利于减少温室气体排放，缓解全球气候变化，减少空气污染。②降低对不可再生能源的依赖，有助于资源的可持续利用。③通过减少能源消耗，降低建筑运行和维护的成本，提高经济效益。④可以提高室内环境的舒适度和健康水平。因此，建筑节能是可持续发展理念的具体体现，也是全球建筑设计的趋势，同时又是建筑技术科学的一个新的发展方向。

8.1.2 建筑节能设计阶段的BIM数字化应用流程

节能建筑的设计一般都是伴随着建筑工程相应的设计阶段进行的。因此，建筑节能设计可根据工程规模的大小和技术的复杂程度等方面，按三阶段或两阶段进行设计。建筑节能设计阶段的主要BIM应用及推荐软件方案见表8-1。

表8-1 建筑节能设计阶段的主要BIM应用及推荐软件方案

应用项目	建议采用软件	备注
节能分析	Ecotect vasari IES 天正日照 eQuest DOT-2 Green CFD Pyrosim Pathfinder	1. Revit模型通过DWG、gbXML等格式或接口程序与Ecotect、IES、eQuest、DOT-2等建筑能耗计算软件对接； 2. 建议采用Ecotect及vasari对气候特点、太阳辐射和日照进行分析； 3. 建议采用IES、Green及eQuest进行能耗模拟分析； 4. 建议采用CFD进行热环境模拟和室内舒适度分析； 5. 建议采用Pyrosim进行火灾烟气模拟； 6. 建议采用Pathfinder进行疏散模拟

方案设计阶段的建筑节能设计主要是根据建筑物的使用性质、规模大小和质量要求，结合基地条件、环境特点等，确定合理位置、整体布局和最佳朝向；利用BIM模型，正确选择体型系数，并对规划范围内或周围的绿化和水景进行布置；综合考虑设计中围护结构节能的构造方案，初步拟定合理的窗墙面积比、节能外门窗的设置、公共建筑屋顶透明部分的合适比例，以及外门窗、天窗的合理构造方案和遮阳形式；当公共建筑设计有玻璃幕墙时，还应依据地区气候特点选择合理的节能幕墙方案。

初步设计阶段的节能设计需阐明建筑节能设计的依据，并说明采用的有关标准与规定。对建筑物所处位置、地形地貌、建筑类型、气候特征、质量要求、节能标准等方面作简要描述。依据建筑类型及其所处地区当前所执行的节能设计标准的不同，提出相应建筑节能设计指标。通过建立BIM模型，阐明建筑体型系数的计算方法和计算结果，与国家现行规定相比的差距。在BIM模型中，对建筑物各朝向的窗墙面积比、屋顶透明部分的比例、所采取的遮阳形式、外门窗（含天窗、透明幕墙）采用节能型门窗的技术措施，以及要达到的综合遮阳系数等方面作详细说明。按照不同地区及依据的相关节能标准的不同，利用BIM软件计算围护结构（如外墙、非透明幕墙、屋顶和分户墙）、地面、地下室外墙的传热系数K值

（或热惰性指标 D 值）及对相应的构造措施进行说明。对所设计的节能建筑进行节能设计经济性比较，以便提出科学、合理、经济的最佳方案。

施工图设计阶段的节能设计应给出建筑节能计算报告。计算书的建筑部分应包括：①除我国夏热冬暖地区的南区外，其余地区的建筑均须有建筑体型系数的计算过程。②墙、窗、屋顶等应按照朝向和围护结构的类型，列出面积和性能指标清单。③针对建筑节能设计的分区不同，有的分区需要有外墙和屋顶的平均传热系数 $\overline{K}$，或外墙的平均传热系数 $\overline{K}$ 和平均热惰性指标 $\overline{D}$，或屋顶的平均传热系数 $\overline{K}$ 及平均热惰性指标 $\overline{D}$。④不同朝向的窗墙面积比（对我国夏热冬暖地区还应外加平均窗墙面积比）的计算。⑤对有隔热要求的东、西向外墙和屋顶内表面最高温度的计算。⑥严寒地区和寒冷地区居住建筑，当采用性能化指标进行设计时，应计算所设计建筑的采暖耗热量指标。其他节能设计分区的居住建筑，当采用性能化指标进行设计时，应计算空调采暖年耗电量（或年耗电指数），夏热冬暖地区的南区仅计算空调年耗电量（或年耗电指数）。公共建筑当采用性能化指标进行设计时，应计算空调采暖年耗电量。⑦对于有幕墙的建筑，设计人员应会同建设单位认真选定有资质的幕墙专业公司，并对幕墙进行专项节能设计。

8.1.3　建筑节能设计阶段的 BIM 数字化交付成果要求

建筑节能设计阶段的 BIM 模型交付内容及深度可参考建筑工程相应的设计阶段 LOD 深度要求。节能设计是当前设计阶段的优化和完善，旨在寻求建筑综合性能及能耗节约的平衡点。

8.2　建筑节能设计方法

建筑节能的设计方法可以比作“开源节流”，即通过增加能效（开源）和减少能源浪费（节流）来提高建筑整体能耗表现。通过“开源”，建筑能够从多种资源中获取能源，减少对不可再生能源的依赖；通过“节流”，则可以减少建筑对能源不必要的消耗。两者结合，可以最大限度地降低建筑的整体能耗，实现经济性和可持续性的目标。

8.2.1　建筑节能基本原理

8.2.1.1　建筑保温隔热

建筑保温隔热是建筑节能的重要组成部分，旨在通过特定的技术措施和材料应用，提高建筑物的热工性能，以减少无谓的能量消耗，创造舒适的室内热环境。

（1）建筑保温

建筑保温通常指围护结构（如墙体、屋顶、门窗等）在冬季阻止室内热量向室外传递，从而保持室内适当温度的能力。保温的目的是减少冬季室内热量向室外的散失，保持室内温度适宜。通常以传热系数 K 值[$W/(m^2 \cdot K)$]或传热阻 R_0 值（$m^2 \cdot K/W$）作为建筑保温的评价指标。在日常生活中一般通过外墙内保温、外墙外保温、夹层保温等技术，以及使用各种保温材料如挤塑聚苯乙烯（XPS）保温板、聚氨酯（PU）保温板、岩棉板等来达到建筑保温的效果。

（2）建筑隔热

建筑隔热则是指围护结构在夏季隔离太阳辐射热和室外高温的影响，防止其内表面温度过高，减少室外热量向室内的传递，保持室内适当温度的能力。隔热的目的是减少夏季室外热量向室内的传递，降低室内温度，减少空调等制冷设备的能耗。在夏季室外和室内计算条件下（即当地较热的天气），以围护结构内表面最高温度 θ_{imax} 作为建筑隔热的评价指标。日常生活中可以通过反射性强的屋顶材料、设置遮阳设施、采用隔热性能好的门窗、采用冷屋面、架空通风屋面、种植屋面、蓄水屋面等来达到隔热的效果。

8.2.1.2 热量传递方式

热量传递是指物体内部或者物体与物体之间热能转移的现象，简称传热。凡是一个物体的各个部分或者物体与物体之间存在着温度差，就必然有热能的传递、转移现象发生。根据传热机理的不同，传热的基本方式分为热传导、热对流和热辐射三种，如图 8-1 所示。这三种方式经常同时发生，在实际工程设计中要综合考虑它们的影响。

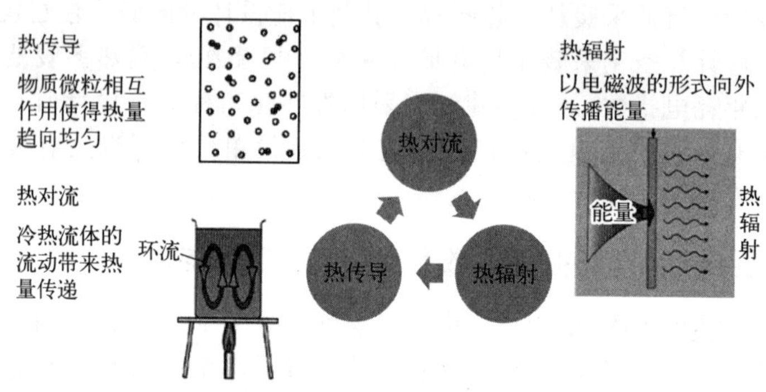

图 8-1 热量传递的三种基本方式

(1) 热传导

热传导是由温度不同的质点（分子、原子、自由电子）在热运动中引起的热能传递现象，简称导热。在固体、液体和气体中均能产生导热现象，但其机理并不相同。在建筑工程中，通常可以认为透过由密实固体材料构成的建筑墙体和屋顶的传热是导热过程。

(2) 热对流

热对流是指温度不同的各部分物体之间以流体（流体是液体和气体的总称）为介质，利用流体的热胀冷缩和可以流动的特性，传递热能的现象。热对流是靠液体或气体的流动，使内能从温度较高部分传至较低部分的过程，对流是液体或气体热传递的主要方式。对流可分自然对流和强迫对流两种。自然对流往往自然发生，是由温度不均匀而引起的。强迫对流是由外界的影响如对流体的搅拌而形成的。散热风扇就是通过强迫对流进行热传导从而实现降温散热的。

(3) 热辐射

热辐射是物体不依靠介质，直接将能量发射出来，传给其他物体的过程。由于物体之间利用放射和吸收彼此的电磁波，而不必有任何介质，就可以达成温度平衡，因此热辐射是远距离传递能量的主要方式，如太阳能就是以热辐射的形式，经过宇宙空间传给地球的。尽管地球不断地吸收太阳能，但其能量的总量仍然保持守恒，因为地球也在不断地通过热辐射向宇宙释放能量。物体温度较低时，主要以不可见的红外光进行辐射，在 500℃甚至更高的温度时，则顺次发射可见光以至紫外线辐射。太阳能热水器、太阳灶、微波炉等都是热辐射在现实生活中的具体应用。

8.2.1.3 建筑热环境与热舒适度

由太阳辐射、气温、周围物体表面温度、湿度和气流速度等物理因素，通过建筑围护结构进行热量交换，进而影响建筑内部人的冷热感和健康的环境，称为建筑热环境。建筑设计中要使用适当的材料、隔热措施、通风系统等，确保这些热量交换方式相互平衡，缓和外界环境剧烈的热特性变化，创造更适于工作、学习和生活的人工热环境。

表征人对客观热环境从生理与心理方面都达到舒适的程度，称为热舒适度。可以从三个方面评价某一热环境是否舒适：①物理方面：根据人体活动所产生的热量与外界环境作用下穿衣人体的失热量之间的热平衡关系，分析环境对人体舒适的影响及满足人体舒适的条件。②生理方面：研究人体对冷、热的生理反应，如皮肤温度、皮肤湿度、排汗率、血压、体温等并利用生理反应区分环境的舒适程度。③心理方面：分析人在热环境中的主观感觉，用心理学方法区分环境的冷热与舒适程度。通过合理的建筑设计，控制建筑内部的热传递方式，如空气温度、辐射温度、空气流速、湿度等，可以有效提高居住者的热舒适度。

建筑热环境、热舒适度与热量传递的三种基本方式紧密相关，因为它们直接影响建筑内部的温度分布、空气流动以及人体感知的舒适度。具体关系如下：

(1) 传导

建筑材料的导热性能决定了墙体、屋顶、地板等结构部分如何传递外部热量到室内。良好的保温材料能够减少不必要的热量传导，保持室内温度稳定，提升热舒适度。例如，冬季时如果墙体导热系数过高，室内热量会通过墙壁快速散失，导致室内变冷，从而影响舒适度。相反，低导热系数的材料有助于保温。

当建筑材料导热性不好时，会导致局部区域的温度差异，影响居住者的热舒适度。例如，靠近外墙或窗户的地方可能会使人感觉更冷或更热。

(2) 对流

自然通风或机械通风是利用对流调节室内空气温度的方式。在炎热的夏季，可以通过开窗或烟囱效应利用自然对流引导空气流动，带走人体周围的热量，提高舒适度。同样，冬季可以通过控制对流防止热空气过度散失，保持室温。

室内空气对流的均匀性对人的热舒适度至关重要。如果空气流动不足或分布不均，会出现热量不均匀现象，导致有些区域过冷或过热，影响舒适感。

(3) 辐射

阳光通过窗户或其他透明材料进入室内，会使得室内某些区域的温度升高。建筑设计需要考虑太阳辐射的影响，如窗户的朝向、遮阳措施等，以减少夏季过热和冬季采光不足的现象。室内的墙壁、地板等表面也可以以辐射的形式发出热量。通过控制这些表面的辐射温度，可以提升使用者的舒适感。例如，地暖系统通过加热地面，热量从下向上辐射至室内，提高人体热舒适度。

8.2.2 建筑热工分区及各区节能设计策略

为了明确建筑和气候两者的科学联系，使建筑物可以充分地适应和利用气候条件，我国《民用建筑热工设计规范》从建筑热工设计的角度，把我国划分为五个气候分区，即严寒地区、寒冷地区、夏热冬冷地区、夏热冬暖地区以及温和地区，各区范围和节能设计策略如表 8-2 所示。

表 8-2 建筑热工设计分区及设计策略

分区名称	分区指标	区域分布	建筑设计策略
严寒地区	累年最冷月平均温度低于或等于－10℃的地区	内蒙古和东北北部、新疆北部地区、西藏和青海北部地区	必须充分满足冬季保温要求，加强建筑物的防寒措施，一般可不考虑夏季防热

续表

分区名称	分区指标	区域分布	建筑设计策略
寒冷地区	累年最冷月平均温度为0～−10℃地区。	华北地区、新疆和西藏南部地区及东北南部地区	应满足冬季保温要求，部分地区兼顾夏季防热
夏热冬冷地区	累年最冷月平均温度为0～10℃，最热月平均温度为25～30℃的地区	长江中下游地区，即南岭以北、淮河以南的地区	必须满足夏季防热要求，适当兼顾冬季保温
夏热冬暖地区	累年最冷月平均温度高于10℃，最热月平均温度为25～29℃的地区	南岭以南及南方沿海地区	必须充分满足夏季防热要求，一般可不考虑冬季保温
温和地区	累年最冷月平均温度为0～13℃，最热月平均温度为18～25℃的地区	云南、贵州西部及四川南部地区	部分地区应考虑冬季保温，一般可不考虑夏季防热

这些气候分区的划分主要是为指导不同区域的建筑节能设计，确保建筑物能适应当地的气候条件并减少能耗。在同一气候分区中，室外气候状况总体上较为接近，但仍有差别。为了更为准确描述当地的气候特点，便于采取针对性的建筑节能措施，我国《夏热冬暖地区居住建筑节能设计标准》又将夏热冬暖地区细分为北区和南区；而在我国《公共建筑节能设计标准》中则将严寒地区细分为 A 区和 B 区。

8.2.3 建筑节能名词术语

(1) 建筑能耗

建筑能耗是指与建筑相关的能源消耗，具体包括：建筑材料生产能耗，建筑材料运输能耗，建筑施工建造和维修、拆解过程中的能耗以及建筑使用过程中的建筑运营能耗。

(2) 建筑物体型系数 (S)

建筑物体型系数指建筑物与室外大气接触的外表面积与其所包围的体积的比值。外表面积中不包括地面和不采暖楼梯间隔墙和户门的面积。

(3) 导热系数 (λ)

导热系数指稳态条件下，1m 厚的物体，两侧表面温差为 1K 时，单位时间内通过单位面积传递的热量，单位：W/(m·K)。

(4) 蓄热系数 (X)

当某一足够厚的单一材料层一侧受到谐波热作用时，表面温度将按同一周期波动。通过表面的热流振幅与表面温度振幅的比值即为蓄热系数，单位：$W/(m^2 \cdot K)$。

(5) 比热容 (c)

比热容指 1kg 物质，温度升高或降低 1K 时吸收或放出的热量，单位：kJ/(kg·K)。

(6) 表面换热系数 (α)

表面换热系数指表面与附近空气之间的温差为 1K，1h 内通过 $1m^2$ 表面传递的热量。在内表面，称为内表面换热系数；在外表面，称为外表面换热系数，单位：$W/(m^2 \cdot K)$。

(7) 表面换热阻 (R)

表面换热阻是表面换热系数的倒数，在内表面，称为内表面换热阻；在外表面，称为外表面换热阻，单位：$m^2 \cdot K/W$。

(8) 围护结构

建筑物及房间各面的围挡物，如墙体、屋顶、地板、地面和门窗等，分内、外围护结构两类。

(9) 热桥

围护结构中包含金属、钢筋混凝土或混凝土的梁、柱、肋等部位，在室内外温差作用下，形成热流密集、内外表面温差较低的部位，在这些部位形成传热的桥梁，故称热桥。

(10) 围护结构传热系数 (K)

围护结构传热系数指在稳态条件下，围护结构两侧空气温差为1K，在单位时间内通过单位面积围护结构的传热量，单位：$W/(m^2 \cdot K)$。

(11) 外墙平均传热系数 (K_m)

考虑了墙上存在的热桥影响后得到的外墙传热系数，单位：$W/(m^2 \cdot K)$。

(12) 围护结构传热阻 (R_0)

围护结构传热阻是围护结构传热系数的倒数，表征围护结构对热量的阻隔作用，单位：$m^2 \cdot K/W$。

(13) 围护结构传热系数的修正系数 (ε_i)

考虑太阳辐射和天空辐射对围护结构传热的影响而引进的修正系数。

(14) 围护结构温差修正系数 (n)

根据围护结构与室外空气接触的状况对室内外温差采取的修正系数。

(15) 热惰性指标 (D)

热惰性指标是表征围护结构反抗温度波动和热流波动能力的无量纲指标，其值等于材料层热阻与蓄热系数的乘积。

(16) 窗墙面积比

窗墙面积比指窗户洞口面积与房间立面单元面积（即建筑层高与开间定位线围成的面积）的比值。

(17) 外窗的综合遮阳系数 (S_w)

外窗的综合遮阳系数指考虑窗本身和窗口的建筑外遮阳装置综合遮阳效果的一个系数，其值为窗本身的遮阳系数（S_C）与窗口的建筑外遮阳系数（S_D）的乘积。

(18) 换气体积 (V)

换气体积指需要通风换气的房间的体积。

(19) 换气次数

换气次数指单位时间内室内空气的更换次数。

(20) 采暖能耗 (Q)

采暖能耗指用于建筑物采暖所消耗的能量，其中包括采暖系统运行过程中消耗的热量和电能，以及建筑物耗热量。

(21) 建筑物耗热量指标 (q_H)

建筑物耗热量指标指在采暖期室外平均温度条件下，为保持室内计算温度，单位建筑面积在单位时间内消耗的，需由室内采暖设备供给的热量，单位：W/m^2。

(22) 围护结构热工性能权衡判断法

围护结构热工性能权衡判断法指当建筑设计不能完全满足规定的围护结构热工设计要求时，计算并比较参照建筑和所设计建筑的全年采暖和空调能耗，判定围护结构的总体热工性能是否符合节能设计要求的方法。

8.3 建筑规划节能设计

8.3.1 建筑选址的原则

8.3.1.1 向阳原则

在冬季寒冷地区，建筑应选在能够充分吸收阳光，且建筑与阳光仰角较小的地方；夏季炎热地区，建筑应选在与阳光仰角较大，且能相对减少太阳辐射的区域。建筑向阳面的前方应无固定遮挡。建筑的位置应能有效避开主导风向的寒风，以降低建筑围护结构的热能渗透。建筑应处在最佳朝向范围内，从而使建筑争取更多的太阳辐射。合适的日照间距是建筑充分得热的先决条件，间距太大会造成用地浪费。

8.3.1.2 通风原则

在不影响夏季主导风向的情况下，应尽量减少冬季主导风对建筑的影响。减少山峰、树林、构筑物等永久地貌或建筑物对夏季主导风向的影响。对一些基地内的物质因素加以组织和利用，为建筑物内部提供简单、成本较低的通风条件。

8.3.1.3 减少使用能耗原则

本着减少使用能耗的原则，应避免在有“霜洞效应”隐患的地点建房。所谓霜洞效应是指因为冷空气在谷地、洼地等低洼地带聚集，导致这些地区的温度明显低于地面上空气温度的现象。在冬季，位于凹地的底层或半地下室层面的建筑若保持所需的室内温度，所消耗的能量相比正常将会增加。这是因为冷气流在凹地里形成对建筑物的霜洞效应，导致微环境恶化，如图 8-2 所示。此外，建筑选址还应避免辐射干扰、避免局地疾风、避免雨雪堆积。

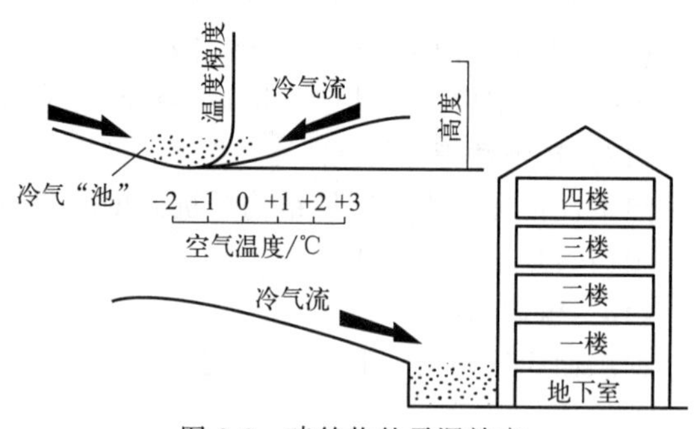

图 8-2 建筑物的霜洞效应

8.3.2 建筑布局与朝向对节能的影响

8.3.2.1 建筑布局

建筑群的布局可以从平面和空间两个方面考虑。一般的建筑组团平面布局有行列式、错列式、周边式、斜列式、混合式、自由式几种，如图 8-3 所示。

(1) 行列式：建筑物成排成行地布置，这种方式能够争取最好的建筑朝向，使大多数居住房间得到良好的日照，并有利于通风，是目前我国城乡中广泛采用的一种布局方式。

(2) 错列式：可以避免风被建筑阻挡后，在风吹去的方向产生的一块风速降低的区域，即“风影效应”，同时利用山墙空隙可争取日照。

(3) 周边式：建筑沿街道周边布置，这种布置方式虽然可以使街坊内空间集中开阔，但有相当多的居住房间得不到良好的日照，对自然通风也不利。

另外，规划布局中要注意点、条组合布置，将点式住宅布置在好朝向的位置，条状住宅布置在其后，有利于利用空隙争取日照（图 8-4）。

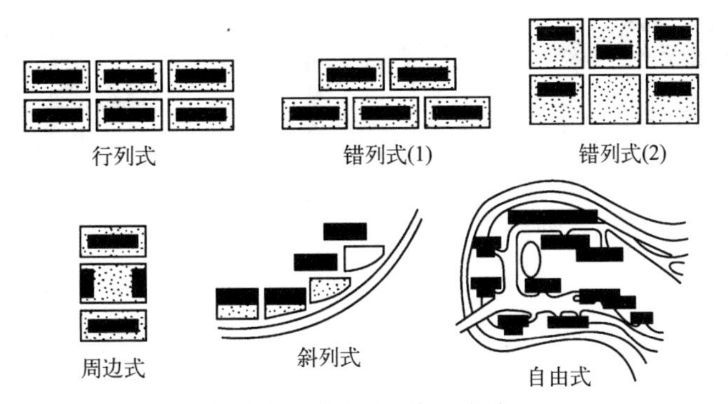

图 8-3　建筑群的布局方式

空间布置同样也应注重建筑的自然通风，并合理地利用建筑地形。建筑的空间布局应采用“前低后高”和有规律的“高低错落”的处理方式。例如，利用向阳的坡地使建筑顺其地形的高低，逐一排列一幢比一幢高；平地建筑，则应采取“前低后高”的排列方式，使建筑逐渐加高；平地建筑也可采用建筑之间“高低错落”的方式布局，使高的建筑和较低建筑错开布置。受西伯利亚冷空气的影响，我国北方城市冬季寒流风向主要是西北风，因此，在建筑规划中为了节能，应采用封闭西北向的周边式布局方式，如图 8-5 所示。

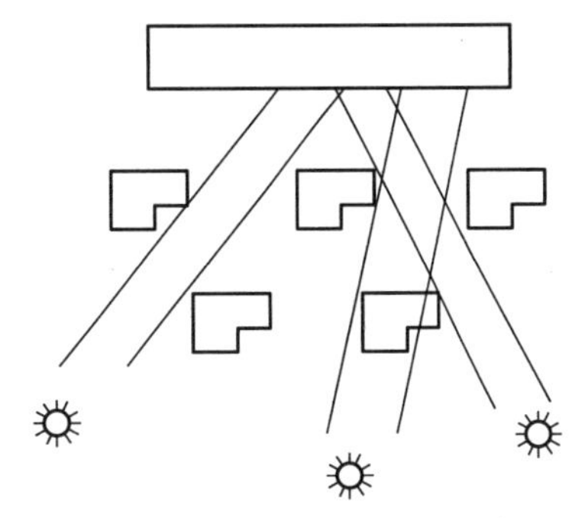

图 8-4　条形与点式建筑结合布置争取最佳日照

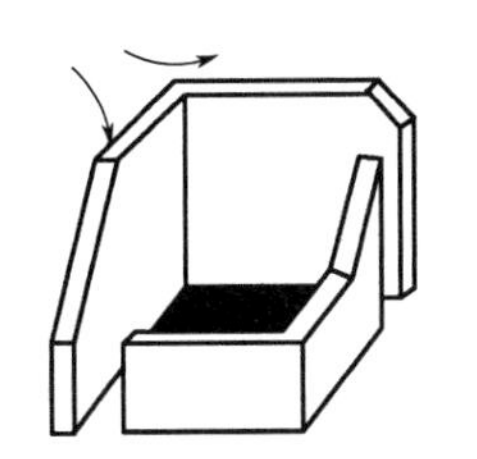
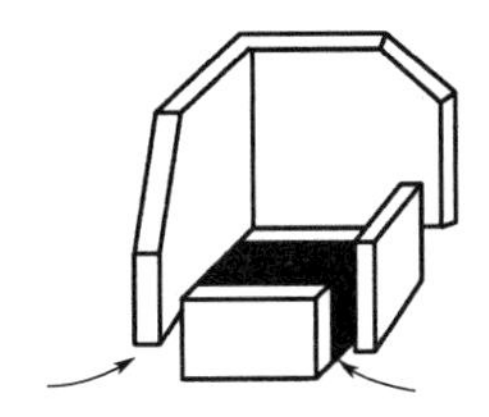
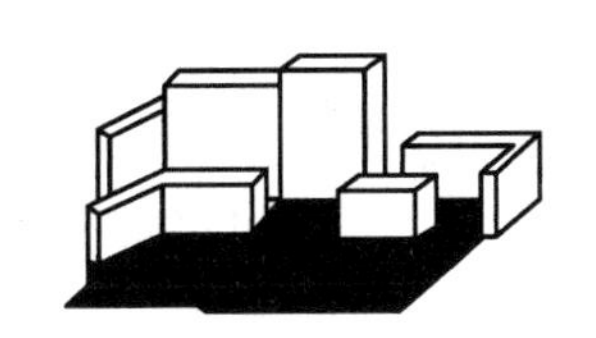

图 8-5　建筑的几种避风方案

在建筑布局时，将高度相似，且长度是高度 2～3 倍的建筑排列在街道两侧，两排建筑物间的过道中会形成风漏斗现象，如图 8-6 所示，会使风速提高 30%左右，在建筑布局中应尽量避免。

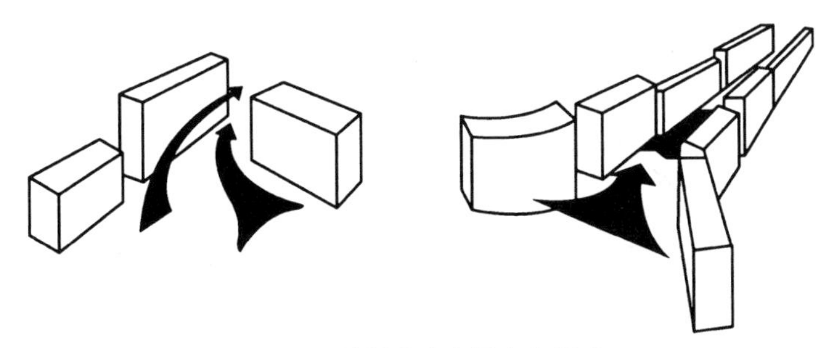

图 8-6　风漏斗改变风向与风速

若干幢建筑组合时，在迎冬季风方向减少某一幢，或当某幢建筑远高于其他建筑时，均能在相邻空间产生下冲气流，如图 8-7(b) 和图 8-7(c) 所示。这些下冲气流与附近水平方向的气流形成高速风及涡流，从而加大风压，造成热损失加大。

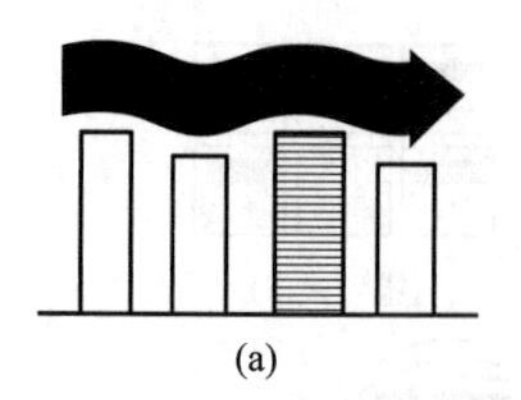
(a)

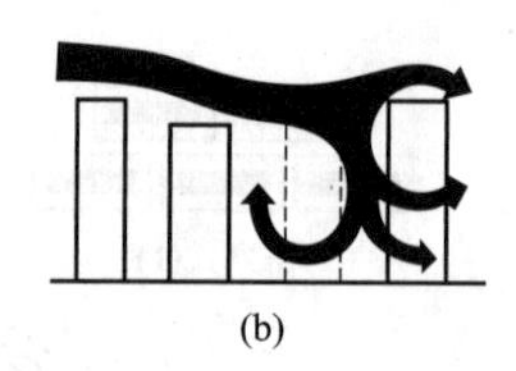
(b)

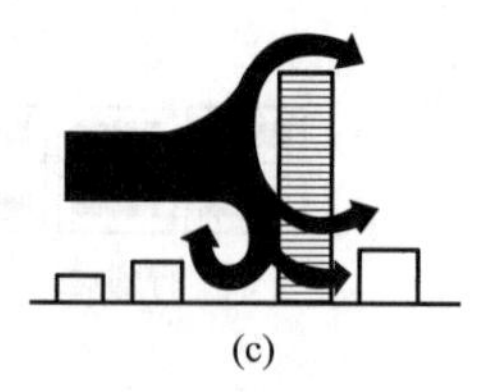
(c)

图 8-7 建筑物组合产生的下冲气流

8.3.2.2 建筑朝向

建筑朝向选择需要考虑的因素有以下几个方面：①冬季有适量并具有一定质量的阳光射入室内；②炎热季节尽量减少太阳直射室内和居室外墙面；③夏季有良好的通风，冬季避免冷风吹袭；④充分利用地形并注意节约用地；⑤考虑居住建筑与其他公共建筑之间的遮挡问题。

充分的日照条件是居住建筑不可缺少的。不同地区和不同气候条件，居住建筑在日照时数和日照面积上不尽相同。由于冬季和夏季太阳方位角度变化幅度较大，各个朝向建筑墙面的日照时间相差就很大，因而各朝向墙面所接受的太阳辐射热量差别也很大。

8.3.2.3 建筑体型系数

从建筑节能的角度出发，建筑物单位面积对应的外表面越小，其外围护结构的热损失就越小，因此应将建筑体型系数控制在一个较低水平。建筑物不仅要避寒风，还应注意其长度、进深和高度之间的关系，使建筑的背风面产生较大的涡流区域，从而减小风速和风压。

建筑体型系数 S 是指建筑物与室外大气接触的外表面积 A_0（不包括地面、不采暖楼梯间隔墙及门户的面积）与其所包围的建筑体积 V_0 的比值，即：

$$S=\frac{A_0}{V_0}=\frac{2nh(b+l)+bl}{nhbl}=2\times\left(\frac{1}{l}+\frac{1}{b}\right)+\frac{1}{nh}$$

式中，n 为建筑层数；b 为建筑宽度；l 为建筑长度；h 为建筑层高。

由该公式可知，对于相同体积的建筑物而言，体型系数越大，则单位建筑空间的热散失面积越大，建筑物的能耗就越高。研究资料表明，体型系数每增加 0.01，耗热量指标增加 2.5%。对于居住建筑体型系数宜控制在 0.30 以下。如果体型系数大于 0.30，则屋顶和外墙应加强保温。而在《夏热冬冷地区居住建筑节能设计标准》中规定该地区条形建筑物的体型系数不应超过 0.35，点式建筑物的体型系数不应超过 0.40。

图 8-8 和表 8-3 所示为相同体积下，不同建筑体型的建筑体型系数。

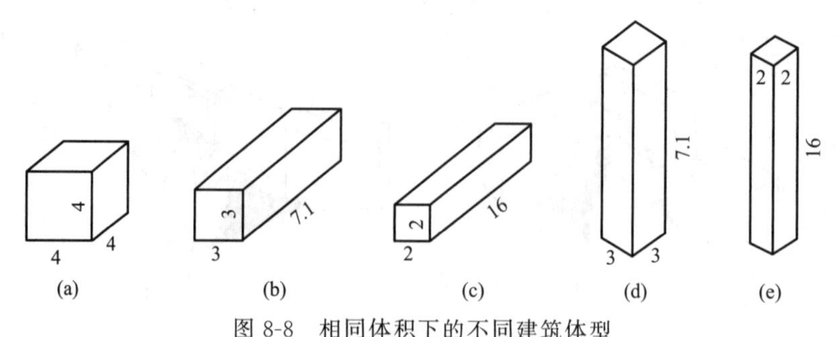

图 8-8 相同体积下的不同建筑体型

表 8-3 相同体积建筑的不同体型系数

建筑体型	外表面积 A_0	建筑体积 V_0	建筑体型系数 S
图 8-8(a)	80.0	64.0	1.25

续表

建筑体型	外表面积 A_0	建筑体积 V_0	建筑体型系数 S
图 8-8(b)	81.9	64.0	1.28
图 8-8(c)	104.0	64.0	1.63
图 8-8(d)	94.2	64.0	1.47
图 8-8(e)	132.0	64.0	2.01

根据上式，建筑体积一定时，建筑的宽度、长度和总高的变化都会引起建筑体型系数的变化。一般来说，控制或降低建筑体型系数的方法主要有以下几点：①减少建筑面宽，加大建筑进深。通过减少建筑面宽、加大建筑进深的手段，以加大建筑的基底面积，从而降低建筑的热损失；②增加建筑物的层数。增加层数一般可加大体量，降低耗热指标；③建筑体型不宜变化过多。严寒地区节能型住宅的平面形式应追求平整、简洁，如直线形、折线形和曲线形。

8.3.2.4　建筑日照间距

在确定好建筑布局、朝向和体型后，还要特别注意建筑之间应具有较合理的间距，以保证建筑能够获得充足的日照。我国地处北半球温带地区，夏季要避免较强的日照，冬季还要获得充分的阳光照射。因此一般以冬至日或大寒日底层住宅室内得到日照的时间，作为最低的日照标准。我国住宅建筑的日照标准见表 8-4。

表 8-4　住宅建筑的日照标准

<table>
<tr><td>建筑气候区类别</td><td colspan="2">Ⅰ，Ⅱ，Ⅲ，Ⅶ气候区</td><td colspan="2">Ⅳ气候区</td><td>Ⅴ气候区</td></tr>
<tr><td></td><td>大城市</td><td>中小城市</td><td>大城市</td><td>中小城市</td><td></td></tr>
<tr><td>日照标准日</td><td colspan="3">大寒日</td><td colspan="2">冬至日</td></tr>
<tr><td>日照时数/h</td><td>≥2</td><td colspan="2">≥3</td><td colspan="2">≥1</td></tr>
<tr><td>有效日照时间段</td><td colspan="3">8:00～16:00</td><td colspan="2">9:00～15:00</td></tr>
<tr><td>日照时间计算起点</td><td colspan="5">底层窗台面(底层窗台面是指距离室内地坪 0.9m 高的外墙位置)</td></tr>
</table>

建筑设计时应遵守该日照标准，本着节能节地原则，综合考虑各种因素来确定建筑间距。日照间距是指建筑物长轴之间的外墙距离。住宅群的间距主要涉及通风、防火、日照、绿化和其他方面的内容，但在实际操作中，这些因素成了决定间距退让的关键因素。

8.4　建筑围护结构的节能设计

8.4.1　建筑墙体节能设计

常见的单一材料保温墙体有加气混凝土保温墙体、多孔砖墙体、空心砌块墙体等，但与保温砂浆、聚苯板等材料相比，其保温性能较差。例如，要使加气混凝土砌块外墙的传热系数达到 0.6，如果仅采用加气混凝土砌块这一种材料，则其墙体厚度需达到 440mm，如果采用砌块加聚苯板复合保温，则外墙总厚度只需 270mm。因此，在实际工程中，单一材料保温墙体使用较少。根据保温层在墙体中的位置不同，可分为外保温复合外墙、内保温复合外墙和夹心保温复合外墙，如图 8-9 所示。

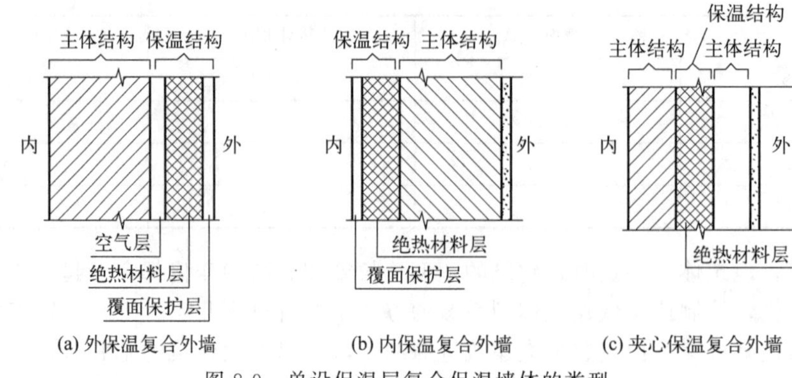

图 8-9 单设保温层复合保温墙体的类型

8.4.1.1 外保温复合外墙

外保温复合外墙是指在外墙外侧设置保温层并饰面的保温墙体，优点有：①在常规的内保温做法中，钢筋混凝土楼板、梁、柱等处均无法进行保温处理，这些部位在寒冷的冬季会产生热桥现象，外保温复合外墙可以避免上述部位产生热桥。②外墙外保温有利于保障室内的热稳定性，减缓太阳能辐射或间接采暖造成的室内温度变化，提高人体热舒适度。③外墙外保温还有利于提高建筑结构的耐久性。室外气候变化引起的墙体内部温度变化发生在外保温层内，使得内部的主体墙冬季保温性能提高、湿度降低、温度变化较平缓、热应力大大减小，因此主体墙体产生裂缝、变形、破损的风险大大降低，从而使得墙体的耐久性得到增强。④外墙外保温有利于既有建筑节能改造，采用外保温不会减少室内有效使用面积，施工过程不会影响室内空间的正常使用。⑤外墙外保温的综合经济效益更高。虽然外保温工程每平方米造价比内保温相对高一些，但是只要技术选择适当，外保温比内保温可增加近 2%的使用面积，再加上外保温外墙具有良好的热环境、长期节能等一系列优点，故外保温外墙的综合效益是十分显著的。

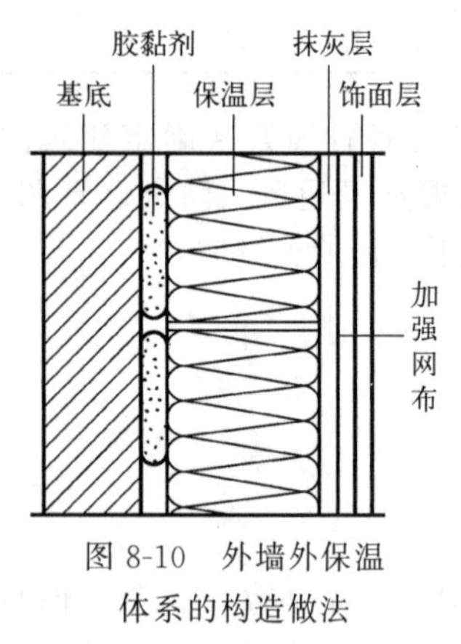

图 8-10 外墙外保温体系的构造做法

外保温复合外墙的保温层在室外，其构造必须满足水密性、抗风压性，以及耐受各种温湿度变化的要求，从而避免外墙产生裂缝。图 8-10 所示为一种具有代表性的外墙外保温构造做法。外墙外保温体系的保温层应采用热导系数小的高效保温材料，其热导系数一般小于 0.05。不同材料的外墙外保温体系，其固定保温板的方法各不相同，如将保温板黏结在基底上，或将保温板钉固在基底上，也可将以上二者相结合。保温板的表面装饰层做法也各不相同，薄面层的一般为聚合物水泥胶浆抹面，厚面层可采用普通水泥砂浆抹面，也可以在龙骨上吊挂板材或瓷砖覆面。

常见的外墙外保温系统有：EPS 板薄抹灰系统、胶粉 EPS 颗粒保温浆料外墙外保温系统、EPS 板现浇混凝土外墙外保温系统等。

(1) EPS 板薄抹灰系统

EPS 板（即膨胀聚苯板）薄抹灰外墙外保温系统，是以 EPS 板作为保温材料的一种保温体系，EPS 板由保温层、薄抹灰面层和饰面涂层构成，EPS 板用胶黏剂固定在基层上，薄抹灰面层中满铺抗碱玻璃纤维网，该保温墙体的具体构造如图 8-11 所示。

(2) 胶粉 EPS 颗粒保温浆料外墙外保温系统

胶粉 EPS 颗粒保温浆料外墙外保温系统由界面层、胶粉 EPS 颗粒保温浆料层、抗裂砂浆薄抹面层和饰面层组成，其构造如图 8-12 所示。由图 8-12 可以看出，胶粉 EPS 颗粒保温浆料外墙外保温系统采用了逐层渐变、柔性释放应力的无空腔技术工艺，因此可广泛适用于不同气候区、不同基层墙体、不同建筑高度的各类建筑外墙。抗裂砂浆除了可以做成薄抹面层外，还可以用锚固件固定。

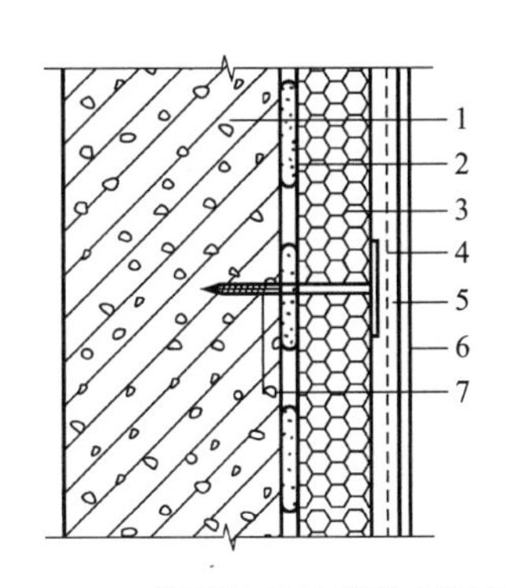

图 8-11 EPS 板薄抹灰外墙外保温构造图
1—基层墙体；2—胶黏剂；3—EPS 板；
4—玻纤网格布；5—薄抹灰面层；
6—饰面涂层；7—锚栓

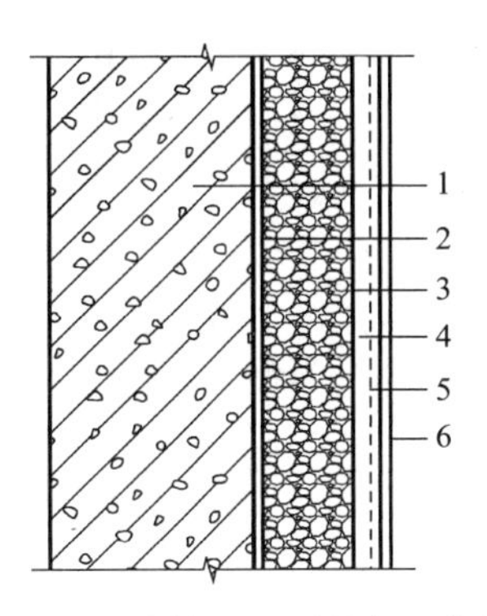

图 8-12 胶粉 EPS 颗粒保温浆料外墙外保温系统的构成
1—基层墙体；2—界面砂浆；3—胶粉 EPS 颗粒保温浆料；
4—抗裂砂浆薄抹面层；5—玻纤网格布；6—饰面层

(3) EPS 板现浇混凝土外墙外保温系统

EPS 板现浇混凝土外墙外保温系统又称大模内置聚苯板保温系统，主要适用于浇筑混凝土高层建筑外墙。EPS 板现浇混凝土外墙外保温系统的具体做法是：将聚苯板（钢丝网架聚苯板）放置于将要浇筑墙体的外模内侧，当墙体混凝土浇灌完毕后，外保温板就会与墙体浇筑在一起了。EPS 板现浇混凝土外墙外保温系统可分为无网现浇系统和有网现浇系统两种。

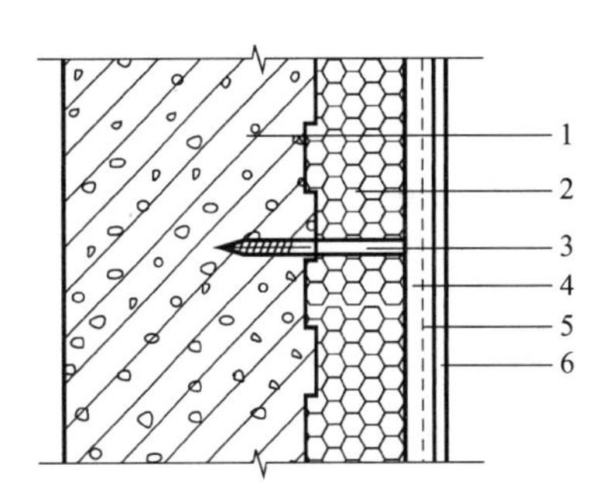

图 8-13 EPS 板无网现浇系统的构造
1—现浇混凝土外墙；2—EPS 板；3—锚栓；
4—抗裂砂浆薄抹面层；5—玻纤网格布；
6—饰面层

① EPS 板无网现浇系统。这种 EPS 板的内表面（与混凝土接触的表面）沿水平方向开有矩形齿槽，外表面以抗裂砂浆做薄抹面，再以涂料作为饰面层，薄饰面层中应满铺玻纤网格布，如图 8-13 所示。

② EPS 板有网现浇系统。以现浇混凝土外墙作为基层，将 EPS 单向钢丝网架板置于外墙外模板内侧，并安装直径为 6mm 的钢筋作为辅助固定件。在浇筑混凝土后，EPS 单向钢丝网架板挑头钢筋与混凝土结合为一体。EPS 单向钢丝网架板表面抹掺外加剂的水泥砂浆形成厚抹面层，外表面再做饰面层，如图 8-14 所示。

8.4.1.2 内保温复合外墙

内保温复合外墙是指在外墙内侧设置保温层并饰面。在选用外墙内保温体系时，应考虑以下几点：①充分估计热桥影响，设计热阻值应取考虑热桥影响后复合墙体的平均热阻；②做好热桥部位节点构造保温设计，避免保温层出现结露问题；③内保温易造成外墙或外墙表面出现温度裂缝，设计时需注意采取加强措施。

内保温外墙由主体结构与保温结构组成，主体结构一般为砖砌体、承重砌块砌体和混凝土墙等承重墙体，或是非承重的空心砌块或加气混凝土砌块墙体。保温结构由保温板和空气层组成。保温材料复合在建筑物外墙内侧，同时以石膏板、建筑人造板或者其他饰面材料覆面作为保护层，如图 8-15 所示。

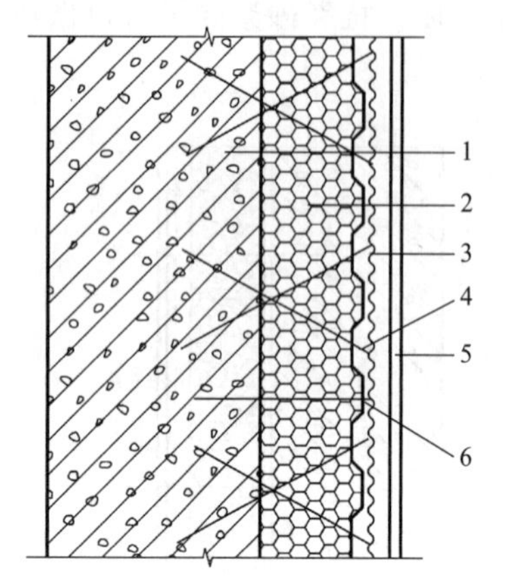

图 8-14　EPS 板有网现浇系统的构造

1—现浇混凝土外墙；2—EPS 单面钢丝网架板；3—掺外加剂的水泥砂浆厚抹面层；4—钢丝网架；5—饰面层；6—钢筋

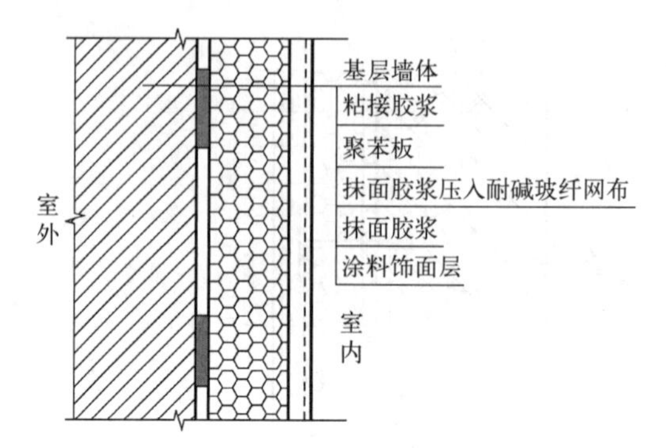

图 8-15　内保温复合外墙的构造

为了解决外墙内保温采暖房间墙体易受潮影响保温效果的问题，可在保温层与主体结构之间增加一个空气间层，增加空气间层不仅可以防潮，还可以解决传统隔气层在春、夏、秋季难以将室内潮气排向室外的难题，同时空气层还可以增加一定热阻，且造价相对较低。此外，建筑物因抗震需要，外墙周边往往需要设置混凝土梁、柱，这些结构的保温隔热性能远低于主体墙体的部位称为热桥。热桥部位必然使外墙传热损失增加，因此要在热桥的两侧加强保温。

常见的内保温复合外墙类型有抹保温砂浆型、粘贴型、龙骨内填型。常用的保温砂浆有膨胀珍珠岩保温砂浆、聚苯颗粒保温砂浆等。粘贴的材料有阻燃型聚苯板、水泥聚苯板、纸面石膏聚苯复合板、纸面石膏岩棉复合板、纸面石膏玻璃棉复合板、饰面石膏聚苯板等。为达到更好的热工性能，在外墙的内侧设置木龙骨或轻钢龙骨骨架，然后将包装好的玻璃棉、岩棉等嵌入其中，表面再封盖石膏板，如图 8-16 所示。

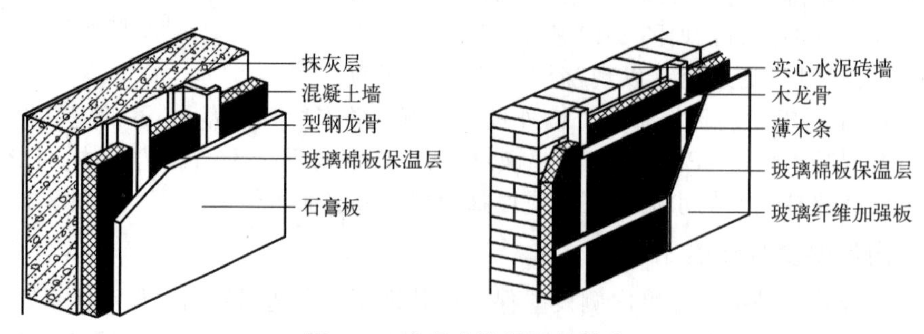

图 8-16　龙骨内墙保温材料墙

钢筋混凝土框架结构建筑，其楼梯间常与电梯间相邻。这些部分通常为钢筋混凝土剪力墙结构，其他部分多为非承重填充墙结构。这时要提高保温层的保温能力，以达到节能标准的要求。框架结构建筑楼梯间保温构造做法可参考内保温外墙的做法。

为防止由于地基、建筑物的不均匀沉降和温度变形给建筑造成的破坏，在墙体结构设计时都要按照相关规范设置变形缝。保温浆料系统变形缝的保温做法如图 8-17 所示。伸缩缝、沉降缝、抗震缝要用聚苯条塞紧，填塞的深度不小于 300mm，金属盖缝板可用 1.2mm 厚的铝板或 0.7mm 厚的不锈钢板，两边钻孔加以固定，其他保温系统的变形缝保温也可参考这种做法。

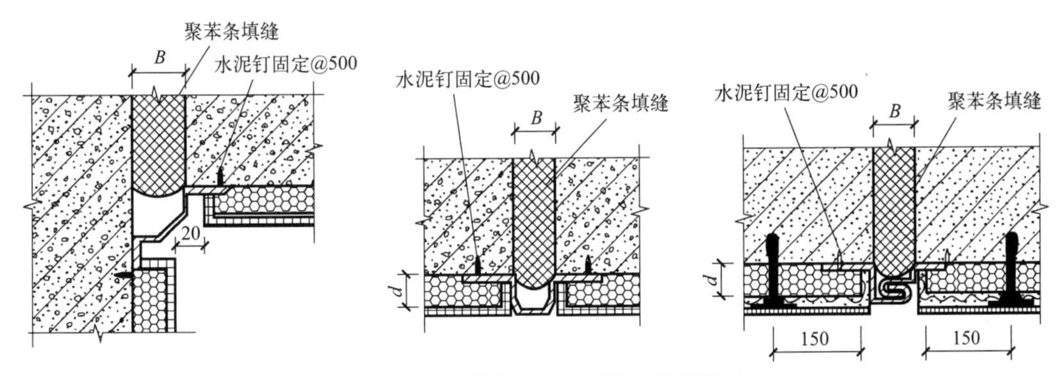

图 8-17　保温浆料系统变形缝的保温做法

8.4.1.3　夹心保温复合外墙

夹心保温复合外墙是将保温层复合在墙体内部的结构设计。保温层位于外墙层和内墙层之间的夹心部分，主要用于保温隔热，减少热量在室内和室外之间的传递。常用的保温材料包括上述聚苯板、聚氨酯泡沫、岩棉板等。常见的夹心保温复合外墙类型有：GRC 内保温板、玻纤增强石膏外墙内保温板、P-GRC 外墙内保温板等。

GRC 外墙内保温板重量轻，防水、防火性能好，具有较高的抗折与抗冲击性和很好的热工性能，图 8-18 为其断面示意图。

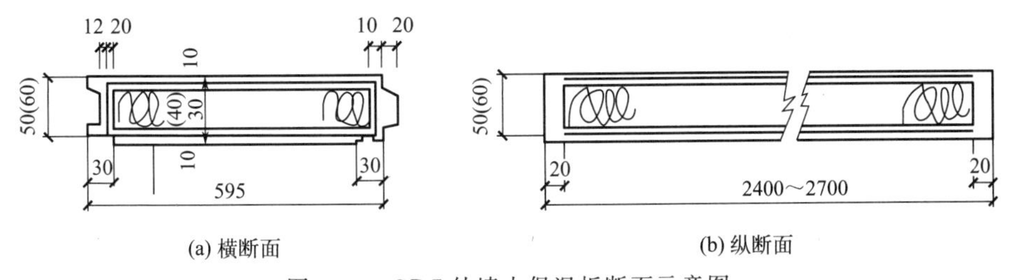

图 8-18　GRC 外墙内保温板断面示意图

玻纤增强石膏外墙内保温板，又称增强石膏聚苯复合板。是一种以玻纤增强石膏为面层，聚苯乙烯泡沫塑料板为心层的夹心式保温板材。板长为 2400～2700mm，板宽为 600mm，板厚有 50mm、60mm 两种。

P-GRC 外墙内保温板的全称是“玻璃纤维增强聚合物水泥聚苯乙烯复合外墙内保温板”。板长为 900～1500mm，板宽为 600mm，板厚有 40mm、50mm 两种。

8.4.2　建筑屋顶节能设计

8.4.2.1　屋面保温隔热节能设计

有关平屋顶保温构造做法已在第 7 章 7.6.2 平屋顶构造小节中介绍了正置式和倒置式两

种。正置式是较为传统的屋面构造做法，即将保温隔热层设在防水层的下面。这是因为传统屋面隔热保温层普遍存在吸水率大的通病，致使保温隔热性能大大降低，无法满足隔热要求。此外，为了提高材料层的热绝缘性，最好选用导热性小、蓄热性大的保温材料。

而倒置式屋面的保温隔热层设在防水层的上方，因此应采用吸水率低的材料，且应用混凝土、水泥砂浆或干铺卵石作为其保护层，以免保温隔热材料受到破坏。倒置式屋面的构造如图 8-19 所示，其上层的卵（碎）石也可换成 30mm 厚的钢筋混凝土板。倒置式保温屋面可以有效地延长防水层的使用年限，施工简单、利于维修，可以调节屋面内表面温度。

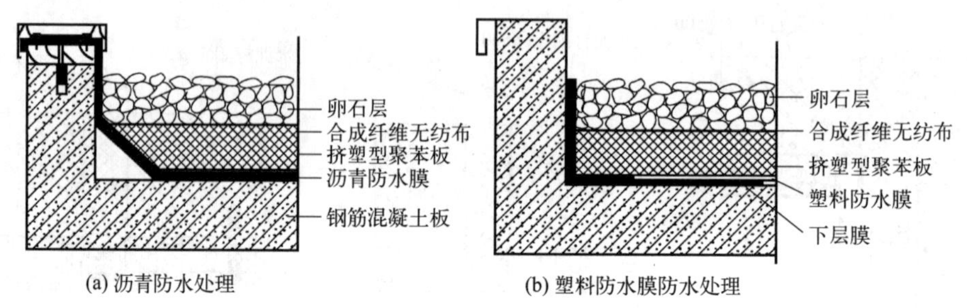

图 8-19　倒置式屋面构造图

8.4.2.2　通风隔热屋面节能技术

通风隔热屋面是一种典型的保温隔热屋面，其屋盖由实体结构变为带有封闭或通风的空气间层的双层屋面结构形式，如图 8-20 所示。从图 8-20 中可以看出，通风隔热屋面相当于在屋面设置了通风间层，一方面可利用通风间层的外层遮挡阳光，使屋面变成两次传热，避免太阳辐射热直接作用在内层围护结构上；另一方面可利用风压和热压（尤其是自然通风）带走进入夹层中的热量，从而减少室外热作用对内表面的影响。

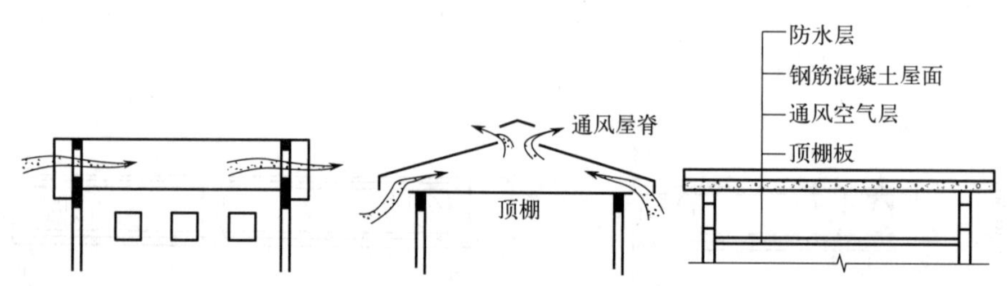

图 8-20　常见的通风屋面构造形式

为确保通风隔热屋面具有较好的隔热降温性能，在设计中应考虑以下问题：①通风隔热屋面的架空层应根据基层的承载能力设计，构造形式要简单，架空板要便于生产和安装施工。②通风隔热屋面和风道的长度不宜大于 15m，空气间层以 200mm 左右为宜。③通风隔热屋面基层上面应有满足节能要求标准的保温隔热基层，一般应按相关节能要求对传热系数和热惰性指标限值进行验算。④架空隔热板的位置应在保证使用功能的前提下，同时考虑利于板下部形成良好的通风状况。⑤架空隔热板与山墙间应留出 250mm 的距离。⑥架空隔热层在施工过程中，应做好对已完工防水工程的保护工作。

8.4.2.3　蓄水隔热屋面节能技术

在屋面建蓄水池也是解决屋顶隔热问题的一种方式，图 8-21 为其构造图，水的蓄热和蒸发，可以消耗投射在屋面上的太阳辐射热，同时蓄水屋面对防水层和屋盖结构形成了有效保护，延缓了防水层的老化。过深的水层会加大屋面荷载，过浅的水层夏季又容易被晒干。

从理论上，50mm 深的水层即可满足降温与保护防水层的要求，比较适宜的水层深度为 150～200mm，屋面的坡度不宜大于 0.5%。为了便于分区检修和避免水层产生过大的风浪，蓄水屋面应划分成若干蓄水区，每个蓄水区的边长不宜大于 10m。蓄水区间用混凝土做成分仓壁，壁上留过水孔，使各蓄水区的水层连通，但在变形缝的两侧应设计成互不连通的蓄水区。蓄水屋面四周可做女儿墙并兼作蓄水池的仓壁，且应将屋面防水层延伸至女儿墙的墙面形成泛水，泛水的高度应高出水面 100mm。由于混凝土转角处不易密实，必须做成斜角圆弧形，并填充如油膏之类的嵌缝材料。为避免暴雨后蓄水深度过大而增加屋面的负荷，应在蓄水池周边设若干溢水口；为了便于检修时排除蓄水，应在池壁根部设排水口。排水口和溢水口均应与排水檐沟或水落管连通。

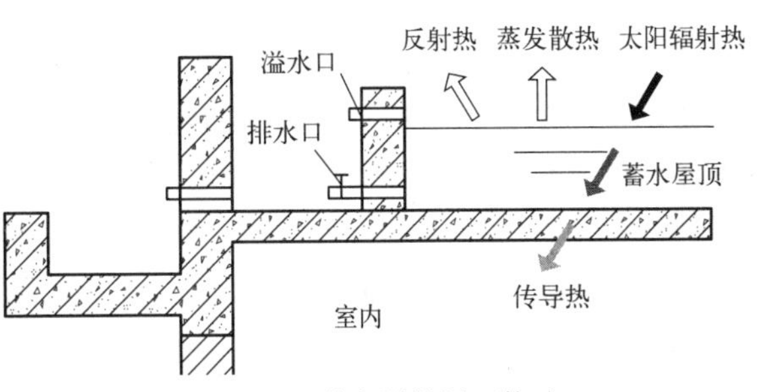

图 8-21　蓄水隔热屋面构造

8.4.2.4　种植屋面节能技术

种植屋面是利用屋面上种植的植物阻隔太阳光照射，能防止房间过热的一项隔热措施。此外种植屋面还有利于固化二氧化碳，释放氧气，净化空气，能够发挥出良好的生态功效。但种植屋面构造设计要求复杂，结构层需采用整体浇筑或预制装配的钢筋混凝土屋面板，自上而下依次为：种植基质层、隔离过滤层、排（蓄）水层、耐根穿刺防水层、卷材或涂膜防水层、找坡层（找平层）、保温（隔热）层、隔气层、混凝土结构层，如图 8-22 所示。

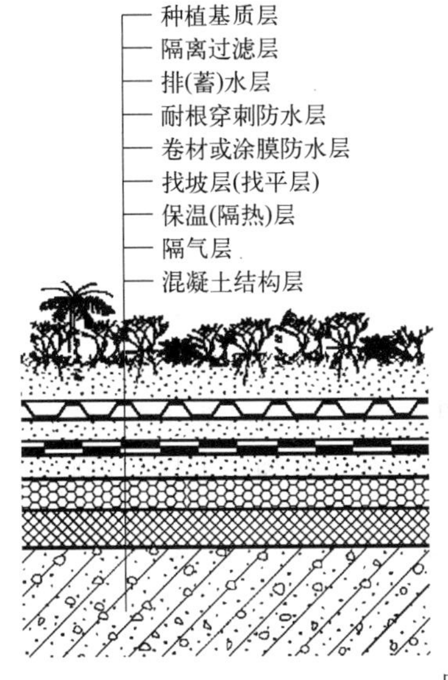

图 8-22　种植屋面构造

种植基质层的种植土不能太厚，植物宜选择长日照的浅根植物，如各种花卉、草等，一般不宜种植根深的植物。隔离过滤层设在种植基质层与排水层之间，采用无纺布或玻纤毡，既可以透水，又能够阻止泥土流失。排水层设在隔离过滤层的下部，由有一定承载能力的塑料排水板、橡胶排水板或粒径为 20～40mm（或厚度为 80mm 以上）的鹅卵石组成。耐根穿刺防水层起隔断根系、以免根系破坏防水层的作用。在耐根穿刺防水层下部再铺设 1～2 道具有耐水、耐腐蚀、耐霉烂和对基层伸缩或开裂变形适应性强的卷材

（如高分子卷材）或防水涂料，以防水分向下渗漏。找平层是用水泥砂浆等材料找平，以便在其上铺设柔性防水层，而找坡层则是为了便于迅速排除种植屋面的积水，宜采用结构找坡，其坡度宜为1%～3%。混凝土结构层要以屋面的允许承载重量为依据，确保屋面的允许承载重量大于一定厚度种植屋面最大湿度质量、一定厚度排水物质质量、植物质量和其他物质质量之和。

8.4.3 建筑外门窗节能设计

建筑外门窗的节能就是指提高门窗的性能指标，主要是在冬季有效利用阳光，夏季采用有效的隔热及遮阳措施，避免能耗增加。在多数建筑中，尽管窗户面积一般只占建筑外围护结构表面积的1/5～1/3，但通过窗户损失的采暖和制冷能量，往往占到建筑围护结构能耗的一半以上，因而窗户是建筑节能的关键部位。

8.4.3.1 外门窗节能基本要求

建筑外门是指住宅建筑的户门和阳台门等，常用外门的热工指标，见表8-5。

表8-5 常用外门的传热系数和传热阻

门框材料	门的类型	传热系数 K /[W/(m^2·K)]	传热阻 R_0 /[m^2·K/W]
木材和塑料	单层实体门	3.5	0.29
	夹板门和蜂窝夹心门	2.5	0.40
	双层玻璃门（玻璃比例不限）	2.5	0.40
	单层玻璃门（玻璃比例<30%）	4.5	0.22
	单层玻璃门（玻璃比例为30%～60%）	5.0	0.20
金属	单层实体门	6.5	0.15
	单层玻璃门（玻璃比例不限）	6.5	0.15
	单框双玻门（玻璃比例<30%）	5.0	0.20
	单框双玻门（玻璃比例为30%～70%）	4.5	0.22
无框	单层玻璃门	6.5	0.15

窗户的传热系数，应按国家计量认证的质检机构提供的测定值采用。若无提供的测定值，则可按表8-6中的数值采用。由表8-6可知，窗面积越大，对保温节能越不利。为了既保证各项使用功能，又提高窗的保温节能性能，减少能源消耗，必须采取以下措施。

表8-6 常用窗户的传热系数和传热阻

窗框材料	窗户类型	空气层厚度 /mm	窗框窗洞面积比 /%	传热系数 K /[W/(m^2·K)]	传热阻 R_0 /[m^2·K/W]
钢、铝	单层窗	—	20～30	6.4	0.16
	单框双玻窗	12	20～30	3.9	0.26
		16	20～30	3.7	0.27
		20～30	20～30	3.6	0.28
	双层窗	100～140	20～30	3.0	0.33
	单层窗+单框双玻窗	100～140	20～30	2.5	0.40

续表

窗框材料	窗户类型	空气层厚度/mm	窗框窗洞面积比/%	传热系数 K/[W/(m^2·K)]	传热阻 R_0/[m^2·K/W]
木、塑料	单层窗	—	30～40	4.7	0.21
	单框双玻窗	12	30～40	2.7	0.37
		16	30～40	2.6	0.38
		20～30	30～40	2.5	0.40
	双层窗	100～140	30～40	2.3	0.43
	单层窗＋单框双玻窗	100～140	30～40	2.0	0.50

8.4.3.2　外门窗节能设计方法

(1) 控制建筑各朝向的窗墙面积比

从降低建筑能耗的角度出发，必须限制窗墙面积比。严寒和寒冷地区居住建筑的北向窗墙面积比应最小。夏热冬冷地区居住建筑东、西朝向建筑的窗墙面积比最小，而南向建筑的窗墙面积比最大，夏季防止东西向日晒、冬季尽可能争取南向日照。夏热冬暖地区居住建筑的外窗面积不应过大，各朝向的窗墙面积比，北向不应大于 0.45，东、西向不应大于 0.30，南向不应大于 0.50，宜设置可靠的遮阳设施，并要避免日晒。

(2) 采用节能玻璃

玻璃对不同波长的太阳辐射具有选择性，玻璃的反射率越高，透射率和吸收率越低，则太阳辐射的热量就越少。节能玻璃有吸热玻璃、热反射玻璃（heat mirror glass）、Low-E 玻璃（low emissivity glass）、中空玻璃、真空玻璃等。①吸热玻璃是能吸收大量红外线辐射能，并保持较高可见光透过率的平板玻璃。②热反射玻璃分为热反射镀膜玻璃和低辐射镀膜玻璃两种。热反射镀膜玻璃在玻璃表面镀上金属、非金属及氧化物薄膜，具有单向透视性，迎光面具有镜面反射效果，而背光面则可以透视。③低辐射镀膜玻璃即 Low-E 玻璃，与热反射镀膜玻璃相比，它的透光性好，节能效果好，遮阳系数低。④中空玻璃具有良好的隔热、隔声、节能等作用，主要应用于建筑外墙、门窗、火车、轮船、电器产品等方面。⑤真空玻璃是目前节能效果最好的玻璃，它在密封的两片玻璃之间形成真空从而使玻璃与玻璃之间的传导热接近于零。

(3) 提高窗框的保温性能

提高窗框保温隔热性能的措施主要有以下三种：一是选择传热系数较低的窗框，这样可以避免窗框成为热桥；二是采用传热系数小的材料截断金属框料型材的热桥，以制成断桥式框料，如图 8-23(a) 所示；三是利用框料内的空气腔室截断金属框扇的热桥，如图 8-23(b) 所示。

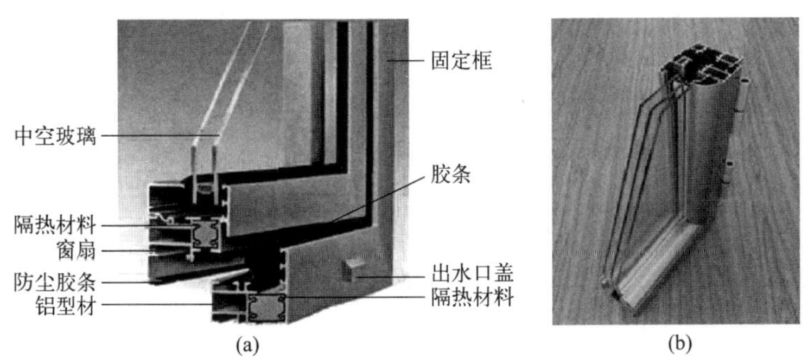

图 8-23　窗框保温构造

目前，窗框的材料主要有铝合金窗框、钢窗框、木窗框和 PVC 塑料窗框等，它们的传热系数和密度如表 8-7 所示。

表 8-7 几种主要窗框的导热系数和密度

材料	铝	钢材	松、杉木	PVC 塑料	空气
导热系数 λ/[W/(m·K)]	174	58	0.17～0.35	0.13～0.20	0.04
密度 ρ/(kg/m^3)	2700	7800	300～400	40～50	1.20

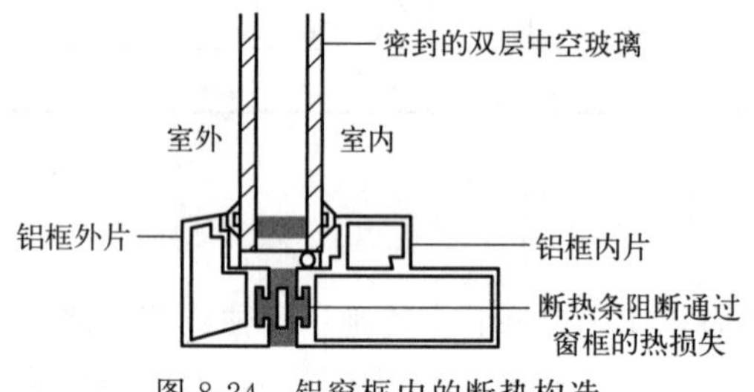

图 8-24 铝窗框内的断热构造

我国由于森林资源匮乏，为了保护森林资源，严格限制木材采伐，木窗使用比例很小。当前有些城市高档建筑木窗采用进口木材，此外，还有一些农村和林区就地取材用于当地建筑。铝合金窗及断桥铝合金窗通过增强尼龙隔条将铝合金型材分为内外两部分阻隔了铝的热传导，图 8-24 为断热构造示意图。经过断热处理后，窗框的保温性能可提高 30%～50%。PVC 塑料窗的突出优点是保温性能和耐化学腐蚀性能好，并有良好的气密性和隔声性能。但其明显的不足是抗风压、水密性能低，遮光面积大，并存在光热老化问题。

(4) 提高窗的气密性

窗户的气密性体现了门窗在正常关闭状态下阻止空气渗透的能力。国标《建筑外门窗气密、水密、抗风压性能检测方法》（GB/T 7106—2019）已取消外门窗的气密性分级，有助于适应不同地区、不同建筑类型对气密性需求的差异，确保建筑外门窗的设计和安装更加符合节能和安全的标准，从而提高建筑的能效和居住者的舒适度。

(5) 选择合理的开扇形式

窗的几何形式与面积，以及开启窗扇的形式，均对窗的保温节能性能有很大影响。表 8-8 中列出了一些窗的形式及相关参数。从表中可以看出，编号为 4、6、7 开扇形式的窗，其缝长与开扇面积的比值较小，而在相近的开扇面积下，开扇缝较短，节能效果越好。因此，开扇形式的设计要点包括：在保证必要的换气次数的前提下，尽量缩小开扇面积；选用周边长度与面积比小的窗扇形式，即接近正方形有利于节能；镶嵌的玻璃面积尽可能大。

表 8-8 窗的开扇形式与缝长

编号	1	2	3	4	5	6	7
开扇形式							
开扇面积 F /m^2	1.20	1.20	1.20	1.20	1.00	1.05	1.41
缝长 L/m	9.04	7.80	7.52	6.40	6.00	4.30	4.80
缝面比 L/F	7.53	6.50	6.10	5.33	6.00	4.10	3.40
窗框长 L_0 /m	10.10	10.10	9.46	8.10	9.70	7.20	4.80

(6) 合理采用遮阳措施

夏热冬冷和夏热冬暖地区，夏季窗和透明幕墙的太阳辐射得热将会增大空调负荷，冬季则会减小采暖负荷，因此，应根据负荷的具体情况确定采取何种形式的遮阳。一般情况下，民用建筑的外窗、外卷帘或外百叶的活动遮阳效果较好。但严寒地区不同于南方温暖地区，这一地区采暖能耗在全年建筑能耗中占主导地位，如果遮阳设施阻挡了冬季阳光进入室内，必然会增加冬季采暖能耗。因此，遮阳措施一般不适用于北方严寒地区。根据遮阳装置的安放位置，可将遮阳措施分为内遮阳、中间遮阳、外遮阳三种。其中外遮阳的遮阳效果最好，它又分为固定式外遮阳、可调式外遮阳。固定式外遮阳常结合建筑立面造型一体设计，其遮阳效果与材料、构造、颜色等紧密相关。图 8-25 是常见的固定式外遮阳的基本形式。

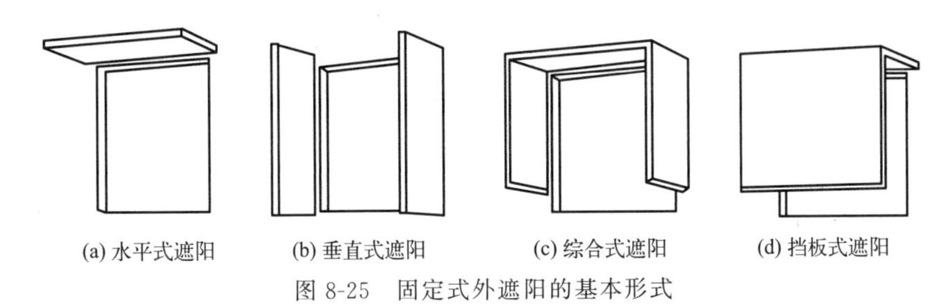

图 8-25　固定式外遮阳的基本形式

水平式遮阳基本形式如图 8-25(a) 所示。这种遮阳能遮挡太阳高度角较大、从窗口上方射下来的阳光，适用于南向或接近南向的外窗。

垂直式遮阳基本形式如图 8-25(b) 所示。这种遮阳能够有效地遮挡太阳高度角较小、从窗侧向斜射过来的直射阳光，主要适用于北向、东北向和西北向附近的窗口。

综合式遮阳由水平式遮阳与垂直式遮阳综合而成，其基本形式如图 8-25(c) 所示。这种遮阳能够遮挡太阳高度角中等，且从窗前斜射下来的阳光，遮阳效果均匀，适用于东南向或西南向附近的窗口。

挡板式遮阳基本形式如图 8-25(d) 所示。这种遮阳能够有效地遮挡从窗口正前方射来的、太阳高度角较小的直射阳光，主要适用于东向、西向附近的窗口。

值得注意的是，以上各种形式的遮阳的适用朝向并不是绝对的，在设计中还可以根据建筑要求、构造方式与经济条件进行比较后再选定。

常见的可调式外遮阳装置主要有遮阳篷、百叶窗（图 8-26）、室外卷帘等。可调式遮阳装置除可遮挡阳光以免室内过热外，还可以起到防止眩光、调节风量以及遮挡视线的作用。

图 8-26　可调节百叶窗

8.4.4　幕墙节能设计

玻璃幕墙能够提供极具现代感和透明感的外观，使得建筑物看起来更加开放、通透，还可以设计成弧形、曲面等不同几何形状。大面积的玻璃幕墙可以利用自然光，减少室内对人工照明的依赖，节省照明能耗。一些现代建筑，如纽约的赫斯特大厦、北京的中国尊等摩天大楼都采用了高性能的玻璃幕墙系统。但是，玻璃幕墙比传统墙体的保温隔热性能差很多，其热损失是传统墙体的 6～7 倍。因此，对玻璃幕墙进行节能设计具有重要意义。

玻璃幕墙的节能设计就是要对玻璃幕墙在传导、对流、辐射及太阳光的透射这些环节的热交换加以控制，以提高玻璃幕墙的保温隔热性能。首先要注重玻璃幕墙材料本身的热工性能，应选用节能型材料；其次是采用一些特殊的构造做法控制热交换，以达到节能的目的；此外还可以借助一些辅助措施，以取得最佳的节能效果。

(1) 玻璃幕墙材料节能

玻璃幕墙材料节能是指在玻璃幕墙选材时选用节能型材料，包括节能玻璃和节能型材（玻璃幕墙的框架）。玻璃幕墙常用的节能玻璃有吸热玻璃、热反射玻璃、Low-E 玻璃、中空玻璃、真空玻璃等，各种玻璃的特性见本章第 8.4.3.2 小节。玻璃幕墙的金属框架虽然在幕墙外表面占的比例较小，但由于它多为铝合金或不锈钢材料，导热系数较大，热量容易损失。玻璃幕墙常用的节能型材有铝塑复合材料、断热铝型材等高热阻材料。为了提高金属框架的热阻，在保证材料力学性能的前提下，可选用断热桥型节能型材。如断热桥铝型材用隔热条将铝合金型材分隔成两个部分，以减少两部分之间的热传递，从而达到节能效果。

(2) 玻璃幕墙构造节能

玻璃幕墙的构造节能是指通过特殊的构造做法，提高玻璃幕墙的保温隔热性能。双层玻璃幕墙就是一种采用构造做法节能的玻璃幕墙。如图 8-27 所示，图（a）为封闭式内通风玻璃幕墙，图（b）为敞开式外通风玻璃幕墙。它可以让空气在热通道中流动进行通风，但同时又具有良好的热绝缘性能。

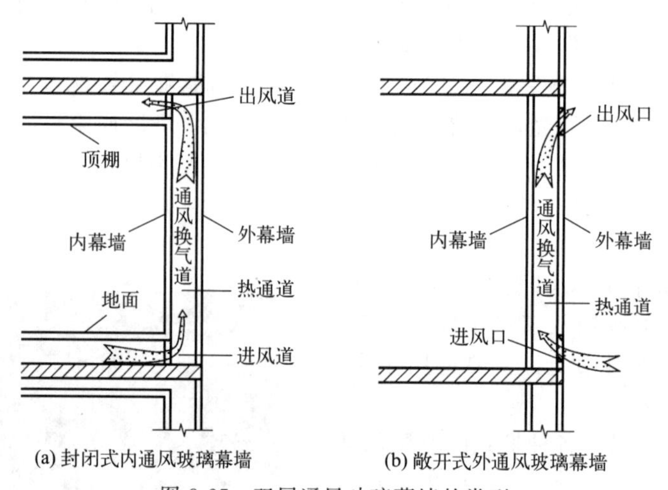

图 8-27　双层通风玻璃幕墙的类型

(3) 辅助措施节能

玻璃幕墙的辅助节能措施可分为两方面，具体包含：①为玻璃幕墙设置遮阳系统。双层玻璃幕墙中的遮阳设计（百叶帘、卷帘、智能调光玻璃等）在保证建筑采光效果的同时，能减少太阳辐射热量进入建筑内部，提升能效和舒适度。图 8-28 是这一结构的示意。②利用密封材料提高玻璃幕墙的气密性等。为提高玻璃幕墙的气密性，通常把玻璃与型材之间、玻璃与玻璃之间的缝隙用密封材料密封，常用的密封材料有橡胶密封条、硅酮耐候胶等。橡胶密封条：用于幕墙与型材之间，依靠胶条自身具有的弹性起密封作用，如图 8-29 所示。硅酮耐候胶：又称硅酮耐候密封胶，主要用于幕墙玻璃之间的密封嵌缝，是一种很好的密封材料，如图 8-30 所示。

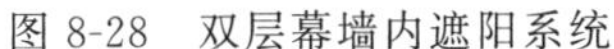

图 8-28　双层幕墙内遮阳系统

图 8-29　橡胶密封条

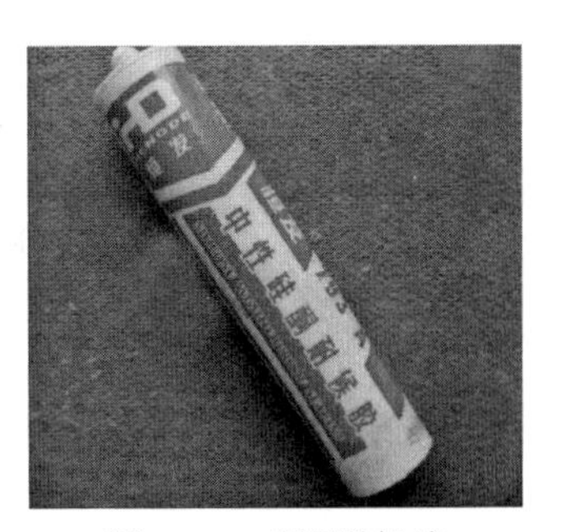

图 8-30　硅酮耐候胶

8.4.5　太阳能利用技术

8.4.5.1　太阳能利用形式

太阳能具有取之不尽、用之不竭、洁净环保等优点，所以，它被认为是最好的可再生能源。但太阳能利用过程中需注意：①太阳能能流密度（也称太阳辐照度）不稳定，会随时间、地点和大气条件的不同而变化，在地表水平面上，其最大功率密度（辐射强度）通常小于 $1000W/m^2$，小于太阳常数 $1353W/m^2$。②太阳能具有周期性：地球的自转使太阳能获取仅限于白天（通常小于 12h）；地球的公转使得辐射强度在一年中随季节波动。

目前建筑的太阳能利用有三种主要技术形式：被动式太阳能建筑（passive solar building）、主动式太阳能建筑（active solar building）和建筑光伏一体化（building-integrated photovoltaics，BIPV）。是否采用机械设备获取太阳能是区分主动式、被动式太阳能建筑的主要标志。

8.4.5.2　被动式太阳能建筑

被动式太阳能建筑设计，是一种通过建筑设计和材料的优化，利用自然的太阳能进行采光、采暖和通风，而无须依赖机械设备或额外能源的建筑形式。这种建筑设计基于最大化利用自然资源（如太阳能、风等）来提高能效、减少能源消耗，具有可持续性和环保性。

被动式太阳能建筑设计原则有：①要有有效的绝热外壳和足够大的集热表面；②室内布置尽可能多的储热体；③主次房间的平面位置应合理。被动式太阳能建筑的最大优点是构造简单、造价低廉、节能显著、维护管理方便，但室内温度波动较大，热舒适度差。被动式太阳能采暖建筑的类型很多，按照利用太阳能的方式不同可分为直接受益式太阳能建筑和间接受益式太阳能建筑。

(1) 直接受益式

直接受益式太阳能建筑的集热原理见图 8-31。房间本身是一个集热储热体，在日照阶段，太阳光透过南向玻璃窗[图 8-31(a)]及高侧窗[图 8-31(b)]进入室内，地面和墙体吸收储蓄热量，表面温度升高，所吸收的热量一部分以对流的方式供给室内空气，另一部分以辐射的方式与其他围护结构内表面进行热交换，第三部分则由地板和墙体的导热作用把热量传入内部蓄存起来。采用高侧窗和屋顶天窗的方式可以使室温上升更快。

直接受益式太阳能建筑的南向外窗面积与建筑内蓄热材料的数量是这类建筑设计的关键。此外，建筑朝向在南偏东、偏西 30°以内，有利于冬季集热和避免夏季过热。最好与保

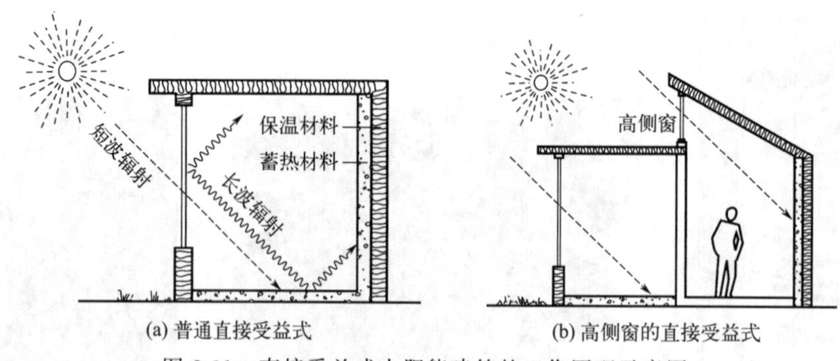

图 8-31 直接受益式太阳能建筑的工作原理示意图

温窗帘、遮阳板等相结合，以确保冬季夜间和夏季的使用效果。

(2) 间接受益式

间接受益式的集热基本形式有：特朗伯集热墙（trombe walls）、水墙、载水墙（充水墙）、附加阳光间等。

特朗伯集热墙是一种无机械动力消耗和传统能源消耗，仅仅依靠墙体的独特构造设计为建筑供暖的集热墙体。冬季白天有太阳时，集热墙与外层玻璃之间出现温室效应，薄片间层的空气被加热，通过集热墙顶部与底部的通风孔可以向室内对流供暖，如图 8-32(a) 所示。夜间，依靠集热墙本身的蓄热可向室内辐射供暖，如图 8-32(b) 所示。

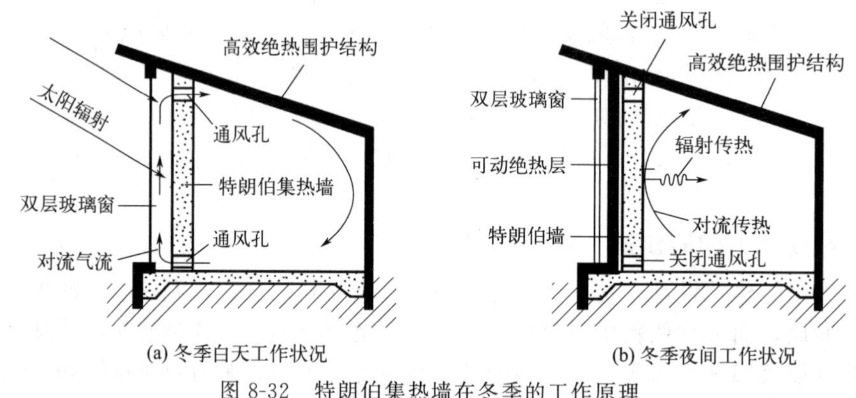

图 8-32 特朗伯集热墙在冬季的工作原理

到了夏季，如图 8-33(a) 所示，夏季的白天，在集热墙和玻璃之间设置绝热窗帘或百叶等绝热层，绝热层外表面用浅色或铝箔以尽可能地反射太阳辐射。夜间，如图 8-33(b) 所示，玻璃上、下通风孔依然保持开启，但此时，将墙体外挂的活动绝热窗帘等绝热层移开，使特朗伯墙的墙体向室外辐射散热。

水墙是指以钢桶或薄壁塑料管盛水作为储热物质的墙体。水的比热为 4.2×10^3J/(kg·℃)，它是其他一般建筑材料（如砖、混凝土、木材等）比热的 5 倍左右。因此，在存储热量一定、温度变化一定的条件下，所需水的质量比一般建筑材料要少。图 8-34 所示是早年美国某住房试验的太阳能水墙。

载水墙是采用向混凝土空心墙体内衬防水塑料袋（水充注在塑料袋内）的办法做成的集热墙，兼有水的储热容量大和固体材料无对流传热两方面的集热优势，这种水墙称为载水特朗伯墙或充水墙。

附加阳光间又称附加温室式太阳房，是指在建筑的南侧附建一个玻璃温室，阳光间与室

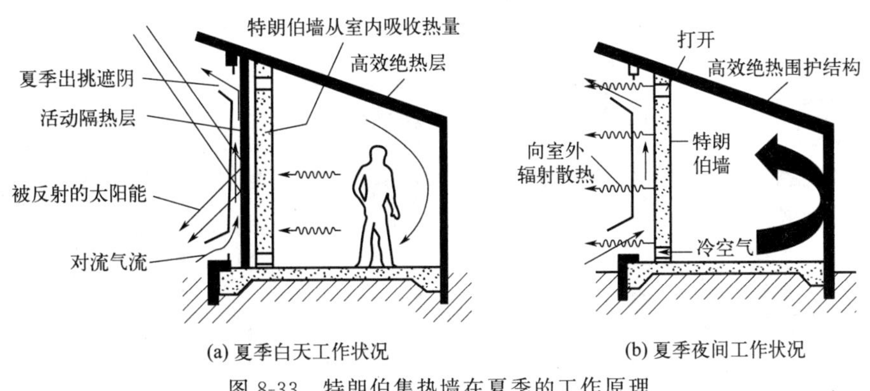

(a) 夏季白天工作状况　　(b) 夏季夜间工作状况

图 8-33　特朗伯集热墙在夏季的工作原理

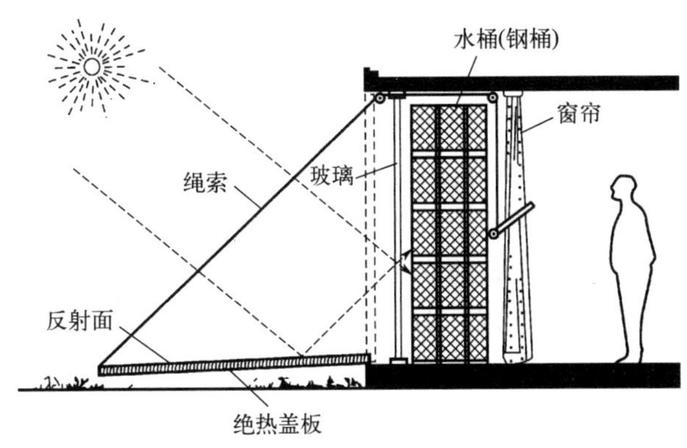

图 8-34　太阳能水墙剖面

内空间之间由墙相隔，隔墙上开有门、窗或通风孔洞等，以便空气流通，如图 8-35 所示。白天，阳光间的采暖主要通过空气的对流来实现，阳光透过玻璃使阳光间内空气变热，经加热的空气通过隔墙上的门窗、孔洞等以对流的方式进入室内空间，为室内提供热量，如图 8-35(a) 所示；到了夜间，阳光间可以作为室内外空间的缓冲区，降低室内房间向室外的热损失，如图 8-35(b) 所示。

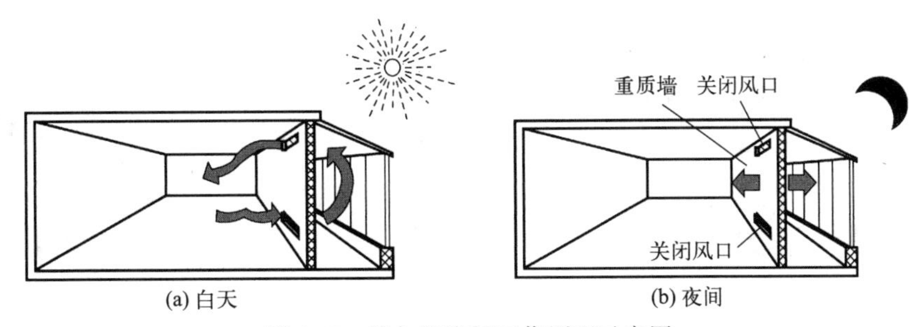

(a) 白天　　(b) 夜间

图 8-35　附加阳光间工作原理示意图

8.4.5.3　主动式太阳能建筑

主动式太阳能建筑是一种利用机械设备主动获取、存储太阳能的建筑形式。太阳能热水系统通过太阳能集热器捕获太阳能，将水或其他工作流体加热，然后通过管道系统将热水输送到建筑的供暖系统、热水供应或空调系统，如图 8-36 所示。常见的太阳能热水器包括平板型、真空管型（图 8-37）和集热管式等。

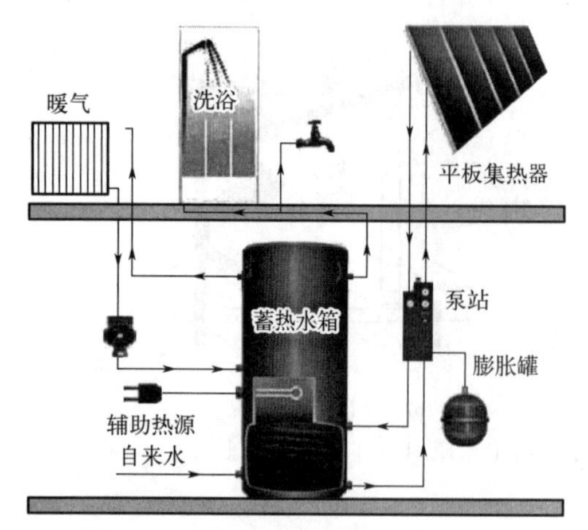

图 8-36 循环式热水系统工作原理图

图 8-37 真空管式太阳能热水系统

8.4.5.4 建筑光伏一体化

建筑光伏一体化（BIPV）是指将光伏发电组件直接集成到建筑物的结构中，将建筑材料与太阳能发电功能相结合的一种技术。BIPV 通过产生清洁能源，减少建筑物对传统化石燃料的依赖，降低碳排放，提升建筑的绿色环保特性。但建筑光伏一体化不仅是一种发电装置，还能够替代传统建筑材料，发挥建筑功能，如外墙、屋顶、窗户等部分。如图 8-38 所示，光伏组件可以替代传统的屋顶瓦片，起到屋顶防水和发电双重作用。光伏组件可以集成到建筑的玻璃幕墙中（图 8-39），这种透明或半透明的光伏玻璃既能够采光，也能发电，可有效弥补玻璃幕墙能耗高的缺点。随着绿色建筑和可再生能源需求的增长，BIPV 技术在建筑领域的应用前景广阔。未来，随着技术的进步和成本的降低，BIPV 有望成为建筑设计中的标准化元素，帮助实现零能耗建筑的目标。

图 8-38 瓦状光伏组件

图 8-39 玻璃幕墙光伏组件

8.5 绿色建筑评价标准

《绿色建筑评价标准（2024 年版）》（GB/T 50378—2019）是由中国建筑科学研究院和上海市建筑科学研究院联合主编的标准，该标准于 2019 年 8 月 1 日正式实施。《绿色建筑评价标准》的主要目的是在建筑的全寿命周期内，最大限度地节约资源、保护环境、减少污染，并为人们提供健康、适用和高效的使用空间，实现与自然的和谐共生。

8.5.1　一般规定

绿色建筑评价应以单栋建筑或建筑群为评价对象。评价对象应落实并深化上位法定规划及相关专项规划提出的绿色发展要求；涉及系统性、整体性的指标，应基于建筑所属工程项目的总体进行评价。绿色建筑评价应在建筑工程竣工后进行，绿色建筑预评价应在建筑工程施工图设计完成后进行。申请评价方应对参评建筑进行全寿命期技术和经济分析，选用适宜技术、设备和材料，对规划、设计、施工、运行阶段进行全过程控制，并应在评价时提交相应分析、测试报告和相关文件。申请评价方应对所提交资料的真实性和完整性负责。评价机构应对申请评价方提交的分析、测试报告和相关文件进行审查，出具评价报告，确定等级。申请绿色金融服务的建筑项目，应对节能措施、节水措施、建筑能耗和碳排放等进行计算和说明，并应形成专项报告。绿色建筑应在施工图设计阶段提供绿色建筑设计专篇，在交付时提供绿色建筑使用说明书。

8.5.2　评价与等级划分

绿色建筑评价指标体系应由安全耐久、健康舒适、生活便利、资源节约、环境宜居 5 类指标组成，且每类指标均包括控制项和评分项；评价指标体系还统一设置加分项。控制项的评定结果应为达标或不达标；评分项和加分项的评定结果应为分值。对于多功能的综合性单体建筑，应按《绿色建筑评价标准（2024 年版）》全部评价条文逐条对适用的区域进行评价，确定各评价条文的得分。绿色建筑评价的分值设定应符合表 8-9 的规定。

表 8-9　绿色建筑评价分值

	控制项基础分值	评分项满分值					加分项满分值
		安全耐久	健康舒适	生活便利	资源节约	环境宜居	
预评价	400	100	100	70	200	100	100
评价	400	100	100	100	200	100	100

注：预评价时，《绿色建筑评价标准（2024 年版）》第 6.2.10、6.2.11、6.2.12、6.2.13、9.2.8 条不得分。

绿色建筑评价的总得分应按以下公式进行计算：

$$Q=(Q_0+Q_1+Q_2+Q_3+Q_4+Q_5+Q_A)/10$$

式中，Q 为总得分；Q_0 为控制项基础分值，当满足所有控制项的要求时取 400 分；Q_1～Q_5 分别为评价指标体系 5 类指标（安全耐久、健康舒适、生活便利、资源节约、环境宜居）评分项得分；Q_A 为加分项得分。

根据《绿色建筑评价标准（2024 年版）》（GB/T 50378—2019）的规定，绿色建筑等级应按由低至高划分为基本级、一星级、二星级、三星级 4 个等级。当满足全部控制项要求时，绿色建筑等级应为基本级。绿色建筑星级等级应按下列规定确定：①一星级、二星级、三星级 3 个等级的绿色建筑均应满足《绿色建筑评价标准（2024 年版）》全部控制项的要求，且每类指标的评分项得分不应小于其评分项满分值的 30%；②一星级、二星级、三星级 3 个等级的绿色建筑均应进行全装修，全装修工程质量、选用材料及产品质量应符合国家现行有关标准的规定；③当总得分分别达到 60 分、70 分、85 分且应满足表 8-10 的要求时，绿色建筑等级分别为一星级、二星级、三星级。

表 8-10 一星级、二星级、三星级绿色建筑的技术要求

	一星级	二星级	三星级
围护结构热工性能的提高比例，或建筑供暖空调负荷降低比例	—	围护结构提高 5%，或负荷降低 3%	围护结构提高 10%，或负荷降低 5%
严寒和寒冷地区住宅建筑外窗传热系数降低比例	5%	10%	20%
节水器具水效等级	3 级	2 级	
住宅建筑隔声性能	—	卧室分户墙和卧室分户楼板两侧房间之间的空气声隔声性能（计权标准化声压级差与交通噪声频谱修正量之和 $D_{nT,w}+C_{tr}$）≥47dB，卧室分户楼板的撞击声隔声性能（计权标准化撞击声压级 $L'_{nT,w}$）≤60dB	卧室分户墙和卧室分户楼板两侧房间之间的空气声隔声性能（计权标准化声压级差与交通噪声频谱修正量之和 $D_{nT,w}+C_{tr}$）≥50dB，卧室分户楼板的撞击声隔声性能（计权标准化撞击声压级 $L'_{nT,w}$）≤55dB
室内主要空气污染物浓度降低比例	10%	20%	
绿色建材应用比例	10%	20%	30%
碳减排	明确全寿命期建筑碳排放强度，并明确降低碳排放强度的技术措施		
外窗气密性能	符合国家现行相关节能设计标准的规定，且外窗洞口与外窗本体的结合部位应严密		

注：1. 围护结构热工性能的提高基准、严寒和寒冷地区住宅建筑外窗传热系数降低基准均为现行强制性工程建设规范《建筑节能与可再生能源利用通用规范》GB 55015 的要求。

2. 室内氨、总挥发性有机物、$PM_{2.5}$ 等室内空气污染物，其浓度降低基准为现行国家标准《室内空气质量标准》GB/T 18883 的有关要求。

8.6 既有建筑节能改造

8.6.1 既有建筑节能策略

针对我国目前的建筑和能耗形势，克服既有建筑节能改造所面临的困难，可从以下几方面入手：①加大对建筑节能的重视程度，提高居民对建筑节能的意识，制定有利于既有建筑节能改造的政策和法规，以推动建筑节能工作；②根据谁受益、谁投资的原则，鼓励企业投资建筑节能改造，节能收益共享；③对公共建筑的制冷供暖空调实施梯度电价，对积极实施建筑节能改造的单位提供节能补助金、贴息贷款或者减税等优惠政策，激励公共建筑产权或使用单位对其高耗能建筑进行节能改造；④对住宅建筑实施梯度天然气供热原则，即“用气多、交费多”，从而促进住户自身对住宅建筑的节能改造；⑤建立“既有建筑节能改造专项基金”，旨在提高建筑的能效和环保性能，交纳主体可以是政府、住户或相关责任方，该基金使用时可按产权单位、住户、专项改造基金补助的方式按比例来分摊。

8.6.2 节能改造的方法

既有建筑节能改造应该具有建筑整体观和全局观，应在确保建筑物安全性和不改变或尽量少改变原有建筑使用功能的前提下进行节能改造，使改造后的建筑的各项功能均优于或不低于改造前。

8.6.2.1　节能改造的前期工作

节能改造前，需要先收集相关资料并对建筑物的安全状况做出相关评价，为后期节能改造方向判定提供依据，具体包括以下主要方面：①建筑总网及竣工图纸，暖通竣工图；②在建筑物使用过程中已发生的改造或维修图纸；③对原有空调通风系统的运行状况进行调查，实测设备和系统运行的能效，分析实际能耗现状；④对比围护结构实际材料和图纸的一致性；⑤建筑物内各部位热环境的现状；⑥周边可利用的环境资源状况；⑦对建筑物的安全状况做出客观评价，以确保拟改造建筑的结构安全和使用功能，该工作应委托有评价资质的单位承担。

8.6.2.2　节能改造原则和目标

在前期资料收集和安全评估的基础上，既有建筑节能改造的原则包括：①对改造的必要性、可行性、安全性，以及投入收益比进行科学论证；②建筑围护结构改造宜与采暖供热系统改造同步进行；③充分考虑采用可再生能源；④既有建筑改造和扩建时，宜同步进行建筑节能改造；⑤在改造条件不能一次到位的情况下，节能改造可分步进行，但外窗和外门应优先进行，包括门窗的遮阳措施，因为此部分对建筑能耗的影响较大；⑥既有建筑节能达标的水平可根据建筑性质、地区特点、规模及经济条件分步实施。

通过节能改造，公共建筑可达到或接近现行节能标准要求，能耗明显降低。居住建筑可显著提高居住环境的热舒适性，能耗也会有一定的下降，从而达到或接近现行节能标准的要求。

8.6.2.3　节能改造的热工评价

既有建筑节能改造的热工评价分为改造前评价和改造后评价：①改造前评价的目的和方法是利用现行的节能标准和技术手段，针对拟改造项目的现状及耗能系统，对围护结构各部位的热工性能进行评价；②改造后评价是指既有建筑节能改造后，针对所采用的节能技术措施和方法，按照表 8-11 所示的规定和指标进行节能效果评估。对既有建筑不同部位的热工性能进行检测时，可按表 8-12 中的标准进行检测。

表 8-11　既有建筑节能评估指标（按规定性指标）

<table>
<tr><th>序号</th><th colspan="2">评价内容</th><th colspan="2">标准规定指标</th><th>既有建筑指标</th></tr>
<tr><td rowspan="2">1</td><td rowspan="2">屋顶</td><td>传热系数 $K/[W/(m^2 \cdot K)]$</td><td colspan="2"></td><td></td></tr>
<tr><td>热惰性指标 D</td><td colspan="2"></td><td></td></tr>
<tr><td rowspan="8">2</td><td rowspan="8">外墙</td><td rowspan="4">传热系数 $K/[W/(m^2 \cdot K)]$</td><td>东</td><td></td><td></td></tr>
<tr><td>南</td><td></td><td></td></tr>
<tr><td>西</td><td></td><td></td></tr>
<tr><td>北</td><td></td><td></td></tr>
<tr><td rowspan="4">热惰性指标 D</td><td>东</td><td></td><td></td></tr>
<tr><td>南</td><td></td><td></td></tr>
<tr><td>西</td><td></td><td></td></tr>
<tr><td>北</td><td></td><td></td></tr>
<tr><td>3</td><td>分户墙</td><td>传热系数 $K/[W/(m^2 \cdot K)]$</td><td colspan="2"></td><td></td></tr>
<tr><td rowspan="2">4</td><td>分户楼板</td><td>传热系数 $K/[W/(m^2 \cdot K)]$</td><td colspan="2"></td><td></td></tr>
<tr><td>底部架空楼板</td><td>传热系数 $K/[W/(m^2 \cdot K)]$</td><td colspan="2"></td><td></td></tr>
</table>

续表

序号	评价内容			标准规定指标	既有建筑指标
5	地面	热阻 $R/(m^2 \cdot K/W)$			
6	户门	传热系数 $K/[W/(m^2 \cdot K)]$			
7	体型系数				
8	窗墙面积比	各朝向窗墙面积比	东向		
			南向		
			西向		
			北向		
		平均窗墙面积比			
9	天窗	天窗面积/屋顶面积			
		传热系数 $K/[W/(m^2 \cdot K)]$			
		遮阳系数 S_C			
10	外窗(含阳台门透明部分)	传热系数 K $/[W/(m^2 \cdot K)]$	$C_M \leqslant 0.25$		
			$0.25 < C_M \leqslant 0.30$		
			$0.30 < C_M \leqslant 0.35$		
			$0.35 < C_M \leqslant 0.40$		
			$0.40 < C_M \leqslant 0.50$		
		可开启面积			
		气密性	1～6 层		
			≥7 层		

表 8-12 既有建筑围护结构热工性能检测内容和标准

检测内容	检测标准
墙体、屋顶传热系数	《民用建筑热工设计规范》(GB 50176—2016)
建筑外窗传热系数	《建筑外门窗保温性能检测方法》(GB/T 8484—2020)
门窗的气密性	《建筑外门窗气密、水密、抗风压性能检测方法》(GB/T 7106—2019)
窗户玻璃透光率	《建筑外窗采光性能分级及检测方法》(GB/T 11976—2015)
绝热材料导热系数	《绝热材料稳态热阻及有关特性的测定 防护热板法》(GB/T 10294—2008)和《绝热材料稳态热阻及有关特性的测定 热流计法》(GB/T 10295—2008)

8.6.3 节能改造技术

本节以民用建筑为例，介绍既有建筑节能改造技术，包括对围护结构、门窗、屋顶和其他部位的改造。

8.6.3.1 围护墙体改造技术

围护墙体结构改造前应对既有建筑进行查勘、设计验算及实地考察。现场重点考察内容包括：荷载变化，结构构件的安全状况，墙面受冻害、侵蚀损坏情况，结露损害状况，屋面及墙面裂缝、渗漏状况，门窗翘曲、变形等状况。了解上述建筑环境状况，并对墙体、屋面节能改造进行验算后，结合当地标准，提出围护墙体综合改造方案。

围护墙体改造应与建筑立面改造和扩建相结合，优先采用外墙外保温技术。墙体保温材料的选用应满足消防安全和使用安全的要求，确保不因节能改造而导致新的安全隐患。墙体保温材料的选用还应结合外装饰要求统一考虑，有条件的宜选用保温装饰一体化的材料或其他施工相对简单、便捷的保温材料，同时做好保温层的密封和防水处理。墙体节能改造应采取尽可能保留原有墙体的技术措施。当原有墙体热工性能相对较好时，可采用热反射涂料技术或浅色墙面技术处理；对具备条件的项目还可采用墙体绿化技术、墙体遮阳技术、外砌保温隔墙等技术措施。图 8-40 是预制外挂复合保温节能墙板的构造示意图，该墙板具有保温装饰一体化的功能，可采用射钉的方式固定到既有建筑的墙体上。

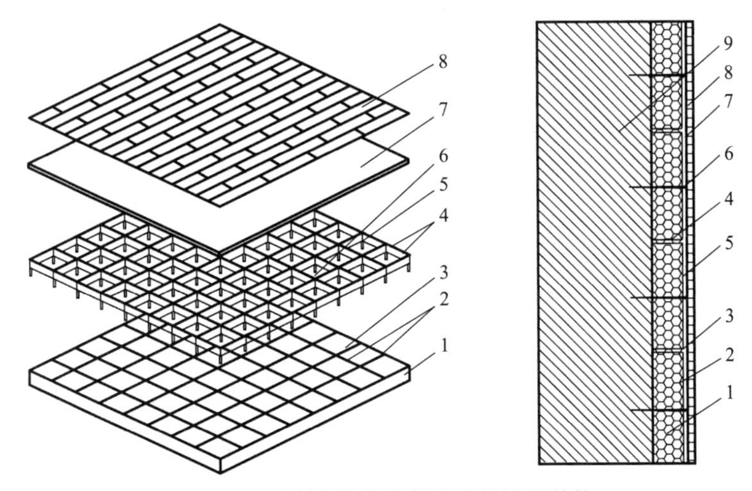

图 8-40　预制外挂复合保温节能墙板结构

1—挤塑板；2—沟槽；3—洞眼；4—肋；5—支撑体；6—钉眼；7—黏结/抗裂砂浆；8—面层；9—基墙

8.6.3.2　门窗改造技术

窗户节能改造后应满足安全、保温、隔声、通风、采光、防水等综合功能要求。单玻璃门窗应首先选用中空玻璃节能门窗。若旧窗无法拆除，也可在旧窗外再加设一层节能窗，新旧窗之间的间距宜为 100mm。东、西向及南向外窗尽可能采用加设活动外遮阳系统的改造措施。对原有节能不达标的中空玻璃窗，可采取贴遮阳膜的措施，但应保证可见光透射比满足要求，以满足室内的采光要求。更换新窗时，应注意窗框与窗洞之间应有可靠的保温密封措施，以减少该部位在使用过程中出现开裂、透气、漏水等情况。

8.6.3.3　屋顶改造技术

屋顶改造应根据屋顶的形式，采用相应的改造措施。对原有防水性能可靠的屋顶可直接做倒置式保温处理；对原屋顶有渗漏情况的，可拆除原屋顶防水层，重做保温层和防水层。对有条件的屋顶，应首选种植屋顶的改造方法。对平改坡屋顶，应在原平屋顶顶上完成满足相关要求的保温层施工后再做坡屋顶。坡屋面改造应重视屋面内保温层的铺设，有条件的应增设吊顶，将保温层铺设于吊顶上，并应采取通风措施防止“闷顶”。屋面节能改造时，宜同时考虑太阳能热水系统的增设，以充分发挥屋顶的节能作用。

8.6.3.4　其他部位改造技术及要求

(1) 幕墙改造技术

首先应将不节能的普通玻璃更换为热工性能较好的节能玻璃，如 Low-E 玻璃。有条件的应优先增设活动外遮阳系统，或增设遮光性能较好的内遮阳设施。根据室内功能要求，条件允许的可采用加设保温性能好的不透光墙体，通过减少实际外窗透光面积的方法达到节能目的。在不改变原有幕墙的情况下，可采取增设一层保温性能较好的内窗的方式。幕墙改造应满足自然通风和采光要求。

(2) 架空楼板和功能转换处楼板的改造技术及要求

应采用燃烧性能符合消防要求的保温材料。若保温材料设于板面，则强度应满足使用要求且不低于3.5MPa，建议尽可能选用无机材料。设于架空楼板下的保温层，在确保架空楼板与墙体交界处有防火隔离措施的情况下，可选用方便施工的板材类保温材料，如使用有机保温板材薄抹灰系统。

(3) 凸窗顶板、底板及侧板技术和要求

凸窗顶板、底板及侧板优先选用保温板薄抹灰系统，以方便施工。应结合防水、防潮，做好相关节点处理。

(4) 地面及地下室外墙改造技术和要求

地面及地下室外墙改造后的地面热工性能指标应满足最小热阻的规定，以确保不产生“结露”现象。地面改造推荐采用200～300mm现浇泡沫混凝土或加气混凝土砌块铺设。当采用加气混凝土砌块铺设时应做好防水处理。地下室外墙改造保温层应设于地下室内侧，可采用加砌具有保温功能的隔墙或加设保温板的方式。

数字化设计：天正软件节能计算使用步骤

在天正节能软件中建筑节能计算步骤如下（可扫描二维码观看完整教学视频）：

（1）启动软件：打开天正节能软件，选择“新建项目”或“打开现有项目”。

（2）设置项目参数：输入项目基本信息，如建筑名称、设计单位、地址等。

（3）输入建筑信息：在软件中输入建筑的平面图、层数、建筑高度和用途等参数。

（4）添加构件：选择墙体、窗户、门等构件，输入相应的节能性能参数。

（5）进行节能计算：根据输入的建筑信息，选择计算方式，进行能耗计算和节能评估。

（6）查看结果：生成计算报告，查看能耗、节能效果和相关指标。

（7）调整参数：根据计算结果，调整建筑设计或构件参数，以优化节能效果。

（8）保存与导出：保存项目，必要时将报告导出为PDF或其他格式。

具体步骤可能会因软件版本或项目要求有所不同，建议参考用户手册以获取详细指导。

思考题

在线题库参考答案

1. 简述传热的三种基本方式。
2. 外门窗节能设计方法有哪些？根据遮阳装置的安放位置，可分为哪几种方式？
3. 目前建筑与太阳能利用有哪三种主要技术形式？各自的侧重点是什么？
4. 简述既有建筑节能改造的原则和目标。

第三部分
工业建筑设计

第 9 章
工业建筑概述

本章要点

1. 了解什么是工业建筑、工业建筑的发展历史以及设计原则。
2. 重点掌握工业建筑的分类特点。

学习知识目标

1. 学习并掌握工业建筑的分类方法。
2. 通过学习工业建筑的发展史，理解相应的建筑设计策略。

素质能力目标

通过本章的学习，学生应了解工业建筑的分类，根据分类特点，结合后续相关结构课程选择合理的结构类型体系。

本章数字资源

在线题库
参考答案

9.1　工业建筑的发展历史及特点

9.1.1　工业建筑的发展历史

现代工业建筑体系的发展可以追溯到 18 世纪的工业革命，已有两百多年的历史，其中以第二次世界大战之后的数十年进步最大，更显示出自己独有的特征和建筑风格。工业建筑起源于工业革命最早的英国，随后在美国、德国以及欧洲的几个工业发达国家发展起来，苏联在 20 世纪 20～30 年代，开始进行大规模工业建设。我国在解放后新建和扩建了大量工厂和工业基地，在全国已形成了比较完整的工业体系。以下是几个关键阶段：

（1）工业革命（18 世纪末—19 世纪初）：随着蒸汽机和机械化生产的引入，工厂建筑开始出现。早期的工业建筑通常是简单的砖石结构，注重功能性。

（2）19 世纪：随着技术的进步，工业建筑的规模和复杂性逐渐增加。出现了大量的铁和钢的建筑结构，使得建筑更加高大和耐用，著名的例子如巴黎的埃菲尔铁塔。

（3）20 世纪初：现代主义建筑风格兴起，工业建筑设计开始强调简洁性、功能性和形式美。许多建筑师如路易斯·沙利文和勒·柯布西耶在此期间提出了“形式追随功能”的理念。

（4）二战后时期（1945—1980 年）：随着经济复苏，工业建筑继续发展，许多新型材料（如混凝土和玻璃）被广泛应用。这一时期，工业园区和大型物流中心开始出现。

（5）现代（1980 年至今）：工业建筑进一步向智能化、绿色化、模块化发展。环保和可持续发展成为重要考量，许多工业建筑开始采用绿色建筑设计。技术的进步使得智能建筑和自动化生产设施成为可能。

9.1.2　工业建筑的功能特点

工业建筑是为各类工业生产使用而建造的建筑物和构筑物。工业建筑的功能特点主要包括以下几点：

（1）以生产工艺为主：工业建筑的核心是为生产活动提供空间，通常包括生产车间、加工区域和装配线，设计需考虑设备布局和流程优化。

（2）厂房内部有较大的面积和空间：许多工业建筑除了生成车间还包括仓储空间，用于存放原材料、半成品和成品，以满足生产需求和物流安排。

（3）流线复杂：工业建筑通常靠近交通枢纽，设计需考虑内部物流（如传送带、自动化搬运系统）和外部物流（如货车装卸区），合理规划货物进出、装卸区和运输通道，以提高物流效率。

（4）安全与防护要求高：工业建筑必须具备一定的安全防护措施，包括防火、防爆、防毒、防尘、防噪声等，设计时还需考虑意外情况下的工作人员安全疏散、消防通道和防护措施，确保建筑符合安全标准，保护员工和设备。

（5）包含辅助办公空间：包括办公区、更衣室、休息室和卫生设施等，以满足工作人员的基本需求，提升工作环境的舒适度。

（6）生产工艺维护：工业建筑需要配备维护设施和服务区域，如机房、维修间和储藏室，以便于设备的维护和管理。

（7）环境控制要求高：根据生产性质，可能需要特殊的环境控制，如温度、湿度和通风，以保障产品质量和员工生命安全。

这些功能特点共同决定了工业建筑的设计和布局，确保了工业建筑能够高效、安全、经济地服务于工业生产活动。

9.1.3 工业建筑的设计原则

工业建筑设计要按照技术先进、安全适用、经济合理的原则，根据生产工艺的要求，确定工业建筑的平面、立面、剖面和建筑体型，并进行细部设计。工业生产技术发展迅速，生产体制变革和产品更新换代频繁，厂房在向大型化、微型化两极发展；同时普遍要求在使用上具有更大的灵活性，以利发展和扩建，并便于运输机具的设置和改装。

工业建筑的设计原则主要包括以下几个方面：

(1) 功能性：设计应优先考虑建筑的功能，包括生产流程、设备布局和人员流动，以提高工作效率。

(2) 灵活性：工业建筑应具有适应未来变化的能力，例如生产线的调整或设备的更换，因此设计时要考虑空间的可变性。

(3) 耐用性：使用耐用的材料和结构，确保建筑能够承受重负荷、气候变化和长时间的使用。

(4) 安全性：设计需符合安全规范，包括消防、机械安全和员工健康等方面，以保障工人和设备的安全。

(5) 可持续性：关注能源效率和资源利用，采用绿色建筑材料和技术，减少环境影响。

(6) 美观性：虽然工业建筑以功能为主，但适当的美观设计可以提升企业形象，营造良好的工作环境。

(7) 成本效益：在设计时考虑初始投资和长期运营成本，寻求经济合理的解决方案。

这些原则指导着工业建筑设计的过程，确保建筑能够在满足生产需求的同时，保障人员安全，提高生产效率，降低长期运营成本，并适应不断变化的市场和环境要求。同时，工业建筑的设计也出现新的趋向，具体包括：

(1) 适应建筑工业化的要求：扩大柱网尺寸，平面参数、剖面层高尽量统一，楼面、地面荷载的适应范围扩大；厂房的结构形式和墙体材料向高强、轻型和配套化发展。

(2) 适应产品运输的机械化自动化要求：为提高产品和零部件运输的机械化和自动化程度，提高运输设备的利用率，尽可能将运输荷载直接放到地面，以简化厂房结构。

(3) 适应产品向高、精、尖方向发展的要求：对厂房的工作条件提出更高要求。如采用全空调的无窗厂房（也称密闭厂房），或利用地下温湿条件相对稳定、防震性能好的地下厂房。地下厂房现已成为工业建筑设计中的一个新领域。

9.2 工业建筑的分类

工业建筑分类方法多样，按厂房用途可分为：主要生产厂房、辅助生产厂房、动力用厂房、储存用房屋、运输用房屋和其他。按厂房层数可分为：单层厂房、多层厂房、混合厂房。按厂房生产环境可分为：冷加工车间、热加工车间、恒温恒湿车间、洁净车间、其他特种状况的车间。按厂房承重结构的材料可分为：砌体结构厂房、钢筋混凝土结构厂房、钢结构厂房、钢骨混凝土组合结构厂房。按厂房跨度尺寸可分为：小跨度厂房、大跨度厂房。按结构体系可分为：排架结构厂房、刚架结构厂房。

9.2.1 按厂房用途分类

工业建筑根据其功能的不同，可以分为以下几种主要类型：

(1) 主要生产厂房

主要生产厂房是指直接进行产品加工、制造或组装的车间。它是工业企业的核心建筑，通常包括生产线、工作台、机器设备等。主要生产厂房的设计和布局直接关系到生产效率和产品质量，因此需要根据生产工艺流程进行优化。

(2) 辅助生产厂房

辅助生产厂房是指为生产过程提供支持和服务但不直接参与产品制造的设施。例如，工具车间、修理车间、模具车间等。辅助生产厂房负责维护和修理生产设备，制备或修整生产工具，以保证主要生产过程的顺利进行。

(3) 动力用厂房

动力用厂房是指为企业提供必要动力资源的建筑，如发电站、锅炉房、压缩空气站等。这些厂房内通常包含大型动力设备，为整个企业提供电力、热能、压缩空气等动力资源。

(4) 储存用房屋

储存用房屋是指用于存放原材料、半成品、成品和废料的仓库。仓库的设计需要考虑物品的特性、存储量、存取方式以及防火、防盗等安全要求。

(5) 运输用房屋

运输用房屋是指用于货物装卸、分拣、暂存以及进行物流管理的建筑，如车站、码头、货场、配送中心等。这些建筑需要考虑货物流通的便捷性、效率以及与外部运输系统的衔接。

这些不同类型的工业建筑共同构成了工业企业的生产环境，各自承担着不同的功能，相互协作，确保整个生产系统的顺畅运行。

9.2.2 按建筑层数分类

工业建筑根据其层数和结构形式的不同，可以分为以下几种类型：

(1) 单层厂房

单层厂房是指整个生产区域位于一个层面上的工业建筑，如图 9-1 所示。它们通常具有较大的占地面积和宽敞的内部空间。优点包括：结构简单，便于大型设备和重型起重机的安装与操作，易于实现工艺流程的灵活布局，通风、采光和疏散条件较好。单层厂房常采用体系化的排架承重结构。单层厂房常有各类交通运输工具进出车间，因而厂房内部大多具有较大的开敞空间，如有桥式吊车的厂房，室内净高应在 8m 以上，万吨水压机车间，室内净高应在 20m 以上，有些厂房高度可达 40m 以上。

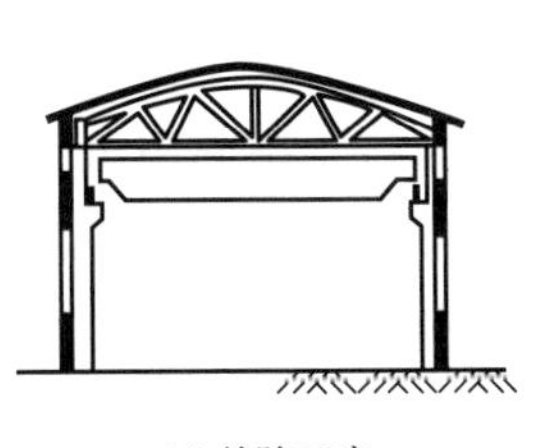

(a) 单跨厂房

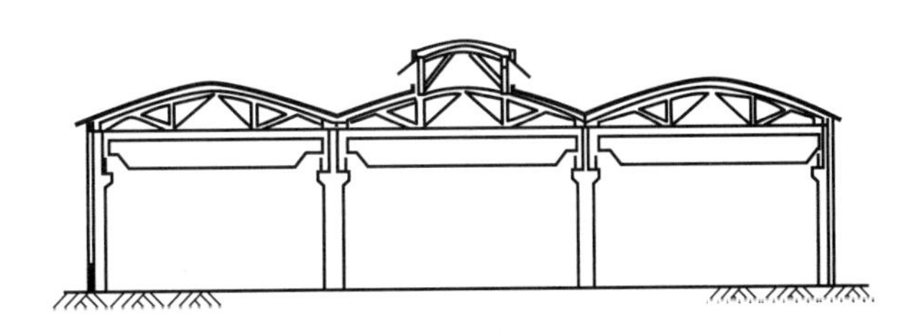

(b) 多跨厂房

图 9-1 单层厂房剖面图

大多数单层厂房采用多跨的平面组合形式，内部有不同类型的起吊运输设备，由于采光通风等缘故，采用组合式侧窗、天窗，使屋面排水、防水、保温、隔热等建筑构造的处理复杂化，技术要求比较高。单层厂房适用于重型机械、大型设备、连续生产线等需要大空间和重型起重运输的生产活动，如重型机械制造、冶金、化工厂房等。

（2）多层厂房

多层厂房是指生产区域分布在两个或更多层面上的工业建筑，如图 9-2 所示，常见厂房层数为 2～6 层。这种厂房的垂直运输需求较高，通常配备有电梯、货梯等垂直运输设备。优点包括：节省土地，适合于用地紧张的地区，有利于生产过程的垂直分区和专业化管理。多层厂房常采用钢筋混凝土或钢框架结构。

多层厂房适用于电子、精密仪器、食品加工、纺织等轻工业生产，这些行业通常不需要重型起重设备，产品较轻，生产过程可以分层进行。两层厂房用于化纤、机械制造等。

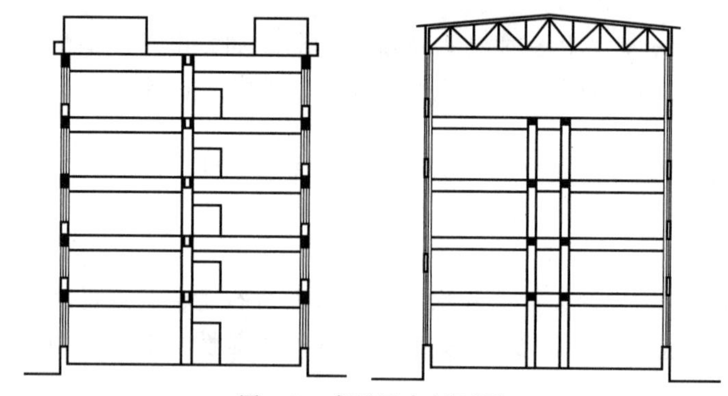

图 9-2　多层厂房剖面图

（3）混合厂房

混合厂房是指将单层厂房和多层厂房的特点结合起来的工业建筑，如图 9-3 所示。在这种厂房中，部分区域是单层的，用于安装大型设备和重型作业，而其他区域则是多层的，用于办公、实验、小型设备操作等。混合厂房能够根据不同的生产需求，灵活地安排空间，既满足了大空间和重型设备的需求，又充分利用了土地资源，提高了空间使用效率。

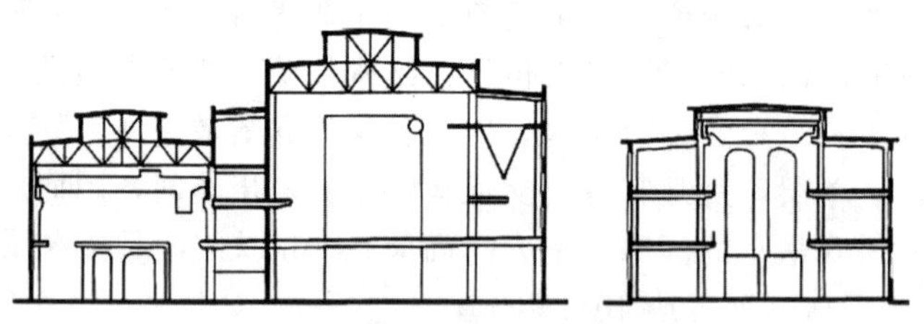

图 9-3　层数混合厂房剖面图

混合厂房适用于生产过程中既有大型设备又有精细操作，或者需要将生产、办公、研发等功能集中在一起的企业，如热电厂、化工厂等。高大的生产设备位于中间的单跨内，边跨为多层。

这三种类型的工业建筑各有特点，设计时需要根据企业的生产需求、工艺流程、用地条件等因素综合考虑，以实现最佳的生产效率和经济效益。

9.2.3　按生产环境分类

工业建筑中的车间根据其生产特点和工艺要求的不同，可以分为以下几种类型：

(1) 冷加工车间

冷加工车间是指在常温下进行材料加工的车间，不涉及高温处理。常见的冷加工包括机械加工、装配、焊接、钣金、塑料成型等。通常不需要特殊的温度控制，但可能需要一定的通风和照明条件，以及足够的作业空间。

(2) 热加工车间

热加工车间是指在高温条件下进行材料加工的车间，如铸造、锻造、热处理、焊接（热焊接）、金属熔炼等。需要考虑高温对设备和建筑结构的影响，通常配备有良好的通风和散热系统，以及必要的安全防护措施。

(3) 恒温恒湿车间

恒温恒湿车间是指室内温度和湿度需要保持恒定的车间，主要用于电子产品生产、精密仪器制造、药品生产等对环境要求较高的行业。需要配备温湿度控制系统，确保室内环境稳定，通常还要求较高的空气洁净度。

(4) 洁净车间

洁净车间是指对室内空气中的颗粒物、微生物等污染物有严格控制的车间，主要用于半导体制造、生物技术、医药生产等领域。按照空气中悬浮颗粒物的浓度等级进行分类，如 ISO 14644 标准中的 1 级至 9 级，需要配备高效的空气过滤系统、正压控制、人员净化设施等。

(5) 其他特种状况的车间

这类车间包括但不限于以下几种：防爆车间，用于易燃易爆物质的生产或储存，需要采取特殊的电气设备、通风系统等防爆措施；防辐射车间，用于放射性物质的处理，需要采取屏蔽、通风、个人防护等措施；防腐蚀车间，用于腐蚀性化学品的生产或使用，建筑和设备需要使用耐腐蚀材料；无尘车间，类似于洁净车间，但对空气中的尘埃控制更为严格，通常用于半导体芯片制造等领域。这些特种状况的车间在设计时需要考虑特定的工艺要求和安全标准，以确保生产过程的安全性和产品质量的稳定性。

9.2.4 按承重材料分类

工业建筑的厂房结构类型主要根据其承重体系的不同而有所区别。以下是几种常见的工业建筑厂房结构类型：

(1) 砌体结构厂房

砌体结构厂房是指以砖、石、混凝土砌块等砌体材料作为主要承重构件的厂房，如图 9-4 所示。砌体结构具有良好的耐久性和一定的保温隔热性能，但抗震性能相对较差，承载能力有限。通常适用于层数不多、跨度较小、荷载较轻的工业厂房。

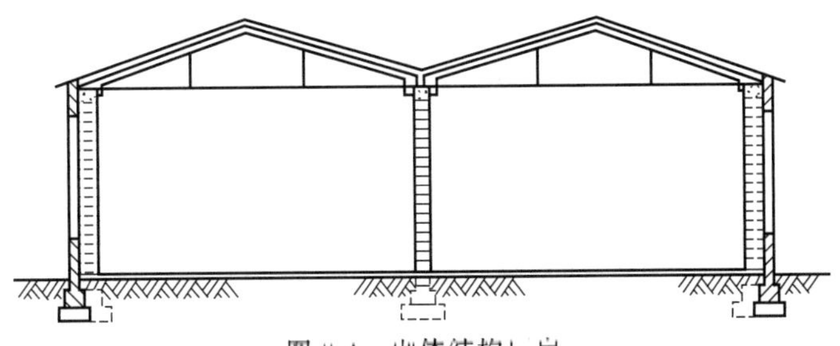

图 9-4　砌体结构厂房

(2) 钢筋混凝土结构厂房

钢筋混凝土结构厂房是指以钢筋混凝土为主要承重构件的厂房，包括钢筋混凝土柱、梁、楼板、屋面板等。钢筋混凝土结构具有较高的承载能力、良好的抗震性能和耐久性，适用于多种工业建筑，尤其是层数较多、跨度较大、荷载较重的厂房。

(3) 钢结构厂房

钢结构厂房是指以钢材为主要承重构件的厂房，包括钢柱、钢梁、屋面系统等。钢结构具有重量轻、强度高、施工速度快、抗震性能好、可回收利用等优点，适用于大跨度、大空间、超重荷载、高层或需要快速建设的工业厂房，如图 9-5 所示。

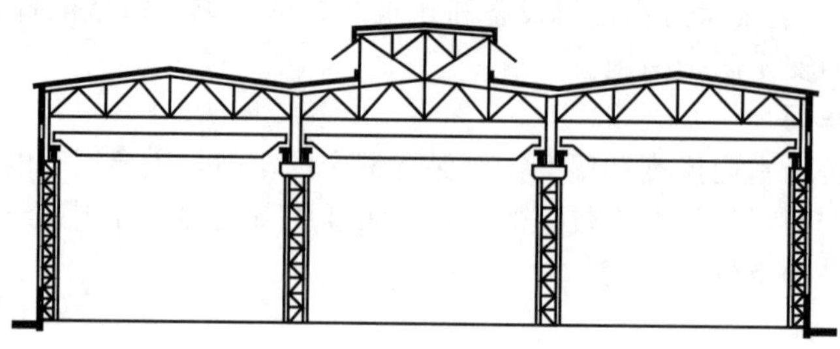

图 9-5　钢结构厂房

(4) 钢骨混凝土组合结构厂房

钢骨混凝土组合结构厂房是指将钢结构与传统钢筋混凝土结构相结合，形成一种新的承重体系的厂房，通常是在钢框架内填充混凝土，形成钢骨混凝土柱、梁等构件。这种结构结合了钢结构和钢筋混凝土结构的优点，既有钢结构的高强度和良好的抗震性能，又有混凝土结构的耐久性和防火性能，适用于对结构性能有较高要求的工业厂房。

在选择工业建筑厂房的结构类型时，需要综合考虑厂房的使用功能、生产需求、经济性、施工条件、环境影响等因素，以确保厂房的安全、适用和经济。

9.2.5 按结构体系分类

工业建筑的排架结构和刚架结构是两种常见的结构体系，它们在工业厂房中的应用非常广泛，以下是它们的定义和特点：

(1) 排架结构

排架结构是由排架柱、屋架（或梁）和基础组成的一种结构体系，如图 9-6 所示。在这种结构中，排架柱通常与基础刚接，而屋架（或梁）与排架柱的连接则多为铰接。排架结构简单、施工方便，适用于中小跨度的工业厂房。排架结构的柱子间距一般与厂房的柱距相一致，形成规则的网格布局。排架结构具有良好的抗侧力性能，但相较于刚架结构，其整体刚度稍低，经济性较好，尤其是在荷载不是特别大的情况下。

(2) 刚架结构

刚架结构是由刚接的梁和柱组成的一种结构体系，其中梁和柱在节点处形成刚接，使得整个结构形成一个整体，能够有效地抵抗弯矩、剪力和轴力，如图 9-7 所示。刚架结构具有很高的整体刚度和稳定性，适用于大跨度、大空间的工业厂房。刚架结构的节点刚接使得力的传递更为直接和有效，能够承受较大的荷载和地震作用。刚架结构的施工技术要求较高，需要精确的加工和安装。此外，刚架结构在材料和施工上的成本较高，适用于一些特定要求的工业厂房。

在实际应用中，排架结构和刚架结构可以根据具体的工程需求进行优化和调整，例如，可以采用预应力技术、钢结构或者钢-混凝土组合结构等，以适应不同的使用功能和环境条件。

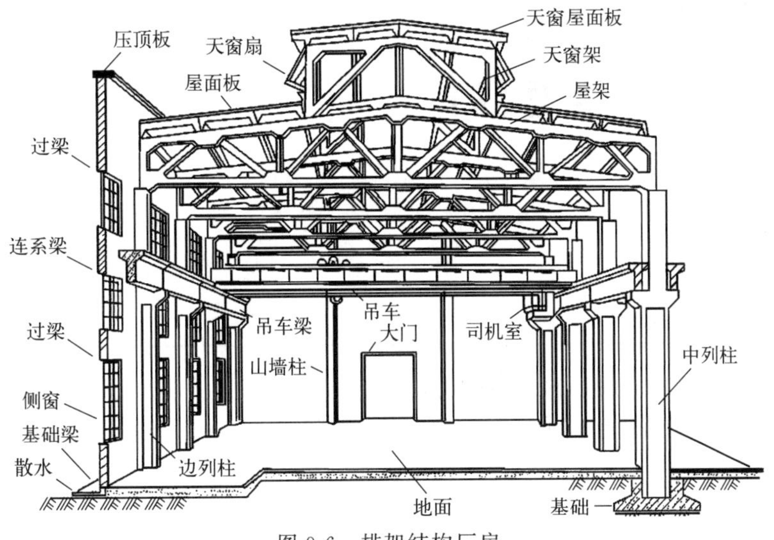

图 9-6　排架结构厂房

图 9-7　刚架结构厂房

思考题

1. 与民用建筑相比较，工业建筑有何功能特点？

2. 工业建筑的设计原则有哪些？又有何新的发展趋势？

3. 工业建筑按厂房用途可分为哪些类型？按建筑层数可分为哪些类型？按生产环境可分为哪些类型？按承重材料可分为哪些类型？按结构体系特点可分为哪些类型？

第 10 章
工业建筑方案设计

本章要点

1. 掌握单层厂房平面设计、剖面设计和立面设计方法；
2. 掌握多层厂房的特点与适用范围，以及常见的多层厂房平面布置形式。

学习知识目标

1. 学习并掌握生产工艺和柱网对厂房平面设计的影响；
2. 通过学习厂房平面、剖面和立面设计，掌握厂房设计策略。

素质能力目标

1. 根据工艺流程和影响因素，设计出结构合理、符合规范要求的单层工业厂房；
2. 了解多层厂房设计的要点和适用范围。

本章数字资源

在线题库
参考答案

工业建筑设计是指根据设计任务书和工艺设计人员提出的生产工艺资料，设计厂房的平面形状、柱网尺寸、剖面形式、建筑体型，并合理选择结构方案和围护结构类型，进行细部构造设计。工业建筑设计与民用建筑设计一样，需要协调建筑、结构、水、暖、电、气、通风等各专业设计，正确贯彻“技术先进、安全适用、经济合理”的原则。

工业建筑设计的一般要求包括：生产工艺要求、建筑技术要求、建筑经济要求、卫生安全要求等。单层厂房和多层厂房是目前最为广泛的工业建筑样式，下面将以二者为例，分别介绍其设计内容和平立剖面设计，混合厂房可参考二者进行。

10.1　单层厂房设计

单层厂房的功能组成是由生产性质、生产规模和工艺流程决定的，它一般由主要生产部分、辅助生产部分及生产配套设施部分等组成。图 10-1 是一个金工车间，包括机械加工、装配两大主要生产部分和高压配电、油漆调配、水压实验、动力平衡场地等房间。

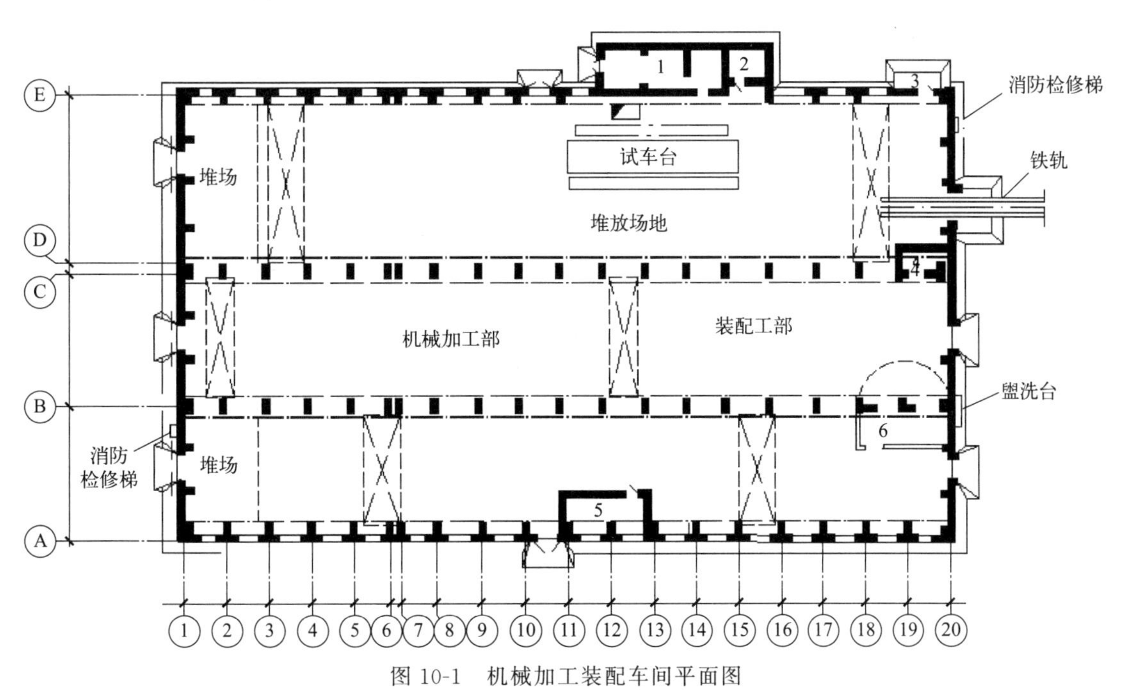

图 10-1　机械加工装配车间平面图

1—高压配电；2—分压间；3—油漆调配；4—水压试验；5—工具分发室；6—中间仓库

目前，我国现有的单层工业厂房主要采用装配式钢筋混凝土排架结构。这种体系由两大部分组成，即承重构件和围护构件。各承重构件的荷载传递关系见图 10-2。

10.1.1　单层厂房的平面设计

10.1.1.1　生产方式对平面设计的影响

生产方式对厂房的平面形式有显著影响，尤其是热加工车间。由于这些车间在生产过程中会产生大量余热和烟尘，如铸造、锻造和轧钢车间等，厂房设计需要优化自然通风，因此不宜过宽，以改善通风、采光和排气散热效果，有效排除热量和污染物。在布局上，厂房的开口应面向夏季主导风向或与其呈 0°～45°角，以利用自然风降低温度和净化空气。

根据厂房的生产流程，将厂房不同功能区域合理分区，如生产区、仓储区、办公区和辅助区，确保物流顺畅。合理安排人流和车流动线，避免交叉干扰，提高工作效率。总平面设计时需考虑消防通道并将有污染的厂房车间放在主导风向的下风位，如图 10-3 所示。

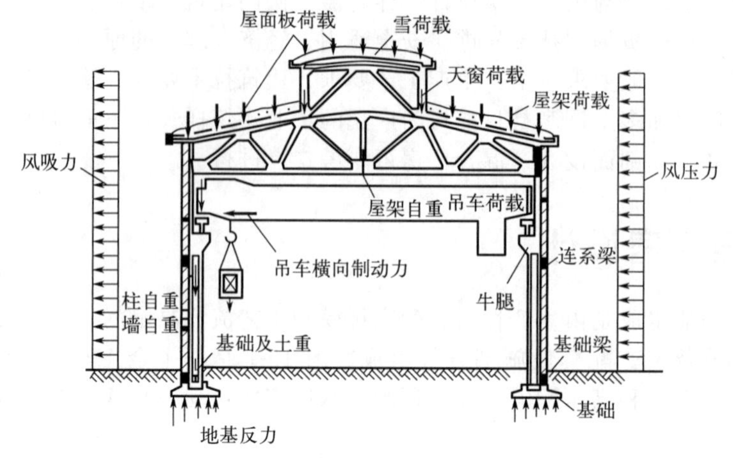

图 10-2 单层厂房结构主要荷载示意

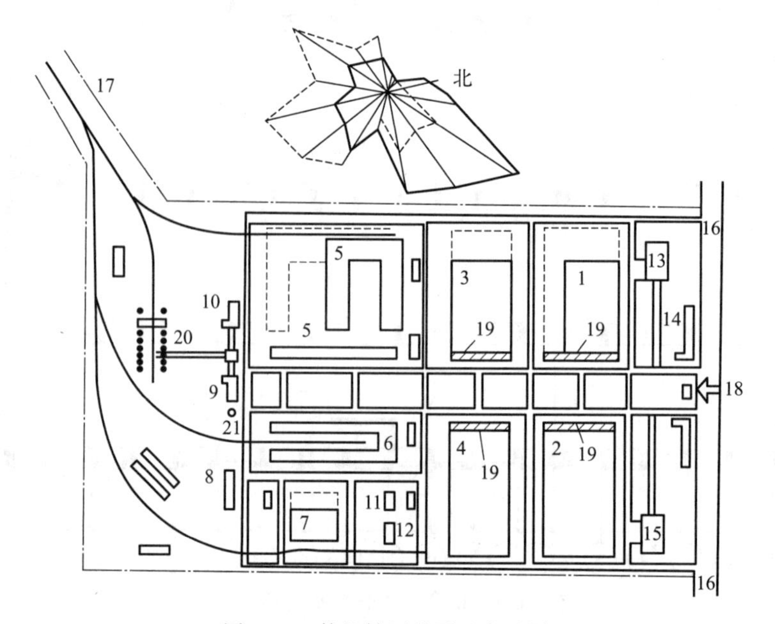

图 10-3 某机械厂总平面布置图

1—辅助车间；2—装配车间；3—机械加工车间；4—冲压车间；5—铸工车间；
6—锻工车间；7—总仓库；8—木工车间；9—锅炉房；10—煤气发生站；11—氧气站；
12—压缩空气站；13—食堂；14—厂部办公室；15—车库；16—汽车货运出入口；
17—火车货运出入口；18—厂区大门人流出入口；19—车间生活间；20—露天堆场；21—烟囱

10.1.1.2 生产工艺对平面设计的影响

民用建筑设计主要根据建筑的使用功能进行设计，而工业建筑设计，则是在工艺设计的基础上进行的。因此，生产工艺是工业建筑设计的重要依据。一个完整的工艺平面图，主要包括下面五个内容：①根据生产的规模、性质、产品规格等确定的生产工艺流程；②选择和布置生产设备和起重运输设备；③划分车间内部各生产工段及其所占面积；④初步拟订厂房的跨间数、跨度和长度；⑤提出生产对建筑设计的要求，包括采光、通风、防震、防尘、防辐射等方面。如图 10-4 所示是机械加工车间的生产工艺平面图。

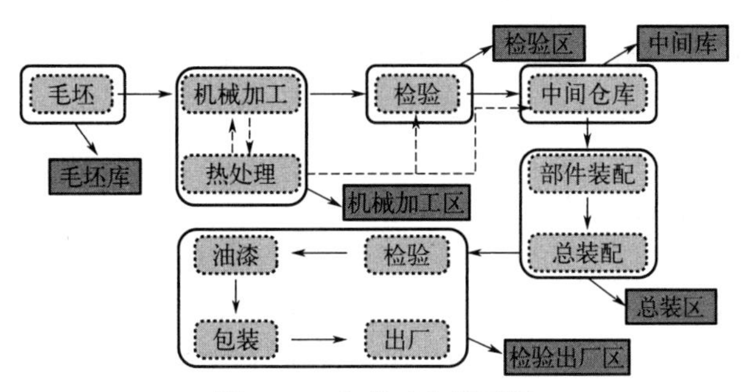

图 10-4　生产工艺平面图

生产工艺流程有直线式、直线往复式和垂直式三种，与此相适应的单层厂房的平面形式如图 10-5 所示。这三种平面排布形式是单层工业厂房常选用的平面形式，除此之外还有“Π”形和山形，均为上述三种的组合叠加。

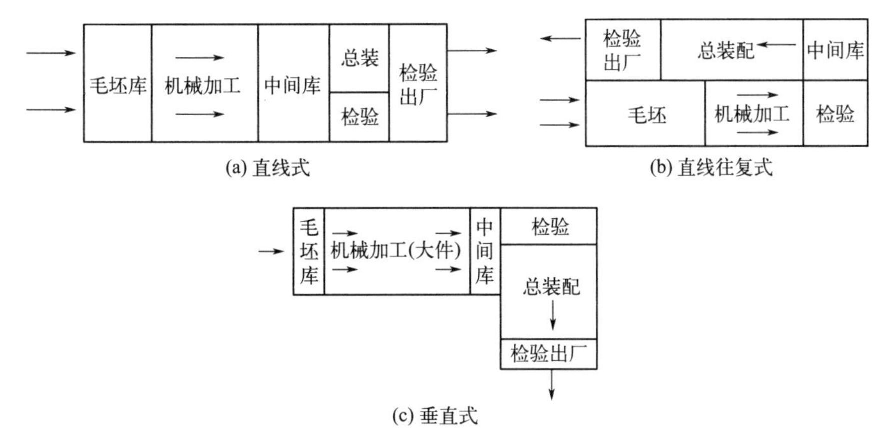

(a) 直线式　(b) 直线往复式　(c) 垂直式

图 10-5　单层厂房平面形式

直线式厂房，即原料由厂房一端进入，成品或半成品由另一端运出，如图 10-5(a) 所示，其特点是厂房内部各工段间联系紧密，唯运输线路和工程管线较长。厂房多为矩形平面，可以是单跨，亦可以是多跨平行布置。这种平面简单规整，厂房的跨度最小，功能关系清晰，适合对保温要求不高或工艺流程不能改变的厂房，如线材轧钢车间。弊端是直线布置会使厂房长度最大化，对用地有一定要求，同时厂房过长艺术效果上也会欠佳。

直线往复式，即原料从厂房的一端进入，产品则由同一端运出，如图 10-5(b) 所示。其特点是工段联系紧密，运输线路和工程管线短捷，形状规整，节约用地，外墙面积较小，对节约材料和保温隔热有利。相适应的平面形式是多跨并列的矩形平面，甚至方形平面。直线往复式适合于工艺生产流程较多的厂房。

垂直式的特点是工艺流程紧凑，运输线路及工程管线较短，相适应的平面形式是“L”形平面，如图 10-5(c) 所示，即出现垂直跨。在选用最小跨度的基础上减少了厂房的长度，同时“L”形的平面形状会使建筑的艺术造型更加丰富和美观。弊端是在纵横跨相接处，结构、构造较复杂。

10.1.1.3　柱网对平面设计的影响

柱子在厂房平面上排列所形成的网格称为柱网，柱网尺寸是由跨度和柱距组成的。柱子纵向定位轴线之间的距离称为跨度，横向定位轴线之间的距离称为柱距。跨度和柱距示意图如图 10-6 所示。柱网的选择实际上就是选择厂房的跨度和柱距。单层厂房的平面形式常根据跨数来命名，如单跨、双跨、多跨和纵横跨厂房。单跨厂房是指由两排柱子组成的纵向延伸的长方形工业生产空间，屋顶架在两排柱子上。双跨厂房是指由两个跨度并列形成的厂房，一般三排柱子，以此类推，多跨厂房，就是三跨以上的厂房。纵横跨厂房是指由单跨或多跨厂房垂直组合在一起所形成的厂房平面形式。

选择柱网时要综合考虑以下几个方面：满足生产工艺提出的要求；遵守《厂房建筑模数协调标准》（GB/T 50006—2010）的有关规定；尽量扩大柱网，提高厂房的通用性；满足建筑材料、建筑结构和施工等方面的技术性要求；尽量降低工程造价。

(1) 跨度尺寸的确定

跨度尺寸应根据下列因素确定：生产设备的大小和布置方式；车间内部通道宽度；《厂房建筑模数协调标准》（GB/T 50006—2010）的要求。钢筋混凝土结构厂房的跨度≤18m 时，应采用扩大模数 30M（3000mm）数列；＞18m 时，宜采用扩大模数 60M（6000mm）数列，如图 10-6 所示。普通钢结构厂房的跨度＜30m 时，宜采用扩大模数 30M（3000mm）数列；跨度≥30m 时，宜采用扩大模数 60M（6000mm）数列，如图 10-7 所示。

(2) 柱距尺寸的确定

钢筋混凝土结构厂房的柱距，应采用扩大模数 60M（6000mm）数列，如图 10-6 所示。钢筋混凝土结构厂房山墙处抗风柱的柱距，宜采用扩大模数 15M（1500mm）数列。普通钢结构厂房的柱距宜采用扩大模数 15M 数列，且宜采用 6000mm、9000mm、12000mm，如图 10-7 所示。

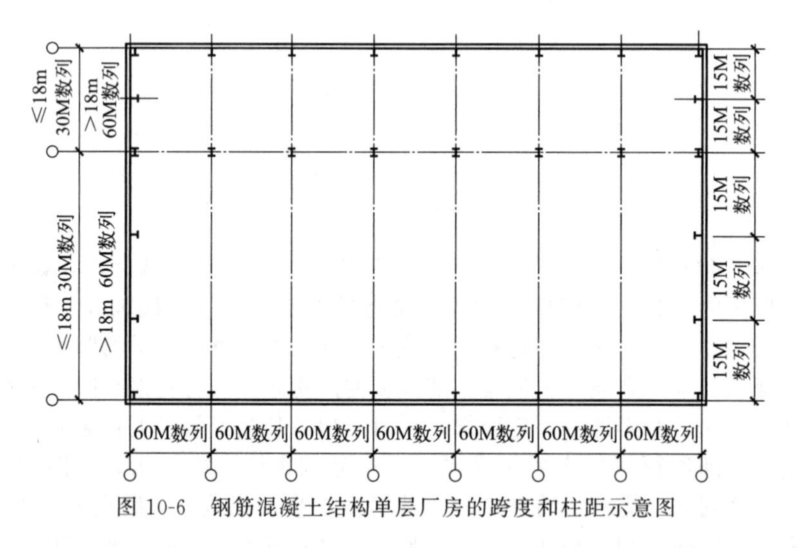

图 10-6 钢筋混凝土结构单层厂房的跨度和柱距示意图

现代工业生产的显著特征之一在于生产工艺、生产设备和运输设备在不断更新变化，而且其周期越来越短。为适应这种变化，厂房应具有相应的灵活性与通用性，这种通用性、灵活性在厂房平面设计中的技术表现之一就是扩大柱网，也就是扩大厂房的跨度和柱距。

与民用建筑相同的是，适当扩大柱网可以有效提高工业建筑面积的利用率，有利于大型设备的布置及产品的运输。适当扩大柱网还能提高工业建筑的通用性，适应生产工艺的变更及设备的更新，有利于提高吊车的服务范围，减少建筑结构构件的数量，加快建设的进度，提高效率。

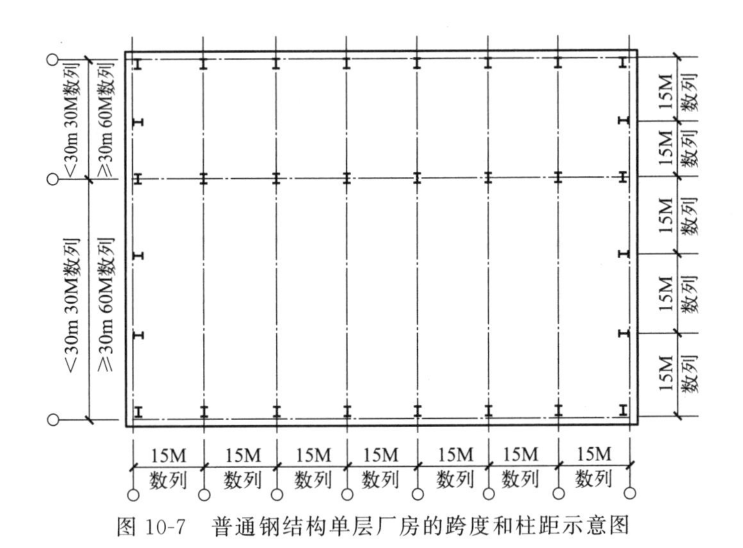

图 10-7 普通钢结构单层厂房的跨度和柱距示意图

10.1.1.4 生活间对平面设计的影响

生活间是用以满足工人生产卫生和生活需要而设置的专用房间。生活间包括生产管理用房（行政、计划调度、技术、财务等办公室）、生产辅助用房（工具室、材料库等）、生产卫生用房（浴室、存衣室、盥洗室、洗衣房等）、生活卫生用房（休息室、厕所等）、妇幼卫生用房（女工卫生室、哺乳室、看护室）、医疗卫生机构用房等。

生活间的布置方式有三种：毗连式生活间、独立式生活间、厂房内部式生活间。

(1) 毗连式生活间

毗连式生活间是紧靠厂房外墙（山墙或纵墙）布置的生活间，有横向毗连式、纵向毗连式、独立式和带庭院毗连式（图 10-8）。毗连式生活间和厂房的结构方案不同，荷载相差大，应设置沉降缝，处理方案见图 10-9。当生活间的高度高于厂房高度时，毗邻墙应设在生活间一侧，而沉降缝则位于毗邻墙与厂房之间，如图 10-9(a) 所示。当厂房高度高于生活间时，毗邻墙设在车间一侧，沉降缝则设于毗邻墙与生活间之间，如图 10-9(b) 所示。毗邻墙支撑在车间柱式基础的地基梁上。此时生活间的楼板采用悬臂结构，生活间的地面、楼面、屋面均与毗邻墙断开，并设变形缝以解决生活间与车间产生不均匀沉降的问题。

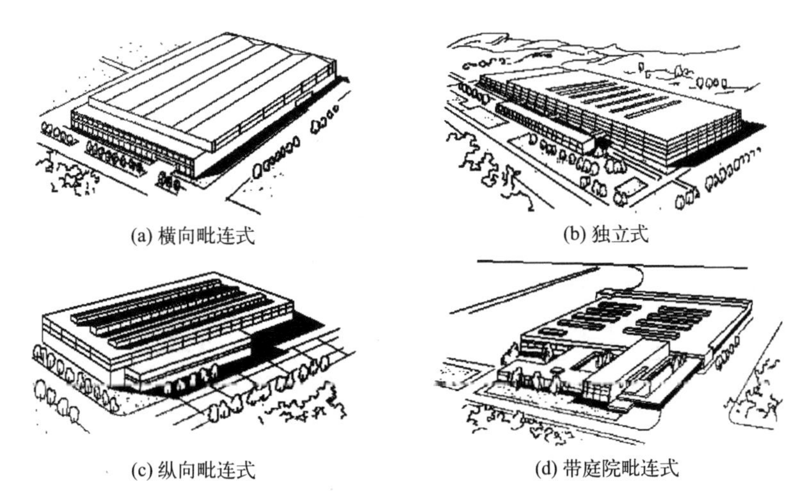
(a) 横向毗连式　(b) 独立式

(c) 纵向毗连式　(d) 带庭院毗连式

图 10-8 毗连式生活间类型

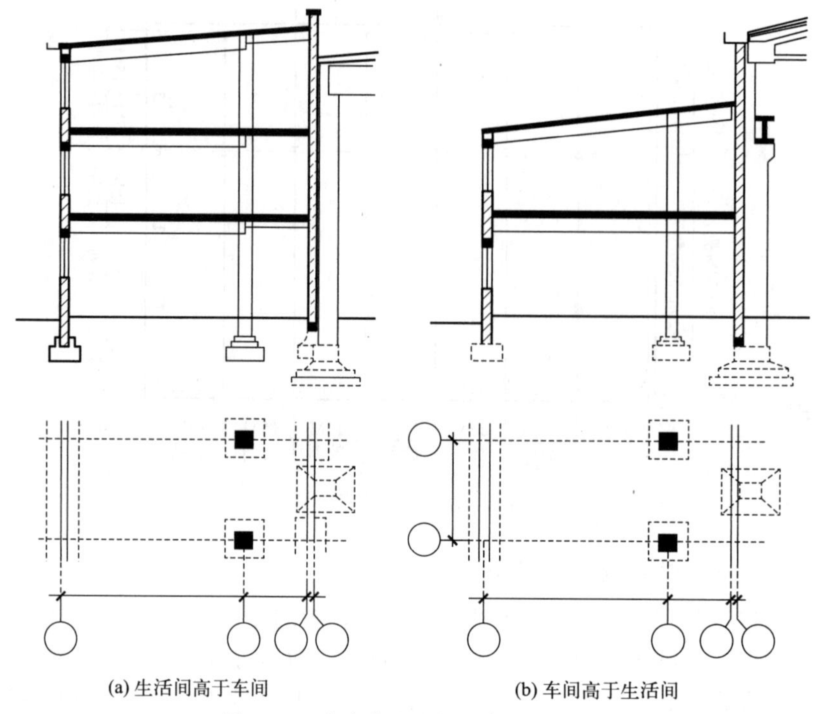

(a) 生活间高于车间　　(b) 车间高于生活间

图 10-9　毗连式生活间沉降缝的处理

(2) 独立式生活间

距厂房有一定距离、分开布置的生活间称为独立式生活间。其优点是生活间和车间的采光、通风互不影响，生活间的布置灵活。独立式的缺点是：占地较多，生活间离车间的距离较远，联系不够方便。独立式生活间适用于散发大量生产余热、有害气体及易燃易爆的车间。独立式生活间与车间的连接方式有三种：走廊连接[图 10-10(a)]、天桥连接[图 10-10(b)]、地道连接[图 10-10(c)]。

(3) 内部式生活间

内部式生活间是将生活间布置在车间内部可以充分利用的空间内，在生产工艺和卫生条件允许的情况下均可采用。其具有使用方便、经济合理的优点，缺点是只能将生活间的部分房间布置在车间内，如更衣室、休息室等。

内部式生活间有下列几种布置方式：在边角、空余地段布置生活间［图 10-11(a)、图 10-11(b)］；在车间上部设夹层，夹层可支承在柱子上，也可以悬挂在屋架下［图 10-11(c)、图 10-11(d)］；利用车间一角布置生活间；在地下室或半地下室布置生活间，但是地下生活间需要设置机械通风、人工照明，且构造复杂、费用较高，故一般较少采用。

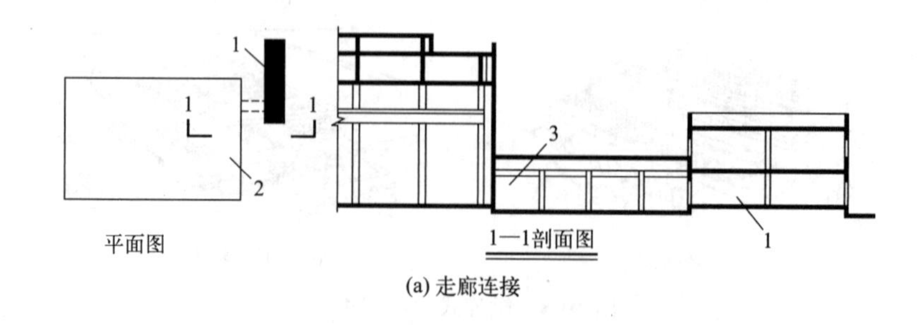

(a) 走廊连接

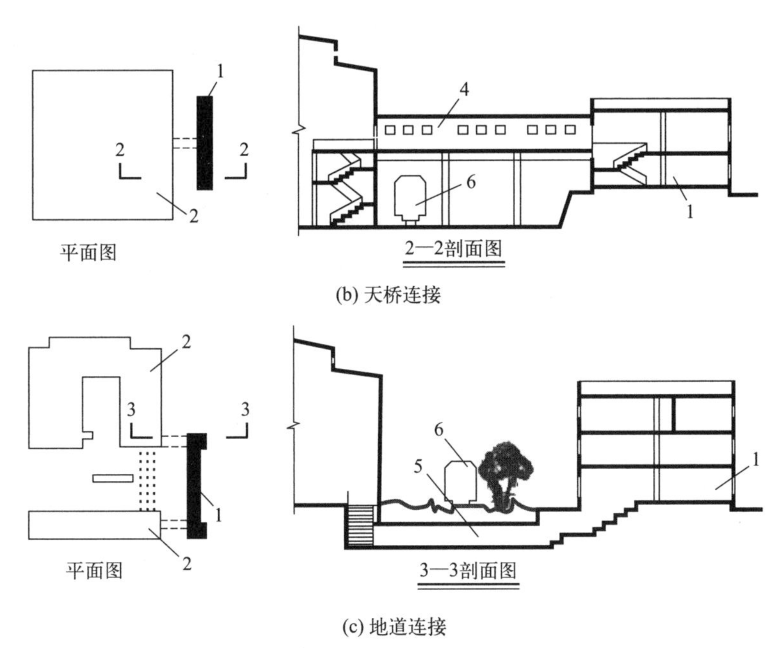

(b) 天桥连接

(c) 地道连接

图 10-10　独立式生活间与车间的三种连接方式

1—生活间；2—车间；3—走廊；4—天桥；5—地道；6—火车

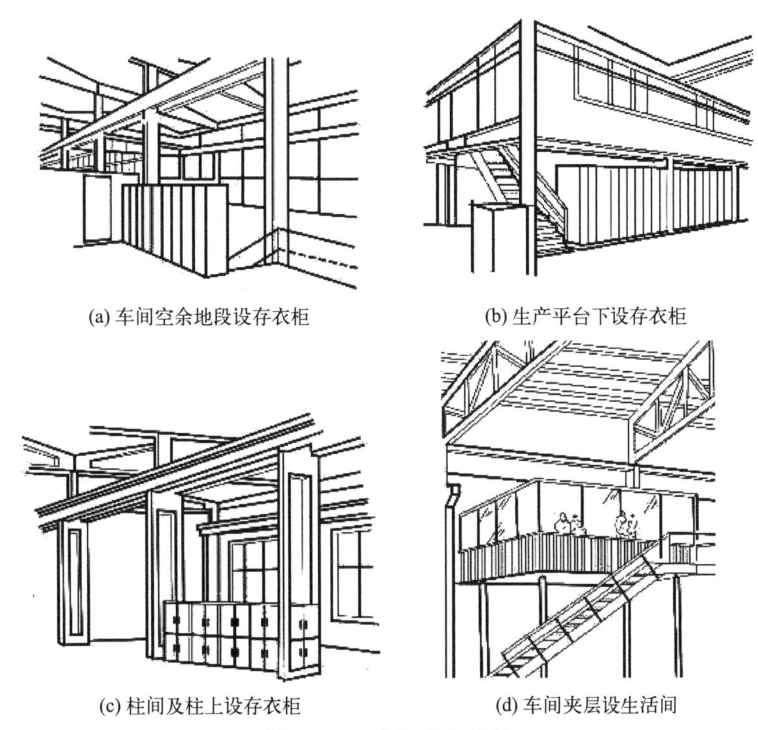

(a) 车间空余地段设存衣柜　(b) 生产平台下设存衣柜

(c) 柱间及柱上设存衣柜　(d) 车间夹层设生活间

图 10-11　内部式生活间

10. 1. 2　单层厂房剖面设计

单层厂房剖面设计是厂房设计的一个重要组成部分，剖面设计是在平面设计的基础上进行的。厂房剖面设计的具体任务是根据生产工艺对厂房建筑空间的要求，确定厂房的高度、选择厂房承重结构及围护方案、处理车间的采光通风及屋面排水等问题。

选择厂房的剖面形式，要综合考虑生产工艺，采光、通风的要求，屋面排水方式及厂房结构形式的影响。常见的钢筋混凝土排架结构的剖面形式见图 10-12。

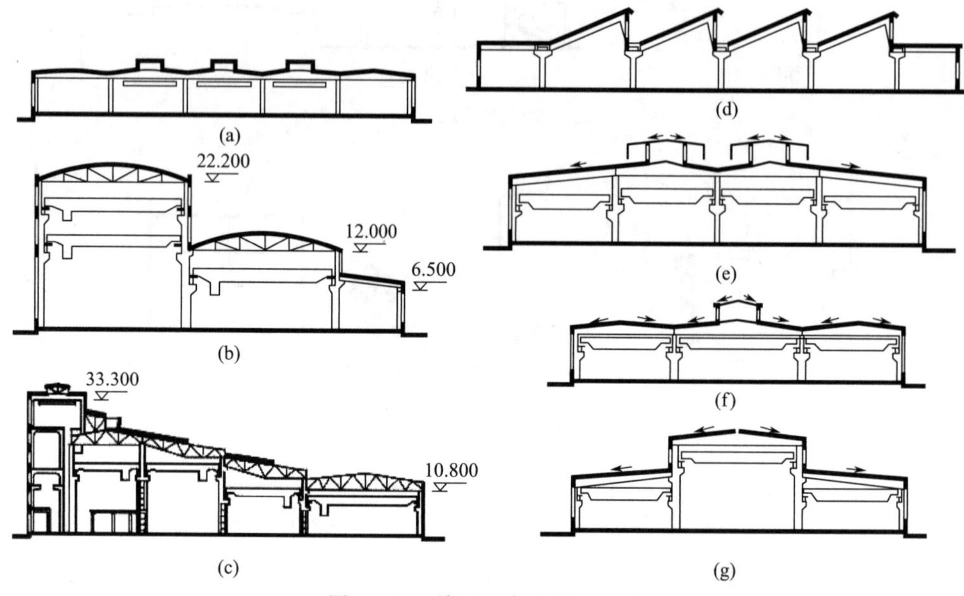

图 10-12　单层厂房的剖面形式

10.1.2.1　厂房高度的确定

厂房高度是指由室内地坪（相对标高定为±0.000）到屋顶承重结构最低点（或倾斜屋盖最低点或下沉式屋架下弦底面）的距离，通常以柱顶标高来代表。钢筋混凝土结构厂房自室内地面至柱顶的高度，应采用扩大模数 3M 数列，如图 10-13(a) 所示；有起重机的厂房，自室内地面至支承起重机梁的牛腿面的高度亦应采用扩大模数 3M 数列，如图 10-13(b) 所示。当自室内地面至支承起重机梁的牛腿面的高度大于 7.2m 时，宜采用扩大模数 6M 数列。

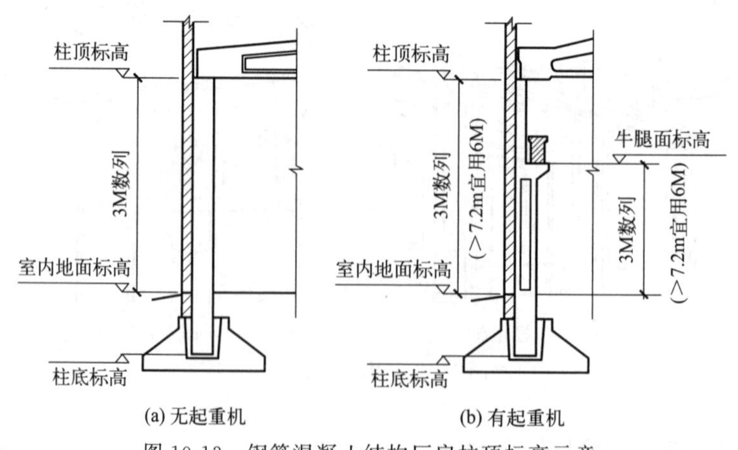

图 10-13　钢筋混凝土结构厂房柱顶标高示意

普通钢结构厂房自室内地面至柱顶的高度，应采用扩大模数 3M 数列，如图 10-14(a)

所示；有起重机的厂房，自室内地面至支承起重机梁的牛腿面的高度宜采用基本模数数列，如图 10-14(b) 所示。

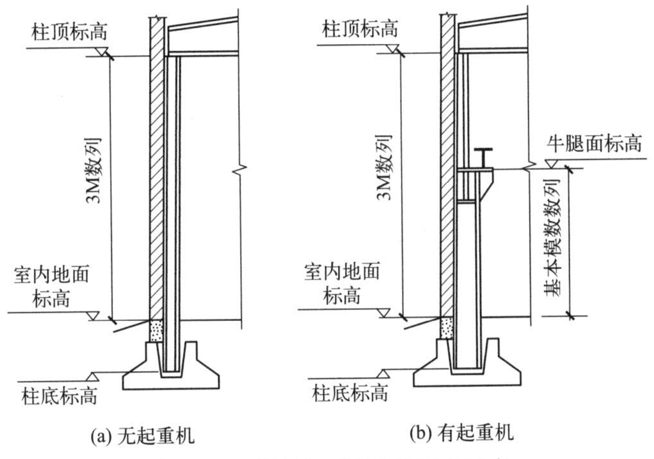

图 10-14　钢结构厂房柱顶标高示意

(1) 柱顶标高的确定

在无吊车的工业建筑中，柱顶标高是按最大生产设备高度及安装检修所需的净空高度来确定的，同时兼顾采光和通风，一般不低于 3.9m，柱顶标高还必须符合扩大模数 3M 模数的规定。

在有吊车的工业建筑中，厂房高度的确定可按以下公式计算求得，各参数含义见图 10-15。

柱顶标高　$H=H_1+H_2$

轨顶标高　$H_1=h_1+h_2+h_3+h_4+h_5$

轨顶至柱顶高度　$H_2=h_6+h_7$

式中，h_1 为需跨越最大设备、室内分隔墙或检修所需的高度；h_2 为起吊物与跨越物间的安全距离，一般为 400～500mm；h_3 为被吊物体的最大高度；h_4 为吊索最小高度，根据起吊物件大小和起吊方式而定，一般大于 1000mm；h_5 为吊钩至轨顶面的最小尺寸，由吊车规格表查得；h_6 为吊车梁轨顶至小车顶面的净空尺寸，由吊车规格表查得；h_7 为屋架下弦至小车顶面之间的安全距离，主要应考虑到屋架下弦及支撑可能产生的下垂挠度，以及厂房地基可能产生不均匀沉降时对吊车正常运行的影响，如屋架下弦悬挂有管线等其他设施时，还需另加必要的尺寸。关于吊车轨顶标高 H_1，实际上是牛腿标高与吊车梁高、吊车轨高及垫层厚度之和。当牛腿标高小于 7.2m 时，应符合 3M（3000mm）模数，当牛腿标高大于 7.2m 时应符合 6M（6000mm）模数。

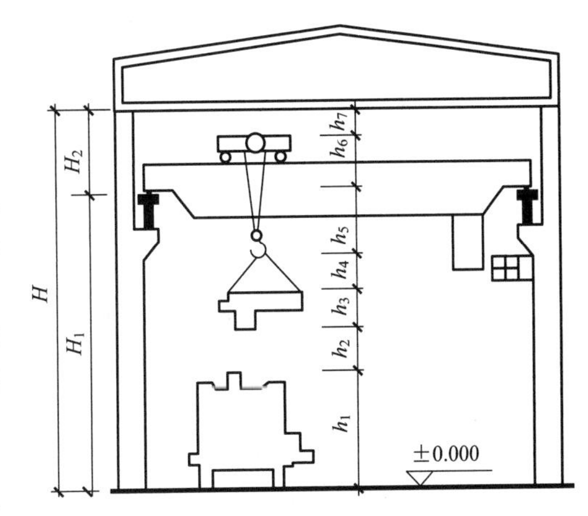

图 10-15　有吊车厂房高度的确定

在多跨厂房中由于厂房高低不齐，结构和构造复杂化，增加造价，高低跨处的构造处理见图 10-16。

(2) 剖面空间的利用

在确定厂房高度时，需注意有效地利用空

间，合理降低厂房高度，对降低厂房造价具有重要意义。如图 10-17 所示为某厂房变压器修理工段，修理大型变压器芯时，需将器芯从变压器中抽出，设计人员将其放在室内地坪下 3m 深的地坑内进行抽芯操作，使轨顶标高由 11.4m 降到 8.4m。有时也可以利用两榀屋架间的空间布置特别高大的设备，如图 10-18 所示。

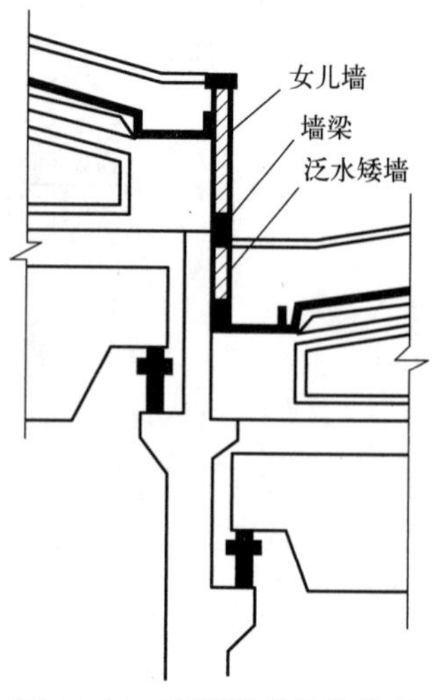

图 10-16 高低跨处构造处理

(3) 室内地坪标高的确定

确定室内地坪标高就是确定室内地面相对于室外地面的高差。厂房室内地坪的绝对标高是在总平面设计时确定的。设计此高差的目的是防止雨水进入室内，同时考虑单层厂房运输工具进出频繁，室内外高差取 100～160mm，常用坡道连接。

在山地建厂时，应结合地形，因地制宜。当厂房跨度平行于等高线布置时，可参考图 10-19，当厂房跨度垂直于等高线布置时，可参考图 10-20。

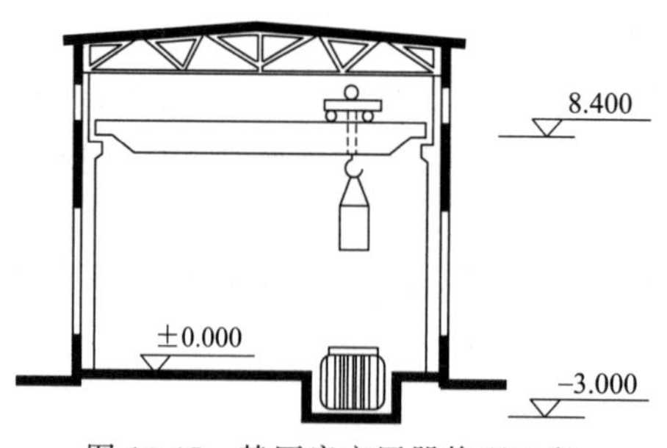

图 10-17 某厂房变压器修理工段

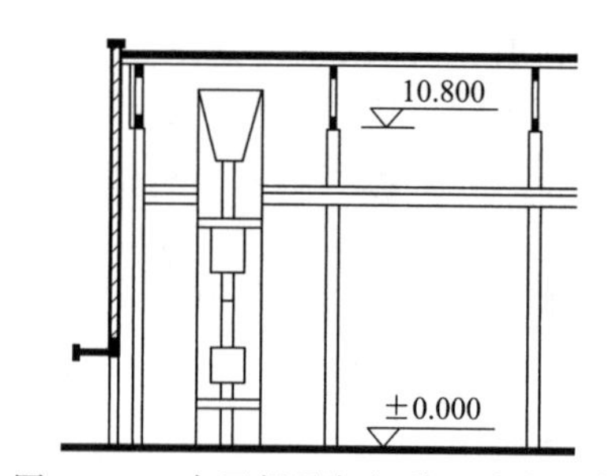

图 10-18 在两榀屋架间放置高大设备

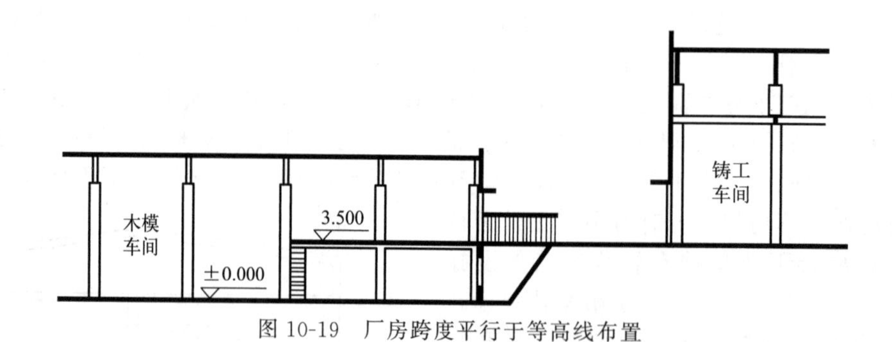

图 10-19 厂房跨度平行于等高线布置

10.1.2.2 厂房的天然采光

天然采光指白天通过窗口获取的光线，主要源自太阳光经大气层扩散后的天空光。天空光强度虽高但变化快，不易控制。因此，《建筑采光设计标准》（GB 50033—2013）以采光系数和室内天然光照度作为采光设计的评价指标，即室内某点接受的室内照度与室外无遮挡天空漫射光照度之比，确保室内采光系数稳定。采光系数符号为 C，是无量纲量。照度表示水平面光线强弱，单位为勒克斯（lx）。《建筑采光设计标准》（GB 50033—2013）给出工业建筑的采光系数和室内天然光照度的采光标准值，详见表 10-1，工业建筑参考平面取距地面 1m。

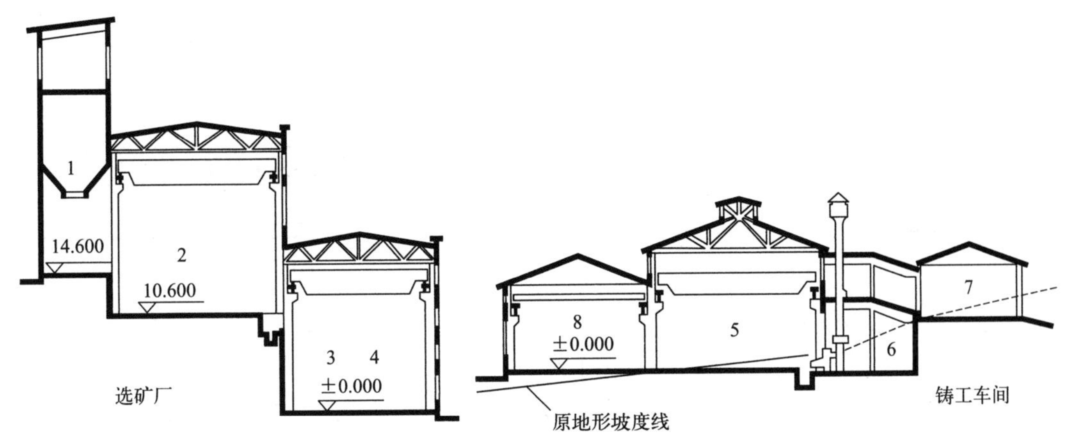

图 10-20　厂房跨度垂直于等高线布置

1—中间矿仓；2—磨碎；3—脱粒；4—脱水；5—大件造型；6—熔化；7—炉料；8—小件造型

表 10-1　工业建筑的采光标准值

采光等级	车间名称	侧面采光		顶部采光	
		采光系数标准值/%	室内天然光照度标准值/lx	采光系数标准值/%	室内天然光照度标准值/lx
Ⅰ	特精密机电产品加工、装配、检验、工艺品雕刻、刺绣、绘画	5.0	750	5.0	750
Ⅱ	精密机电产品加工、装配、检验、通信、网络、视听设备、电子元器件、电子零部件加工、抛光、复材加工、纺织品精纺、织造、印染、服装裁剪、缝纫及检验、精密理化实验室、计量室、测量室、主控制室、印刷品的排版、印刷、药品制剂	4.0	600	3.0	450
Ⅲ	机电产品加工、装配、检修、机库、一般控制室、木工、电镀、油漆、铸工、理化实验室、造纸、石化产品后处理、冶金产品冷轧、热轧、拉丝、粗炼	3.0	450	2.0	300
Ⅳ	焊接、钣金、冲压剪切、锻工、热处理、食品、烟酒加工和包装、饮料、日用化工产品、炼铁、炼钢、金属冶炼、水泥加工与包装、配变电所、橡胶加工、皮革加工、精细库房(及库房作业区)	2.0	300	1.0	150
Ⅴ	发电厂主厂房、压缩机房、风机房、锅炉房、泵房、动力站房、(电石库、乙炔库、氧气瓶库、汽车库、大中件贮存库)一般库房、煤的加工、运输、选煤配料间、原料间、玻璃退火、熔制	1.0	150	0.5	75

厂房采光设计应注意光的方向性，应避免对生产产生遮挡和不利阴影，天然光应均匀照亮整个车间。要避免在工作面产生眩光，做到：①作业区应减少或避免直射阳光；②工作人员的视觉背景不宜为窗口；③为降低窗户亮度或减少天空视域，可采用室内外遮阳设施；④窗户框料的内表面及窗户周围内墙面，宜采用浅色粉刷。

天然采光方式主要有侧面采光、混合采光（侧窗＋天窗）、顶部采光（天窗）等形式，如图 10-21 所示。工业建筑大多采用侧面采光或混合采光，很少单独采用顶部采光方式。

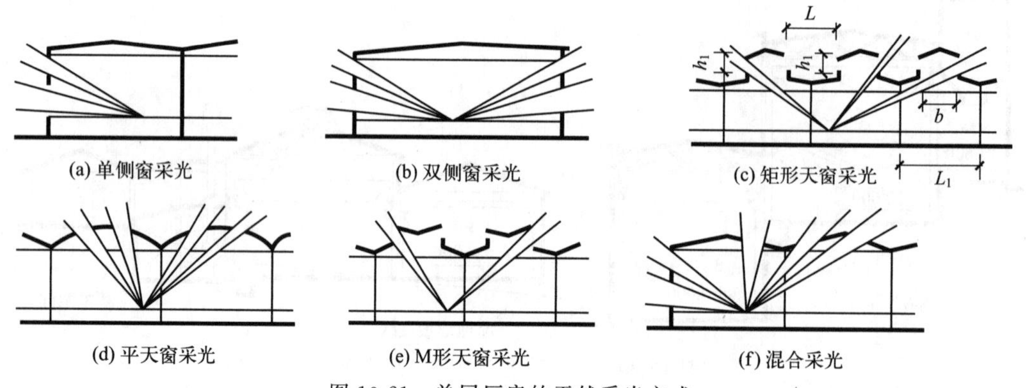

图 10-21 单层厂房的天然采光方式

有吊车厂房开侧窗时，设计要求高侧窗窗台宜高于吊车梁面 600mm，低侧窗窗台高度一般为工作面的高度，同时为便于开关，通常取 1000mm 左右，如图 10-22 所示。多跨厂房开侧窗应尽量利用厂房高低差处开设高窗解决采光，如图 10-23 所示。

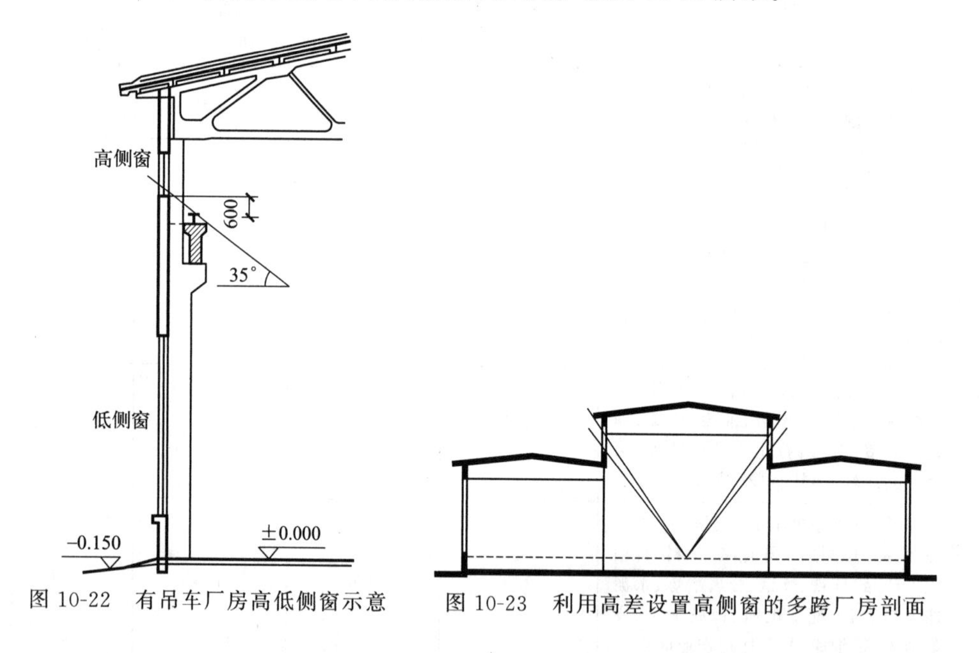

图 10-22 有吊车厂房高低侧窗示意

图 10-23 利用高差设置高侧窗的多跨厂房剖面

顶部采光是利用屋顶上的天窗进行采光的方式，具有光线均匀、采光效率高的特点，但构造复杂，造价较高。顶部采光形式包括矩形天窗、梯形天窗、M 形天窗、锯齿形天窗、横向天窗、平天窗及三角形天窗等，如图 10-24 所示。矩形天窗通常朝南北，光线均匀，直射光少，垂直玻璃面易清洁、防水，有通风功能。锯齿形天窗一般应用在特殊工艺厂房，如纺织厂需保持特定温湿度，且要求光线稳定、无直射眩光，因此常采用向北的锯齿形天窗以满足需求。南北向厂房为避西晒可用横向天窗，其采光面大、效率高、光线均匀，有凸出屋面和下沉式屋面两种。平天窗是在屋面板上直接设置水平或接近水平的采光口。

10.1.2.3 厂房的自然通风

厂房的通风方式分为自然通风和机械通风两种，宜优先采用自然通风，简单、经济但受气候影响较大。机械通风虽然稳定，但能源消耗较大。厂房自然通风的基本原理是利用室内外温差造成的热压和风吹向建筑物而在不同表面上造成的压差来实现通风换气。因此有效地利用热压、风压，选择合适的进、排风口位置及通风天窗形式是自然通风设计的主要目标。

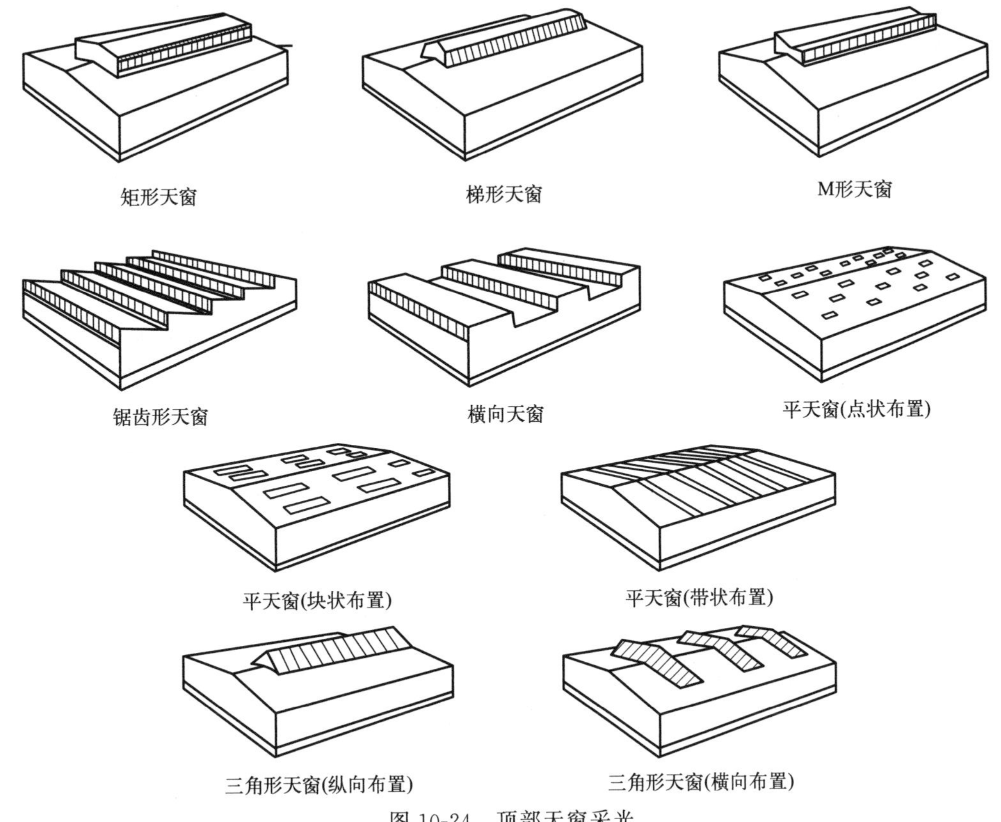

图 10-24　顶部天窗采光

(1) 热压和风压通风

热压通风是利用室内外冷热空气产生的压力差（室外温度低处的空气比重大，室内温度高处的空气比重小，因此产生压力差）进行通风的方式（见图 10-25）。厂房内热源导致内部温度高于室外，产生温差和重力差。室外冷空气通过下部门窗流入，替换上升的热空气，后者通过上部窗口排出。这一循环过程形成持续的空气流动，实现通风换气。热压大小取决于两个因素：一是上下进排气口的距离；二是室内外温差。

当风吹向建筑物时，由于风而产生的空气压力差，称为风压。在建筑物中，正压区（用＋号表示）的洞口为进风口，负压区（用－号表示）的洞口为排风口，利用进风口和排风口的风压可以使室内外空气进行交换，如图 10-26 所示。

(2) 自然通风设计的方法

厂房朝向应尽量南北布置，厂房的纵向长轴尽量垂直于夏季主导风向，以利于空气流通。厂房开口设计应以形成穿堂风为宜，尽量避免单侧开窗。低侧窗有利于人体感风，而高侧窗则有助于空气散出。加设导风设施如旋转窗扇、挑檐、挡风板等，可优化室内通风效果。

冷加工车间内无大热源，适量开启窗扇及门可满足通风需求。厂房纵向应垂直或不小于45°于夏季主导风向。侧墙设窗，端部或侧墙设置大门，减少室内隔墙以利穿堂风。避免气流分散，一般不设通风天窗，但可设通风屋脊排除顶部热空气。

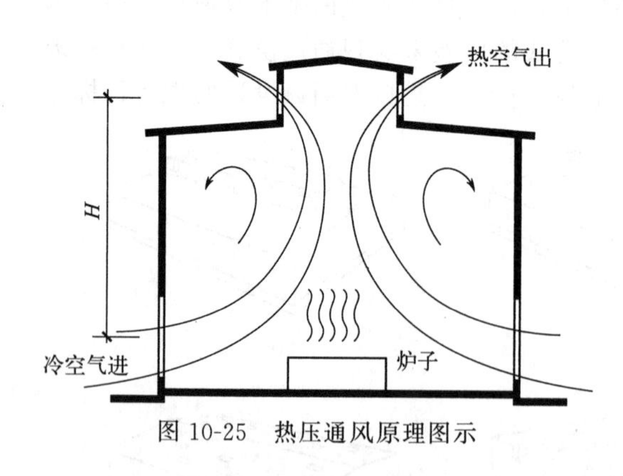

图 10-25 热压通风原理图示

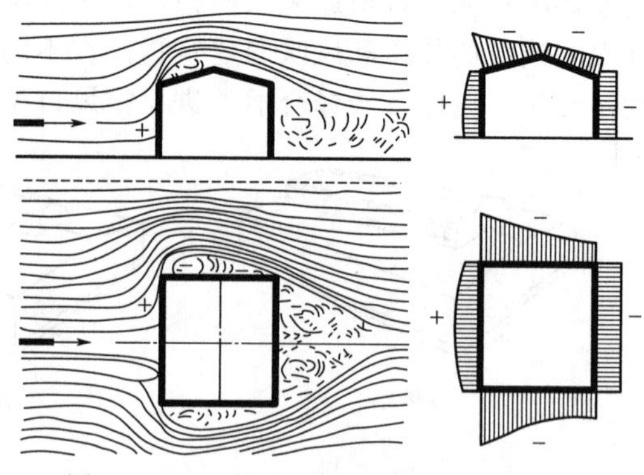

图 10-26 风绕房屋流动状况及风压分布

热加工车间除有大量热量外，还可能有灰尘，甚至存在有害气体。因此热加工车间更要充分利用热压原理，合理设置进排风口，有效地组织自然通风。南北方气候差异影响热加工车间通风设计。南方夏季炎热、雨水多，冬季温和，散热量大的车间宜采用开敞式墙下部和带挡雨板的通风天窗，进排风口不设窗扇，如图 10-27(a) 所示。北方冬夏温差大，需调节进排风口面积控制风量，侧窗采用上悬、中悬、立转和平开四种开启方式（图 10-28），冬季关闭下部进风口，开启上部进气口以防冷气流对工人健康造成影响，厂房剖面形式如图 10-27(b) 所示。

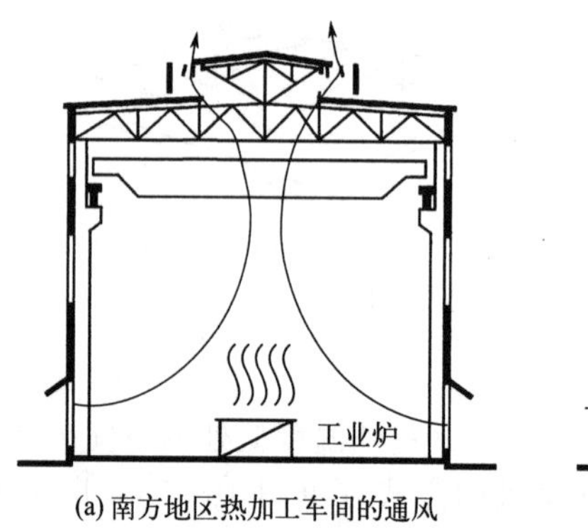

(a) 南方地区热加工车间的通风

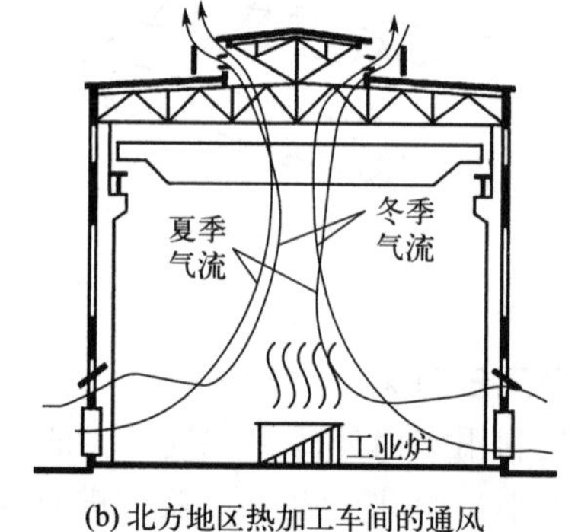

(b) 北方地区热加工车间的通风

图 10-27 进、排风口的位置

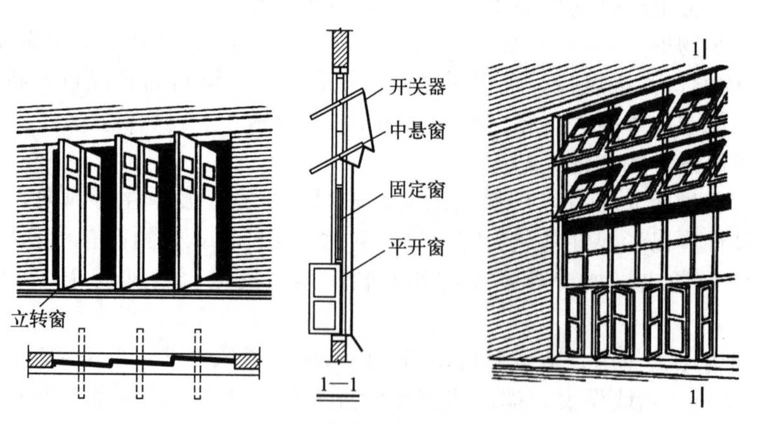

图 10-28 侧窗类型组合

无论是多跨还是单跨，热加工车间仅靠侧窗通风往往不能满足要求，一般在屋顶上设置通风天窗。通风天窗的类型主要有矩形和下沉式两种。矩形通风天窗在热压和风压共同作用下，迎风面下部进风量增大，上部排风量可能减小，如图 10-29 所示。为防“倒灌风”，可在天窗侧面设挡风板形成负压区稳定排风。挡风板与窗口距离 L 与天窗高 h 的比值应在 0.6～2.5，挑檐短时用 1.1～1.5，挑檐长时用 0.9～1.25。大风多雨地区比值可略小。平行等高跨两矩形天窗，水平距离≤5 倍天窗高时，可不设挡风板，因该区常为负压，如图 10-30 所示。

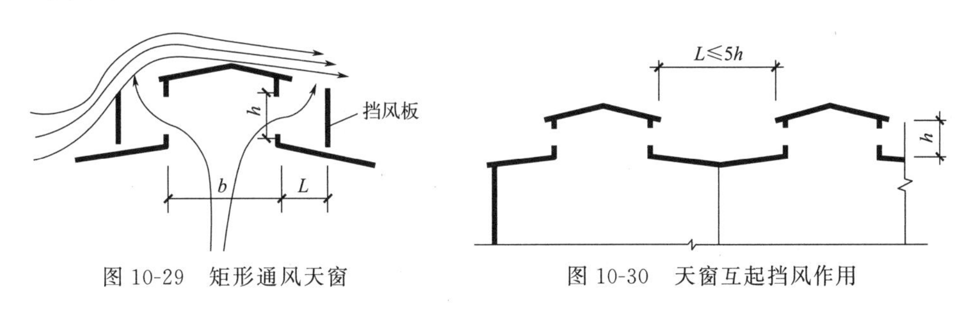

图 10-29　矩形通风天窗　　图 10-30　天窗互起挡风作用

下沉式天窗可降低厂房高度 4～5m，减少结构荷载，节约材料，抗震性好，通风稳定。缺点包括屋架受扭、排水复杂、可能产生压抑感。下沉式通风天窗有三种形式：井式通风天窗、纵向下沉式通风天窗、横向下沉式通风天窗。井式天窗是每隔一个柱距或几个柱距将一定范围的屋面板下沉，形成天井，可设在跨中，如图 10-31(a) 所示。纵向下沉天窗是沿厂房的纵向将一定宽度的屋面板下沉，根据需要可布置在屋脊处或屋脊两侧，如图 10-31(b) 所示。横向下沉式天窗是每隔一个柱距或几个柱距将整个跨度的屋面板下沉，如图 10-31(c) 所示。除矩形通风天窗和下沉式外，还有通风屋脊和屋顶。南方地区热加工车间可采用开敞式外墙以适应炎热气候。

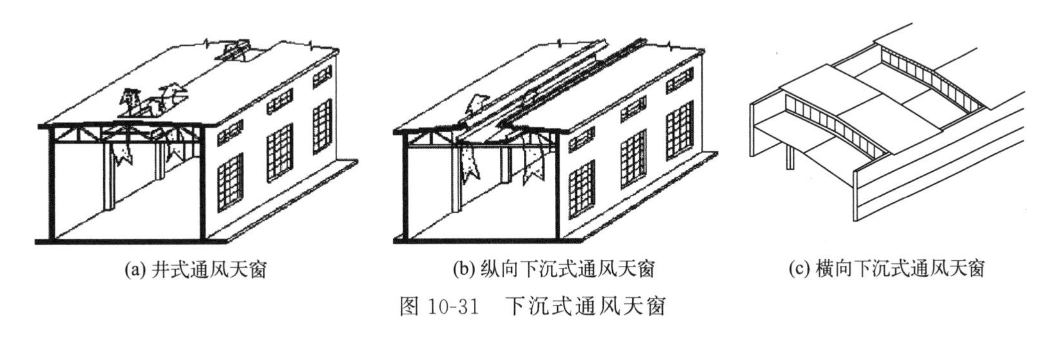

(a) 井式通风天窗　　(b) 纵向下沉式通风天窗　　(c) 横向下沉式通风天窗

图 10-31　下沉式通风天窗

在利用穿堂风时，热源应布置在夏季主导风向的下风位，进出风口应布置在一条线上。以热压为主的自然通风热源应布置在天窗喉口下面，使气流排出路线短，减少涡流。设下沉式天窗时，热源应与下沉底板错开布置。

在多跨厂房中，通过抬高高跨来增大进排风口高差，可利用侧窗和低跨天窗进风。高低跨距应保持 24～40m 以防污染空气互流。若跨高度相等，应冷热跨相间布置并用吊墙分隔，以持续有效地由冷跨向热跨输送气流，并通过热跨天窗排热，流速约 1m/s。

10.1.3　单层厂房的立面设计

单层厂房的立面设计应根据功能要求、技术条件、经济等因素，结合平、剖面设计，运用建筑构图原理及构造原理，使建筑具有简洁、朴素、大方、新颖的外观形象。厂房立面设计是在已有的体型基础上利用墙面、柱子、门窗、线脚、雨篷等部件，选择合适的比例和墙面划分方法，结合建筑构图规律进行有机的组合与划分，使立面简洁大方。

10.1.3.1 立面划分方法

在实践中，立面设计常采用垂直划分、水平划分和混合划分等手法：

（1）垂直划分：根据外墙结构特点，利用承重柱、附壁柱、窗间墙、竖向组合式侧窗构成有规律重复的垂直凸出线条，显得挺拔、高耸有力（如图 10-32 所示）。

图 10-32 垂直划分示意

1—女儿墙；2—窗眉线或遮阳板；3—窗台线；4—勒脚；5—柱；6—窗间墙；7—窗

（2）水平划分：通常是在水平方向设置带形窗；利用通长窗眉线、窗台线等将窗洞口上下的窗间墙构成水平横线条；利用檐口、勒脚等水平构件，或利用开敞式厂房的多层挡雨板连成水平条带；以横向的色带划分墙面；以横向机理的波形墙面板形成水平线条等（如图 10-33 所示）。

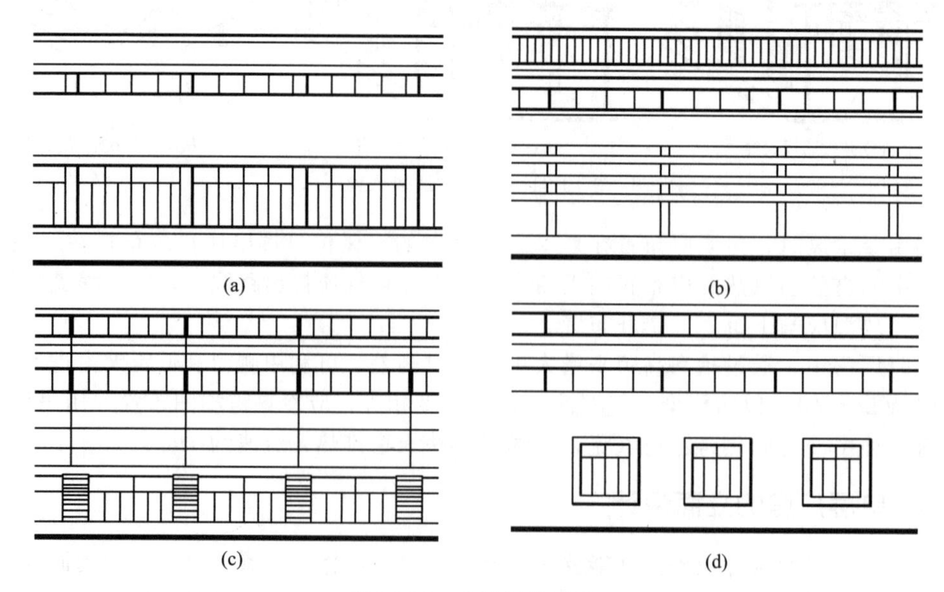

图 10-33 水平划分示意

（3）混合划分：水平划分与垂直划分结合运用，互相混合，互相衬托，混而不乱，以取得生动和谐的效果，如图 10-34 所示。

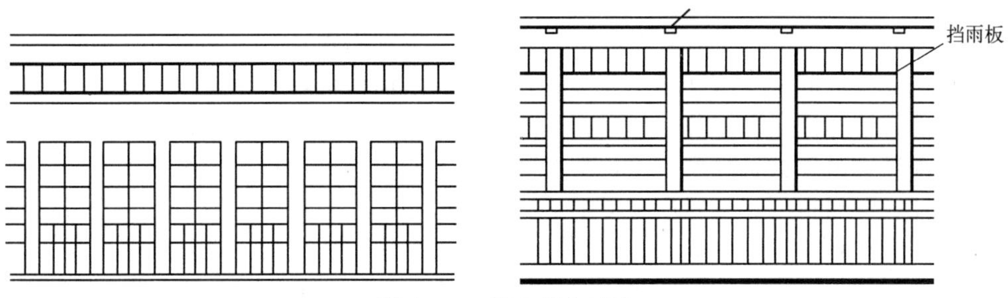

图 10-34　混合划分示意

厂房立面中，窗洞面积的大小是根据采光和通风要求来确定的。窗与墙的比例关系不同，会产生不同的艺术效果。当窗面积大于墙面积时，立面以虚为主，显得明快、轻巧；当窗面积小于墙面积时，立面以实为主，显得稳重、敦实；当窗面积接近墙面积时，虚实平衡，显得安静、平淡，运用较少。在建筑立面上，相同构件或门窗有规律的变化，给人以节奏感。厂房在这方面有充分的表达能力。如成排的窗子、遮阳板等，辅以水平或竖向划分，使立面具有强烈的节奏感和方向感。

室内布置建筑小品和绿化，可以使人产生亲切感，减少工人的疲劳，使工人在轻松、自然的环境中工作，提高劳动生产效率。室内小品及绿化应布置在食堂、休息室等人流密集的地方，绿化也可采用水平或垂直布置。

10.1.3.2　厂房色彩的运用

工业厂房体量大能够形成较大的色彩背景，在室内，色彩冷暖、深浅的不同给人以不同的心理感觉，因此可以利用色彩的视觉特性调整空间感，色彩还具有标志及警戒作用，工业建筑上对色彩的运用，主要有以下几个方面：

（1）红色。用以表示电器、火灾的危险标志。用于禁止通行的通道和门、防火消防设备、高压电的室内电裸线、电器开关起动构件、防火墙上的分隔门。

（2）橙色。用以表示危险标志。用于高速转动的设备、机械、车辆、电器开关柜门；也用于有毒物品及放射性物品的标志。

（3）黄色。用以表示警告的标志。用于车间吊车、吊钩、户外大型起重运输设备、翻斗车、推土机、挖掘机、电瓶车。使用中常涂刷黄色与白色、黄色与黑色相间的条纹，提示人们避免碰撞。

（4）绿色。用以表示安全的标志。常用于洁净车间安全出入口的指示灯。

（5）蓝色。多用于上下水道、冷藏库的门，也可用于压缩空气的管道。

（6）白色。界线标志，用于地面分界线。

10.2　多层厂房设计

20 世纪 50 年代，多层厂房在工业建筑中占比较小。但随着国家产业结构的调整，精密机械、精密仪表、电子工业、轻工业、国防工业的迅速发展，工业用地日趋紧张。从 20 世纪 70 年代中期开始，多层厂房迅速发展起来。

多层厂房的一般特点包括生产可在不同标高的楼层上进行，节约用地和投资。厂房的宽度较小，顶层房间可不设天窗，利用侧窗即可满足采光要求，屋顶构造简单。多层厂房柱网尺寸通常较小，因而通用性较差，不利于工艺改革和设备更新，当楼层上布置有振动较大的设备时，对结构及构造要求较高。

因此多层厂房主要适用于较轻型的工业，在工艺上利用垂直工艺流程有利的工业，或利用楼层能创设较合理的生产条件的工业等。结合我国目前情况，较轻型的工业优先采用多层厂房。多层厂房适用情况归纳总结如下：①生产中要求在不同层高上操作的企业，如化工企业的大型蒸馏塔，由于设备高度较大，生产又需在不同层高上进行；②生产工艺流程适于垂直布置的企业，如面粉厂、啤酒厂、造纸厂、乳品厂和化工的某些车间；③生产工艺对环境有特殊要求的企业，如仪表、电子、医药及食品等类企业，往往对生产环境有恒温恒湿、净化洁净、无尘无菌等要求，多层厂房层间房间体积较小，较容易解决这类问题；④设备、原料及产品重量较轻的企业；⑤厂区基地受到限制或需满足城市规划要求的厂房。

10.2.1 多层厂房的平面设计

多层厂房的平面设计首先应满足生产工艺的要求。其次，运输设备和生活辅助用房的布置、基地的形状、厂房方位等等都对平面设计有很大影响，必须全面、综合地加以考虑。

10.2.1.1 生产工艺流程

生产工艺流程对多层厂房平面设计的影响更为复杂，主要体现在以下几个方面：①层间功能分区：不同的楼层可以设置不同的功能区域，如原材料存储区、生产区、检验区、成品存储区等。多层厂房平面设计需要根据工艺流程确定每层的具体功能及布局，避免工序间的干扰，以提高工作效率。②物流路径：多层厂房需要考虑垂直运输问题，如货物的升降和工人的流动。生产工艺流程需要确保物流通畅，减少物料搬运时间，设计时需合理配置货梯、扶梯和楼梯，确保物流高效畅通，避免交叉干扰。③设备布置：多层厂房的结构设计需满足设备的流水布置，确保设备在每层的布置合理且符合工艺流程。④安全与疏散：多层厂房需要严格考虑消防安全和人员疏散通道的设计，确保在紧急情况下人员能迅速安全地撤离，特别是与工艺流程相关的高风险区域。

根据生产工艺流向的不同，多层厂房的生产工艺流程布置可归纳为以下三种类型：自上而下式、自下而上式、上下往复式，如图 10-35 所示。

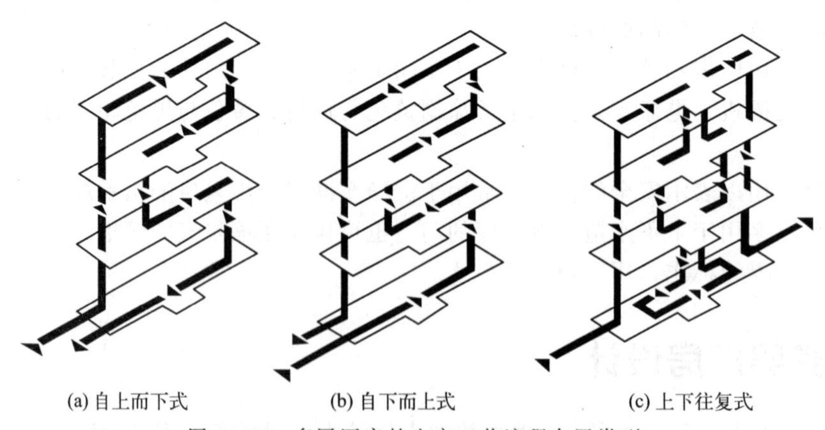

图 10-35 多层厂房的生产工艺流程布置类型

10.2.1.2 平面布置的形式

由于企业的生产性质、生产特点和使用要求不同，平面布置形式也不相同。一般有以下几种布置形式：内廊式（图 10-36）、统间式（图 10-37）、大宽度式（图 10-38）、混合式（图 10-39）。其中统间式可分为交通运输布置在厂房一侧[图 10-37(a)]和交通运输及辅助用房布置在厂房中部[图 10-37(b)]两种。大宽度式可分为辅助房间布置在中间[图 10-38(a)]、环状通廊布置在外围[图 10-38(b)]、环状通廊布置在中间[图 10-38(c)]三种。

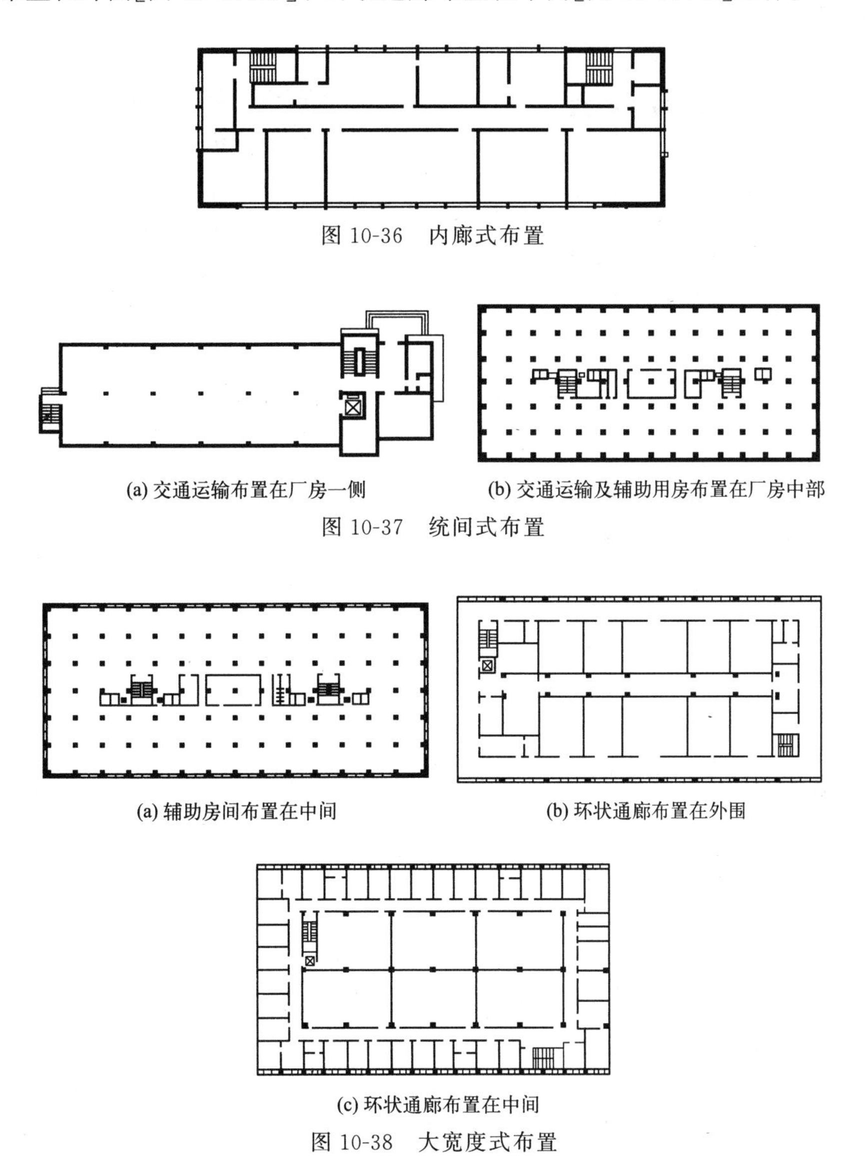

图 10-36　内廊式布置

(a) 交通运输布置在厂房一侧

(b) 交通运输及辅助用房布置在厂房中部

图 10-37　统间式布置

(a) 辅助房间布置在中间

(b) 环状通廊布置在外围

(c) 环状通廊布置在中间

图 10-38　大宽度式布置

10.2.1.3　柱网布置

多层厂房的柱网选择首先应满足生产工艺的需要，并应遵守《厂房建筑模数协调标准》（GB/T 50006—2010）的有关规定，其跨度小于或等于 12m 时，宜采用扩大模数 15M 数列，如 6.0m、7.5m、9.0m、10.5m 和 12m；人于 12m 时宜采用 30M 数列，且宜采用 6.0m、7.5m、9.0m、10.5m、12.0m、15.0m、18.0m。柱距应采用扩大模数 6M 数列，且宜采用 6.0m、6.6m、7.2m、7.8m、8.4m、9.0m。内廊

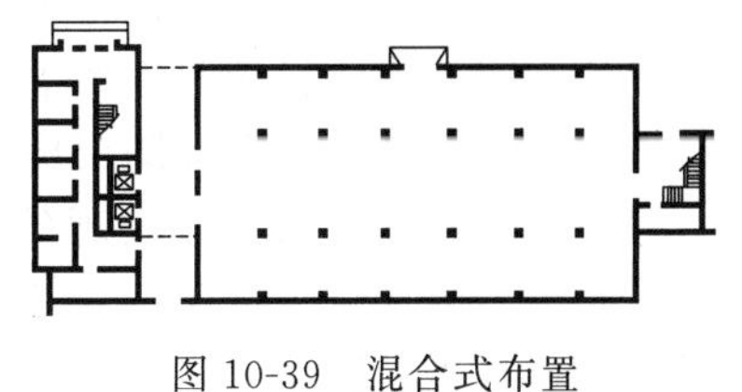

图 10-39　混合式布置

式厂房的跨度宜采用扩大模数 6M 数列，且宜采用 6.0m、6.6m、7.2m；走廊的跨度应采用扩大模数 3M 数列，且宜采用 2.4m、2.7m 和 3.0m。此外，还应考虑厂房的结构形式、采用的建筑材料、构造做法及在经济上是否合理等。

常用的多层厂房柱网布置主要有内廊式柱网、等跨式柱网、对称不等跨柱网、大跨度式柱网，如图 10-40 所示。

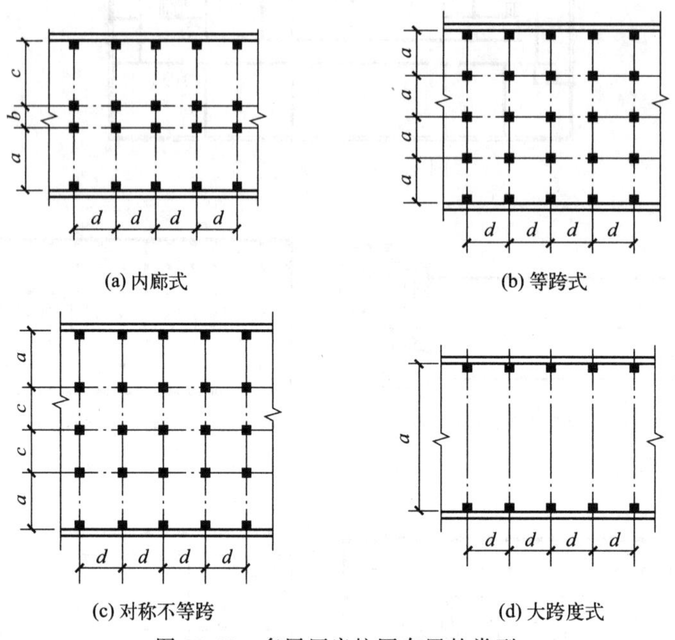

图 10-40 多层厂房柱网布置的类型

内廊式柱网[图 10-40(a)]适用于内廊式的平面布置，它所组成的平面一般是对称的，在两跨中间布置走廊。这种柱网形式主要用于零件加工或装配车间。等跨式柱网[图 10-40(b)]一般是两个以上连续等跨的形式，主要适用于需要大面积布置生产工艺的厂房，用轻质隔墙分隔后，可做内廊式平面布置。其底层一般布置机加工、仓库或总装配车间等，还可以在底层布置起重运输设备。等跨式柱网主要用于机械、轻工、仪表、电子、仓库等厂房。对称不等跨柱网[图 10-40(c)]的特点和适用范围与等跨式柱网基本相同。大跨度式柱网[图 10-40(d)]跨度一般不小于 9m，中间不设柱子，可以形成较大的内部空间，为生产工艺的改进提供了更大的空间和灵活性。

多层厂房的平面定位轴线有横向和纵向之分（图 10-41）。厂房的结构形式不同，定位轴线的标定方法也不同。定位轴线的标定应有利于减少构配件的类型和数量，提高构配件的互换性和通用性，并便于施工和目录设计工作。

10.2.1.4 楼梯、电梯间及生活辅助用房的布置

楼梯和电梯是多层厂房的竖向交通运输工具。一般情况下，楼梯解决人流的交通和疏散，电梯解决货物运输。通常将电梯和主要楼梯布置在一起，组成交通枢纽。为使用方便和节约建筑空间，交通枢纽常和生活辅助用房组合在一起。

楼梯、电梯间及生活辅助用房的布置原则包括：①需要结合厂区总平面的道路、出入口统一考虑，布置在行人易于发现的部位；②数量和布置要满足安全疏散及防火、卫生等要求；③避免人流和货流交叉；④方便货运，最好布置在原料进口或成品、半成品出口处；⑤尽量减少水平运输距离，以提高电梯运输效率；⑥水平运输通道应有一定宽度，在电梯间

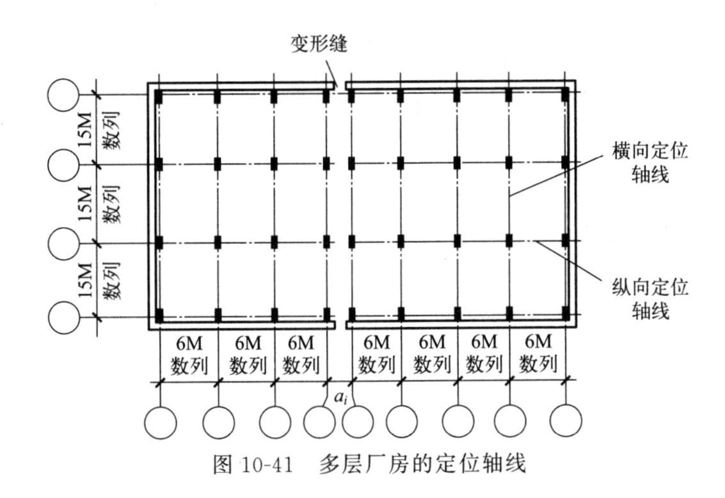

图 10-41 多层厂房的定位轴线

出入口前，需留出供货物临时堆放的缓冲地段；⑦电梯间附近宜设楼梯或辅助楼梯，以便在电梯发生故障或检修时能保证运输；注意厂房空间的整体性，以满足生产面积的集中使用、厂房的扩建及灵活性的要求，同时应注意通风采光等生产环境要求；⑧为厂房的空间组合及立面造型创造条件，并注意结构和施工等技术要求。

楼梯、电梯间及生活辅助用房在多层厂房的布置方式，大致有以下几种，如图 10-42 所示，布置在厂房端部（两端或一端），布置在厂房内部，布置在厂房外纵墙外侧、山墙外侧或用连接体独立布置，布置在厂房外纵墙内侧，布置在不同生产区段的交接处。

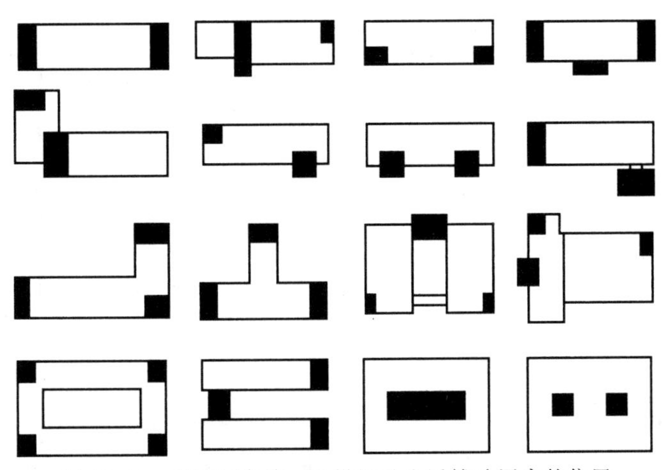

图 10-42 多层厂房楼、电梯间及生活辅助用房的位置

在多层厂房中，按照楼梯和电梯的相对位置不同，常见的组合方式有楼梯和电梯同侧并排布置，楼梯和电梯两侧相对布置，楼梯和电梯两侧斜对布置，楼梯围绕电梯布置。设计中应结合厂房的实际情况，处理好与出入口的关系，组织好人流和货流交通。

常见的楼、电梯间与出入口的关系处理方式有两种，一是人流货流同门出入，不论楼梯和电梯的相对位置如何，人流和货流均由同一出入口进出，交通路线直接通畅，且不相互交叉，如图 10-43 所示。另一种是人流货流分门出入，设置不同的出入口进出，交通路线明确，不交叉干扰，对生产有洁净等要求的车间尤其适用，如图 10-44 所示。楼梯和生活辅助用房的组合，如图 10-45 所示，应便于人流的交通和安全疏散。

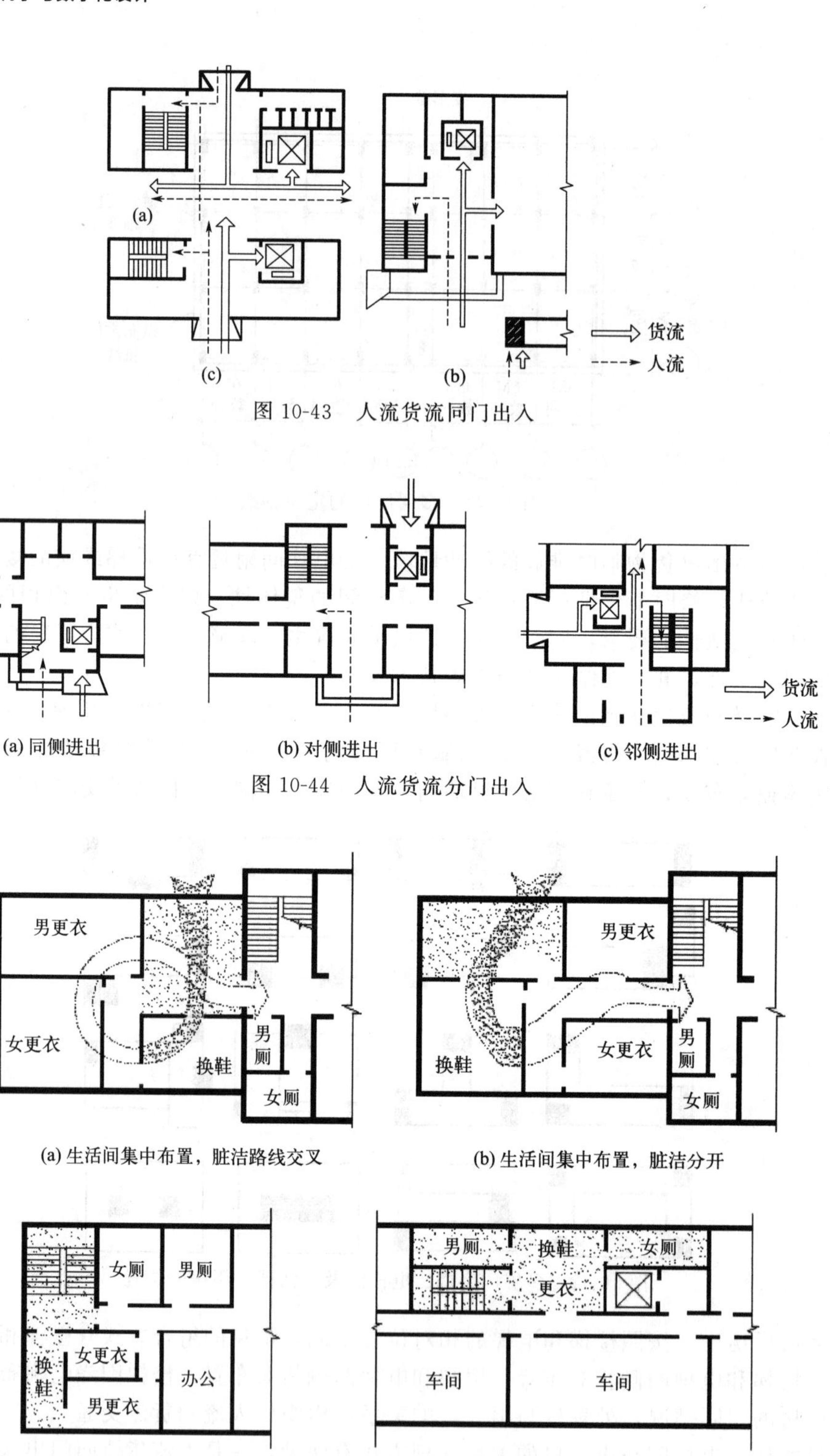

图 10-43 人流货流同门出入

(a) 同侧进出 (b) 对侧进出 (c) 邻侧进出

图 10-44 人流货流分门出入

(a) 生活间集中布置，脏洁路线交叉 (b) 生活间集中布置，脏洁分开

(c) 生活间分层布置(一) (d) 生活间分层布置(二)

图 10-45 楼梯与生活用房组合

10.2.2 多层厂房的剖面设计

多层厂房的剖面设计主要是确定厂房的层数、层高、剖面形式及工程管线布置等问题。

10.2.2.1 多层厂房的层数

多层厂房的层数选择，主要取决于生产工艺、城市规划和经济因素等方面，其中生产工艺是起主导作用的。

（1）生产工艺对层数的影响：厂房根据生产工艺流程进行竖向布置，在确定各车间的相对位置和面积时，厂房的层数也相应地确定了。图10-46所示为面粉加工车间，结合工艺流程的布置，确定了厂房的层数为六层。对于工艺限制小，设备与产品较轻的厂房，用电梯就能解决所有垂直运输的需要，适当增加厂房的层数，既可节省占地面积，又给使用带来较大的灵活性，如电子、医药、服装等多层厂房。

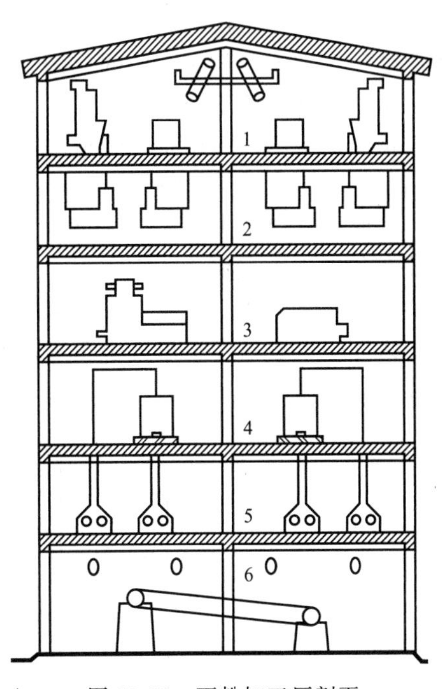

图10-46 面粉加工厂剖面
1—除尘间；2—平筛间；3—清粉间；4—吸尘、刷面、管子间；5—磨粉机间；6—打包间

（2）城市规划及其他条件的影响：多层厂房布置在城市时，层数的确定要符合城市规划、城市建筑面貌、周围环境及工厂群体组合的要求。此外厂房层数还随着厂址的地质条件、结构形式、施工方法及是否位于地震区等而有所变化。

（3）经济因素的影响：多层厂房的经济问题，通常应从设计、结构、施工、材料等多方面进行综合分析。多层厂房的经济层数与厂房展开面积的大小有关，展开面积越大，层数越可以提高。

10.2.2.2 多层厂房的层高

多层厂房的层高指由地面（或楼面）至上一层楼面的高度。主要取决于生产工艺、生产设备、运输设备（有无吊车或悬挂传送装置）、管道的敷设所需要的空间；同时也与厂房的宽度、采光和通风要求有密切的关系。目前，我国多层厂房常采用的层高有3.6m、3.9m、4.2m、4.5m、4.8m、5.1m、5.4m、6.0m、6.6m、7.2m等数值。其中3.6～6.0m较为经济。

（1）层高与生产、运输设备的关系：多层厂房的层高在满足生产工艺要求的同时，还要考虑起重运输设备对厂房层高的影响。只要在生产工艺许可的情况下，都应把一些重量重、体积大和运输量大的设备布置在底层，这样可相应地加大底层层高。有时遇到个别特别高大的设备时，还可以把局部楼层抬高，处理成参差层高的剖面形式，或用局部降低地面的方法解决。

（2）层高与采光、通风的关系：为了保证多层厂房室内有必要的天然光线，一般采用双面侧窗天然采光居多。当厂房宽度过大时，就必须提高侧窗的高度，相应地需增加建筑层高才能满足采光要求。设计时可参考单层厂房天然采光面积的计算方法，根据我国《工业企业采光设计标准》（GB 50033—2013）的规定进行计算。

对采用自然通风的车间，厂房的净高应满足《工业企业设计卫生标准》（GBZ 1—2010）的有关规定。对散热量较大或有有害气体的车间，则应根据通风计算，确定厂房的层高。通常，层高越高，对改善环境越有利，但造价也随之提高。

对生产有特殊要求的厂房，如恒温恒湿、洁净、无菌等，车间内部通常采用空气调节和人工照明，这样应在符合卫生标准的情况下，尽量降低厂房层高。

（3）层高与室内空间比例关系：在满足生产工艺要求和经济合理的前提下，厂房的层高还应适当考虑室内建筑空间的比例关系，具体尺度可根据工程的实际情况确定。

（4）层高与管道布置的关系：生产上所需要的各种管道对多层厂房层高的影响较大。在要求恒温恒湿的厂房中空调管道的高度是影响层高的重要因素。常用的几种管道的布置方式如图 10-47 所示。其中图 10-47(a) 表示干管布置在底层、图 10-47(b) 表示干管布置在顶层，这时就需要加大底层或顶层的层高，以利集中布置管道。图 10-47(c) 则表示管道集中布置在各层走廊上部，图 10-47(d) 表示管道集中布置在各层走廊吊顶层的情形，这时厂房层高也将随之变化。当需要的管道数量和种类较多，布置又复杂时，则可在生产空间上部采用吊天棚，设置技术夹层集中布置管道。这时就应根据管道高度，检修操作空间高度，相应地提高厂房层高。

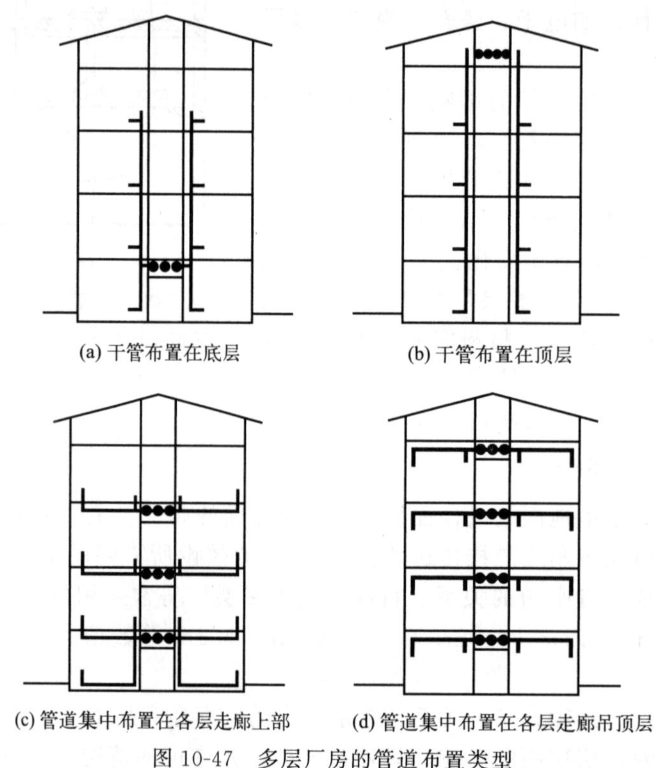

图 10-47 多层厂房的管道布置类型

在确定厂房层高时，除需综合考虑上述几个问题外，还应从经济角度予以具体分析。不同层高的单位面积造价的变化呈正比关系。

10.2.2.3 多层厂房的剖面形式

多层厂房柱网的布置不同，其剖面形式也不相同。不同的结构形式，不同的工艺布置，对剖面形式的影响很大。根据柱网的布置，在多层厂房设计中常采用的剖面形式如图 10-48 所示。

10.2.3 多层厂房的立面设计

进行多层厂房立面处理时，可借鉴单层厂房立面处理和多层民用建筑的处理，使厂房的外观形象和生产使用功能、物质技术应用达到有机的统一，给人以简洁、朴素、明朗、大方

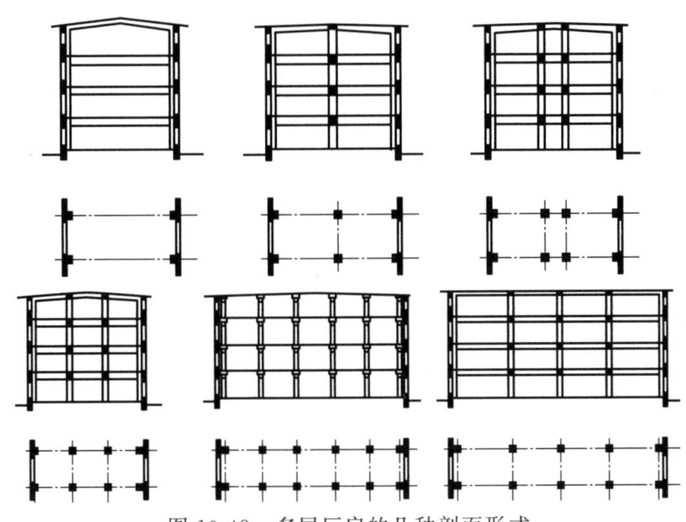

图 10-48　多层厂房的几种剖面形式

又富有变化的感觉。

10.2.3.1　体型组合

多层厂房的体型，一般由三个部分的体量组成：主要生产部分、办公辅助部分和交通联系部分。

一般情况下，辅助部分体量一般都小于生产部分，它可组合在生产体量之内，又可突出于生产部分之外，这两种体量配合得当，可起到丰富厂房造型的作用（见图 10-49）。

多层厂房交通运输部分，常将楼梯、电梯或提升设备组合在一起，故在立面上往往都高于主要生产部分，在构图上与主要生产部分形成强烈的横竖对比，使厂房造型富有变化（见图 10-50）。

图 10-49　辅助部分设在厂房主体外部

图 10-50　楼电梯高出厂房主体

10.2.3.2　墙面处理

多层厂房的墙面处理是立面造型设计中的一个主要部分，应根据厂房的采光、通风、结构、施工等各方面的要求，处理好门、窗与墙面的关系。多层厂房的墙面处理方法与单层厂房有类似之处，也是将窗和墙面的组合作为基本单元，有规律地、重复地布置在整个墙面上，从而获得整齐、匀称的艺术效果。一般常见的处理手法有：垂直划分、水平划分、混合划分，可参考10.1.3.1小节单层厂房的立面划分方法。

10.2.3.3 入口处理

在立面设计时应对入口做适当的处理，常用的处理方法是，根据平面布置，结合门厅、门廊及厂房体量大小，采用门斗、雨篷、花格、花台等来丰富主要出入口。也可以把垂直交通枢纽和主要出入口组合在一起，在立面做竖向处理，使之与水平划分的厂房立面形成鲜明对比，以达到突出主要入口，使整个立面生动、活泼又富于变化的目的。

思考题

在线题库
参考答案

1. 工业生产工艺流程有哪几种类型？生产工艺对单层厂房的平面设计有哪些影响？
2. 简述单层厂房柱距、跨度、柱网的含义。选择柱网时要综合考虑哪些因素？
3. 多层厂房的生产工艺流程布置可归纳为哪三种类型？有哪几种布置形式？
4. 多层厂房的使用对其楼、电梯布置有哪些要求？多层厂房中楼梯、电梯间的布置方式有哪几种？

第 11 章
工业建筑构造设计

本章要点

1. 理解工业厂房各个组成部分的构造原理；
2. 掌握工业厂房各个组成部分的常用构造层次和构造做法。

学习知识目标

1. 学习并掌握工业厂房各个组成部分的构造原理；
2. 通过学习本章内容应与民用建筑构造进行比较，理解工业厂房构造的特点。

素质能力目标

根据任务要求，能够按照规范要求进行工业建筑复杂节点的构造设计。

本章数字资源

在线题库
参考答案

根据上两章内容可知，工业厂房大致由骨架和围护结构两大部分组成。而厂房的骨架由基础、柱、吊车梁、连系梁、圈梁、屋架等构件组成，围护结构则由外墙、屋面、地面及门窗等构件组成，如图 11-1 所示。这一章节主要介绍厂房各组成构件的构造要求及做法，由于工业厂房利于结构标准化，国家和地方组织设计了通用的参考标准图集。

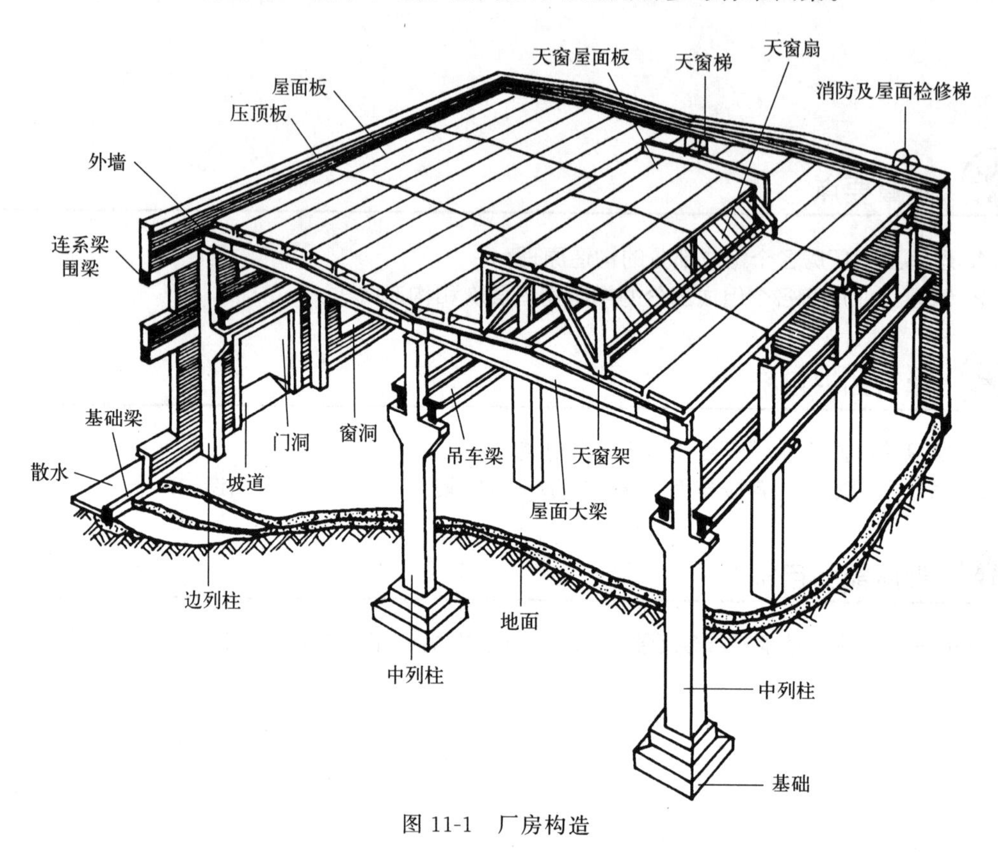

图 11-1 厂房构造

11.1 单层厂房屋顶构造

单层厂房屋顶作用、设计及构造与民用建筑相似，但有差异：①需承受机械振动和吊车冲击荷载，因此需要有足够的强度和刚度；②保温隔热要求高，柱顶超过 8m 可不考虑隔热，热加工车间可不设保温；③多跨大面积厂房，需设天窗、天沟、雨水口等，屋顶构造复杂；④厂房屋顶面积大、重量大、造价高，设计时应尽量降低自重，选择合理经济的屋顶方案。

11.1.1 厂房屋顶的类型与组成

厂房屋顶的基层结构类型分为有檩体系和无檩体系两种，如图 11-2 所示。

有檩体系和无檩体系可参考本书第 7 章 7.6.3.1 坡屋顶构造的介绍，有檩体系的屋架上搁置檩条，再放置小型屋顶板。这种体系构件小、重量轻、吊装容易，但构件数量多、施工周期长。多用于施工机械起吊能力小的施工现场。无檩体系是指在屋架上直接铺设大型屋顶板的结构体系。这种体系虽然要求较强的吊装能力，但构件大、类型少，便于工业化施工。在工程实践中单层厂房较多采用无檩体系的大型屋顶板。单层厂房常用的大型屋顶板和檩条形式如图 11-3 所示。

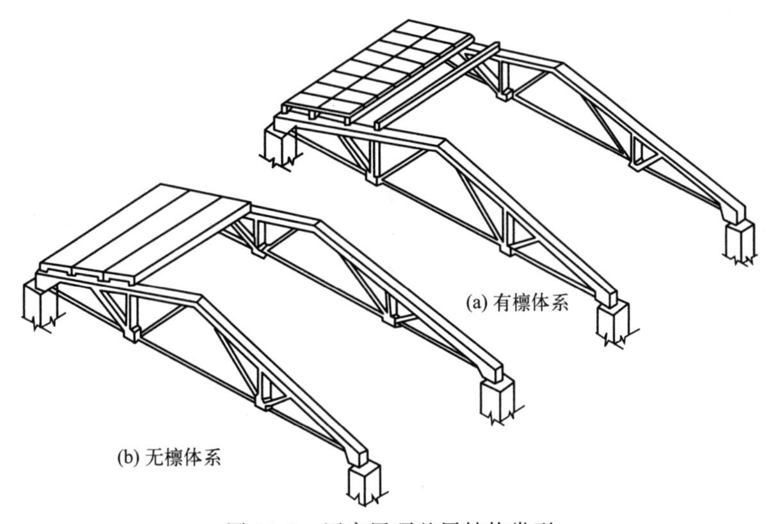

图 11-2　厂房屋顶基层结构类型

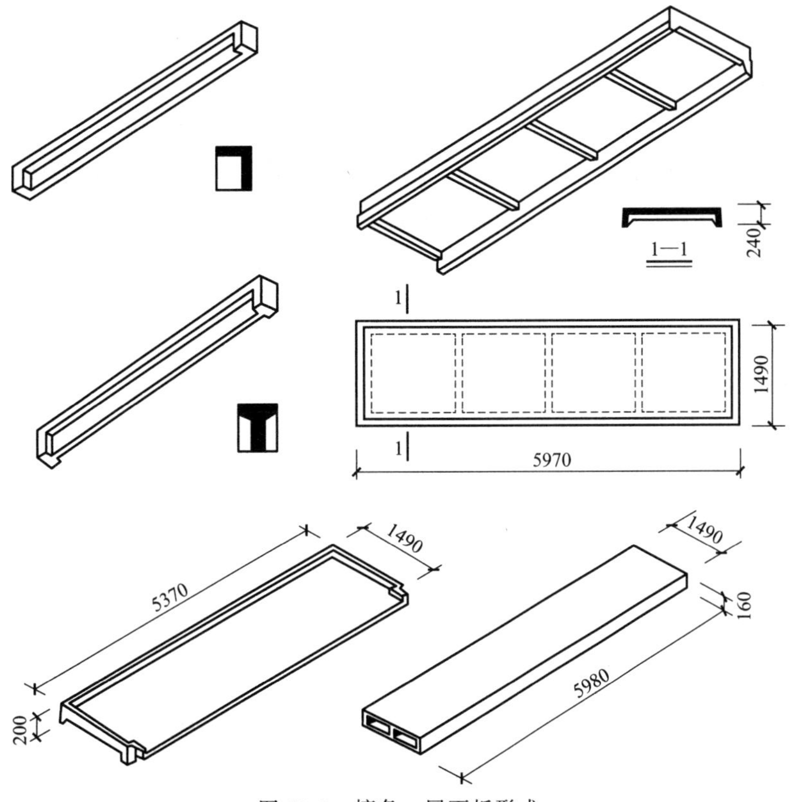

图 11-3　檩条、屋面板形式

11.1.2　单层厂房屋顶的排水

单层厂房屋顶的排水类同于民用建筑，可参考第 7 章 7.6.1.4 小节。根据地区气候状况、工艺流程、厂房的剖面形式以及技术经济等确定排水方式。单层厂房屋顶的排水方式分无组织排水和有组织排水两种。

无组织排水常用于降雨量小的地区，适合屋顶坡长较小、高度较低的厂房。有组织排水又分为内排水和外排水。有组织内排水主要用于大型厂房及严寒地区的厂房，如图 11-4 所示为女儿墙内排水。有组织外排水常用于降雨量大的地区，如图 11-5 所示为挑檐沟外排水，如图 11-6 所示为长天沟外排水。

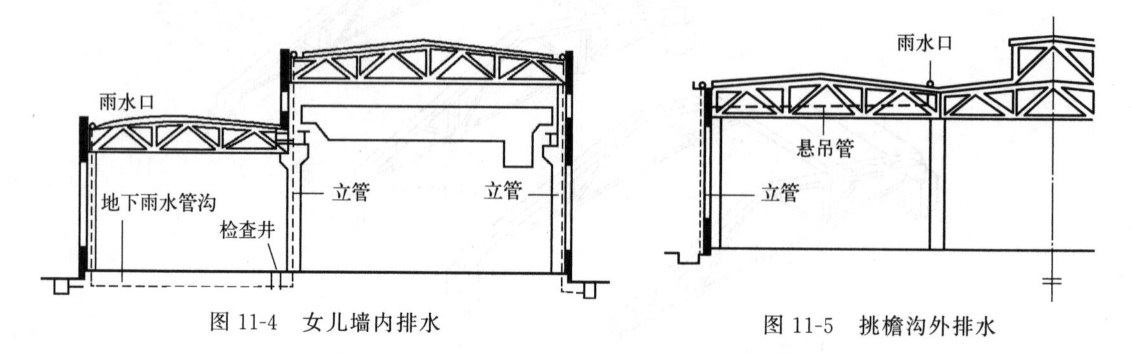

图 11-4 女儿墙内排水

图 11-5 挑檐沟外排水

11.1.3 单层厂房屋顶的防水

单层厂房屋顶的防水，依据防水材料和构造的不同，分为卷材防水屋顶、波形瓦防水屋顶及钢筋混凝土构件自防水屋顶。

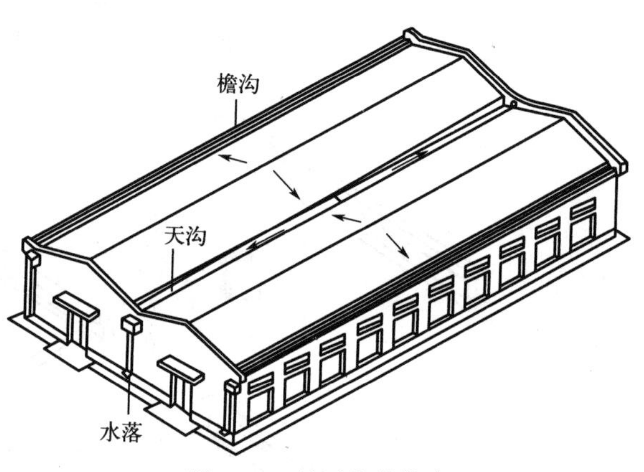

图 11-6 长天沟外排水

11.1.3.1 卷材防水屋顶

卷材防水屋顶材料包括油毡、合成高分子材料和合成橡胶卷材。与民用建筑相比，厂房屋顶易因基层变形严重而导致卷材开裂。原因包括：温差引起的热胀冷缩、长期荷载下的挠曲变形、地基不均匀沉降及生产振动。为防止开裂，需增强屋顶基层刚度和整体性，改进卷材构造以适应变形。如在接缝处留分隔缝，用油膏填充，上铺 300mm 宽油毡作缓冲层后再铺卷材防水层，如图 11-7 所示。

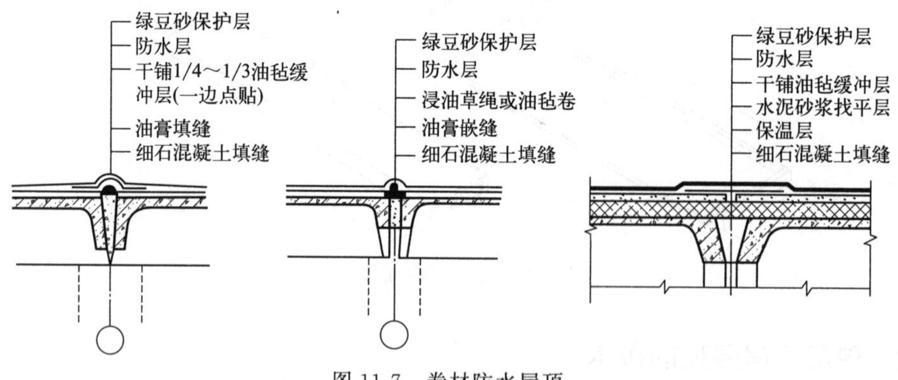

图 11-7 卷材防水屋顶

11.1.3.2 波形瓦防水屋顶

波形瓦防水屋顶属于有檩体系，波形瓦类型主要有石棉水泥瓦、镀锌钢板瓦、压型钢板瓦等。

(1) 石棉水泥瓦防水

石棉水泥瓦轻薄易裂，保温隔热差，宜用于仓库和温度要求不高的厂房。有大、中、小波瓦三种规格，厂房多用大波瓦。石棉水泥瓦直接铺在檩条上，檩条材质多样，间距应适应瓦的规格。一般一块瓦跨三根檩条，铺设时在横向间搭接为一个半波，且应顺主导风向铺设。上下搭接长度≥200mm，檐口出挑长度≤300mm。为避免四块瓦在搭接处出现瓦角重叠、瓦面翘起的现象，应将斜对的瓦角割掉或采用错位排瓦方法，如图 11-8 所示。

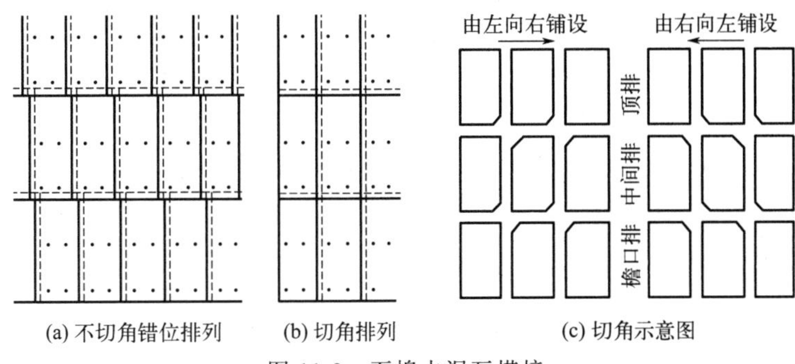

图 11-8　石棉水泥瓦搭接

(2) 镀锌钢板瓦防水

镀锌钢板瓦屋顶有良好的抗震和防水性能，在抗震区使用优于大型屋顶板，可用于高温厂房的屋顶。镀锌钢板瓦的连接构造同石棉水泥瓦屋顶。

(3) 压型钢板瓦防水

压型钢板瓦由 0.6～1.6mm 厚镀锌或冷轧钢板制成，有多棱形、单层板、多层复合板和金属夹心板等。可预压成型或现场压型，整块无接缝，防水好，屋面可采用较平缓的坡度(约 2%～5%)。钢板瓦具有重量轻、防腐、防锈、美观、适应性强、施工速度快的特点。但耗用钢材多，造价高。单层 W 形压型钢板瓦屋顶的构造如图 11-9 所示。

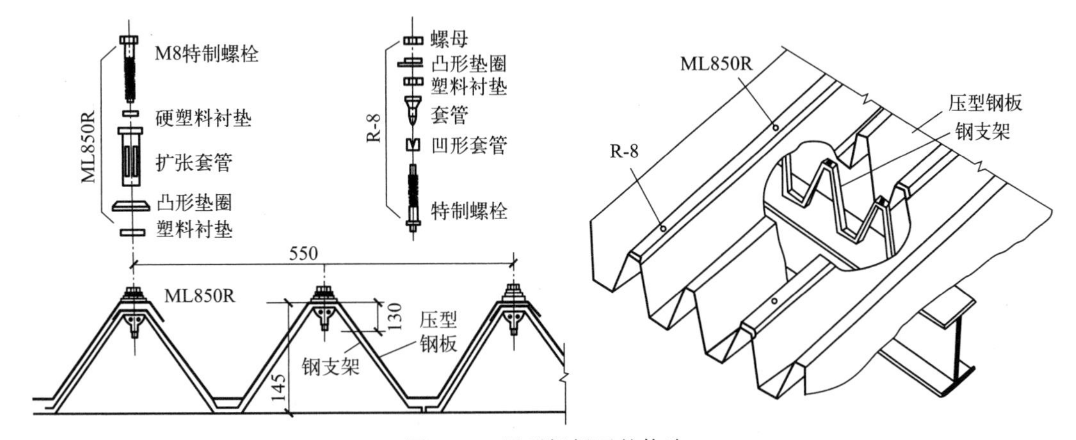

图 11-9　压型钢板瓦的构造

11.1.3.3　钢筋混凝土构件自防水屋顶

钢筋混凝土构件自防水屋顶利用板自身的密实性，加上局部处理板缝形成防水屋顶。钢筋混凝土构件自防水屋顶轻于卷材屋顶，节省材料，可降低成本，施工维修方便。但后期容易出现裂缝渗漏，混凝土暴露在大气中，容易引起风化和碳化。因此，可通过提高施工质量，控制混凝土的配比，增强混凝土的密实度，从而增加混凝土的抗裂性和抗渗性；也可在构件表面涂以涂料（如乳化沥青），减少干湿交替的作用，改进性能。根据对板缝采用防水措施的不同，分为嵌缝式、脊带式和搭盖式三种。

（1）嵌缝式、脊带式防水构造

嵌缝式构件自防水屋顶，是利用大型屋顶板做防水构件并在板缝内嵌填油膏。嵌填油膏的板缝有纵缝、横缝和脊缝，如图 11-10 所示。嵌缝前必须将板缝清扫干净，风干水分，嵌缝油膏要饱满。脊带式防水为嵌缝后再贴防水卷材，防水性能进一步提高，如图 11-11 所示。

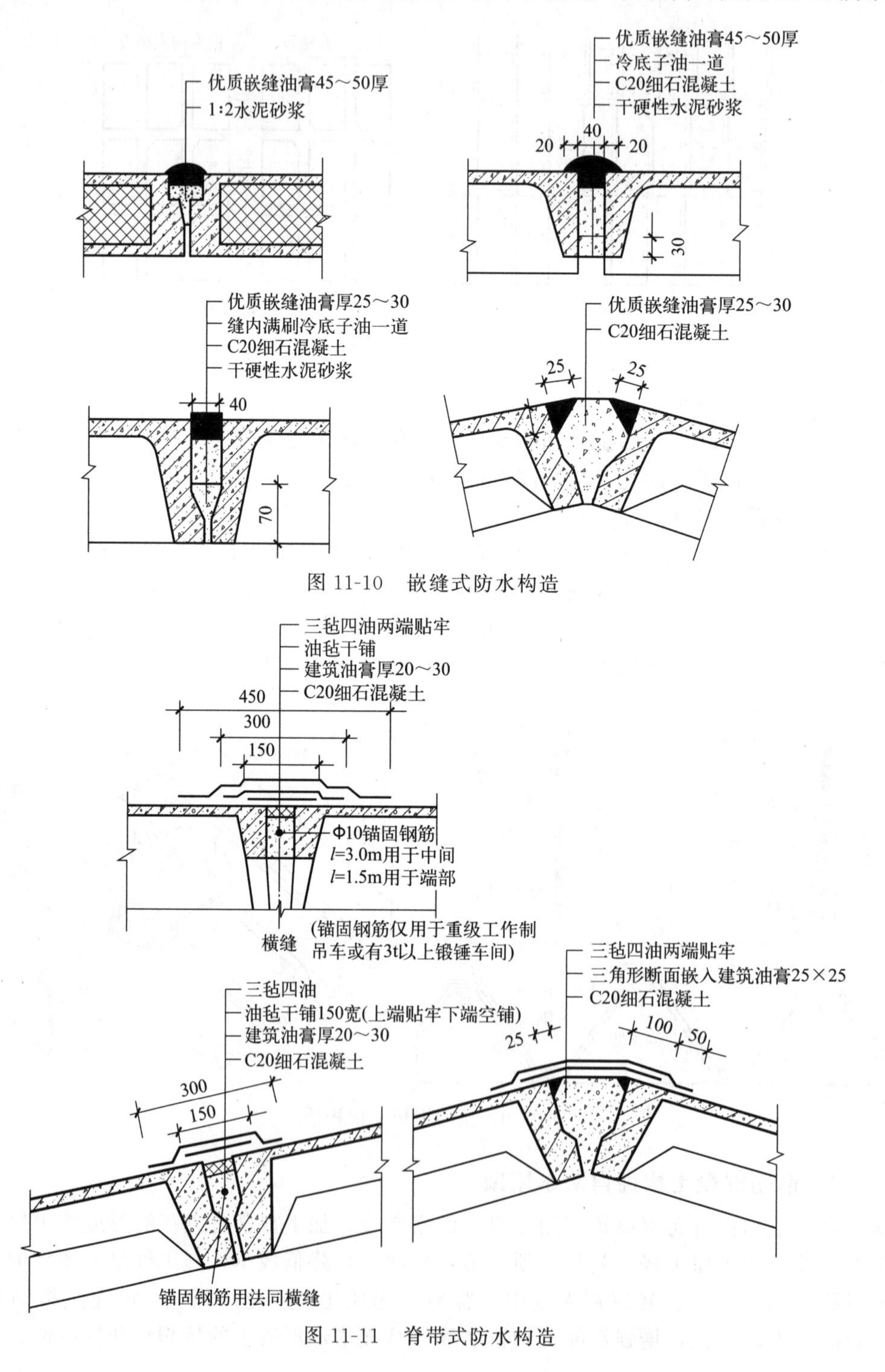

图 11-10　嵌缝式防水构造

图 11-11　脊带式防水构造

(2) 搭盖式防水构造

搭盖式构件自防水屋顶是采用 F 形大型屋顶板做防水构件，板纵缝上下搭接，横缝和脊缝用盖瓦覆盖，如图 11-12 所示。这种屋顶安装简便，施工速度快。但板形复杂，盖瓦在振动影响下易滑脱，造成屋顶渗漏。

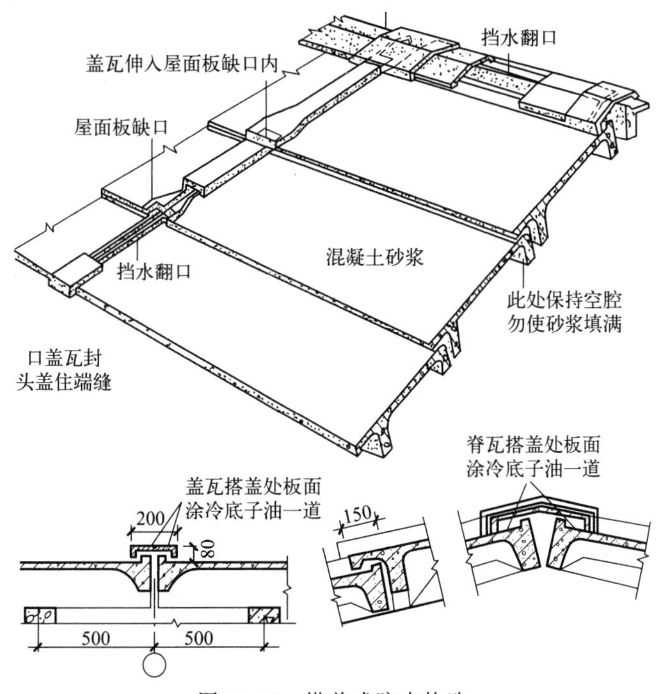

图 11-12　搭盖式防水构造

11.1.4　厂房屋顶的保温隔热构造

冬季需保温厂房屋顶可设保温层于屋顶板的上部、下部或中间，如图 11-13 所示。屋顶板上部保温[图 11-13(a)]多用于卷材防水屋顶，其做法与民用建筑平屋顶相同，使用广泛。为简化施工，可以在工厂预制屋面板、保温层等，运输至现场进行组装，以提高速度和质量，减少气候影响。屋顶板下部保温多用于构件自防水屋顶，有吊挂[图 11-13(b)]和直接喷涂[图 11-13(c)]两种方法，但施工难度略大。保温层在屋顶板中间，即采用夹心保温屋顶板，如图 11-13(d) 所示，这种屋顶具有承重、保温、防水三种功能，可在工厂预制生产，提高施工速度，但是该屋顶易产生温度变形和热桥等问题。

厂房屋顶的隔热构造类似于民用建筑，可参考本书第 8 章 8.4.2 小节。需注意的是，当厂房屋顶的高度低于 8m 时，工作区会受到钢筋混凝土屋顶热辐射的影响，应采取反射降温、通风降温、植被降温等隔热措施。

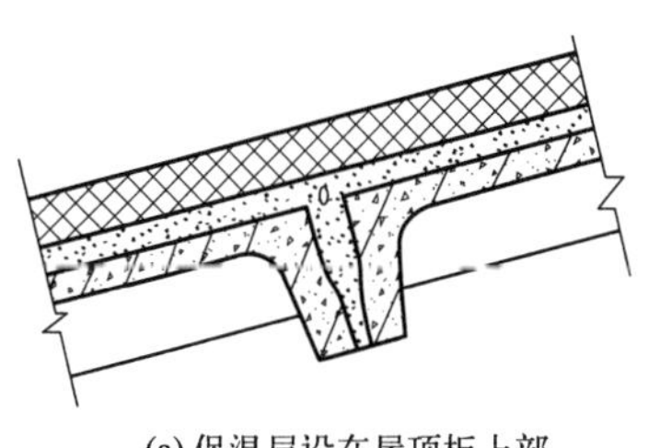

(a) 保温层设在屋顶板上部

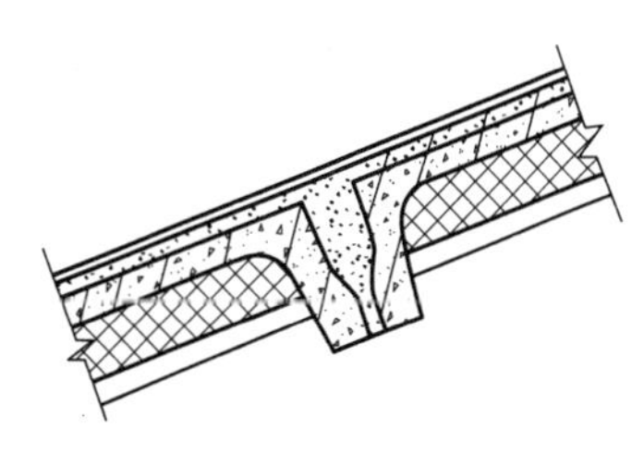

(b) 吊挂式保温层设在屋顶板下部

图 11-13

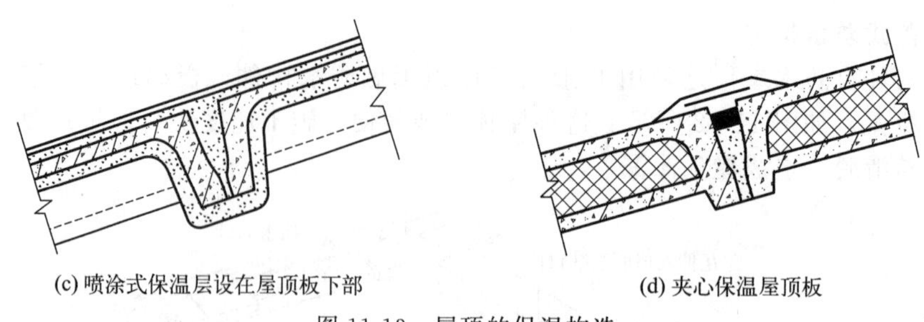

图 11-13 屋顶的保温构造

11.1.5 厂房屋顶细部构造

厂房屋顶的细部构造包括檐口、天沟、泛水、变形缝等，其构造类似于民用建筑。现以卷材防水屋顶为例，简要介绍各部位的构造处理。

11.1.5.1 檐口

厂房无组织排水采用的挑檐，有砖挑檐和钢筋混凝土挑檐。另外，当挑出长度不大时，也可采用预制檐口板挑檐。檐口板支承在屋架端部伸出的挑梁上，如图 11-14 所示。厂房屋顶采用有组织排水时，檐口处可设檐沟板。有组织排水的挑檐口构造，如图 11-15 所示。

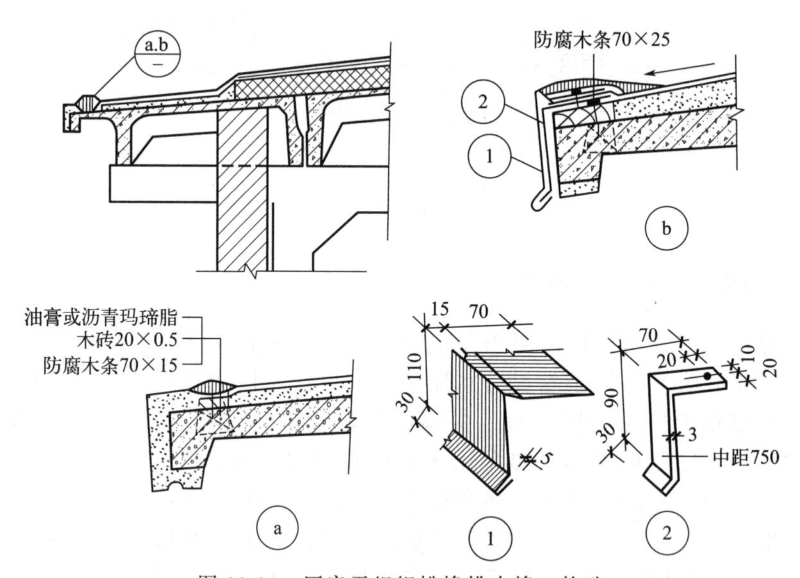

图 11-14 厂房无组织挑檐排水檐口构造

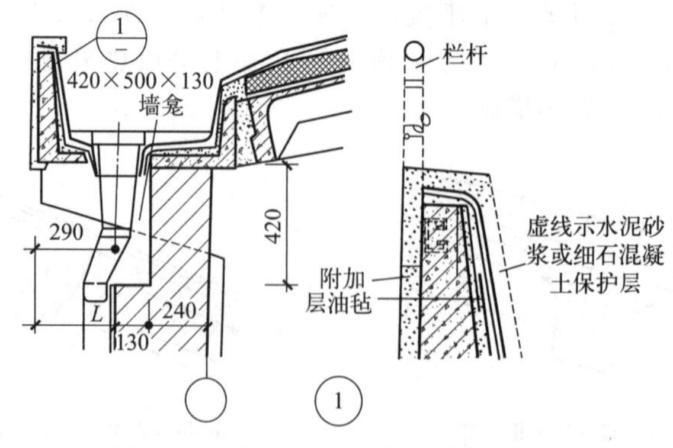

图 11-15 厂房有组织排水挑檐口构造

11.1.5.2 天沟

厂房屋顶的天沟分为女儿墙边天沟和内天沟两种。利用边天沟组织排水时，女儿墙根部要设出水口，如图 11-16 所示，其构造处理同民用建筑。内天沟构造如图 11-17 所示。双槽形天沟板施工方便，天沟板统一，应用较多，但应注意两个天沟板接缝处的防水处理。

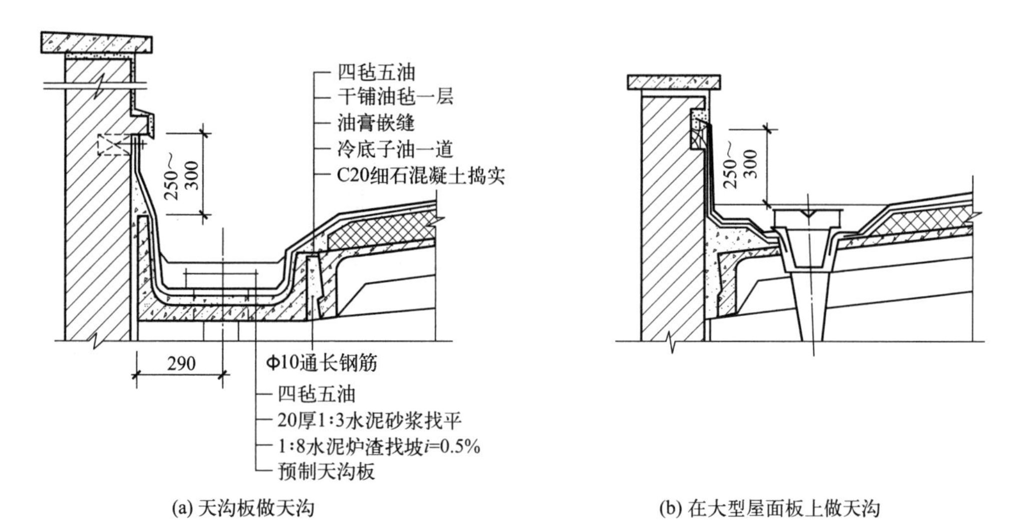

(a) 天沟板做天沟 (b) 在大型屋面板上做天沟

图 11-16 厂房有组织排水女儿墙边天沟构造

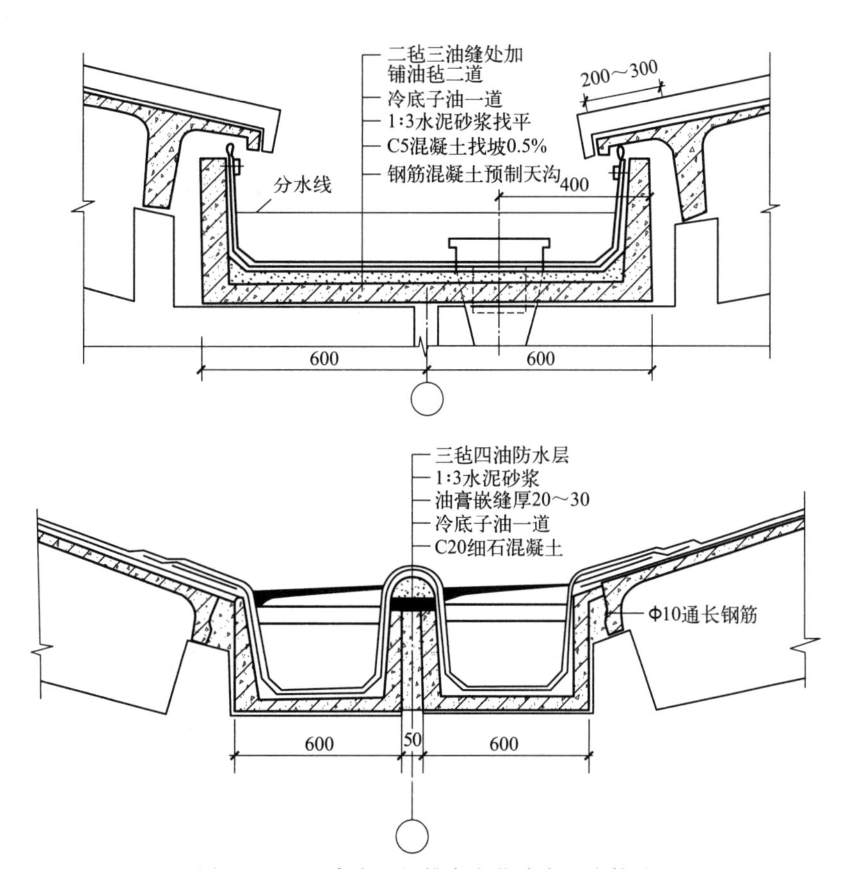

图 11-17 厂房有组织排水女儿墙内天沟构造

11.1.5.3 泛水

厂房屋顶的泛水构造包括女儿墙泛水，如图 11-18 所示；管道出屋面泛水，如图 11-19 所示。

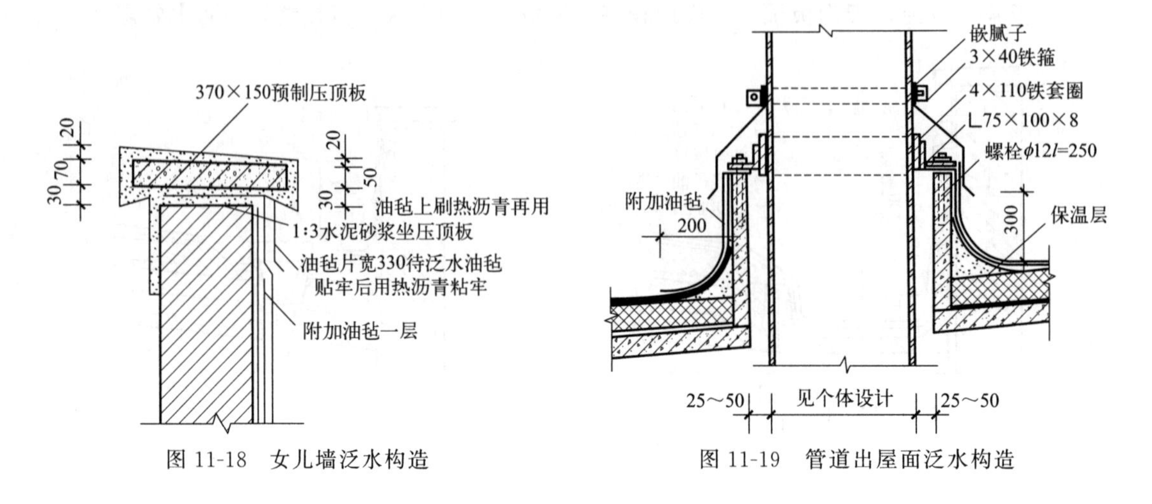

图 11-18　女儿墙泛水构造

图 11-19　管道出屋面泛水构造

11.1.5.4 变形缝

厂房变形缝包括等高平行跨变形缝（图 11-20）和高低跨处变形缝（图 11-21）。变形缝上附加油毡、镀锌钢板或用预制钢筋混凝土盖板盖缝，缝内填沥青麻丝，并保证变形要求。

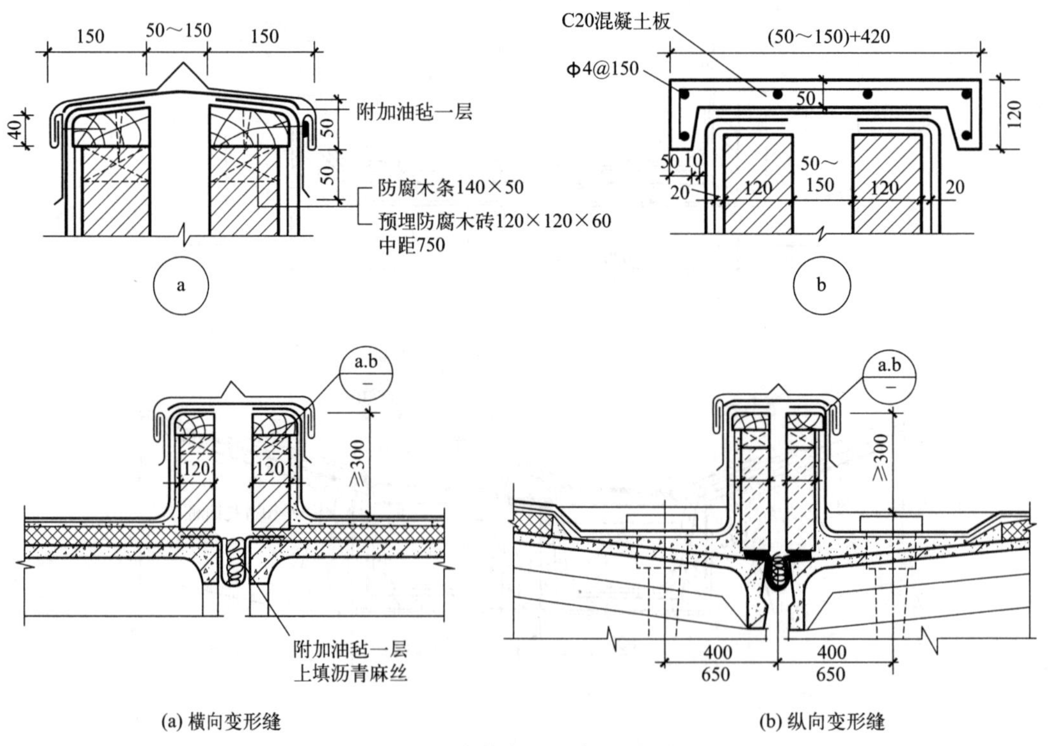

图 11-20　厂房等高平行跨变形缝构造

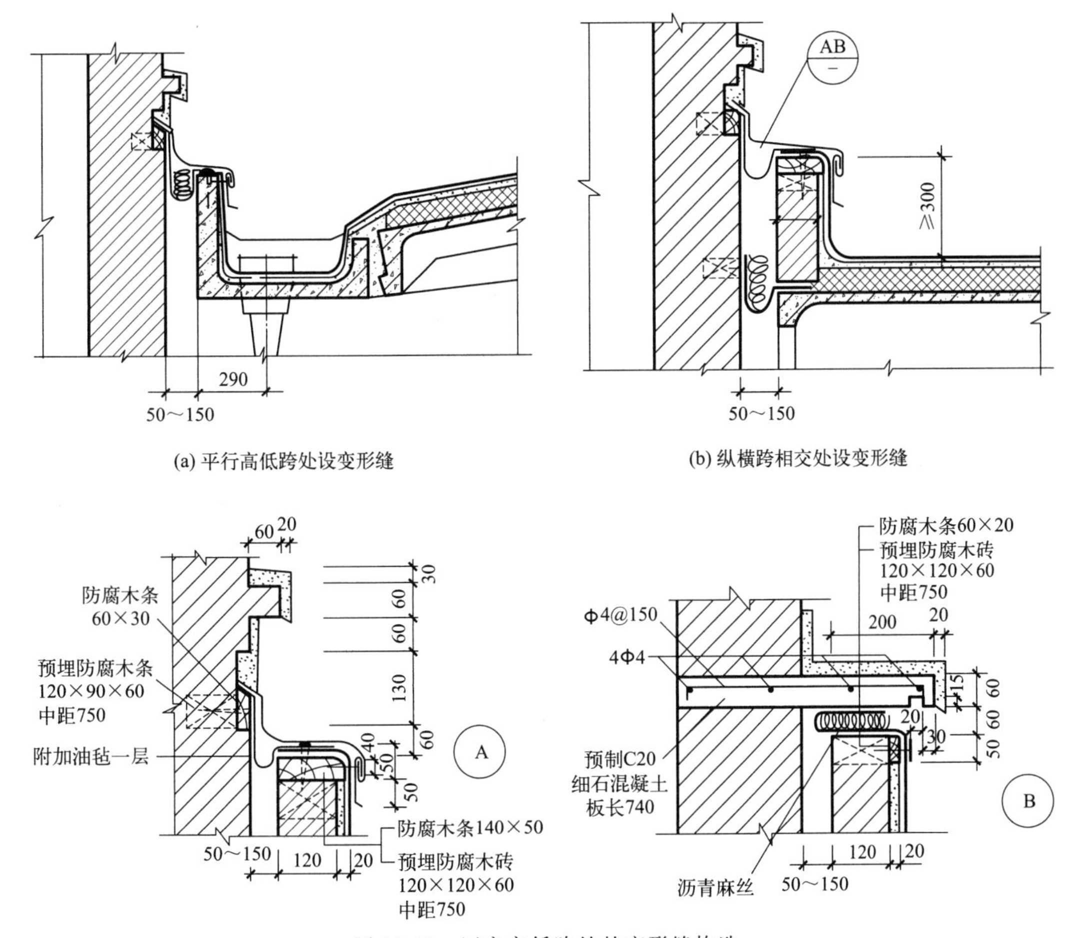

图 11-21 厂房高低跨处的变形缝构造

11.1.6 屋顶天窗

在单层厂房屋顶上，为满足厂房天然采光和自然通风的要求，常设置各种形式的天窗，常见天窗形式有矩形天窗、平天窗及下沉式天窗等。

11.1.6.1 矩形天窗

矩形天窗沿厂房的纵向布置，为简化构造和检修的需要，在厂房两端及变形缝两侧的第一个柱间一般不设天窗，每段天窗的端部设上天窗屋顶的检修梯。天窗的两侧根据通风要求可设挡风板。矩形天窗主要由天窗架、天窗扇、天窗檐口、天窗侧板及天窗端壁板等组成，如图 11-22 所示。

矩形通风天窗是在矩形天窗两侧加挡风板组成的，如图 11-23 所示，多用于热加工车间。为提高通风效率，除寒冷地区有保温要求的厂房外，天窗一般不设窗扇，而在进风口处设挡雨片。矩形通风天窗的挡风板，其高度不宜超过天窗檐口的高度，挡风板与屋顶板之间应留有 50～100mm 的间隙，兼顾排除雨水和清灰。

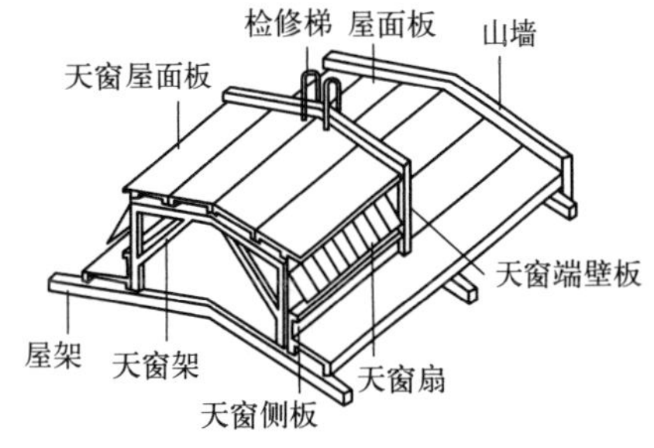

图 11-22 矩形天窗构造组成

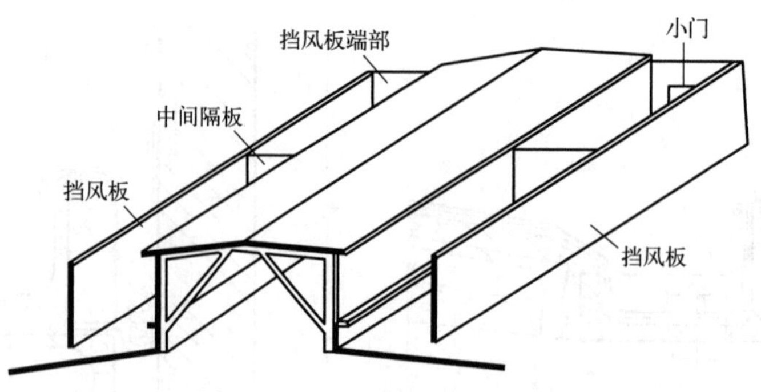

图 11-23 矩形通风天窗的组成

11.1.6.2 平天窗

平天窗是在厂房屋面上直接开设采光孔洞，在上面安装平板玻璃或玻璃钢罩等透光材料形成的天窗。平天窗主要有采光板（图 11-24）、采光罩（图 11-25）和采光带（图 11-26）等类型，采光板与采光罩有固定式和开启式两种。平天窗的优点是屋顶荷载小，构造简单，施工简便，但易造成眩光和太阳直接辐射，易积灰，防雨防雹性差。随着透光材料的发展，平天窗在厂房中的应用越来越普遍。

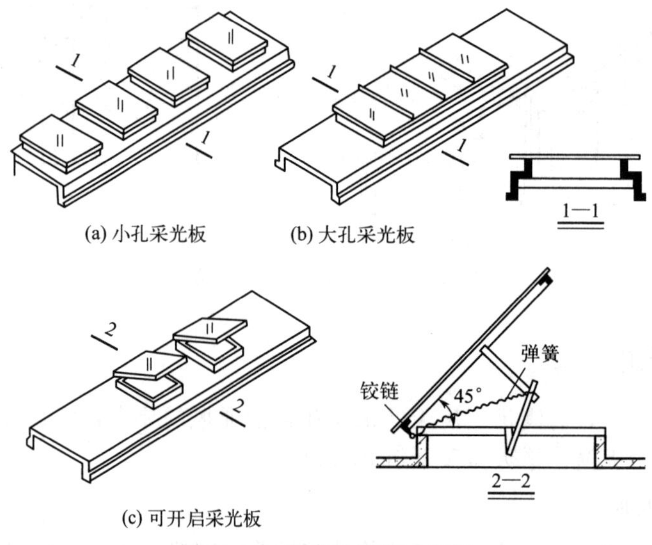

图 11-24 厂房平天窗采光板

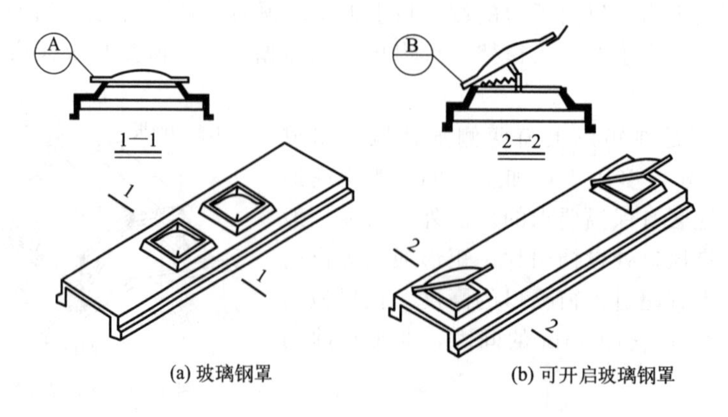

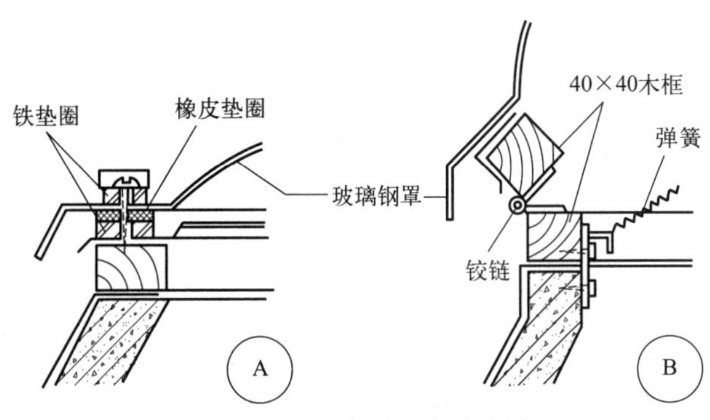

图 11-25　厂房平天窗采光罩

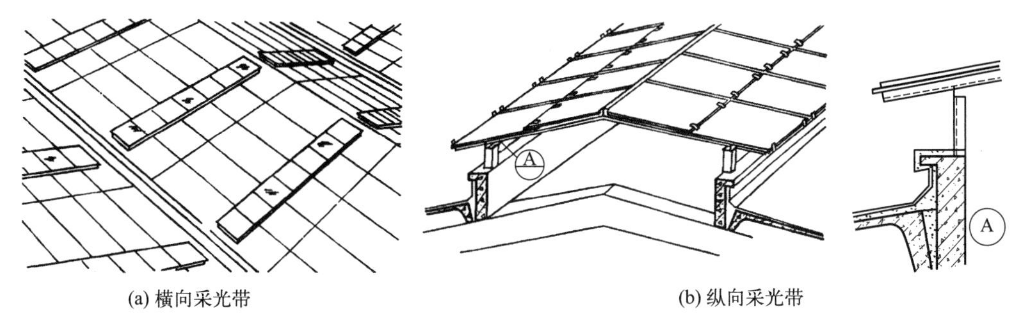

图 11-26　厂房平天窗采光带

11.1.6.3　下沉式天窗

下沉式天窗是在一个柱距内，将一定宽度的屋顶板从屋架上弦下沉到屋架的下弦上，利用上下屋顶板之间的高度差做采光和通风口。下沉式天窗的形式有井式天窗、纵向下沉式天窗和横向下沉式天窗，这三种天窗的构造相似。以下沉式井式天窗为例，其构造组成包括井底板、井底檩条、井口空格板、挡雨设施、挡风墙及排水设施等，如图 11-27 所示。

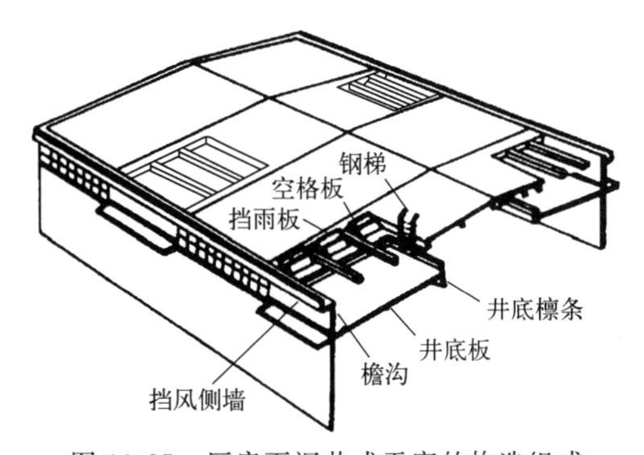

图 11-27　厂房下沉井式天窗的构造组成

11.2　外墙构造

单层厂房外墙按承重情况可分为承重墙、自承重墙和骨架墙，按构造方式可分为块材墙和板材墙。承重墙适用于中、小型厂房，一般跨度小于 15m，吊车吨位不超过 5t，可用条形基础和带壁柱的承重砖墙。承重墙和自承重墙的构造与民用建筑类似。

骨架墙是利用厂房的承重结构作骨架，墙体仅起围护作用的厂房外墙。与砖结构的承重墙相比，骨架墙可减少结构面积，便于建筑施工和设备安装，适用于高大及有振动的厂房，易于实现建筑工业化，适应厂房的改建、扩建等，因此目前广泛采用。根据使用要求、材料和施工条件，骨架墙有块材墙、板材墙和开敞式外墙等。

11.2.1 块材墙

11.2.1.1 块材墙与结构柱的位置

块材围护墙与厂房结构柱的平面关系有两种情况，一种是墙体位于两根柱子中间，能节约用地，提高柱列的刚度，但构造复杂，热工性能较差；第二种是墙体设在柱子的外侧，具有构造简单、施工方便、热工性能好、立面统一等特点，应用普遍。图 11-28 为围护墙与柱的平面关系。

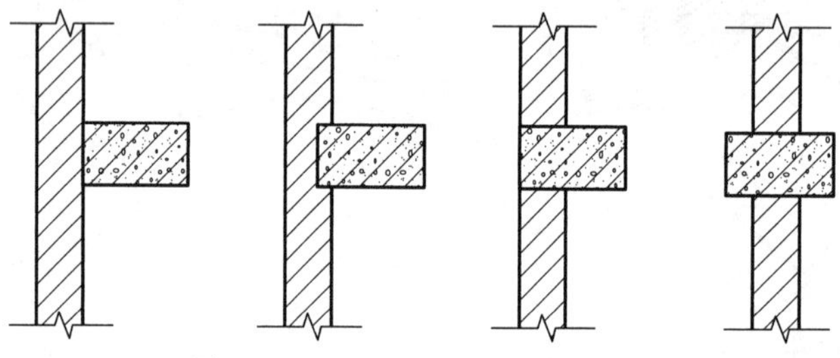

图 11-28 围护墙与柱的平面关系

11.2.1.2 块材墙构件连接

块材围护墙一般不设基础，下部墙身直接支承在基础梁上，上部墙身通过连系梁经牛腿将重量传递给柱，柱再传至基础，图 11-29 为块材墙构件连接。

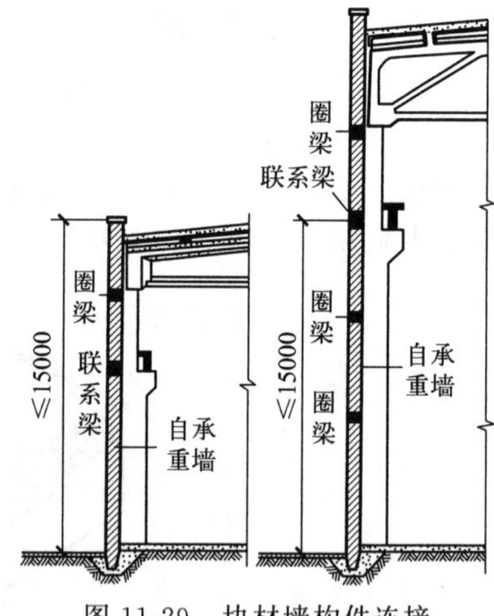

图 11-29 块材墙构件连接

(1) 基础梁

基础梁截面有矩形和倒梯形，顶面比室内地面低 50mm。基础梁与柱基础的连接方式取决于基础埋深。浅埋时可直接或通过混凝土垫块搁置在柱基础杯口上，如图 11-30 所示；深埋时可用柱牛腿承托。基础梁下面的回填土一般不须夯实，应留有不少于 100mm 的空隙，以利于沉降。在寒冷地区为避免土壤冻胀引起基础梁反拱而开裂，在基础梁下面及周围填≥300mm 厚的砂或炉渣等松散材料，如图 11-31 所示。

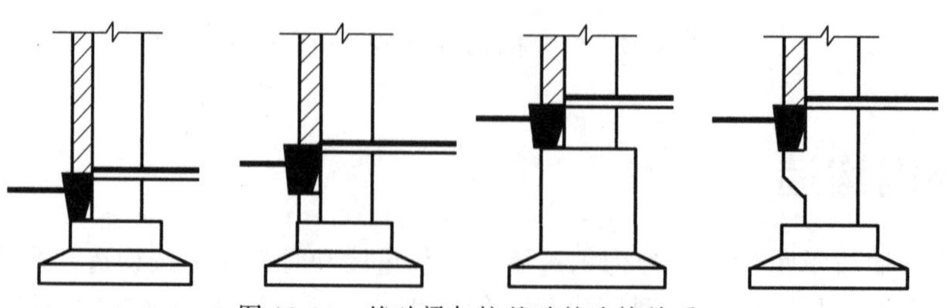

图 11-30 基础梁与柱基础的连接关系

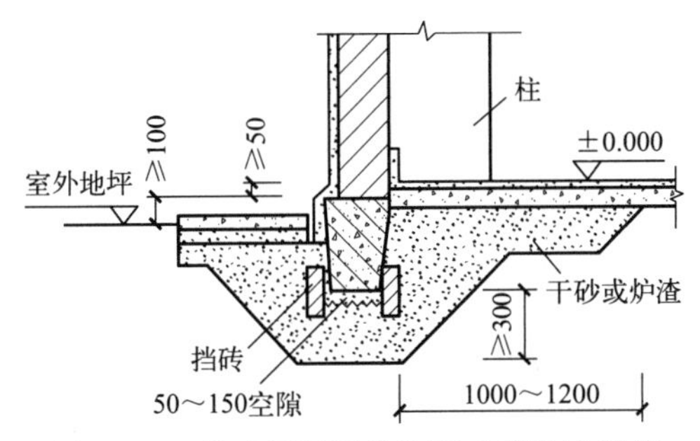

图 11-31　基础梁搁置构造要求及防冻措施

(2) 连系梁

连系梁的截面形式有矩形和 L 形，现浇非承重连系梁是将柱中预留钢筋与连系梁整体浇筑在一起。现浇承重连系梁与柱子的连接，可以采用焊接或螺栓连接如图 11-32 所示。连系梁不仅承担墙身的重量，且能加强厂房的纵向刚度。

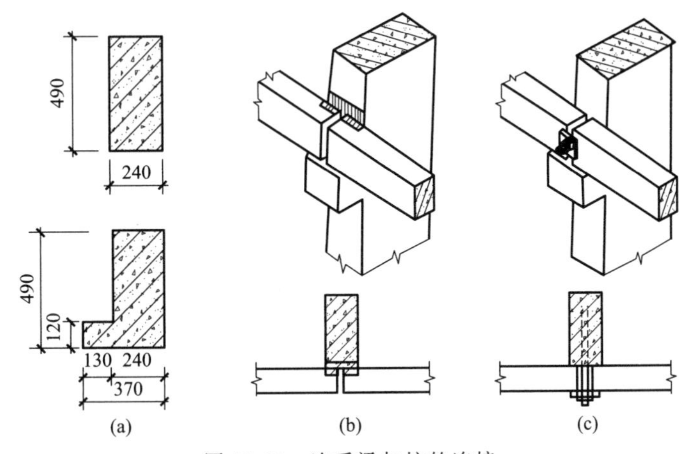

图 11-32　连系梁与柱的连接

(3) 柱、屋架

为保证墙体的稳定性，外墙应与厂房柱及屋架端部有可靠的连接。沿柱子高度方向每隔 500～600mm 预埋两根Φ 6 钢筋，砌墙时把伸出的钢筋砌在墙缝里。墙与屋架（或屋面梁）的连接构造如图 11-33 所示。纵向女儿墙与屋面板之间的连接采用钢筋拉结措施，即在屋面

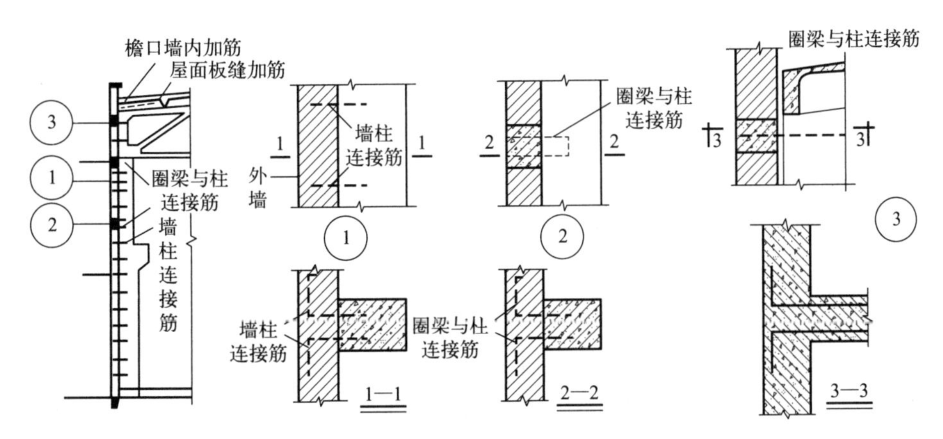

图 11-33　块材墙与柱和屋架端部的连接

板横向缝内放置一根Φ12钢筋与屋面板纵缝内及纵向外墙中各放置一根Φ12、长度1000mm的钢筋连接，形成工字形的钢筋，然后在缝内用C20细石混凝土捣实（图11-34）。山墙与屋面板构造如图11-35所示。

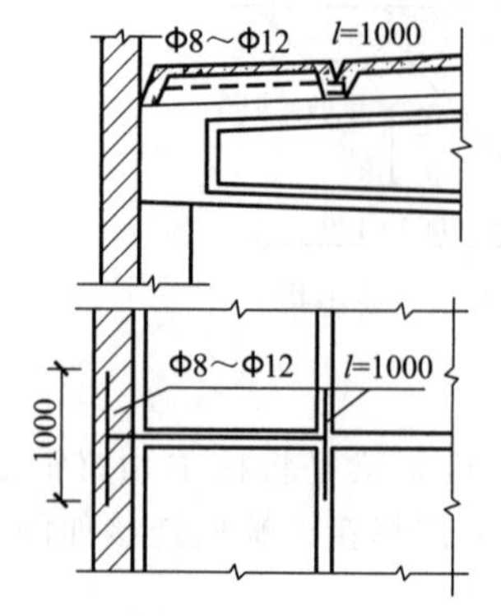

图11-34 纵向女儿墙与屋面板的连接

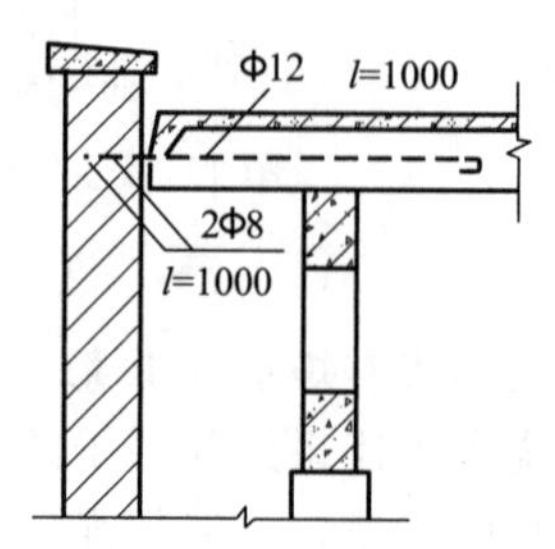

图11-35 山墙与屋面板的连接

为增加墙体的稳定性，可沿墙高度每4m左右设一道圈梁。圈梁应在墙内，位置通常设在柱顶、吊车梁、窗过梁等处，截面高度应不小于180mm，配筋数量主筋为4Φ12，箍筋为Φ6，间距200mm，圈梁应与柱子伸出的预埋筋进行连接。圈梁与柱的连接如图11-36所示。

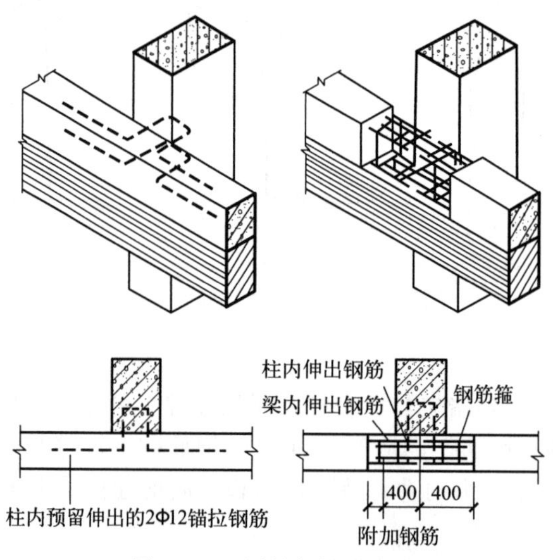

图11-36 圈梁与柱的连接

11.2.2 板材墙

轻质且保温的板材作为厂房外墙是建筑工业化发展的方向，目前适宜用的板材有钢筋混凝土板材和压型钢板。

11.2.2.1 钢筋混凝土板材墙

(1) 墙板的规格、类型

钢筋混凝土墙板的长度和高度采用扩大模数3M。板的长度有4500mm、6000mm、7500mm、12000mm四种，可适用于常用的6m或12m柱距以及3m整倍数的跨距。板的宽度有900mm、1200mm、1500mm、1800mm四种。常用的板厚度为160～240mm，以

20mm 为模数递增。

根据材料和构造方式，墙板分单一材料墙板和复合墙板。单一材料墙板有钢筋混凝土槽形板、空心板和配筋轻混凝土墙板。槽形板省材但保温差易积灰；空心板平整保温好，应用多；配筋轻混凝土墙板轻、保温好，但吸湿。复合墙板由承重骨架、外壳和轻质夹心组成，夹心材料包括膨胀珍珠岩等。复合墙板质轻，且防水、防火、保温、隔热，但制作过程复杂，需改进热桥问题。

(2) 墙板布置

墙板的布置分横向布置、竖向布置和混合布置，如图 11-37 所示。其中横向布置用得最多，其次是混合布置。竖向布置因板长受侧窗高度的限制，板型和构件较多，故应用较少。横向布板以柱距为板长，可省去窗过梁和连系梁，板型少，并有助于加强厂房刚度，接缝也较易处理。混合布置墙板虽增加板型，但立面处理灵活。

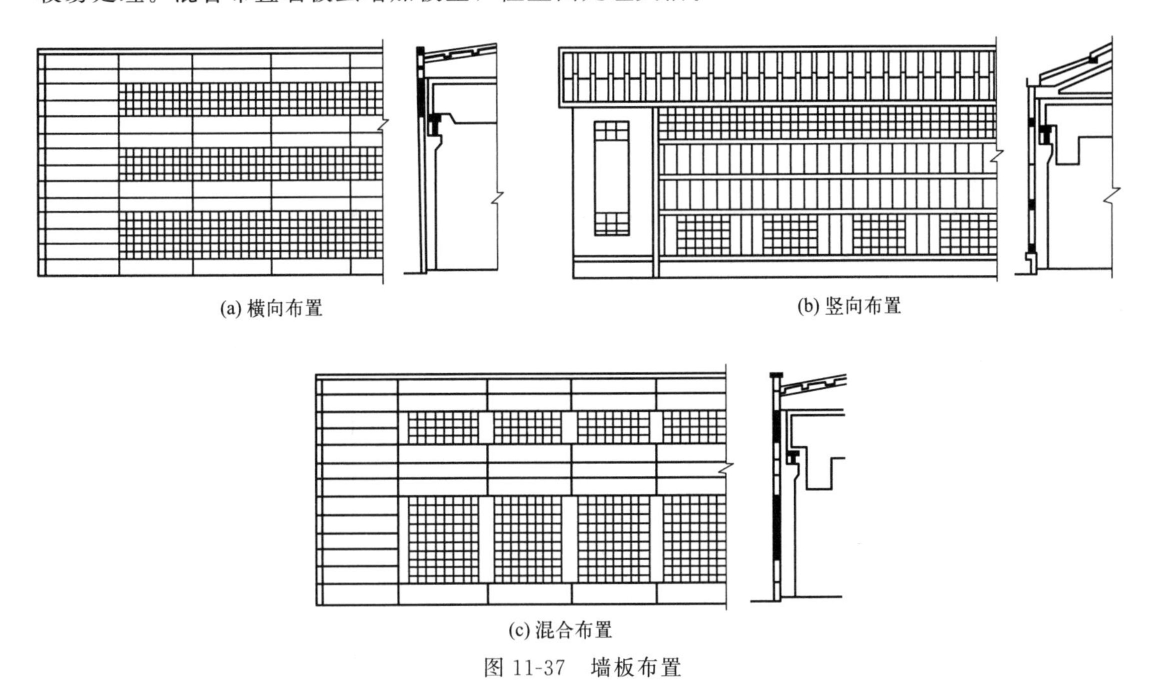

(a) 横向布置

(b) 竖向布置

(c) 混合布置

图 11-37　墙板布置

(3) 墙板和柱的连接

墙板和柱的连接应安全可靠，并便于安装和检修，一般分柔性连接和刚性连接。柔性连接通过预埋件和连接件将墙板与柱拉结，有螺栓挂钩和角钢搭接两种方式。柔性连接能适应振动变形。螺栓挂钩连接每隔 3～4 块板设钢托支承，如图 11-38 所示，水平用螺栓挂钩固定，安装维修方便，但用钢较多易腐蚀。角钢连接是利用焊在柱和墙板上的角钢连接固定，省钢、少外露金属、施工快，但安装不便，适应位移的能力稍差，如图 11-39 所示。

刚性连接就是通过墙板和柱的预埋铁件用型钢焊接固定在一起，如图 11-40 所示。特点是用钢少，厂房的纵向刚度大，但构件不能相对位移，在基础出现不均匀沉降或有较大振动荷载时，墙板易产生裂缝等。墙板在转角部位为避免过多增加板型，一般结合纵向定位轴线的不同定位方式，采用山墙加长板或增补其他构件，如图 11-41 所示。为满足防水要求及制作安装方便、保温、防风、经济美观、坚固耐久等要求，墙板的水平缝和垂直缝都应采取构造处理，如图 11-42 所示。

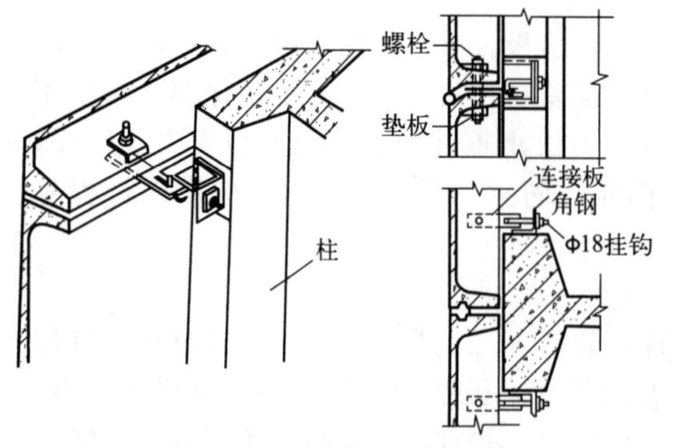

图 11-38 螺栓挂钩柔性连接

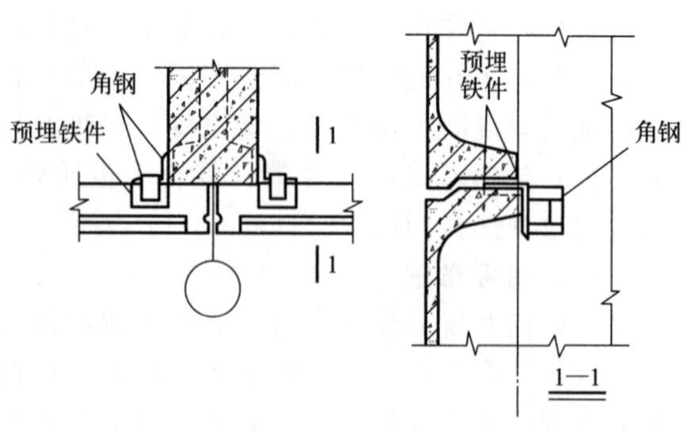

图 11-39 角钢柔性连接

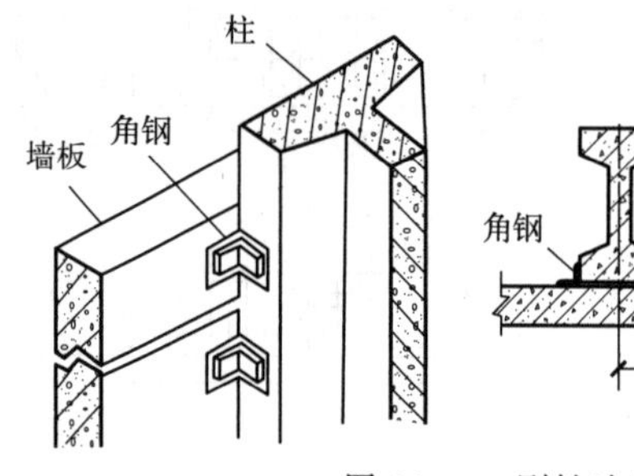

图 11-40 刚性连接

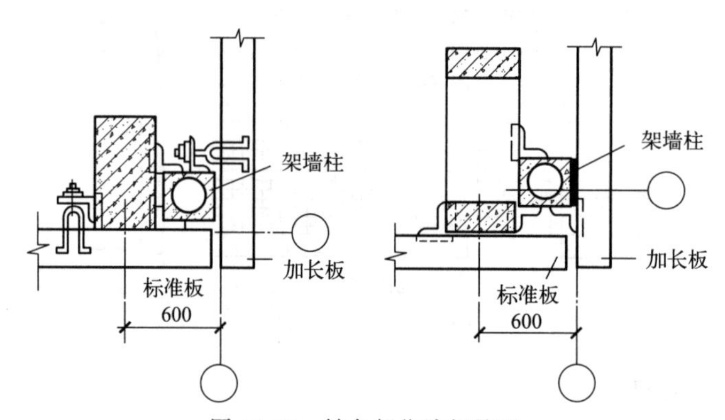

图 11-41 转角部位墙板处理

11.2.2.2 压型钢板墙

压型钢板墙按材料可分为压型薄钢板、石棉水泥波形板、塑料玻璃钢波形板等，其中压型钢板是目前常用的一种外墙材料，压型钢板具有轻质高强、施工方便、防火抗震等优点。压型钢板分单层和夹心（带保温层）钢板两种，单层板适用于热工车间及无保温、隔热要求的车间及仓库等，夹心（带保温层）钢板用于有保温要求的厂房等。压型钢板通过钩头螺栓连接在型钢墙梁上，型钢墙梁既可通过预埋件焊接也可用螺栓连接在柱子上，连接构造如图 11-43 所示。压型钢板的板间要搭接合理，尽量减少板缝。

11.2.3 开敞式外墙

有些厂房车间为了迅速排出烟、尘、热量以及通风、换气、避雨，常采用开敞式或半开敞式外墙。按照开敞式厂房的开敞部位可分为全开敞式、下开敞式、上开敞式和部分开敞式

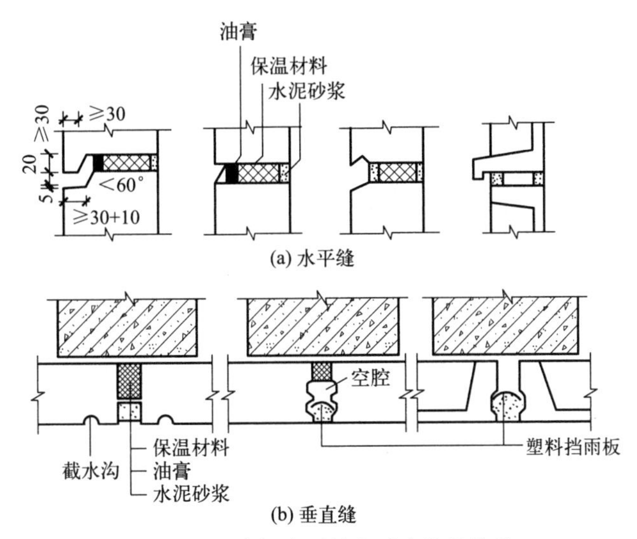

图 11-42 墙板水平缝和垂直缝的构造

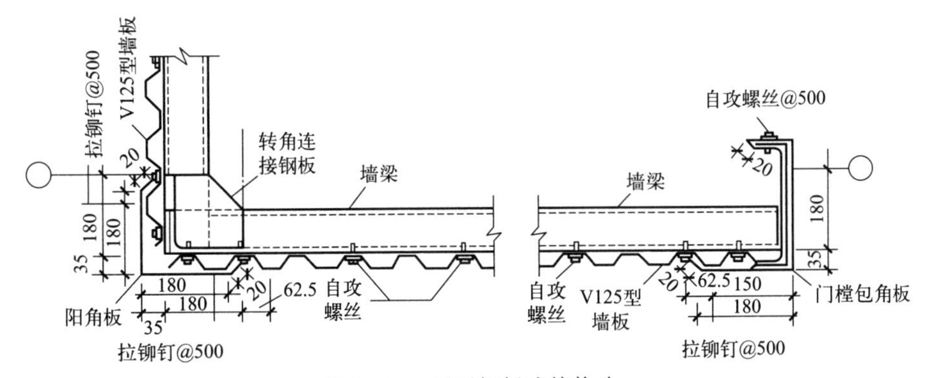

图 11-43 压型钢板连接构造

四种形式。

全开敞式外墙敞开面积大，通风、排热、排烟快，如图 11-44(a) 所示。下开敞式排风量大，排烟稳定，可避免风倒灌，但冬季冷空气直接吹到人身上，如图 11-44(b) 所示。上开敞式冬季冷空气不会直接吹到人身，但风大时会出现倒灌现象，如图 11-44(c) 所示。部分开敞式有一定的通风和排风效果，如图 11-44(d) 所示。

常见的开敞式外墙的挡雨板有石棉波形瓦和钢筋混凝土挡雨板。开敞式外墙挡雨板构造如图 11-45 所示。

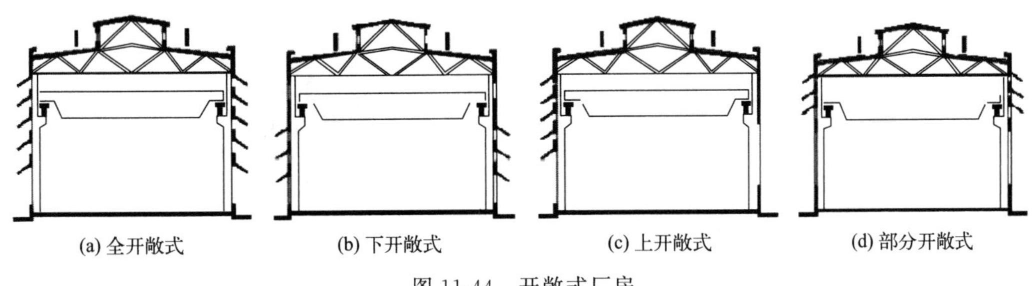

图 11-44 开敞式厂房

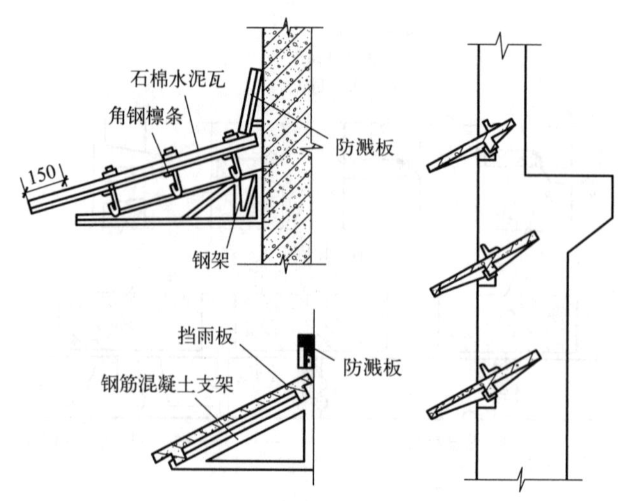

图 11-45 开敞式外墙挡雨板构造

11.3 侧窗和大门构造

11.3.1 侧窗

单层厂房侧窗需满足采光、通风及特殊工艺要求如泄压、保温、防尘等。通常厂房采用单层窗，但在寒冷地区或有特殊要求的车间如恒温、洁净车间等，须采用双层窗。

根据侧窗采用的材料可分为钢窗、木窗及塑钢窗等。根据侧窗的开关方式可分为中悬窗、平开窗、垂直旋转窗、固定窗和百叶窗等。

(1) 中悬窗：窗扇可沿水平轴转动，开启角度可达 80°，可用自重保持平衡，便于开关，当室内空气达到一定的压力时，能自动开启泄压，常用于外墙上部。中悬窗的缺点是构造复杂、开关扇周边的缝隙易漏雨和不利于保温。

(2) 平开窗：构造简单，开关方便，通风效果好，并便于组成双层窗。多用于外墙下部，作为通风的进气口。

(3) 垂直旋转窗：又称立转窗，窗扇沿垂直轴转动，并可根据不同的风向调节开启角度，通风效果好，多用于热加工车间的外墙下部，作为进风口。

(4) 固定窗：构造简单、节省材料，多设在外墙中部，主要用于采光。对有防尘要求的车间，其侧窗也多做成固定窗。

(5) 百叶窗：主要用于通风，兼顾遮阳、防雨、遮挡视线等。根据形式有固定式和活动式，常用固定的百叶窗，叶片角度通常为 45°和 60°。在百叶后需设钢丝网或窗纱，防止鸟虫进入。

根据厂房通风的需要，厂房外墙的侧窗，一般将悬窗、平开窗或固定窗等组合在一起，如图 11-46 所示。

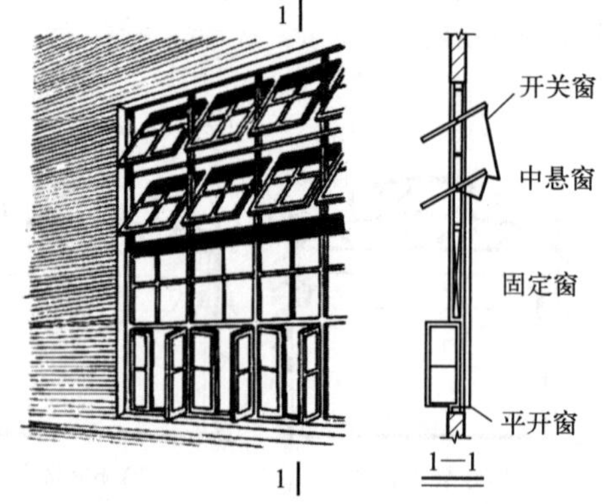

图 11-46 厂房外墙侧窗的组合

11.3.2 大门

厂房大门主要用于生产运输、人流通行以及紧急疏散。大门的尺寸应根据运输工具的类型、运输货物的外形尺寸及方便通行等因素确定。一般门的尺寸比装满货物的车辆要宽出 600～1000mm，高度应高出 400～600mm。常用的厂房的大门规格尺寸见表 11-1。

表 11-1　厂房的大门规格尺寸

运输工具	3t 矿车	电瓶车	轻型卡车	中型卡车	重型卡车	汽车起重机	火车
图例							
洞口宽/mm	2100	2100	3000	3300	3600	3900	4200/4500
洞口高/mm	2100	2400	2700	3000	3900	4200	5100/5400

门洞尺寸较大时，为防止门扇变形，常用型钢做骨架的钢木大门或钢板门。根据大门的开关方式分为平开门、推拉门、折叠门、上翻门、升降门、卷帘门，如图 11-47 所示。厂房大门可用人力、机械或电动开关。

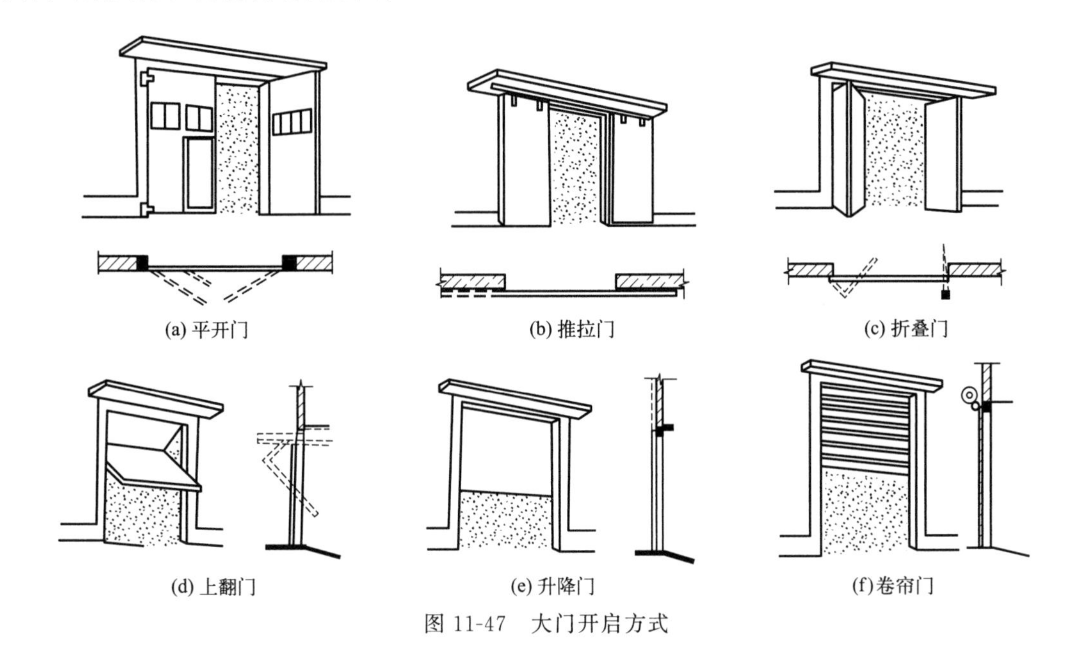

(a) 平开门　(b) 推拉门　(c) 折叠门

(d) 上翻门　(e) 升降门　(f) 卷帘门

图 11-47　大门开启方式

（1）平开门：构造简单，门扇常向外开，门洞上应设雨篷。平开门受力状况较差，易产生下垂和扭曲变形，门洞较大时不宜采用。当运输货物不多，大门不需经常开启时，可在大门扇上开设供人通行的小门。

（2）推拉门：构造简单，门扇受力状况较好，不易变形，应用广泛。但密闭性差，不宜用于冬季采暖的厂房大门。每个门扇宽度一般不大于 1.8m，门扇尺寸应比洞口宽 200mm。推拉门的支承方式可分为上挂式和下滑式两种。当门扇高度小于 4m 时采用上挂式，即门扇通过滑轮挂在门洞上方的导轨上，如图 11-48 所示。当门扇高度大于 4m 时，采用下滑式。在门洞上下均设导轨，下面导轨承受门的重量。

（3）折叠门：由几个较窄的门扇通过铰链组合而成。开启时通过门扇上下滑轮沿导轨左右移动而折叠在一起。这种门占用空间较少，适用于较大的门洞口。折叠门一般可分为侧挂

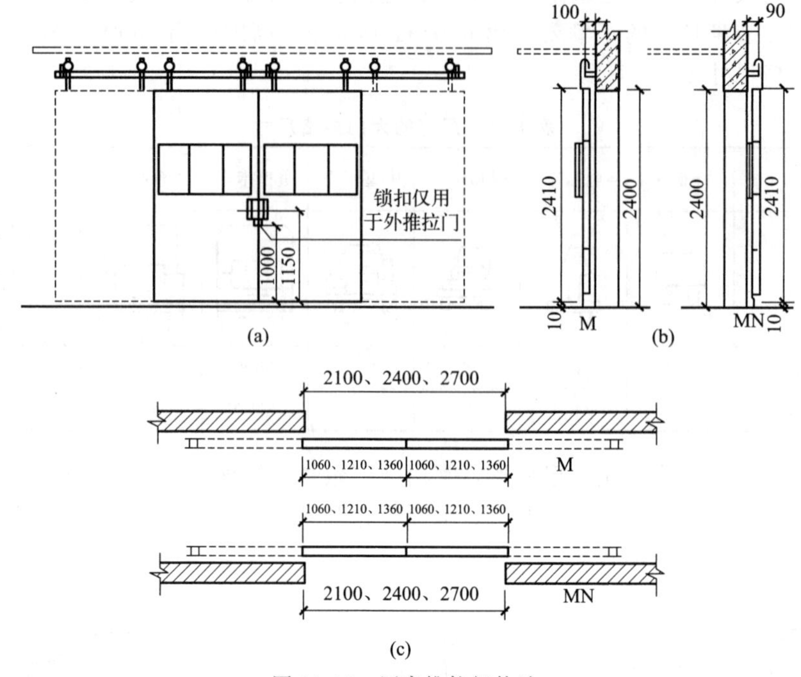

图 11-48 厂房推拉门构造

式、侧悬式和中悬式折叠。

(4) 上翻门：开启时门扇随水平轴沿导轨上翻至门顶过梁下面，不占使用空间。这种门可避免门扇的碰损，多用于车库大门。

(5) 升降门：开启时门扇沿导轨上升，不占使用空间，但门洞上部要有足够的上升高度，开启方式有手动和电动，常用于大型厂房。

(6) 卷帘门：主要由帘片、导轨及传动装置组成。门扇由许多冲压成型的金属叶片连接而成。开启时通过门洞上部的转动轴将帘片卷起，沿着门洞两侧的导轨上升，卷进卷筒里。适合于 4000～7000mm 宽的门洞，高度不受限制。这种门构造复杂，造价较高，多用于不经常开启和关闭的大门。

11.3.3 特殊厂门

厂房特殊门主要为防火门、保温门和隔声门。防火门用于易燃品车间或仓库，耐火等级要求可决定门扇构造，如钢板、石棉板包铁皮或直接包铁皮。高温下木材会炭化释放有害气体，因此需设泄气孔。为了防止液体流淌和火势蔓延，防火门下宜设门槛。防火门常采用自重下滑关闭门，门上导轨有 5%～8% 的坡度，火灾发生时，易熔合金的熔点为 70℃，易熔合金熔断后，重锤落地，门扇依靠自重下滑关闭，如图 11-49 所示。当门洞口尺寸较大时，可做成两个门扇相对下滑。

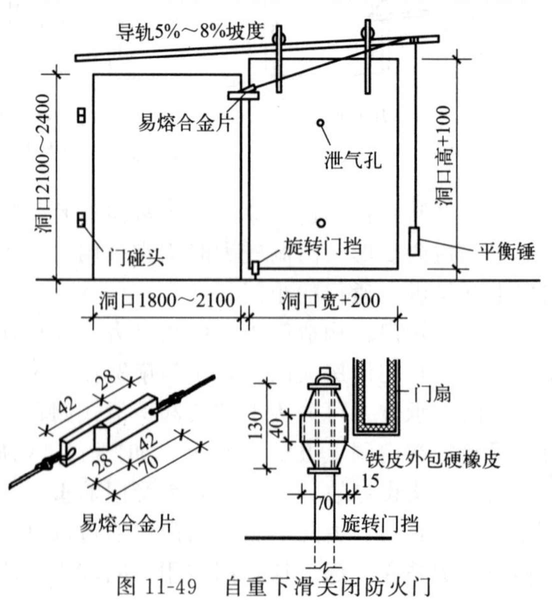

图 11-49 自重下滑关闭防火门

保温门要求门扇具有一定的热阻值并做门缝密闭处理。隔声门的隔声效果与门扇的材料和门缝的密闭有关，虽然门扇越重隔声越好，但门扇过重开关不便，五金零件也易损坏，因此隔声门常采用多层复合结构，即在两层面板之间填吸声材料，如矿棉、玻璃棉、玻璃纤维等。

保温门和隔声门的面板常用整体板材如胶合板。门缝密闭对隔声、保温、防尘很关键，可用弹性压缩填缝材料如橡胶条，图 11-50 为一般保温门和隔声门的门缝隙构造处理。

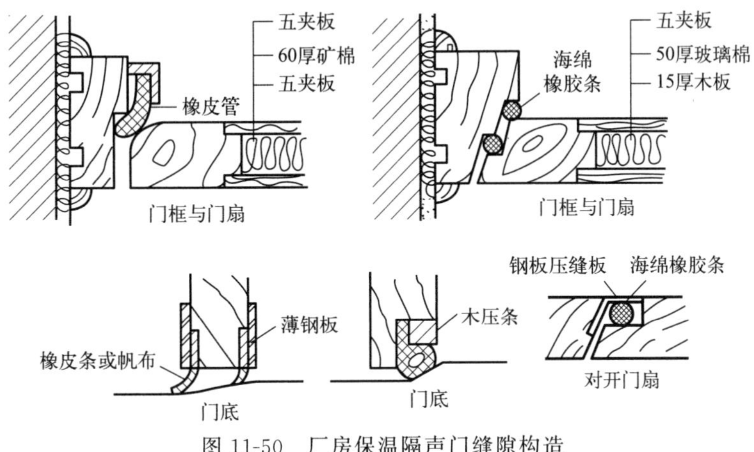

图 11-50 厂房保温隔声门缝隙构造

11.4 地面构造

工业建筑地面应具有足够的强度和刚度，以满足大型生产和运输设备的使用要求，有良好的抗冲击、耐振、耐磨、耐碾压性能；满足不同生产工艺的要求，如隔热、防火、防水、防腐蚀、防尘等；合理选择材料与构造做法，降低造价；处理好设备基础、不同生产工段对地面不同要求引起的多类型地面的组合拼接；满足设备管线敷设、排水地沟设置等特殊要求。工业与民用地面构造相似，由面层、结构层、垫层、基层组成，特殊要求时可增设结合层、找平层、防水层、保温层、隔声层等功能层材料。

(1) 面层

厂房面层直接承受物理化学作用，面层选择需考虑生产特征和使用要求，如精密仪器车间需防尘，有爆炸危险车间应防火花，化学侵蚀车间须抗腐蚀，防水防潮车间应有防水性。地面面层材料的选用可参考表 11-2。

表 11-2 厂房地面面层材料选择

生产特征及对结构层使用要求	适宜的面层	生产特征举例
机动车行驶、受坚硬物体磨损	混凝土、铁屑水泥、粗石	行车通道、仓库、钢绳车间等
坚硬物体对地面产生冲击(10kg 以内)	混凝土、块石、缸砖	机械加工车间、金属结构车间等
坚硬物体对地面有较大冲击(50kg 以上)	矿渣、碎石、素土	铸造、锻压、冲压、废钢处理等
受高温作用地段(500℃以上)	矿渣、凸缘铸铁板、素土	铸造车间的熔化浇铸工段、轧钢车间加热和轧机工段、玻璃熔制工段

续表

生产特征及对结构层使用要求	适宜的面层	生产特征举例
有水和其他中性液体作用地段	混凝土、水磨石、陶板	选矿车间、造纸车间
有防爆要求	菱苦土、木砖沥青砂浆	精密车间、氢气车间、火药仓库等
有酸性介质作用	耐酸陶板、聚氯乙烯塑料	硫酸车间的净化、硝酸车间的吸收浓缩
有碱性介质作用	耐碱沥青混凝土、陶板	纯碱车间、液氨车间、碱熔炉工段
不导电地面	石油沥青混凝土、聚氯乙烯塑料	电解车间
要求高度清洁	水磨石、陶瓷马赛克、拼花木地板、聚氯乙烯塑料、地漆布	光学精密器械、仪器仪表、钟表、电信器材装配

(2) 结构层

结构层主要传递地面荷载至地基，分刚性和柔性两类。刚性结构层如混凝土、沥青混凝土、钢筋混凝土，整体性好、不透水、强度高，适用于大荷载、小变形场所。柔性结构层如砂、碎石、矿渣、三合土等，有塑性变形，造价低，适用于冲击震动大的地面。结构层厚度由荷载和地基承载力决定，通常混凝土结构层厚度不小于 80mm，灰土、三合土结构层厚度不小于 100mm，碎石等结构层厚度不小于 80mm，砂、煤渣结构层厚度不小于 60mm。

(3) 垫层

地面应铺设在均匀密实的基土上。结构层下的基层土壤不够密实时，应对原土进行处理，如夯实、换土等，在此基础上设置灰土、碎石等垫层起过渡作用。若单纯从增加结构层厚度和提高其混凝土标号来加大地面的刚度，往往是不经济的，而且还会增加地面的内应力。

(4) 细部构造

① 变形缝。地面变形缝设置的位置应与建筑物的变形缝一致。同时在地面与振动大的设备基础之间应设变形缝，地面上局部的堆放荷载与相邻地段的荷载相差较大时也应设变形缝。变形缝应贯穿地面各构造层，宽度为 20～30mm，用沥青类材料填充，如图 11-51 所示。

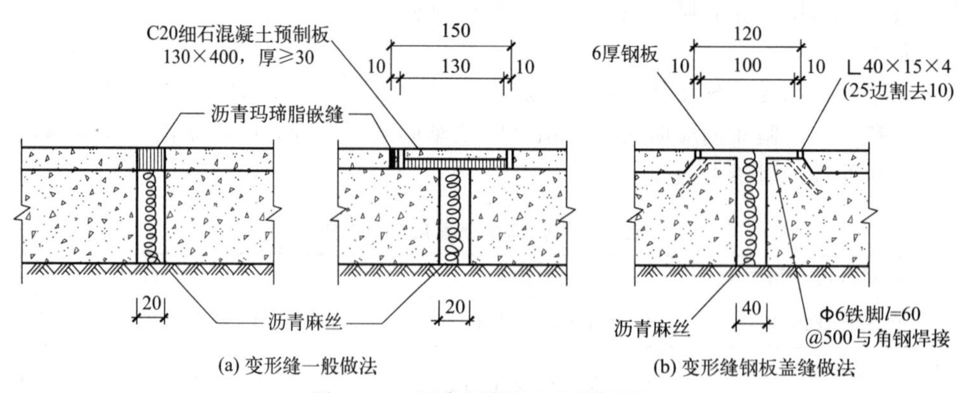

图 11-51 厂房混凝土地面变形缝

② 不同材料接缝。两种不同材料的地面，由于强度不同、材料的性质不同，接缝处是最易破坏的地方。应根据不同情况采取措施。如厂房内铺有铁轨时，轨顶应与地面相平，铁轨附近宜铺设块材地面，其宽度应大于枕木的长度，以便维修和安装，如图 11-52(a) 所示。

防腐地面与非防腐地面交接的时候，应在交接处设置挡水，以防止腐蚀性液体泛流，如图 11-52(b) 所示。

③ 地沟。在厂房地面范围内常设有排水沟和通行各种管线的地沟。当室内水量不大时，可采用排水明沟，沟底须做垫坡，其坡度为 0.5%～1%，如图 11-53(a) 所示。室内水量大或有污染物时，应用有盖板的地沟或管道排走，沟壁多用砖砌，考虑土壤侧压力，壁厚一般不小于 240mm，如图 11-53(b) 所示。要求有防水功能时，沟壁及沟底均应做防水处理，应根据地面荷载设置相应的钢筋混凝土盖板或钢盖板。

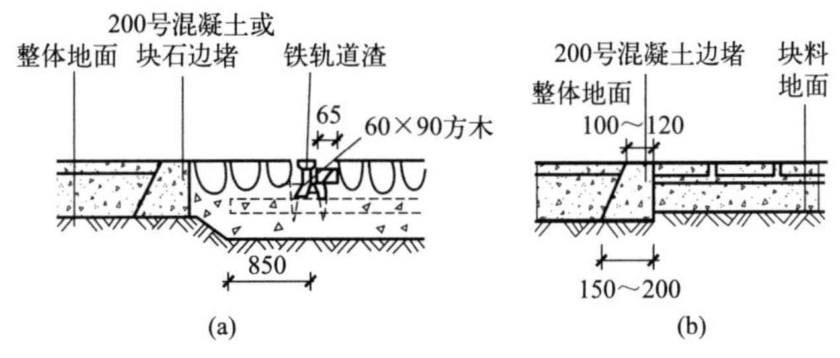

图 11-52　厂房地面不同材料接缝示例

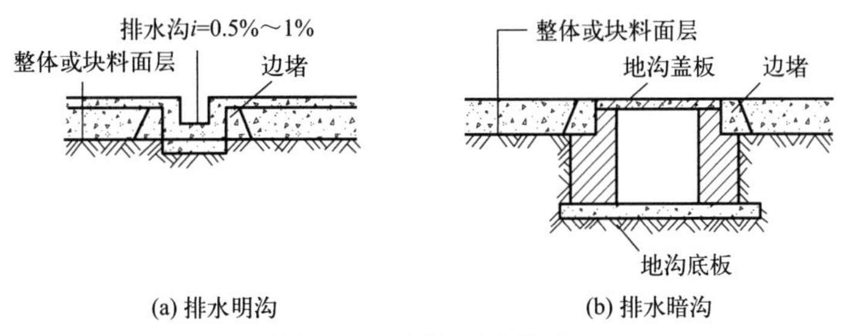

图 11-53　厂房地沟构造

④ 坡道。厂房的出入口，为便利各种车辆通行，在门外侧须设坡道。坡道材料常采用混凝土，坡道宽度较门口两边各大 500mm，坡度为 5%～10%，若采用大于 10%的坡度，面层应做防滑齿槽，坡道构造如图 11-54 所示。

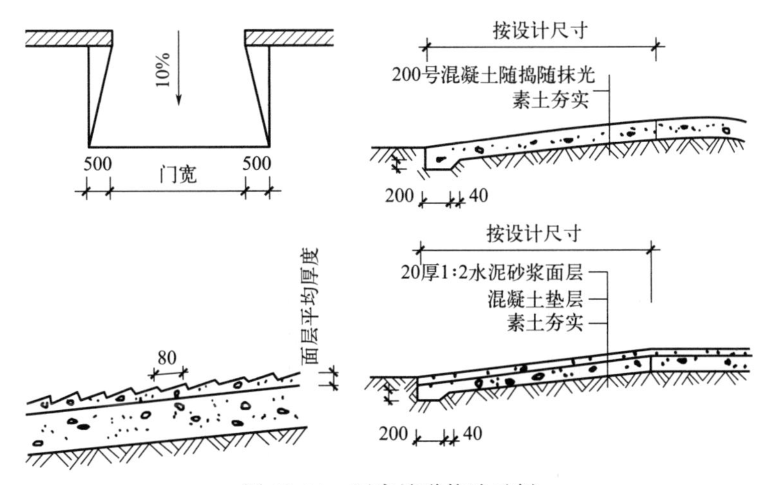

图 11-54　厂房坡道构造示例

11.5 其他构造

11.5.1 金属梯

在厂房中根据需求常设各种金属梯，主要有作业平台梯、吊车梯和消防检修梯等。金属梯的宽度一般为 600～800mm，梯级每步高为 300mm。根据形式不同有直梯和斜梯。直梯的梯梁常采用角钢，踏步用Φ18 圆钢；斜梯的梯梁多用 6mm 厚钢板，踏步用 3mm 厚花纹钢板，也可用不少于 2 根的Φ18 圆钢做成。金属梯易腐蚀，须先涂防锈漆，后再刷油漆。

(1) 作业平台梯

作业平台梯如图 11-55 所示，是供人上、下操作平台或跨越生产设备的交通联系构件。作业平台梯的坡度有 45°、59°、73°及 90°等。当梯段超过 4～5m 时，宜设中间休息平台。

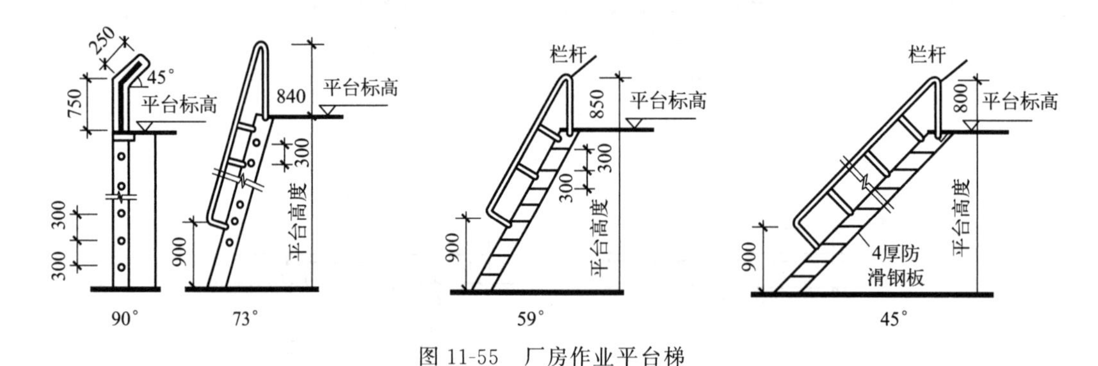

图 11-55 厂房作业平台梯

(2) 吊车梯

吊车梯如图 11-56 所示，是为方便吊车司机上下吊车所设，常设置在厂房端部第二个柱距内。在多跨厂房中，可在中柱处设一部吊车梯，供相邻两跨的两台吊车使用。

(3) 消防检修梯

单层厂房屋顶高度大于 10m 时，应有梯子自室外地面通至屋顶、由屋顶通至天窗屋顶，以作消防检修之用。相邻屋面高差在 2m 以上时，也应设置消防检修梯。

消防检修梯一般设在端部山墙处，形式多为直梯，当厂房很高时，可采用设有休息平台

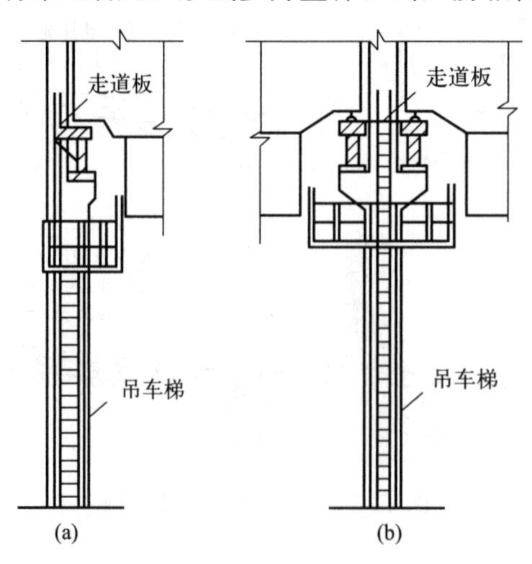

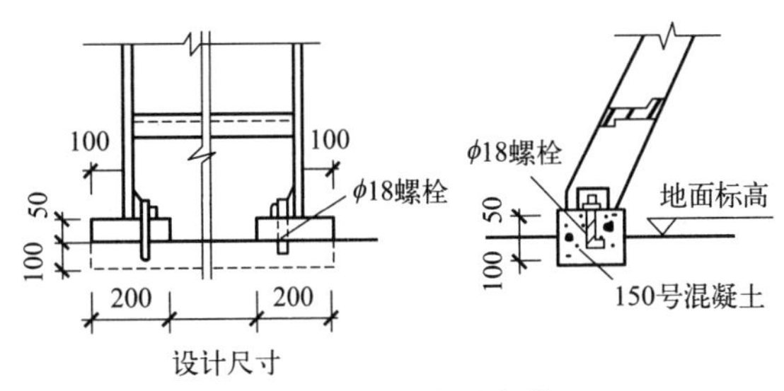

图 11-56　厂房吊车梯

的斜梯。消防检修梯底端应高于室外地面 1000～1500mm，以防儿童攀爬造成安全隐患。消防梯与外墙表面距离通常不小于 250mm，梯梁用焊接的角钢埋入墙内，墙预留 260mm×260mm 的孔，深度最小为 240mm，混凝土嵌固或用带角钢的预制块随墙砌固。

11.5.2　走道板

走道板的作用是维修吊车轨道及检修吊车。走道板均沿吊车梁顶面铺设，根据具体情况可单侧或双侧布置走道板。走道板的宽度不宜小于 500mm。走道板一般由支架（若利用外侧墙作支承时，可设支架）、走道板及栏杆三部分组成（图 11-57）。支架及栏杆均采用钢材，走道板通常多采用钢筋混凝土板以节约钢、木材。

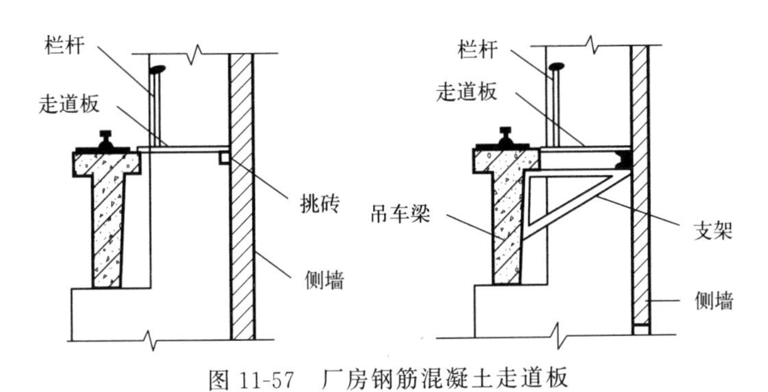

图 11-57　厂房钢筋混凝土走道板

11.5.3　隔断

(1) 金属网隔断

金属网隔断透光性好、灵活性大，但用钢量较多。金属网隔断由骨架和金属网组成，骨架可用普通型钢、钢管柱等，金属网可用钢板网或镀锌铁丝网。隔扇之间用螺栓连接或焊接。隔扇与地面的连接可用膨胀螺栓或预埋螺栓。

(2) 装配式钢筋混凝土隔断

装配式钢筋混凝土隔断适用于有火灾危险或湿度较大的车间。由钢筋混凝土拼板、立柱及上槛组成，立柱与拼板分别用螺栓与地面连接，上槛卡紧拼板，并用螺栓与立柱固定。拼板上部可装玻璃或金属网，用以采光和通风。

(3) 混合隔断

混合隔断适用于车间办公室、工具间、存衣室、车间仓库等不同类型的空间。常采用 240mm×240mm 砖柱，柱距 3m 左右，中间砌以 1m 左右高度的 120mm 厚度的砖墙，上部装玻璃木隔断或金属隔断等。

思考题

1. 厂房屋顶的基层结构类型有哪两种？各自的特点是什么？
2. 为满足厂房天然采光和自然通风的要求，单层厂房屋顶常见的天窗形式有哪三种？
3. 单层厂房外墙按承重情况可分为哪几种？骨架式外墙常有哪几种类型？
4. 工业建筑厂房地面有哪些特殊的设计要求？

附录 1 数字化构造设计练习作业

一、数字化构造设计练习作业 1

在 Revit 中，用“建筑墙”工具，创建墙身构造，并用墙身剖面图方式进行构造设计说明。

注意：1. 学会用材料填充图案表达墙体基层、功能层和面层；

2. 将 Revit 绘制的墙身三维截图并插入 Word 中，图片下方简要说明墙体各构造层次的做法、厚度和功能；

3. Word 文件名请以：“姓名＋学号＋作业 1 墙体构造设计”命名并提交。

二、数字化构造设计练习作业 2

在 Revit 中，用“建筑楼板”或“结构楼板”工具，在直接式地面、架空式地面、普通楼板中选择一种你喜欢的形式，创建相应地面或楼板构造，并用剖面图方式进行构造设计说明。

注意：1. 学会用材料填充图案表达楼板结构层（注意地面中叫垫层）、功能层（防水、保温、隔声等）、面层（整体式、块材式、铺贴式、地板或其他特殊功能）、顶棚层（直接式或吊顶式）；

2. 将 Revit 绘制的楼地面三维截图和结构“编辑部件”窗口截图各一张，并插入 Word 中，图片下方简要说明楼地面各构造层次的做法、厚度和功能；

3. Word 文件名请以：“姓名＋学号＋作业 2 楼地面构造设计”命名并提交。

三、数字化构造设计练习作业 3

在 Revit 中，用“迹线屋顶”或“拉伸屋顶”工具，在正置式或倒置式屋面中选择一种你喜欢的形式，创建相应屋顶构造，并用剖面图方式进行构造设计说明。

注意：1. 学会用材料填充图案表达屋顶结构层、功能层（防水、保温等）、面层（块瓦式、整体式，或其他蓄水、种植等隔热屋顶）；

2. 将 Revit 绘制的屋顶三维截图和结构“编辑部件”窗口截图各一张，并插入 Word 中，图片下方简要说明屋顶各构造层次的做法、厚度和功能。

3. Word 文件名请以：“姓名＋学号＋作业 3 屋顶构造设计”命名并提交。

四、数字化构造设计练习作业 4

文件下载

试在给定的 Revit 项目文件中（可扫描二维码获取下载作业练习基础文件），创建符合安全及消防疏散要求的楼梯一部（不出屋面）。该楼梯处于某办公楼局部，共三层，层高均为3.0m，墙厚为200mm。楼梯的开间净距为3.6m，进深净距为6.3m。试绘出该楼梯间的剖面详图1个、平面详图3个（1层、2层、3层各一个）比例1∶50。

注意：1. 进行必要的踏步宽度、踏步高度、楼梯平台宽度、休息平台宽度、梯井宽度、扶手高度，净空高度的尺寸标注。

2. 绘制的四张剖、平面图纸请合并至一个Word文件中，并以“姓名＋学号＋作业3楼梯设计”命名并提交。

附录 2
课程设计任务书

一、课程设计的内容和要求

（一）设计依据

1. 工程概况

任务 1：研发办公楼设计

本工程地点在江苏徐州市郊区，为徐州某工业园研发办公楼设计，建筑用地面积为 55m（东西向）×25m（南北向）（台阶坡道可适当超出用地范围）。

结构为 3 跨、5 层钢筋混凝土框架，层高均为 4.2m，建筑面积为 5000m^2 左右，主要功能为研发、办公等。建筑结构安全等级为二级，设计使用年限为 50 年；地基基础设计等级为丙级；建筑抗震设防类别为丙类，抗震设防烈度为 7 度，设计基本地震加速度值为 0.10g，抗震设计地震分组为第一组。应业主要求，需配备两部电梯。工程标准层柱网布置图及总平面布置图见任务书最后的附图 1。

任务 2：工业厂房设计

本工程地点在江苏徐州市郊区，为徐州某工业园工业厂房设计，主要功能为光学仪器加工。结构为 3 跨、5 层钢筋混凝土框架，层高均为 4.2m，建筑面积为 4990m^2。建筑结构安全等级为二级，设计使用年限为 50 年；地基基础设计等级为丙级；建筑抗震设防类别为丙类，抗震设防烈度为 7 度，设计基本地震加速度值为 0.10g，抗震设计地震分组为第一组。应业主要求，需配备两部电梯。工程标准层柱网布置图及总平面布置图见附图 2 及附图 3。

2. 气象资料

基本风压：0.35kN/m^2，地面粗糙度为 B 类；基本雪压：0.35kN/m^2

3. 工程地质资料

场地土类别为Ⅲ类。根据工程地质勘测报告，给出各土层的物理力学性质指标平均值见附表 1。稳定地下水位位于地表下 2.0m，对混凝土无侵蚀性。需采用桩基础。

4. 施工技术条件

本工程由建筑工程公司承建，设备齐全，技术良好。

5. 材料供应

三材及一般材料能按计划及时供应。

（二）设计内容和要求

1. 建筑部分

根据所提供的工程概况任选其一进行建筑设计，工程平面推荐柱网和设计要求详见各自附图，完成主要建筑规划和单体设计、平面设计、立面设计、剖面设计和节点详图构造设计，并进行施工图绘制等。

具体要求如下：

根据所提供的总平面图及标准层柱网布置图进行建筑设计，绘制相应的建筑施工图。

(1) 阅读现行的国家有关建筑设计规范、规程和规定，根据房屋使用性质完成每个功能区设计和整体所有功能区的组合。

(2) 根据相关规范，考虑采光通风要求对门窗位置及尺寸进行设计。

(3) 根据相关规范，考虑疏散要求对出入口、楼梯、电梯等进行设计。建筑平面图的施工说明部分应有防火分区和疏散宽度的计算说明，复杂的应绘制防火分区及疏散示意图。

(4) 根据相关规范要求对屋面排水组织进行设计。绘制建筑底层平面图、标准层平面图和屋顶平面图。

(5) 对建筑立面的体型和外貌进行设计，完成建筑立面图并调整对应的平面图。

(6) 确定剖切位置，绘制剖面图（剖切位置应该选择有代表性的部位，比如楼梯、电梯、门窗的位置）。

(7) 绘制总平面图。需要表达周围环境，新建、原有、拟建建筑，围墙，大门，道路等内容，对新建建筑标注总尺寸、层数、标高和定位（优先采用坐标定位，也可采用原建筑定位），尺寸以 m 为单位，绘制指北针或风玫瑰图。

(8) 绘制详图。可以考虑绘制外墙节点详图、屋面节点详图、卫生间之类有固定设施的房间平面布置详图，雨篷构造详图，门窗详图（采用标准图集的不用画详图），造型详图，电梯剖面详图，楼梯平面及剖面详图等。

(9) 撰写建筑设计说明，绘制门窗表，编写图纸目录。

2. 结构部分（本课程不做，结构课选做）

(1) 进行结构布置，选择构件截面尺寸及材料标号。

(2) 对下列结构、构件进行设计计算：

① 任选一榀横向框架：荷载计算（包括地震作用），要求手算；内力计算，其中恒载、地震作用产生的内力手算，活载（考虑不利布置）、风荷载产生的内力上机计算；内力组合与梁柱截面设计，需手算底层、标准层和顶层；其余各层由软件计算。

② 现浇楼面板：任选一层手算，其余各层软件计算。

③ 楼梯设计：任选一间楼梯手算，其余软件计算，包括电梯井。

④ 基础设计：完成基础选型、平面布置，基础相应设计计算。

(3) 本课题复杂工程问题：需选一部电梯进行电梯设计。

(4) 绘制施工图（详细要求见后）。

(5) 编写计算说明书，要求如下：

① 设计计算书应包括中英文摘要、目录、正文、参考文献、致谢等基本内容，满足毕业设计计算说明书规定要求，层次清楚，表达适当，重点突出；

② 详细说明建筑方案依据、建筑设计特点及关键建筑设计参数；

③ 结构方案依据、结构选型与布置；

④ 确定计算简图、框架内力计算、框架内力组合；

⑤ 框架梁柱截面设计；

⑥ 楼梯结构设计；

⑦ 楼面板设计；

⑧ 基础设计；

⑨ 软件计算结果及与手算结果比较，计算书电子版本。

3. 施工部分（本课程不做，施工课选做）

完成单位工程施工组织设计，包括但不限于以下内容：

(1) 工程概况

工程名称、地点及参建单位；项目（建筑、结构、屋面、装饰装修、保温节能）概况；建设地点及环境特征；施工条件等。

(2) 施工方案

确定施工流向和施工顺序、施工段划分、施工方法和施工机械选择的内容及方法。

给出测量放线，土方开挖，排水降水，垫层，基础与地梁，脚手架搭设方案，主体框架结构的模板、钢筋、混凝土，墙体砌筑，屋面工程，内外装饰，楼地面工程等主要分部分项工程的施工方案及施工方法。

(3) 施工进度计划

编制工程施工进度计划，给出横道图（A3）。

(4) 资源需求计划

编制劳动力需求计划和机械设备需求计划。

(5) 施工准备

技术准备、施工现场准备、劳动力和管理人员准备、物资准备和施工场外准备等。

(6) 施工现场总平面布置

说明已建和拟建的地上和地下的一切房屋、构筑物及其他设施布置；垂直运输机械及其他施工设备布置：材料、成品及半成品的堆放点、场区内临时道路、临时水电路；为施工服务的一切临时设施布置等：施工平面图布置说明，绘制出施工平面布置图（A3）。

(7) 施工技术措施

给出质量措施、安全措施、季节性施工措施、应急预案等内容。

提交施工组织设计 1 本，单独装订，篇幅控制在 30～40 页。

二、课程设计图纸内容及张数

1. 建筑部分

完成下列建筑施工图绘制：

(1) 总平面设计，施工总说明，门窗表；

(2) 平面图：底层、标准层，屋顶平面图；

(3) 立面图：2～3 个；

(4) 剖面图：2～3 个；

(5) 根据需要完成 3～5 个典型节点详图；

注：建筑部分图量不少于 2 号图纸 8 张，原则上不多于 2 号图纸 12 张。施工图中均应有施工说明。

2. 结构部分（本课程不做，结构课选做）

本设计按平面整体表示方法规定（22G101）绘制施工图，计算轴线梁柱配筋按手算结果确定，其余梁柱配筋根据软件计算结果确定，注意适当归并。图纸内容应包括如下基本内容：

(1) 结构施工总说明；

(2) 基础平面布置及配筋图；

(3) 柱平面整体配筋图；

(4) 底层、标准层和顶层的梁整体配筋图；

(5) 板整体配筋图；

(6) 一榀框架立体配筋图（非平法表示）；

（7）楼梯结构平面布置图、配筋图；

（8）其他详图。

结构施工图不少于 2 号图纸 8 张，原则上不多于 2 号图纸 12 张，各张施工图中均应有施工说明。

3. 施工部分（本课程不做，施工课选做）

（1）施工组织设计；

（2）施工平面布置图 1 张；

（3）进度计划表 1 张。

三、附图与附表

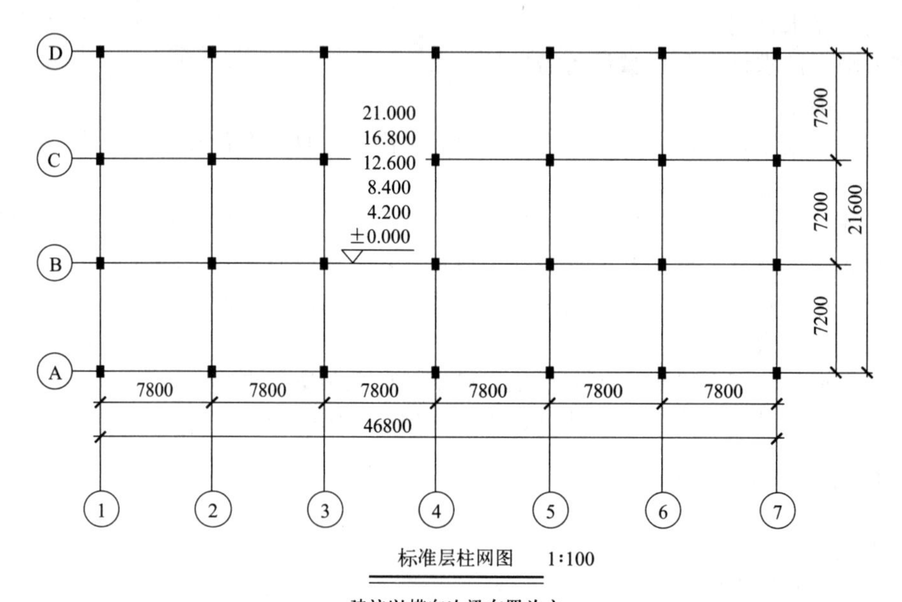

附图 1 研发办公楼推荐柱网

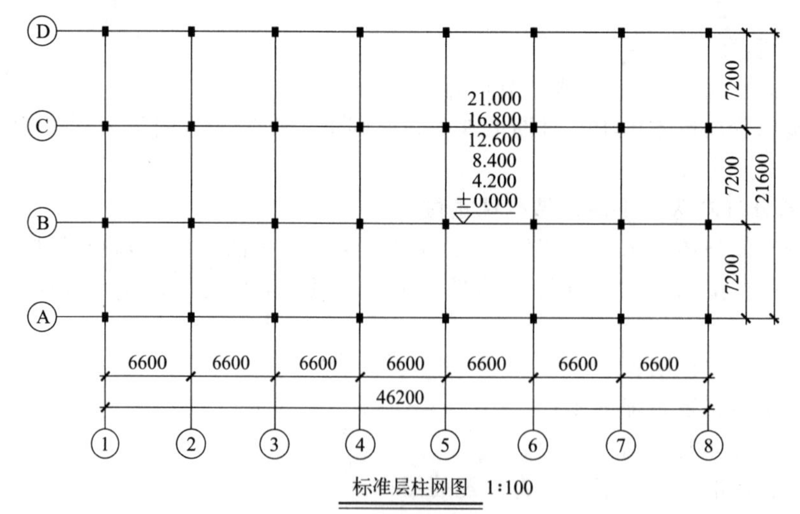

附图 2 工业厂房推荐柱网

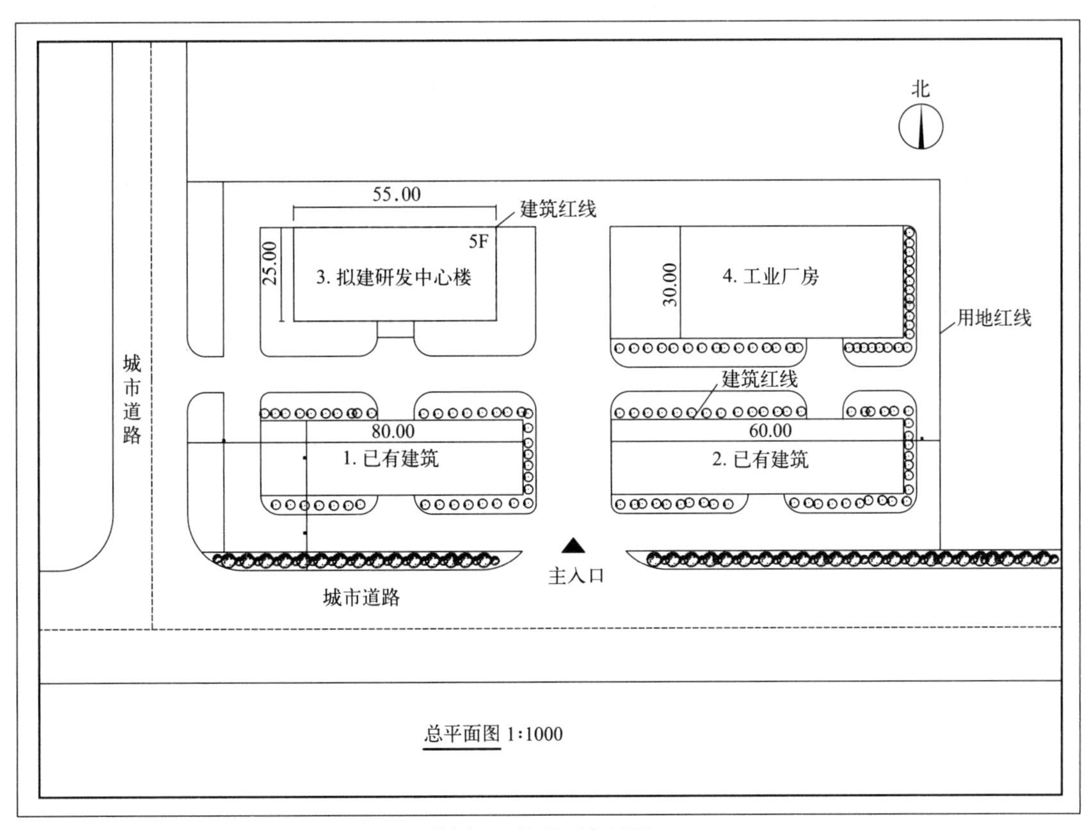

附图 3　总平面布置图

附表 1　场地岩土层主要物理力学试验指标

土层代号	名称	平均厚度/m	含水量 w/%	天然重度 γ /kN/m³	孔隙比 e	液性指数 I_L	压缩系数 α_{1-2} /MPa⁻¹	压缩模量 E_s /MPa	比贯入阻力 P_s/kPa	侧摩阻力 q_s/kPa	承载力标准值 f_k/kPa
1-1	素填土	1.8		17.5							
1-2	褐黄色粉质黏土	0.78	27.8	18.0	0.81	0.48	0.42	6.4	590	29.5	88.26
2	灰色淤泥质粉质黏土	4.0	38.8	17.8	1.09	1.18	3.5	4.5	570	28.5	86.18
3	灰色淤泥质黏土	8.9	53.1	17.0	1.51	1.29	0.48	2.1	620	31.0	91.38
4	灰～褐色粉质黏土	5.1	35.4	18.0	1.02	0.8	0.41	4.8	2270	81.75	262.98
5	暗绿～草黄色粉质黏土	4.0	24.7	18.5	0.71	0.31	0.4	7.8	4760	144.00	421.94
6	灰色粉质黏土	18.0	35.5	18.0	1.02	0.87	0.12	4.9	3480	112.00	388.32

① 褐黄色粉质黏土，处于中密、湿状态，可塑，厚度不大，不宜作为桩基础持力层；

② 灰色淤泥质粉质黏土，处于稍密、软塑状态，流塑，抗剪强度低，不宜作为基础持力层；

③ 灰色淤泥质黏土，含水量高，孔隙比大，抗剪强度低，属于高压缩性土，不宜作为基础持力层；

④ 灰～褐色粉质黏土，含水量高，处于稍密、软塑状态，具有一定的承载力，可作为基础持力层；

⑤ 暗绿～草黄色粉质黏土，含水量较低，孔隙比较小，处于可塑状态，承载力较高，可作为基础持力层；

⑥ 灰色粉质黏土，处于很湿、稍密、软塑状态，属软弱土层。

参考文献

[1] 同济大学，等．房屋建筑学［M］．4 版．北京：中国建筑工业出版社，2005.

[2] 李必瑜．房屋建筑学［M］．武汉：武汉理工大学出版社，2005.

[3] 张文忠．公共建筑设计原理［M］．北京：中国建筑工业出版社，2001.

[4] 罗福午，张慧英，杨军．建筑结构概念设计及案例［M］．北京：清华大学出版社，2003.

[5] 彭一刚．建筑空间组合论［M］．北京：中国建筑工业出版社，1998.

[6] 杨俊杰，崔钦淑．结构原理与结构概念设计［M］．北京：中国水利水电出版社，知识产权出版社，2006.

[7] 张伶伶，孟浩．场地设计［M］．北京：中国建筑工业出版社，1999.

[8] 建筑设计资料室编委会．建筑设计资料集［M］．北京：中国建筑工业出版社，1994.

[9] 付祥钊．夏热冬冷地区建筑节能技术［M］．北京：中国建筑工业出版社，2004.

[10] 刘云月．公共建筑设计原理［M］．南京：东南大学出版社，2004.

[11] 李必瑜．建筑构造：上册［M］．北京：中国建筑工业出版社，2000.

[12] 刘建荣．建筑构造：下册［M］．北京：中国建筑工业出版社，2000.

[13] 轻型钢结构设计指南编辑委员会．轻型钢结构设计指南［M］．2 版．北京：中国建筑工业出版社，2005.

[14] 杨庆山，姜忆南．张拉索-膜结构分析与设计［M］．北京：科学出版社，2004.

[15] 陈务军．膜结构工程设计［M］．北京：中国建筑工业出版社，2005.

[16] 杨维菊．建筑构造设计：下册［M］．北京：中国建筑工业出版社，2005.

[17] 房志勇．房屋建筑构造学［M］．北京：中国建材工业出版社，2003.

[18] 赵西安．建筑幕墙工程手册［M］．北京：中国建筑工业出版社，2002.

[19] 刘育东．建筑的含义［M］．天津：天津大学出版社，1999.

[20] 郭兵，纪伟东，赵永生，等．多层民用钢结构房屋设计［M］．北京：中国建筑工业出版社，2005.

[21] 邹颖，卞洪滨．别墅建筑设计［M］．北京：中国建筑工业出版社，2000.

[22] 北京市注册建筑师管理委员会．一级注册建筑师考试辅导教材［M］．2 版．北京：中国建筑工业出版社，2003.

[23] 维特鲁威．建筑十书［M］．高履泰，译．北京：中国建筑工业出版社，1986.

[24] 住房和城乡建设部．民用建筑设计统一标准：GB 50352—2019［S］．北京：中国建筑工业出版社，2019.

[25] 住房和城乡建设部．城市用地分类与规划建设用地标准：GB 50137—2011［S］．北京：中国建筑工业出版社，2011.

[26] 住房和城乡建设部．建筑防火通用规范：GB 55037—2022［S］．北京：中国计划出版社，2022.

[27] 住房和城乡建设部．房屋建筑制图统一标准：GB/T 50001—2017：［S］．北京：中国计划出版社，2017.

[28] 住房和城乡建设部．屋面工程技术规范：GB 50345—2012［S］．北京：中国建筑工业出版社，2012.

[29] 住房和城乡建设部．砌体结构设计规范：GB 50003—2011［S］．北京：中国建筑工业出版社，2011.

[30] 住房和城乡建设部．建筑抗震设计标准：GB/T 50011—2010［S］．2024 年版．北京：中国建筑工业出版社，2024.

[31] 国家市场监督管理总局．建筑外门窗气密、水密、抗风压性能检测方法：GB/T 7106—2019［S］．北京：中国标准出版社，2019.

[32] 住房和城乡建设部．绿色建筑评价标准：GB/T 50378—2019［S］．2024 年版．北京：中国建筑工业出版社，2019.

[33] 住房和城乡建设部．民用建筑热工设计规范：GB 50176—2016［S］．北京：中国建筑工业出版社，2016.

[34] 国家市场监督管理总局．建筑外门窗保温性能分级及检测方法：GB/T 8484—2020［S］．北京：中国标准出版社，2020.

[35] 国家质量监督检验检疫总局．建筑外窗采光性能分级及检测方法：GB/T 11976—2015［S］．北京：中国标准出版社，2015.

[36] 国家质量监督检验检疫总局．绝热材料稳态热阻及有关特性的测定 防护热板法：GB/T 10294—2008［S］．北京：中国标准出版社，2008.

[37] 国家质量监督检验检疫总局．绝热材料稳态热阻及有关特性的测定 热流计法：GB 10295—2008［S］．北京：中国标准出版社，2008.

[38] 住房和城乡建设部．厂房建筑模数协调标准：GB/T 50006—2010［S］．北京：中国计划出版社，2010.

[39] 住房和城乡建设部．建筑采光设计标准：GB 50033—2013［S］．北京：中国建筑工业出版社，2013.

[40] 中华人民共和国卫生部．工业企业设计卫生标准：GBZ 1—2010［S］．北京：人民卫生出版社，2010.